리모델링사업 기획·설계

Remodeling Projects Business Planning & Design

최산호

소광호

차정윤

이동훈

RMP
(리모델링사업관리사)
심화교육교재

예학사

PREFACE

머 리 말

우리나라 건설시장의 중요한 변화 중 하나는, 신축시장은 이미 한계에 도달했고 이제부터는 기존 건물에 대한 대대적인 개 · 보수(증 · 개축 포함) 공사와 노후 건축물에 대한 리모델링이 더 필요할 것이 예상된다. 현재 국내 리모델링 시장의 규모는 전체 건설시장의 10%에도 미치지 못하고 있지만 머지않아 20%에 육박하는 거대시장으로 성장할 것이 예상되며, 결국 우리나라도 선진국처럼 리모델링 시장이 신축시장보다 규모가 더 커질 것으로 전망하고 있다. 이에 따라 리모델링 정책 및 법규, 건설환경의 변화에 대응할 수 있는 리모델링기술의 보급이 중요한 과제로 대두되었다.

코로나 팬데믹 후 뉴노멀(New Normal)시대에는 사회 전반적으로 비대면 활동을 뜻하는 '언텍트' 현상이 가속화 될 것으로 예상되면서 주거문화와 주거공간 역시 이러한 언텍트 삶에 초점이 맞춰질 것으로 예상된다. 건축에도 환경 · 기후 · 도시 · 질병 등 복잡한 문제들을 해결하기 위한 융합적 접근이 필요하게 되어 리모델링학의 학술적 접근이 더욱 요구된다. 또한 앞으로는 건설환경의 역할과 기능까지 변화를 요구하게 되어 건설산업 전반에 걸쳐 총체적 변화가 예상된다.

리모델링산업의 활성화를 위해서는 사업타당성 검토, 조세금융지원, 제도적 장치 및 법규 완화, 부가가치 향상 등 관리측면의 전략을 구사하는 것이 매우 중요하다. 더불어 리모델링 설계기준 및 체크리스트 개발 같은 각 요소들이 정량적 · 정성적 기술평가 방법 확립과 리모델링을 수행하는 데 직접적으로 요구되는 각 공종별 리모델링공법이나 건물 성능 개선과 같은 기술개발 및 신소재에 관한 연구도 동시에 진행되어야 한다.

본 서는 (사)한국리모델링협회의 RMP(Remodeling project Management Professional) 자격검정시험의 교재로 채택되어온 리모델링기술실무를 Base로 하고 리모델링 확산을 위한 정책 및 법규의 개정 및 보완 내용을 추가하고, 시대변화의 흐름에 따라 친환경

생태건축, 노후건축물의 녹색건축물 구현을 위한 그린 리모델링 설계요소, 내진보강기술, 또한 사회환경 변화에 따른 리모델링 요구를 수용하는 장수명, 가변형, 순환형 건축기술과 미래주택 실현을 위한 첨단기술들을 각 Chapter마다 보완하여 스마트한 구성이 되도록 노력하였다.

건축물의 신축과 노후건축물의 리모델링은 학문적으로나 기술적으로 다를 뿐만 아니라 접근방법도 판이하다. 따라서 신축공사에 대한 내용으로 편성되어 있는 기존 건축학과의 교과목으로는 진정한 리모델링기술자를 양성·배출하기 어려우므로 가능한 여러 대학에 리모델링 전문기술자 양성을 위한 학과 신설과 리모델링 현장기술자로서 갖춰야할 기술과 지식을 습득할 수 있는 교육과정 개발, 그리고 리모델링 건축기사 자격증제도의 신설이 우선되어야 한다. 본 서는 이들 목표에 부응할 수 있도록 각 교과목별 교수요목과 강의계획서의 콘텐츠를 구성하고 그에 따라 리모델링 기술자로서 소양을 기를 수 있도록 상세하게 서술했다.

비록 작은 출발이지만 리모델링 사업관리 전문가과정과 자격검정 시험제도를 통해서 우수한 리모델링사업 전문가가 양성되고, 본 서를 통해 리모델링 기술의 전문지식을 체계화시키고, 진화된 리모델링 기술을 널리 보급하여 국내 리모델링 산업발전에 큰 도움이 되었으면 한다.

2021년 1월

대표저자 최산호

CONTENTS

차 례

제1장 리모델링 개념 및 특성

제2장 리모델링 사업관리

제3장 리모델링계획 및 설계

제 1 장

리모델링 개념 및 특성

Remodeling

1.1 건축 리모델링 현황과 발전 방향

1.1.1 21세기 건축기술의 방향

1) 주택수요의 트렌드(Trend) 변화

① 사회적 환경 변화에 따라 주택에 대한 인식 변화, 친환경 · 건강, 에너지, ICT(정보통신기술), 유비쿼터스 등 삶의 질에 대한 관심이 커지면서 주택에 대한 질적 수준을 높이기 위한 시도가 지속적으로 증대되고 있다.

② 신재료, 신기술, 신공법을 기반으로 하는 건축설계 및 엔지니어링 기술이 등장하고, 건설업계의 주택품질 제고 노력에 따라 최근 주택수요의 트렌드가 크게 변화되고 있다.

③ 2014년 기준 리모델링이 가능한 15년 이상된 노후 공동주택이 465만 호에 이르러 이들 재고 노후주택의 유지보전은 경제적 · 사회적 문제로 등장했다. 또한 1기 신도시들을 중심으로 노후 공동주택의 사용성 저하와 경제적 가치 하락에 대한 거주자의 리모델링 요구가 증대하고 있다.

2) 건축기술의 대응요구

향후 건축기술의 방향은 무엇이며 어떤 기술들이 바람직한 것인가를 살펴보기 위해서는 현재의 사회동향을 바탕으로 문제점과 요구(needs) 사항을 명확히 하고, 앞으로 어떤 변화가 있게 될 것인지에 대한 기술적 도구나 수단(seeds)을 탐구해 볼 필요가 있다. 사회동향에 따른 건축기술의 대응요구는 다음과 같다.

① 가족 및 세대의 변화와 생활패턴의 변화(노인용 주택, 독신자용 주택 등)

② 취업구조와 소득 · 소비구조의 변화(재택근무, Two Job, Three Job)

③ 도시문제, 환경문제의 변화(도시재생, 스마트 기술, 유비쿼터스, 저탄소 녹색건축기술)

④ 의식 및 가치관의 변화(휴먼 인터페이스, 친환경 및 생태건축)

⑤ 요구되는 기술의 변화 및 기술개발(다품종 소량생산, 신재료와 신기술, 근미래건축)

⑥ 정주화와 거주의 변화(다목적성, 오픈빌딩, 가변성 주택, 장수명 주택)

1.1.2 현대사회의 변화

1) 인구 및 가구 수의 변화

인구는 식량문제와 소비생활에 따른 자원과 에너지, 환경문제와도 연관되어 미래 지구의 생존문제와 직결된다. 인구구조의 변화가 건축에 있어 중요한 것은 연령대와 가구 구성원에 따라 라이프스타일이 다르고 주거환경에 대해서는 그 위치, 크기, 설계 등에 있어 서로 다른 취향과 니즈(Needs)를 가지고 있기 때문이다.

인구구조의 변화와 가구 구성원의 변화는 핵가족, 1인 가족, 부부 가족, 3세대 가족, 한부모 가족 이외에 동거형 가족, 비슷한 문화를 가진 공동체 가족, 가상 공동체 가족, 사회적 공동체 가족 등이 있을 것으로 예측되며, 앞으로 개인화된 서비스의 지원과 독신성향, 직주분리 등으로 1인 가족이 더욱 늘어날 것으로 예측된다. 고령층 가구가 급증하고 1~2인 가구의 비중이 확대된다는 것은 어떤 면에서 지금까지와는 아주 다른 새로운 시대가 시작된다는 것을 의미한다. 또한 21세기에 나타난 라이프스타일의 변화는 새로운 주거유형의 개발을 촉구하고 있다. 새로운 주거유형으로는 단독노인용 주택, 독신자용 주택, 이동형 주택, 셰어하우스, 스마트 주택 등이 유행하게 될 것이며, 앞으로 가변형 주택, 오픈 하우징, 공업화주택, 백년주택(CHS) 등이 더욱 활발하게 전개될 것이다.

① 통계청의 인구주택 총조사에 의하면 1인가구와 2인가구의 점유비율은 2010년에 각각 23.9%, 24.2%로 전체 가구의 48.1%, 2012년에 전체 가구 수의 50%를 넘어선 후, 2035년에는 전체 가구의 68.3%를 차지하게 될 것으로 예측된다. 이와 같이 가구당 인원수가 줄어들고 가구형태가 다변화됨으로써 리모델링 수요는 크게 증가할 것이다.

② 65세 이상 고령 가구 수는 2012년 총 가구구성비의 18.9%를 차지하고 있으며, 향후 2035년 40.5%, 2045년에는 고령가구가 47.7%로 증가할 것으로 예측된다. 이중 독거노인 가구는 전체의 15.4%이며, 고령자 가구의 35.5%로 지속적으로 증가할 것으로 보여 고령자를 배려한 주거모델 개발 또는 기존 건물의 배리어프리화 리모델링이 요구된다.

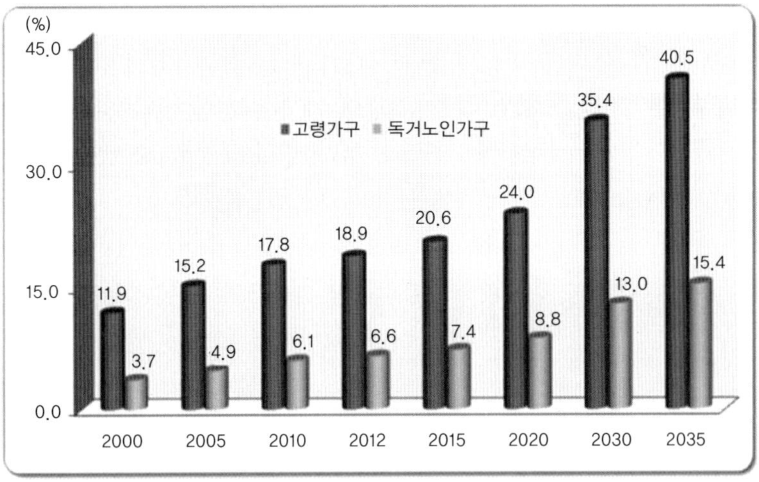

그림 1.1 통계청 인구주택 총조사표

2) 사회환경의 변화

① 환경에 대한 인식 전환으로 입지, 재료, 시공, 설비 등에 이르기까지 환경친화적 요소를 도입하고, 에너지 절약, 재생자원 활용 등 지속가능한 개발개념이 보편화된다.

② 에너지 자원에 대한 위기의식 증가 : 태양에너지, 자연환경 이용 증가
지구온실효과, 도시열섬현상 증가, 오존층 파괴, 기후이상변동 등이 가중된다. 따라서 CO_2 Zero, Energy Zero, Waste Zero를 목표로 하게 된다.

③ 통신 · 정보기술 확대와 대체기술 증가 : 정보 공유, 자료 공유
디지털시대에 들어와 3년 동안 생산된 정보가 아날로그시대 30만년 동안 생산된 정보보다 많다고 한다.

④ 교육 수준 향상 : 고도 정보화사회에 대응, 첨단기술이 집약된 인텔리전트하우스 요구

⑤ 재고건축물의 관리 : 환경보존, 지속가능한 개발, 신축 위주 정책의 소비형 구조(flow)에서 재고관리(stock) 지향으로 정책적 전환이 된다.

3) 라이프사이클에 따른 공간구성 변화

다양한 직업, 가족구성의 변화는 일정한 주기를 고려하여 공간이 가변적으로 재구성되어야 한다.

년 령	내 용
20~30대 맞벌이 가족	가사활동의 편의성 추구, 가사공간의 집중화, 가사활동의 첨단화, 수납공간의 충실화
30~40대 가족	자녀의 요구에 대한 대응성 추구, 자녀공간의 쾌적성과 독립성 추구
40~50대 가족	부부와 자녀의 독립성 추구, 부부와 자녀공간의 수직 분리, 자녀공간의 독립화, 가족공동생활공간(마당) 추구
50~60대 가족	생활의 여유(휴식, 취미생활 등) 추구, 전통공간, 여유공간(테라스), 부부중심 취미공간 독립화, 자녀중심 교육공간 독립화
70~80대 노인과 장애인	안전성과 편리성 추구, 공간구성의 통합화, 단순화, 무장애 공간화

1.1.3 라이프스타일의 변화

최근 과학기술의 고도화와 첨단 건축재료 및 시공기술의 급속한 발전에 따라 인간 생활환경도 급속히 바뀌어져 쾌적하며 편리한 실내공간을 설계하는 기술이 요구되고 있다. 라이프스타일의 변화와 생활의 고급화 요구에 따라 각자의 개성과 취향에 맞는 공간의 요구, 정보화에 따른 가치관의 변화 등은 생활방식에 맞는 기능적인 실내공간을 요구하게 되었고, 더욱 고도화된 건축기술을 적용하는 리모델링이 필수적이게 되었다.

1) 멀티 공간(Multi Space) 구성

1인가구가 급부상하면서 주거공간의 개념도 급변하고 있다. 기존에 획일적으로 사용했던 주거공간의 고정관념을 깨고 개인의 취향에 맞춰 집을 꾸미는 경향이 늘고 있다.

집은 일과 취미, 여가생활의 중심이 되고 대형 스크린의 고화질 모니터가 확산된다. 화장실은 규모가 커지고 대형욕조를 설치하는 등 생활의 중심공간이 된다. 거실은 영상과 음악, 디자인을 결합한 복합문화공간으로 만들거나 정보와 오락을 엮은 인포테인먼트(Infortainment) 구역으로 꾸며서 즐기면서 일도 하는 유동적이고 경계가 없는 공간으로 만들어진다. 또한 거실을 주방 겸 서재로 꾸미거나 접이식 소파베드를 놓아 야간에는 침실로 활용하기도 하고, 틈새 공간을 이용할 수 있는 기능성 수납가구나 두 가지 이상의 기능이 결합된 멀티 가구로 효율적이고 개성 있는 주거공간을 만드는 경우가 점차 늘고 있다. 침실은 잠자고, 명상하고, 보고, 듣고, 읽고, 꿈꾸고, 생각하고, 사색하는 모든 과정이 한 곳에서 가능하도록 꾸민다.

2) House Sharing 경향

개인공간(방)을 가지면서 거실이나 부엌 등 공용공간에서 함께 어울려 지내는 생활방식이다. 셰어하우스는 단순히 주거공간을 공유하는 것을 넘어 함께 사는 즐거움을 극대화시킨다. 다양한 컨셉을 반영한 공용공간을 제공함으로써 같은 취미와 관심사(사진, 캠핑, 야구, 영화 등)를 가진 사람들이 함께 모여서 즐거운 공동생활을 할 수 있는 장점이 있다. 또한 1인가구들이 가진 외로움을 해결하기 위해 이웃과의 적극적인 교류가 시작되고, 1인가구들이 함께 거주하는 셰어하우스(Share House)나 3~4인 핵가족들이 모여 공간을 공유하는 코하우징(Co-Housing), 사무실을 공유하는 셰어오피스(Share Office) 등 새로운 개념의 공유공간이 증가하고 있다.

3) 코하우징(Co-Housing) 라이프스타일 경향

입주자들이 사생활은 누리면서도 공용 공간에선 공동체 생활을 하는 협동 주거 형태를 일컫는 말로, '같이 또 따로' 정신을 주택에 구현한 것이라 할 수 있다. 보통 30가구 안팎의 입주자들이 마을이나 연립주택에 모여 살며 각자 라이프스타일에 맞게 주택과 공용 공간을 설계하는 게 특징이다. 입주자 개인 공간을 확보하고 공동 공간도 이용한다는 점에서 '셰어하우스'와 같은 개념으로 볼 수 있다. 코하우징은 1970년대 획일적 주거형태에 반발해 덴마크에서 시작됐으며, 이후 네덜란드, 스웨덴, 영국, 독일, 일본 등으로 확대되었다.

4) 주택 다운사이징(Downsizing) 경향

과거 중대형 아파트를 선호하던 업사이징(upsizing)시대가 있었으나, 이제는 효율과 실속을 따지는 사회적 분위기가 중소형 주택을 선호하는 주거 다운사이징 현상으로 나타나고 있다. 다운사이징이 새로운 트렌드로 자리잡은 것은 인식의 변화, 즉 집을 구입하는 것(buy)이 아니라 사는 곳(live)이라는 생각의 변화가, 집이 더 이상 재산이 아닌 라이프스타일의 틀이 되어버린 것으로 볼 수 있다.

은퇴세대에서 주택의 몸집 줄이기, 고령사회 진입과 이혼 · 만혼의 증가, 경기침체 등으로 소형 주택 수요가 크게 늘고(신규 분양 아파트의 평균 면적이 지난 5년 동안 22㎡ 줄어듦), 65세 이상 고령자 중 67.8% 이상이 자녀와 떨어져 살고 있는 점 등으로 주택 다운사이징이 가속화되고 있다.

5) 가변형 주거 개발 경향

고령사회의 진입과 생산과 소비패턴의 변화, 세분화된 기호(taste), 가치의 다원화 등 21세기에 나타난 다양한 Life Style의 변화로 인해 단지형 단독주택, 타운하우스, 코하우징 등 다양한 주거가 공급되고 있으며, 이들은 융통형 실내공간 및 내 외 공간을 통합하는 가변형 주거개발을 요구하고 있다. 가변형 주택은 거주자의 생애주기와 기호에 맞추어 주택의 내부공간을 자유롭게 바꾸려는 개인의 욕구에 대응하는 주택으로 주택의 규모 뿐 아니라 형태 및 기능의 변화도 추구할 수 있다.

1.1.4 '뉴노멀(new normal)' 시대 사회환경 변화와 주거공간의 트랜드 변화

1) 포스트코로나 시대 주거공간 변화 예측

그동안 인류는 건축공간을 쌓고 붙이고 하면서 효율적 집적을 끊임없이 추구해 오면서 도시의 숨통을 막아왔고, 그 결과 현대도시는 이제 그 존재 자체가 감염증 확산 그 자체가 되어버렸다. 우리 주변은 코로나19로 인해 미래가 순간이동 해온 것 같은 환경으로 변했으며, 비대면 · 원격사회로의 전환으로 인해 '새로운 세계'가 펼쳐질 것이 예상된다. 개인의 라이프스타일을 송두리째 바꾸는 것은 물론, 로봇과 인공지능이 끌고 가는 4차 산업혁명 시대를 앞당김으로써 기업과 개인에 새로운 기준인 '뉴노멀'이 제시되고 있으며, 이로 인해 건축 전반에 획기적인 변화가 예측된다.

코로나 팬데믹은 전 세계 모든 이의 삶에 영향을 미치고 있으며 사람들의 업무방식, 학습, 정보에 대한 액세스, 다른 이와의 연결, 엔터테인먼트 방식을 변화시키고 있다. 이러한 전 세계적 사회환경 변화에 따라 포스트코로나 시대에는 우리의 주거공간뿐 아니라 라이프스타일 전반에 다음과 같은 변화가 올 것으로 예측된다.

코로나19 이후에는 집은 더 이상 잠만 자던 곳이 아닌 경제 · 문화의 중심지가 되어갈 것이며, 집에 있는 시간이 늘어난 만큼 집의 역할과 형태도 바뀔 수밖에 없다. 삶의 질을 중시하는 주거 트랜드가 확산되고 단순한 집이 아닌 가치 있는 라이프스타일을 수용하는 새로운 주거공간을 선호한다.

재택근무나 온라인 수업이 아니더라도 집에서 온라인 쇼핑을 하고 집밥이나 배달 음식을 먹는 경우가 늘고, 취미생활이나 여가 활동 역시 많아진다. 집에 누가 없어도 집을 조정할 수 있는 기능들에 대해 수요가 증가하며, 아파트 커뮤니티 등 입주민 휴게시설에 대한 스마트서비스도 더욱 많아진다. 이렇게 집이라는 공간의 역할이 확대되면서 선호하는 집의 구조도 달라지게될 것이다. 지금까지는 실내 면적을 넓게, 효율적으로 사용하기 위해 발코니를 터서 거실을 확장한 아파트나 창문을 활짝 열지는 못하더라도 통창의 전망 좋은 고층 주상복합 등을 선호했는데, 포스트 코로나 시대에서는 넓은 발코니와 활짝 열 수 있는 큰 창, 또 테라스나 마당 등 집에서도 자연을 느낄 수 있는 공간을 필요로 하게 될 것이다.

2) '직주 일치(職住一致)'시대 주거공간의 역할 변화 예측

포스트 코로나 시대 우리의 일상과 건축 관련 제안들은 '새로운 표준'을 찾기 위한 공동체적 접근에 의미를 둔다. 재택근무가 급속히 늘어나면서 '직주 근접'을 넘어선 '직주 일치' 주거 환경이 필요해진 만큼, 현재와 같은 표준화된 주거 구조는 더는 유효하지 않을 것으로 전망된다. 직주일치에 따라 일, 취미, 휴식, 운동 등 모든 것을 집에서 해결해야 하는 현대인에게 집의 역할은 다음과 같이 변화되어야 할 것이다.

① 인공지능(AI), 로봇, 사물 인터넷, 자율 주행 차, 3D 프린팅 등 4차 산업혁명의 변화가 점진적으로 변화를 주고 있는 가운데, 교육과 업무가 가능한 공간이 아파트 단지 내에도 만들어지고, 집(주거형태)은 생산 활동, 휴식과 재충전, 문화 및 레저의 공간으로 역할이 변화할 것이므로 스마트 헬스케어홈 플랫폼 개발 필요성이 높아진다. 하나의 집 안에서도 다양한 평면 구성이 가능한 '다목적 복합 주택(업무 교육 가능 공간, 다양한 평면 가능한 구조를 쉽게 바꿀 수 있는 장수명 주택)'을 지향해야 한다. 벽식 구조가 아닌 기둥식 구조로 건설해서 라이프스타일에 따른 공간의 변화에 용이하게 해야 한다.

② 뉴노멀(New Normal)시대에는 재택근무와 홈엔터테인먼트가 일상화 된다. 이러한 트렌드는 집의 개념을 바꾸어 집을 먹고, 자고, 쉬는 공간뿐만 아니라 놀고, 일하고, 공부하는 공간의 역할이 추가되어야 한다. 이제는 서재나 놀이방, 취미실, 룸씨어터, 운동방 등의 추가된 역할을 잘 수행할 수 있는 알파룸이나 펜트리, 테라스 같은 특화설계가 더욱 진화될 것이다. 단지 내 커뮤니티와 주거서비스 역시 더욱 다양해지고, 업그레이드될 것이 예상된다.

③ 포스트 코로나의 주거문화는 사회 전반적으로 '언텍트' 현상이 가속화 될 것으로 예상되면서 주거문화와 주거공간 역시 이러한 언텍트 삶에 초점이 맞춰질 것으로 예상된다. 주거평면도 대면 접촉을 가급적 회피하는 시대이므로 조리 및 취사 공간의 비중은

커질 것이고 별도의 실내 운동 공간이 필요하게 될 것이다. 이제는 집이 단순한 주거 공간을 의미하던 것에서 벗어나 회사가 되고, 놀이터가 되고, 영화관이 된다.

④ 코로나 이후, 외출을 자제하고 집에 머무는 시간이 늘어난 만큼, 자연환기와 자연채광이 더욱 중요한 포인트가 될 것이다. 집 안에서 바람을 쐬고 햇볕을 쬘 공간이 필수적이게 된다. 2005년 발코니 확장 합법화 이후 발코니 공간은 내부 공간이 되었기 때문에 앞으로는 숨통을 터줘야 할 필요가 발생한다. 이제는 자연과 환경의 가치가 중요해진 만큼 발코니 관련 제도의 변화가 요구된다.

⑤ 감염병으로 인해 외출을 자제해야 하는 상황에서 건강과 직결되는 쾌적성을 보장해 주는 조망권과 일조권이 강조된 집은 물론, 자연과 가까운 곳에 위치해서 환기 시설이 강화된 집들을 선호하게 될 것이다. 입주자가 장시간 실내에 머물러야 할 것에 대비해 실내 미세먼지를 제거하기 위한 환기설비와 취미생활 차원에서 정원을 가꿀 수 있도록 '홈가든'을 설치하는 등 맞춤형 공간을 갖추게 될 것으로 보인다.

⑥ 최근 많은 사람들이 선호하는 스마트홈이 보다 업그레이드되어 버튼 하나로 온도, 조명, 보안 등의 제어가 가능하며 대면 접촉이 최소화된 커뮤니티 시설 또한 많은 사람들의 원하는 서비스로 각광받을 전망이다. 또한 새로 짓는 공동주택은 홈오피스 공간과 가족의 일상생활 공간을 분리시키려고 동선을 나누거나 인테리어를 다르게 적용하는 방식으로 차별화시킬 것으로 예상된다.

⑦ 단지형 아파트는 인터넷과 방역시스템을 양대 축으로 하고 확장형 주거면적의 증대보다는 엘리베이터와 커뮤니티 등에 거주민 동선의 쾌적성이 강조 될 것이다. 아파트 내, 외부에는 손 씻는 공간을 확대해야 하며, 세면대와 의류 · 신발 살균기 등이 현관 주위로 배치되고 음식물 처리기가 싱크대에 매립되는 형태가 적용되어야 할 것이다.

3) 코로나19 이후 건축 리모델링에 대한 관심 고조

최근 유행하고 있는 코로나19는 팬데믹이 되어 인류의 일상생활과 라이프스타일까지 변화를 일으켜 큰 충격을 주고 있지만, 한편으로 건축공간을 변화시키는 계기로 작용해 올 것으로 예측된다. 이제 지구촌 전체가 신종 코로나바이러스 감염증 사태를 겪으며 건축가들이 고민하게 된 주안점은 공간사용자의 밀도다. 건축공간의 밀도를 낮춰 공기의 공유 여건을 최소화하기 위해서는 널찍한 공유공간을 없애고 사용자 사이의 공간이 차단이 잘 이루어지도록 모든 생활공간의 얼개를 바꿔야할 때가 된 것이다. 그렇기 때문에 앞으로 공기질과 관련된 건축환경 관계 법령이 강화될 가능성이 클 것으로 예측된다. 또한 사람들의 삶의 변화에 따라 주거에도 총체적 변화가 예상되어 건축 리모델링에 대한 관심이 더욱 커지게 될 것이고, 코로나19로 인해 공동주택에서 단독주택이나 전원주택으로의 주거 트랜드 변화도 예상된다.

그림 1.2 뉴노멀(New Normal)시대, 단순한 집이 아닌 가치 있는 라이프스타일을 수용하는 집

1.1.5 건축 리모델링 환경의 변화

1) 리모델링 수요 예측

(1) 우리나라 건축물 현황

리모델링이 가능한 15년 이상된 건축물은 465만여 동으로 약 70%를 차지하고 있으며, 2015년 현재 520만여 동이 되었다.

더 큰 문제는 해마다 리모델링 대상 아파트는 15~20만 가구씩 늘어나고 있다는 것이며, 2025년경에는 전체 공동주택의 92%가 리모델링 대상이 될 것으로 예상된다. 여기에 낡은 상가, 오피스빌딩 등을 포함하면 리모델링 수요는 크게 증가하게 된다.

표 1.1 건축물 현황 통계자료 (국토부 2019년 말 기준)

용도별 건축물수 (7,243,472)	주거용	상업용	공업용	문교 · 사회용	기타	
	4,622,111 (63.8%)	1,294,368 (17.9%)	323,897 (4.5%)	196,569 (2.7%)	806,527 (11.1%)	
주거용 건축별	단독주택	다가구주택	아파트	연립주택	다세대주택	기타
	18.9%	9.5%	61.5%	2.3%	7.1%	1.6%
면적별 (7,243,472)	$100m^2$ 미만	$100\sim200m^2$	$200\sim300m^2$	$300\sim500m^2$	$500m^2$ 이상	
	3,251,455 (44.9%)	1,610,321 (22.2%)	539,883 (7.5%)	783,271 (10.8%)	1,058,542 (14.6%)	

표 1.2 건축물 노후도

	전국 건축물(동수기준)		주거용(동수기준)	
건축물 노후도	10년 미만	17.4%	10년 미만	13.7%
	10년~20년 미만	16.9%	10년~20년 미만	12.2%
	20년~30년 미만	20.5%	20년~30년 미만	18.3%
	30년 이상	37.8%	30년 이상	47.0%

(2) 우리나라 공동주택 공급 현황

① 공동주택이 전체 주택에서 차지하는 비중은 70%를 넘고 있다. 이는 공동주택이 보편적인 주거형태가 되어가고 있음을 시사하고 있으며 또한 공동주택의 노후화가 진행되었을 때 유지 · 관리, 즉 리모델링이 본격적으로 대두될 가능성이 있음을 간접적으로 보여주고 있다.

② 2010년 기준의 아파트 총 가구수는 860만 호(15년 경과된 아파트는 300만 호)이다. 15년을 경과한 아파트는 2011년 기준 310만 호, 2012년 기준 400만 가구, 2016년 기준은 500만 호이며, 서울시의 경우는 15년 경과된 아파트는 60만 호로 전체 아파트의 42%를 차지하고 있다. 신축 아파트의 높이는 1970년대 5층형, 1980년대 12~15층, 1990년대 이후 16층 이상 초고층 건설 등 고층화 경향이 뚜렷해지면서 용적률이 크게 높아졌다. 아파트의 고층화 경향은 미래 주택리모델링 잠재수요의 증가 요인이다.

③ 2010년대 초반 들어 주택 200만 호 공급계획에 따라 집중적으로 지어진 수도권 5개 신도시 아파트를 중심으로 아파트 리모델링 시장은 급성장할 것으로 예상되며, 한국 주택시장의 변화는 다음과 같다.

시기	리모델링 시장변화
1970~1980년대	• 대단위 주거단지개발이 활발해졌고 신도시가 개발되기 시작했다.
1990년대	• 200만 호 주택건설 시작과 함께 신도시들이 양적 팽창을 하였다.
2000년대	• 수요자 중심의 주택시장이 활발했고 주택보급률이 크게 증가
2010년대	• 주택시장 수요가 감소하면서 노후된 재고주택의 처리가 관심의 대상
2015년	• 준공 후 15년 이상 경과하여, • 법적으로 리모델링 대상이 되는 재고주택 수는 10,960천 호
2020년	• 법적으로 리모델링 대상이 되는 재고주택 수는 12,495천 호
2025년	• 법적으로 리모델링 대상이 되는 재고주택 수는 13,884천 호

(3) 사회 환경변화에 따른 성능 향상 기술

항 목	성능향상 기술
① 구조보강	• 내진보강(2005년 건축구조설계기준 개정, 내진설계 강화) • 설비기기의 내진성능 향상
② 방재 · 방범기술	• 방재설비 등 법 개정에 따른 적법화 및 방재 · 방범설비의 신뢰성 향상. • 방범 센서, ITV(Industrial Television : 폐회로 텔레비전) 감시, Key Box, Card Reader 등
③ 설비기능 갱신	• 소방설비 향상(펌프, 배관 등) • 자가발전기 설치(에너지 절감, 발전기 용량 검토) • 보급수 확보(물배관 계통, 저수조, 저탕조 등) • 경비기계장치 설치(빌딩관리시스템, 보안시스템 등)
④ 노약자 보호	• 난간 설치(편의시설 설계기준 적용) • 휠체어용 화장실 설치(고령자 대응, 여유공간 확보) • 바닥문턱 해소(보조기구 사용자 이용 가능) • 동선 단축(생활 편의성, 최단거리 배치)
⑤ 환경적 배려	• 프레온가스 대책(지구온난화 방지) • 쓰레기 문제(리사이클링, 환경부하에 영향) • 중수 이용(절수형 설비기기 설치, 오수정화 후 재사용, 빗물 재활용) • 석면 문제(발암물질, 법규 강화)

4) 스톡(stock)관리형 사회로의 변화

주택공급 확대로 건축물이 지속적으로 건축되므로 재고(stock)된 건축물의 재해 및 재난을 예방하고, 시설물의 효용을 증진시키도록 하는 것이 필요하다.

스톡(stock)형 사회에 대비하여 기존 건물을 체계적으로 유지관리하여 건축물의 기능적 · 사회적 가치를 상승시키고, 건물의 질적 성능 저하와 주거환경의 슬럼화를 막는 새로운 시스템 도입이 필요하다. 서구 선진국에서는 오래 전부터 건축물의 리모델링이 건설산업의 중심영역으로 건축문화를 선도하고 있다. 국내 건설업계 최근 리모델링 분야가 건설시장 침체를 타파할 수 있는 돌파구로 인식하고, 적극적인 사업추진을 시도하고 있다.

1.1.6 건축기술개발 변화

1) 미래건설기술 예측

주택 부문의 기술적 이슈로는 미국, 유럽, 일본 등 주요 기술 선진국을 중심으로 장수명, 리모델링, 에너지절감, 주거환경 개선, 주택관리, 친환경주택, 스마트주택 등에 대한 기술개발이 활발히 추진 중에 있다.

미래 건축기술은 쾌적한 생활공간 창조를 목표로 건축성능(사용성, 안전성, 내구성, 가변성, 쾌적성, 편리성, 유지관리 용이성, 재활용 등)의 극대화를 추구할 것으로 예측되며 관련 요소기술은 다음과 같다.

항 목	내 용	
① 리모델링설계	• 주택 정보화시스템	• 하수 및 폐기물 처리기술
	• 개보수가 용이한 배관시스템	• 고성능 냉난방 제어기기
	• 전열교환 환기시스템	• 자연에너지 및 미활용에너지 이용시스템
② 리모델링 핵심기술	• 수직증축 설계기술	• 수평증축 설계기술
	• Prefab재활용기술	• 유지관리 설계기술
	• 주차장 최적화기술	• 부재 경량화기술
	• 리모델링 에너지 외피기술	• 설비 연계 및 교체기술
③ 21세기 건축의 변화	• 최첨단 건축마감재 등장	• 친환경 생태재료
	• 대체에너지 개발	• 사물인터넷
	• 스마트주택 등	• 인간의 오감을 능가하는 센서재료의 발달

2) 에너지 저감 정책과 기술

국가 온실가스 감축 26.9% 달성을 위해서는 기존 건물에 대하여 평균 30~35%의 에너지효율화가 요구되므로 건축+설비+자재+IT+신재생에너지를 패키지(package)화하여 제로에너지 지향적 그린 리모델링 기술을 보급하여야 한다. 에너지저감 기술의 경우에도 2017년 패시브주택, 2025년 제로에너지주택 건설 의무화를 목표로 녹색건축물 조성 지원법, 에너지절약 설계기준 강화 등을 통해 추진하고 있다.

1.1.7 건축 리모델링 정책의 주요 변화

아파트 공급 초기에는 기능을 우선시한 양적 팽창 위주였으나 점차 삶의 질을 높이는 질적 팽창(브랜드 주택)으로 변화되었고, 현대에 와서는 건축 성능과 삶의 변화를 수용하는 고성능 아파트(가치 실현 주택) 시대가 되었다.

1) 건물 성능인정의 변화 추이

년도	정책변화
1979	주택건설기준 마련
1988	내진설계 도입
2001	친환경인증 도입
2002	바닥충격음 기준 설립
2004	실내공기질 관리
2005	발코니 구조변경 허용, 15층 이상 스프링클러 등 소화 제연설비 강화
2006	주택 성능등급 표시, 시간당 0.7회 환기설비 의무화
2010	내진설계 강화
2014	에너지절감률 30% 주택 실현

2) 리모델링정책의 변화 추이

년도	정책변화
2003	리모델링 법적 근거 마련, 사업시행 시 조합원 동의율 100%→80%로 완화
2005	주거전용면적 1/10 이내의 증축 허용, 조합설립 동의요건 67%로 완화
2007	리모델링 허용년한 15년으로 단축
2011	85㎡ 미만 증축 40%로 확대(수직증축 불허)
2013	수직증축 허용 및 세대수 증가범위 15%로 확대
2014	재건축 연한 40년 → 30년으로 단축
2016	세대간 내력벽 일부 철거 허용

1.1.8 주거공간 창출 기술의 진화에 따른 리모델링 방향 설정

최근 미래의 아파트는 여러 가지 사회현상의 변화에 따라 2030년 정도가 되면 지금까지와는 전혀 다른 주거환경으로 변신이 될 것이라고 한다. 창조직업 스타일, 홈오피스 스타일, 패밀리 리빙 스타일, 실버 스타일, 그룹 리빙 스타일, 코쿤 스타일 등 5가지의 거주 라이프스타일을 설정하고 이러한 유형들이 군집을 이루는 아파트형 건물들이 우리 주변을 채울 것이라고 한다. 이 건물은 장소의 성격에 따라 적정하게 배합돼 층이 나뉘고 동시에 다양하게 구성된다. 각 군집(群集)엔 공동의 시설이 존재하는 공간을 만든다. 창조직업 군집은 전시 공간과 대형 작업 등이 가능한 공동 공간, 홈오피스 군집은 회의, 세미나와 같은 비즈니스 공동 공간, 실버 군집은 의료 및 여가 시설을 수용하는 공동 공간 등이 수용된다. 이러한 주거공간 기술의 진화에 맞추기 위해서는 다음과 같이 리모델링 방향이 설정되어야 한다.

항 목	내 용
① 수요다변화 대응 주택	• 비용절감형 생애맞춤 주택기술 • 생애맞춤 장수명(Life time Open Housing) 주택기술 • 재사용 구조형 주택기술
② 미래형 스마트 주택	• 에너지 저감 주택/친환경 저에너지 주택 • 저비용(Cost friendly) 고층형 Passive 공동주택 기술 • 고품질 주택성능 향상 • 앱 기반 스마트주택기술 • 재해대응 안전한 주택 • 첨단 기능성 건강주택 자재기술
③ 사용가치 창출형 주택	• 공동주택 생애주기대응 유지관리 • 노후주택 그린 리모델링 확산 • Plus Floor 안전증축 리모델링기술 • 비용 제로 소규모주택 주거환경개선기술
④ 지속가능한 복지주택	• 맞춤형 주거복지 구현 • 고령자 · 장애인 등 주거약자를 위한 주거지원 통합시스템 구축기술 • 헬스케어 스마트홈 구현 • 주거복지 구현을 위한 생활밀착형 주거성능개선기술

1.1.9 세계 각 국의 리모델링 유형

선진국들은 주택성능 향상 뿐아니라 무장애주택, 평생주택, 에너지 절약, 그린이미지, 커뮤니티 강화 등 다양한 목표 설정으로 리모델링 아이템의 범위가 넓은 편이다.

1) 영국의 공동주택 리모델링 유형

영국의 공동주택 리모델링은 주거성능을 향상시키는 것은 물론 대규모의 수선 보다는 거주자의 필요와 요구에 따른 지속적인 수선, 주택 내 공간 및 가구의 접근성 극대화, 장애인 등 사회적 약자를 고려한 리모델링이 활발하다. 동시에 건축물에너지 소비량을 절감하고 온실가스 배출량을 감축하는 것까지 포괄적인 목표로 추진하고 있다.

영국 공공임대주택의 리모델링 목표는 무장애와 평생주택의 실현에 있다. 즉 거주자의 생애주기에 맞춘 공간, 시설 및 설비의 순응성(adaptability)과 더불어 남녀노소 및 신체적 특징에 관계없이 주택 내 외부를 안전하고 편리하게 이동하는 것에 중점을 두고 있다.

2) 프랑스 임대주택의 주요 리모델링 유형

프랑스 임대주택 리모델링의 목표는 주택성능 향상을 동반한 커뮤니티 강화와 Green & Image개선이다. 주로 공간개선 및 단지 내 지역주민을 위한 시설의 신설 등이 적용되며 주동과 주호는 노후화된 주택시설 및 설비 개선이 주를 이루고 있다. 미국은 기존 건축물의 에너지 효율을 향상시키는 방향으로 리모델링을 추진하고 있다.

3) 우리나라 리모델링 유형

① 주호부분에서 발코니 확장 등 증축을 통한 주거면적 확보, 평면 재구성, 필로티 증축으로 1층 증축, 세대 출입 시 안전을 위한 보조장치 설치, 무장애 욕실, 휠체어 이동 공간 확보, 수납공간 확보, 고성능 창호로 교체 등이 주로 이루어지고 있다.

② 주동부분에서는 편복도식을 계단실형으로 변경(환기, 통풍, 채광 개선), 승강기 설치, 단조로운 입면 디자인 개선, 지하주차장 신설 등이 많이 적용되고 있다.

③ 단지부분에서는 부족한 주차공간 확보, 상가 주변 연계성 확보로 커뮤니티공간 마련, 정원 및 산책로 조성, 휴게 및 조형성이 가미된 street furniture설치 등이 많이 적용되고 있다.

1.2 리모델링 개요

1.2.1 리모델링의 이해

1) 리모델링의 정의

(1) 리모델링은 건축물 또는 외부공간의 성능 및 기능의 노후화나 진부화에 대응하여 보수, 수선, 개수, 부분 증축 및 개축, 제거, 새로운 기능추가 및 용도변경 등의 행위를 통하여 건축물의 양호한 재고를 구축함과 동시에 생활의 질적 향상을 가져옴으로써 지속가능한 건축물(Environmentally Sound and Sustainable Building)을 구축할 수 있도록 하는 건축활동이다.

(2) 리모델링은 오래된 건물의 골조는 그대로 두고 외관이나 내부를 새건물처럼 바뀌게 하여 경제적, 환경적, 사회적인 가치를 극대화하는 것이며 시공방법적으로 살펴보면 대략 다음의 3가지로 구분된다.

① 건물 내 · 외부의 마감재를 교체하여 쾌적한 내부 공간 만들거나, 건물의 이미지를 개선하는 것

② 골조만 남기고 모두 철거 한 후 거의 신축수준으로 만드는 것

③ 증 · 개축 등으로 건물자체의 모습이나 기능을 변경하는 것

리모델링은 신축건물과는 달리 건물의 상황조건이 주어져 있고 계획시점에서부터 건물 소유주의 요구와 관여도가 높은 특성을 가지고 있으며, 준공도면이 있더라도 건물의 현재상태를 파악하는 구조안전진단, 에너지 해석, 공사관리기법, LCC(Life Cycle Cost) 등에 대한 '조사 · 진단과정'이 필수적이라 할 수 있고, 이들을 진단한 후의 시공요소기술 등이 검토되어야 할 사항인 것이다.

(3) 리모델링은 건축물 또는 외부공간의 성능 및 기능의 노후화나 진부화에 대응하여 보수, 수선, 개수, 부분 증축 및 개축, 제거, 새로운 기능추가 및 용도변경 등의 행위를 통하여 이를 유지 또는 향상 · 개량하여 건축물 및 외부공간의 성능을 유지 또는 향상시켜 건축물의 양호한 재고를 구축함과 동시에 환경을 보전하고 자원낭비를 줄여 지속가능한 건축물을 구축할 수 있도록 하는 건축활동이며, 냉난방, 위생, 소화 등의 배관, 및 각종 장비류의 보수교체, 자동제어 개선을 통한 정보처리 능력을 향상시키고 전기용량, 엘리베이터 관제기능, 변전설비, 조명 성능향상을 통하여 새로운 분위기를 창출하는 것이다.

또한 건축물의 내외장, 방수, 인테리어 등의 공사로 쾌적한 실내공간을 이룩하여 에너지절약 운영비용의 절감을 이루어 저비용으로 최대의 재산 가치를 향상시키는 데 그 목적이 있다. 따라서 리모델링은 단순히 낡은 것에 대한 수선이 아니라, 새로운 기능과 부가가치를 창출하는 재창조의 과정이다.

(4) 리모델링이라는 용어가 공식화된 것은 정부가 2001년 건축법에 처음으로 리모델링이라는 용어를 사용하면서부터이며, 2003년 개정된 주택법 제21조 13항에 다시 리모델링을 '건축물의 노후화 억제 또는 기능 향상 등을 위해 대수선 또는 대통령령으로 정하는 범위 안에서 증축을 하는 행위'라고 정의했다. 리모델링 용어의 법률적 해석(안 제2조 제1항 제10호 개정)은 다음과 같다. "건축물의 사용승인일로부터 15년이 경과한 건축물의 노후화를 억제하거나 기능 향상 등을 위하여 건축물의 외부 형태나 내부공간을 재(再)구성하고 주요 구조부나 건축재료, 건축설비 등을 보강하거나 새롭게 설치하는 행위를 말한다"로 하여 대수선 및 증축과 구분되도록 하였다.

2) 리모델링 관련 용어 이해

리모델링 건축활동은 크게 유지관리(Maintenance)활동, 보수(Repair)활동, 개수(Renovation)활동으로 구분하며, 리모델링과 관련한 용어들은 현재 명확한 개념이나 정의 없이 혼재되어 있는 실정이다. 국외의 경우 미국에서는 유지관리 단계에서 발생하는 다양한 활동과 시장을 통칭하는 용어로 리모델링(Remodeling)이 보편적으로 사용되고 있다.

용어	내 용
유지관리	건물의 초기 성능, 즉 준공시점의 성능을 유지하기 위한 청소, 점검, 교체 등 일상적 활동을 의미한다.
보수활동	수명이 다하여 파손되거나 기능이 저하되는 구성부품 또는 부재들을 원래 상태로 회복시키는 활동을 의미한다.
개수활동	건물의 성능을 새롭게 향상시키는 활동을 의미한다. 즉 건물에 새로운 기능을 부가하거나 부분적인 성능을 준공시점 보다 향상시키는 활동이다.

① 개량(Modernization) : 건축물 및 그 부품, 기기 혹은 시스템의 성능이나 기능을 현재 요구하고 있는 수준까지 개선 또는 변경하는 것

② 개수(Improvement) : 열화한 건축물 등의 성능, 기능을 초기의 수준 이상으로 개선하는 것

③ 개조(Renovation) : 기존 건축물 등의 일부를 변경하는 것

④ 개축(Reconstruction) : 건축물의 전부 또는 일부를 철거하고 구조, 규모, 용도를 현저히 변화시키지 않는 범위 내에서 원래의 장소에 다시 건축하는 것

⑤ 갱신(Renewal) : 열화한 부재, 부품, 기기 등을 새로운 물건으로 교체하는 것

⑥ 복원(Restoration) : 소실 또는 개조된 건축물 등을 건설 당초 또는 실제 있었던 시점의 상태로 재현하는 것

⑦ 보수(Maintenance) : 대상물 조기의 성능 및 기능을 유지할 목적으로 주기적 또는 계속적으로 행하는 소모품 교체 등의 경미한 작업

⑧ 보전(Maintenance and Modernization) : 건축물 및 제 시설 등의 기능 및 성능을 사용목적에 적합하도록 유지 또는 개량하는 제 행위, 유지보전과 개량보전으로 구분

⑨ 수선(Repair) : 열화한 부재, 부품 혹은 기기의 성능 또는 기능을 원상 또는 실용상 지장이 없는 상태까지 회복시키려는 것

⑩ 점검(Inspective) : 대상물이 기능을 수행하는 상태 또는 대상물의 마모 정도를 조사하는 것

⑪ 증축(Extenstion) : 기존 건축물에 추가하여 바닥면적을 증가시키는 것. 동일 부지에 별동으로 새롭게 건설하는 경우도 부지단위에서 본 경우는 증축으로 간주

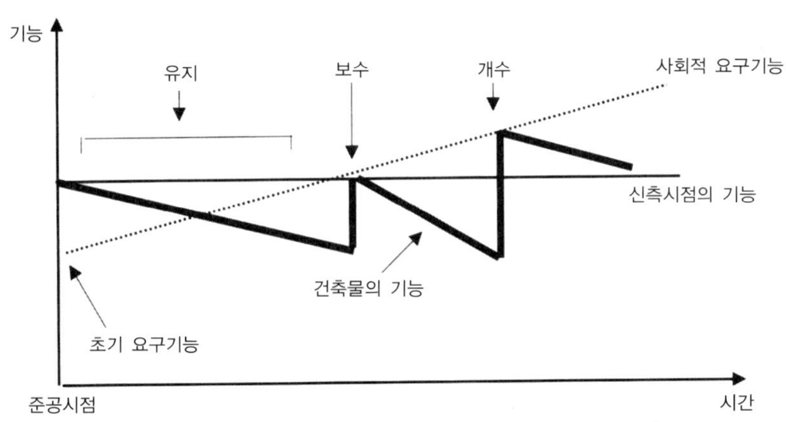

자료 : ぎようせい, 「新」建設市長 2010までの展望, 1998, p.15

그림 1.3 유지 · 보수 · 개수의 개념

3) 건물의 라이프사이클과 리모델링 단계

① 노후화 대응형 리모델링 : 준공과 동시에 노후화 과정에 들어서는 건물은 방대한 부품과 부재 등의 집합체라고 볼 수 있는데, 이들 구성부품 또는 부재들은 각기 적정 수명을 갖고 있다. 또한 건물이 처해 있는 환경에 따라 각 구성물의 노후화 정도도 다르게 나타난다. 이러한 문제점에 대응하여 수리 · 교체 · 갱신 등의 보수활동이 요구되는데, 이를 건물 리모델링의 제1단계라 한다.

② 성능향상형 리모델링 : 건물의 사회적 · 경제적 성능을 한 단계 향상시키기 위한 활동을 의미한다. 사회환경 변화와 관련해서는 구조보강, 방재 · 방범 향상, 노약자 보호, 환경적 배려 등을 위한 리모델링이 요구된다. 그리고 수요의 다양화에 대해서는 정보화 대응, 에너지 절감, 쾌적성 향상, 이미지 향상 등을 위한 리모델링이 요구된다. 또한 건물기능 유지를 위해서는 용도변경, 증축, 보존, 설비 갱신, 안전 확보, 방수성능 확보, 오염 제거 등을 위한 리모델링이 요구된다.

③ 용도변경형 리모델링 : 건물은 도시 또는 지역 내 환경조건의 변화와 연계하여 최적의 역할이 시기에 따라 변하는 유기체라고 볼 수 있다. 이런 관점에서 건물은 노후화 정도와 관계없이 효율성 기준에서 새로운 부가가치를 창출할 수 있는 방향으로 용도 전환을 시도할 필요가 있다. 이러한 용도전환의 필요성에 영향을 주는 요소에는 도시계획 관련 용도지역 또는 개발계획의 변화, 지하철 · 도로건설 등 새로운 교통환경의 변화, 주변에 새로이 들어서는 영향력 있는 공공 또는 민간시설물의 형성, 의 · 약분업과 같이 건물의 용도에 새롭게 영향을 주는 사회적 수요의 발생 또는 변화, 새로운 사회적 가치나 문화의 형성 등 여러 가지가 있다.

4) 리모델링의 유형

① 구조적 유형의 리모델링 : 최근 지진이나 화재 등 재해에 대비하기 위한 기준 강화에 따라 구조적 성능개선이 요구되고, 수평 및 수직증축, 건물사용 용도 변경에 따른 건축물의 안전과 내구성능 강화도 해당된다.

② 기능적 유형의 리모델링 : 건축설비시스템은 다른 건축요소에 비해 경년에 따른 성능 저하가 빠르게 발생하므로 건물리모델링의 주요 대상이 된다. 통신기능의 강화, 건물의 인텔리전트화, 스마트화 등 사회적 요구에 대응하는 공사들이다.

③ 미관적 유형의 리모델링 : 건축물은 예술성과 역사성을 지닌 미적 조형물로 그 구조물 속에서 생활하는 인간의 미적 요구를 충족시켜야 한다. 미적 가치는 인간의 사용욕구와 표현욕구를 모두 반영하면서 다양한 형태의 건축적 표현을 필요로 한다. 실생활 환경 개선에 영향을 주는 리모델링이다.

④ **환경적 유형의 리모델링** : 기존 건물의 열환경, 빛환경, 물환경, 공기환경 및 음환경 개선은 거주의 쾌적성과 건강에 직결되어 사용자의 생산성을 크게 향상시킬 뿐만 아니라 건물의 에너지 소비절약에도 기여하게 된다.

⑤ **에너지 유형의 리모델링** : 건축물의 에너지소비는 건물의 라이프사이클 코스트를 결정하는 가장 중요한 요소가 되므로 건물성능 개선 분야 중에서 비중이 가장 크다. 건물의 에너지소비량을 절감시키면서도 에너지효율성을 향상시켜 전체적인 에너지비용을 절감시킬 수 있다.

⑥ **경제적 유형의 리모델링** : 건축물의 경제적 가치는 건축의 효용가치와 기능 수행을 위한 사용자 요구가치를 증대시키는 것이 목적이다. 리모델링을 통해 건물의 사용가치를 극대화하고 경제적 이득을 얻으려는 의도에 따라 리모델링 건축행위가 이루어진다. 설비시스템 변경, 기능 갱신에 의한 스페이스 창출, 운전비 저감 등이 있다.

5) 일반건축물 리모델링 설계 시 검토사항

① **구조 리모델링 설계** : 구조안전성을 기본으로 하고, 내진성능 향상을 위한 다양한 보강 방법 및 외장재의 박리 방지를 위한 보수, 중성화 억제, 증축 및 철거에 대한 공법들을 체크한다.

② **외장 리모델링 설계** : 기존의 노후된 외장재 위에 최근 개발된 외장재로 새로운 외피를 입히거나, 기존의 외장을 철거하고 새롭고 다양한 디자인 기법으로 리모델링효과를 최대화할 수 있다.

③ **내장 리모델링 설계** : 내부공간의 구획을 재설정하고 마감재 교체, 각종 설비 교체 등으로 건물 이용자의 편의를 도모하고 쾌적성을 증대시킨다. 벽지 교체, 도장, 바닥재 교체 등에서부터 칸막이 리모델링까지 다양하다.

④ **환경 리모델링 설계** : 자연에너지 활용과 에너지절약을 위한 설비기기 교체, 기존 옥상을 이용한 녹화, 외피의 단열성능 향상, 배리어프리를 위한 디자인 등에 대해 고려하도록 한다.

⑤ **부분 리모델링 설계** : 인텔리전트화에 대응한 공간과 설비의 리모델링, 특히 Access Floor 설치에 대비한 층고 및 천장고와 연계되어 이들을 설계에 반영한다.

⑥ **증축 리모델링 설계** : 건물 상부에 증축하거나 시설 건물의 옆에 증축하는 방법으로써 이때는 용적률, 기존 건물의 법적 소급 등에 유의할 필요가 있다. 주차시설과 정화조 용량에 대한 법규 검토가 전제되어야 한다.

⑦ **용도변화 리모델링 설계** : 건물의 용도변경, 입주자 교체에 따른 사용변경 등이 있다.

⑧ **재생과 보존 리모델링 설계** : 문화 계승이라는 의미에서는 중요한 과제이다. 역사적 건축물 등을 리모델링하여 효율적으로 활용하는 것이다.

6) 건축 리모델링 파급효과

(1) 리모델링을 통해 기대할 수 있는 파급효과

① 리모델링은 국가 사회적인 측면에선 건축물의 수명이 연장되고, 에너지 절약, 환경보존, 정보통신시설의 기반화, 도시환경 개선 및 자산가치가 향상되는 효과가 있다.

② 소유주 측면에선 수명이 연장되고 공간의 가변성이 증대되며 에너지 절감, 자연에너지 활용, 환경친화적인 건축물, 자원의 재활용, 정보화 기반조성, 시스템 통합 및 효율성 제고, 주변 건축물과의 조화, 외부공간과의 조화, 경제적 가치향상, 최적운영시스템 설치 등의 효과가 있다.

③ 건설산업계 측면에선 건설경기 진작효과와 고부가가치가 창출되는 장점이 있다.

④ 신축대비 기초공사 및 골조공사비가 절감되며, 공사기간이 단축되고 토목공사 미실시로 공사기간이 짧아져 민원과 영업 손실이 감소되며 정책자금 활용도 가능한 장점이 있다.

(2) 건축 리모델링을 통하여 기대할 수 있는 파급효과

① **자원절약**(Resource Conservation) : 건물의 수명을 연장시킴으로써 건설 분야에 투입되는 막대한 자원을 절약할 수 있다. 에너지성능 개선을 위한 리모델링은 국가에너지 소비의 약 1/4을 차지하는 건물 부문에서의 에너지 소비를 절감하고 건물의 수명을 연장시킴으로써 막대한 자원을 절약할 수 있다. 고효율 기기의 도입으로 전력비용, 냉난방 에너지비용, 상·하수도비용 등을 절감하고, 고효율 단열재의 사용으로 열손실을 방지할 수 있다.

② **환경보전**(Environmental Conservation) : 건물리모델링은 환경보전 측면에서 각종 환경폐기물의 발생 억제와 탄산가스 배출 절감으로 지구환경보전에 기여할 수 있다. 주거용 건축물의 온실가스 배출기준 점유율은 약 28%이고, 이 중에서 58% 정도가 난방에너지 소비가 차지하고 있어 이에 관한 정책개발이 요구된다.

③ **건축시장 확대**(Expansion of Construction Market) : 건축시장 확대 측면에서 신축 위주의 건축시장은 기존 건축물까지 확장함으로써 침체된 건설경기 활성화에 기여할 수 있다. 이를 위해 입주민들이 조합을 결성하여 리모델링사업을 할 수 있도록 비현실적인 건축기준과 규제 장벽을 완화하여 투자여건을 만들어 주어야 한다.

④ **신 고용창출**(Creation of New Employment) : 기존 건설고용과 달리 새로운 전문지식과 기술을 필요로 하는 전문건설인 고용이 확대된다. 건설시장 확대를 통한 건설인력 고용 확대와 함께 차별화된 새로운 전문지식 및 보수보강기술 개발이 가능하다.

⑤ **폐기물 감축** : 재건축시 발생되는 콘크리트폐기물 및 기타 산업폐기물은 환경오염뿐만 아니라 녹지대를 훼손시키는 주요인으로 작용하고 있다. 리모델링을 통한

건물의 수명연장은 건물폐기로 인한 소음·먼지공해 및 각종 환경폐기물 발생을 억제할 수 있다.

⑥ **대형 재해 예방** : 건축물의 유지관리가 부실하면 대형 재해를 가져오게 된다. 유지관리 및 진단, 개·보수를 통한 사전대책이 더 큰 재해(붕괴, 누전, 누수 등)를 방지할 수 있다.

⑦ **전통 보존** : 역사적으로 중요한 건물 보존 및 복원을 위해서는 개·보수공사를 통한 유지관리에 역점을 두고 있으며, 그 형태는 다음과 같다.

– 역사적 유적을 유산으로서 용도가 건조 당시와 변함이 없도록 유지·보존하는 것
– 시대의 변천과 더불어 외관, 형태는 당시 그대로 보존하면서 내부는 근대생활에 맞춘 양식으로 개조하는 것

⑧ **유지관리비용 절감** : 점검과 보수가 용이한 기기 도입, 운전 및 감독에 자동화기기 도입, 청소가 용이한 마감재 및 시스템을 도입하여 비용을 절감시킨다.

1.2.2 리모델링 목적

리모델링의 목적은 건물의 구조, 기능, 미관, 환경성능이나 에너지 성능 등의 개선을 통해 거주자의 생산성 및 쾌적성을 향상시킴으로써 건물의 가치를 상승시키고 경제성을 높이는 것이다. 이러한 리모델링 계획의 목적을 달성하기 위해 물리적 측면, 경제적 측면, 사회적 측면을 고려하여 리모델링 계획을 수립하여야 한다.

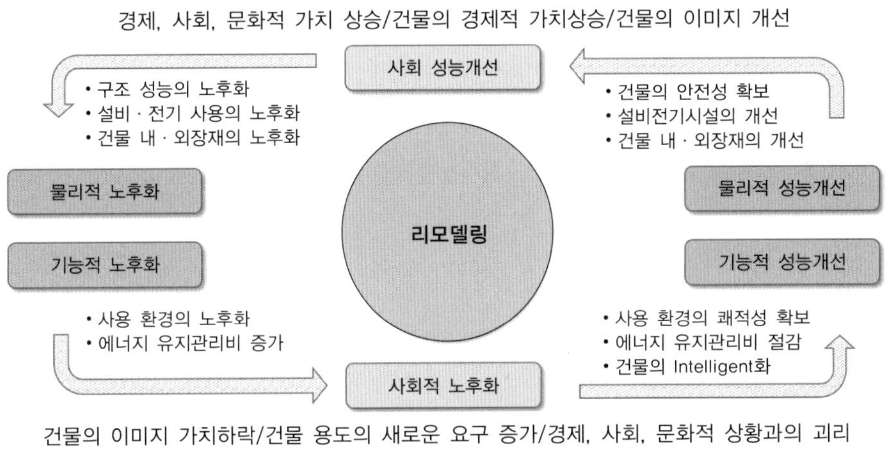

그림 1.4 리모델링 계획수립도

(1) 생활공간의 성능개선

생활공간의 성능개선 기술로 최근에 워크스페이스(Work Space) 조성을 위한 기술, 배리어프리(Barrier Free)화 기술이 요구되고 있으며, 이는 사람의 신변안전에 직접 관련

되기 때문에 구체적인 생활스타일과 이를 지원해주는 건축·환경의 정합(整合)이 요구되고, 정합의 좋고 나쁨이 생활의 활력소, 쾌적함에도 직접적인 영향을 미친다. 리모델링은 공조시스템, 사무자동화 설비, 위생설비, 전기설비 등 설비 전체를 개선하고, 성능 개선을 통해 유지관리비를 절감할 수 있다.

(2) 환기기능 저하의 문제점 해결

건물은 시간이 경과함에 따라 각종 설비가 노후화되고 실내환경이 점차 악화되므로 실내공기환경의 중요성이 새롭게 인식되고 있다. 건축물의 기능성, 안전성, 쾌적성 등의 구체적인 환경개선 요구에 대응하기 위하여 건물리모델링이 필요하다.

현대인들은 하루 중 80% 이상을 건물 안에서 생활하고, 하루 20~25kg의 실내공기를 마시므로 쾌적한 실내공기 환경을 위해서는 환기설비의 개선이 필요하다.

(3) 쾌적성 향상

실내환경의 쾌적성과 생산성 연구에서 관리자와 업무자가 동시에 원하는 실내환경의 요구로 알맞은 조명(88%), 안락한 의자(73%), 쾌적한 환기(70%), 적정온도(69%), 손쉽게 다룰 수 있는 사무용 기기와 사무용품(69%) 등으로 나타났다.

건강한 생활환경 향상을 위해서는 다음 사항에 대한 개선이 이루어져야 한다.

① 빛 환경에 대한 요구는 OA기기 대응을 위한 조명에 루버를 설치하고 이용자의 고령화에 따른 고조도 대응, 에너지 절감을 위한 간접작업조명이 요구된다.

② 공기환경 개선으로는 공조설비의 리모델링뿐만 아니라 분진과 연기에 대한 대응도 고려해야 한다. 요즘에는 향기(香氣) 문제에도 관심이 많아져 이에 대한 리모델링 요구도 점차 다양화·고도화되고 있다.

③ 소리환경에 대해서는 차음성능 향상, 기기소음, 배수소음, 층간소음 개선에 대한 요구가 많다.

④ 화장실 설비 개선은 변기 교체, 고성능비데 설치, 급탕설비 증강, 주방은 시스템키친으로의 요구도 있다.

(4) 인텔리전트빌딩 구축

현대 건축물은 고도의 빌딩자동관리시스템 및 정보통신기능을 갖추고 빌딩에서의 사무자동화, 건물자동화, 정보통신시스템 등 각 설비와 기능을 양호하게 유지관리를 하여 사용자에게 맞는 서비스를 제공하는 인텔리전트빌딩 구축을 요구하고 있다. 따라서 구 건축물도 시대에 맞는 업무공간으로 변신하기 위해서는 리모델링공사가 필요하다.

(5) 다양한 실내공간 창출

건물의 특성을 고려한 다양한 공간을 창출하여 사용자들의 편리성 향상을 도모해야 한다. 건물의 개 · 보수를 통하여 적정한 온도 · 습도 · 소음 문제를 해결하고 저전력, 고조도의 쾌적한 조명기구로 다양한 실내분위기를 창출함으로써 입주자 및 고객의 만족도를 향상시키는 편의성을 창출한다.

(6) 적법 상태로의 유지

시대와 함께 건축물과 관련된 법률이 강화 또는 개정되어 이전에는 적법했던 건축물이 위법이 되는 경우가 있으므로 그에 대한 충분한 대응이 요구된다.

(7) 안전성 확보

안전성에 대한 요구는 일반적으로 시대적 요구와 함께 높아지는 경우가 많으므로 그에 대한 충분한 대책이 필요하다. 방재, 방범 기능과 내진성능을 강화하고, 구조적 균열이나 타일의 박리현상 예방 등을 통해 종합적인 안전성을 향상시킬 수 있다.

(8) 건물의 이미지 향상

건물의 기능적 열화상태(진부화)를 극복하고 고도의 기능상태 수준을 확보하기 위해 건물의 이미지 향상 노력이 필요하다. 노후화되고 퇴색된 외관을 최신 디자인과 고품질의 자재로 바꾸어 새로운 모습을 만들어 외관을 바꿈으로써 건물의 이미지를 향상 시킬 수 있다.

① 내 · 외장 혁신에 의한 건물 내 근무자들의 의욕 고취
② 주변 건물과의 차별화로 경쟁력 강화
③ 기업 이미지 혁신
④ 업무용 빌딩으로의 부가가치 향상 도모
⑤ 효율적인 공간 활용으로 임대면적 확대
⑥ 입주자 확보 및 입주자 이탈방지

(9) 에너지절감

설비 리모델링으로는 최신 에너지절감 공조시스템 채택과 태양열 및 자연에너지 이용이 있고, 건축적으로는 단열재 보강, 외부 창호 갱신에 의한 단열성능 향상으로 에너지를 절감할 수 있다.

(10) 건물의 수명연장

기존 건물의 내구성을 더욱 높이고, 내용년수를 연장하여 건설자원낭비를 최대한 막고

건설폐기물로 인한 환경문제에 적극 대처할 필요가 있다.

① **장수명 공동주택** : 100년 주택(CHS)이 가능하도록 신축설계 시부터 주택의 형태 변경을 예상하고, 설비시스템 등을 호환할 수 있게 한다. 공간의 내부를 가변요소(Infill)로 적용한다.

② **가변형 공동주택** : 가족변화에 대응할 수 있게 주택의 규모, 형태, 기능을 변화시킬 수 있도록 재료나 설비의 모듈화 및 규격화가 될 수 있게 한다.

(11) 재무적 개선

리모델링 비용 대비 높은 수익적 효과를 목적으로 한다. 주로 에너지나 관리인력 등의 관리비 원가절감, 그리고 임대료 상승, 공실해소 등 임대수입 증대, 이 결과로 인한 매각가치 향상 등이 해당된다.

① 유지관리비의 최소화-노후화된 설비 및 장비의 사용으로 에너지 사용이 과다하게 증가하는 경우 성능 개선으로 관리 효율성 증대.

② 건축물 내 비효율적인 공간의 재활용-건축물 내 현재 사용되지 않고 있거나 비효율적으로 운영되는 공간을 찾아 개선 및 실내 환경의 변화 유도

(12) 기타 리모델링 목적

① 노후설비 교체
② 누수 방지, 옥상방수 및 단열
③ 취약 부분 보강
④ 상권변화에 따른 적응
⑤ 임차인 변경 및 임대료 인상
⑥ 건물의 LCC비용 절감
⑦ 일조권 확장
⑧ 동선 확보
⑨ 소방활동 원활 등을 성취하는 데 있다.

그림 1.5 리모델링 전·후

1.2.3 건축 리모델링의 필요성

1) 재건축의 폐해

건물의 수명은 골조를 중심으로 보면 60년인데, 공동주택의 경우 경제수명 이론 관점에서 최적의 경제수명을 추정할 때 35년 정도라고 한다. 그러나 국내 건설시장은 신축 위주의 기존 주택정책에 치중한 결과 유지관리 개념이 거의 없는 상태로 인해 20년도 안 된 건축물들이 철거 후 재건축되고 있는 실정이다. 재건축 관련 자료에 따르면 재건축된 건축물의 64.4%가 20년 미만인 것으로 나타나고 있으며, 현재와 같이 20년도 안 되어 재건축할 경우 건설쓰레기 발생, 자원낭비, 사회비용 발생 등 사회 문제화(우리나라 주택 교체수명 약 27년, 유럽 약 70~130년)되어 국가경쟁력이 떨어지고, 국민 개개인의 재산관리 측면에서도 커다란 손해를 보게 된다.

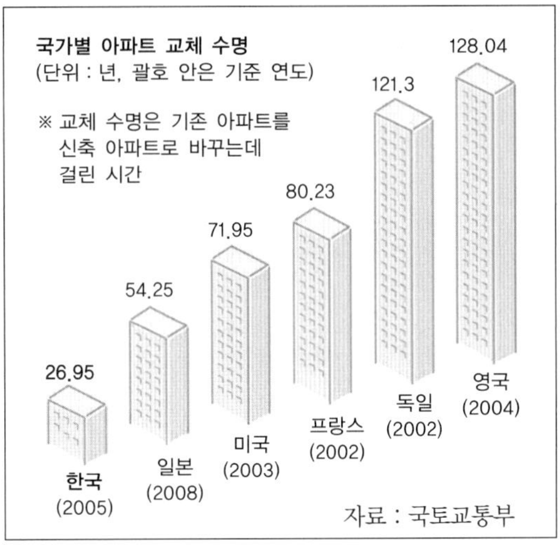

2) 기존 아파트단지의 문제점

리모델링설계에서는 주동의 배치를 바꿀 수 없으므로 그 한계를 극복하고 특화시키는 것이 아파트단지 리모델링설계의 주안점이다. 즉 주동의 배치계획에 따른 계획적 조경계획은 한계가 있지만 지상주차장을 지하주차장화하고 지상에 녹지공간 및 휴식공간을 확보하고 부대복리시설을 증축 · 신축하여 재배치하고, 건물이나 옥상공간을 주민들의 휴식 및 피트니스센터로 재구성하여 특화하는 것이다. 기존 아파트 단지의 공통적인 문제점은 다음과 같다.

① **부대복리시설 미흡** : 주민 간 커뮤니티 공간이 결여되어 있고, 건강 관련 부대시설의 미비 등으로 문화적 주거생활이 곤란하여 이에 대한 보완이 요구된다(피트니스센터, 독서실, 주민카페, 동호인실, 택배보관실, 실내골프연습장 등).

② **주차공간 부족** : 70~80년대에는 지상주차장만으로도 주차장이 넉넉했다. 법적인 기준도 가구당 0.4~0.6대였으나 지금은 가구당 1.3~2.0대의 법적 기준을 적용하고 있다. 실제로도 가구당 차량 보유대수가 증가하여 리모델링 추진 중인 단지의 주민들은 지하주차장을 확보하여 세대당 1.5~1.8대를 요구하고 있다.

③ **조경공간의 미활용** : 옥외공간이 대부분 주차장화되어 공간이 절대적으로 부족하며, 그나마 있는 조경공간도 조경수 등이 제대로 관리되고 있지 않아 녹지공간의 역할만 하고 있다. 주민간 커뮤니티 공간 조성 및 조경시설 재배치가 필요하다.

④ **보행 및 차량 동선의 혼재** : 기존 단지들의 동선체계는 대부분 차량 위주의 동선체계로 되어 있으며, 차도와 인도 구분이 없는 경우가 많다. 이러한 보차동선의 혼재는 단지 내 위험요소로 작용한다.

⑤ **주거공간의 협소** : 기존 아파트들은 진부한 평면구조로 되어 있는데, 소득수준 향상과 삶의 질 개선 요구에 의해 주거공간의 확장 요구가 크고, 1Bay나 2Bay 평면에서 3Bay 이상의 평면을 요구하고 있다. 또한 침실 및 화장실과의 개조나 확장이 크게 증가하고 있다. 1인당 주거면적이 2018년 31.7㎡, 최저 주거기준 미달가구 비율도 2018년 111만 가구(전체 가구의 5.7%)로 주거의 질적 수준 개선이 요구된다.

⑥ **기타** : 1개의 화장실 구조, 녹슨 배관, 노후 ELV, 부족한 장기수선충당금, 부족한 전기 · 수도용량, 높은 관리비 등도 문제점으로 지적되고 있다.

3) 고층아파트의 사회적 문제

1980년대 초반까지 건설된 저층아파트는 대부분이 저층 · 저밀도 단지로 조성되었으므로 건축물이 지니고 있는 고유의 내구년한이 경과되기도 전에 재개발에 따른 수익성 기대심리와 사회적 · 기능적 측면의 노후화에 의해 조기 재건축되는 실정이다. 1980년대 후반부터 건설된 국내 고층아파트는 신축 후 10년~15년 정도부터 설비를 중심으로 노후화가 눈에 띄게 나타나 2000년 초기부터는 설비의 수선 또는 교체가 본격적으로 진행되는 시기라고 할 수 있다. 이 시기에 건설된 대부분의 아파트는 고층 · 고밀도 단지로 조성되었으며, 단기간에 걸쳐 많은 양의 물량이 건설되었으므로 향후 노후화가 상당히 진행될 경우 전혀 예상치 못했던 많은 사회적 문제가 발생할 것으로 예상된다.

4) 사회적 현상의 변화

① 선진국에서는 천연자원 고갈, 설비기기 고도화 등으로 에너지, 노동력, 기자재 등 모든 자원을 유효하게 이용하는 것이 주요 관심사로 대두되고 있다. 앞으로 에너지 비용은 지속적으로 상승할 것이고, 자원절약과 연계되어 연수가 많이 남아 있는 건축물에 대해서는 재개발 · 재건축 등에 제약이 있을 것으로 예상된다.

② 정보화사회의 발전으로 건축물에 정보통신기능을 새롭게 추가해야 할 필요성이 대두되고 있다. 통신기능을 향상시키기 위한 정보회선 설치와 편리성 도모를 위한 각종 자동화설비가 포함된다.

③ 쾌적한 생활과 고령화에 대응한 편의시설 추구이다. 화장실이나 욕실처럼 물사용과 관련된 공간, 실내 온 · 습도, 방음, 광원과 같은 환경개선작업, 고령화, 장애인 등 복지와 관련된 시설을 개선할 필요가 있다.

5) 자원순환형 사회구축의 필요성

우리나라의 건축시장에서는 리모델링을 고려한 설계가 이루어지지 못하고 있을 뿐만 아니라, 사용상에서 양호한 유지관리가 이루어지지 못하여 조기 노후화되고 해체되어 폐기물을 대량 배출하는 소비형 사회의 전형적인 구조를 취해왔다. 그러나 이러한 문제점을 없애기 위해서는 건축물을 사용하면서 기능과 성능을 향상시켜 양호한 재고를 유지하고, 나아가서 건축물의 수명이 다하여 해체했을 때에도 자재를 재사용 또는 재활용하여 폐기물을 최소화할 수 있는 건축물을 건설하여 자원순환형 사회를 구축할 필요성이 절실한 것이다.

6) 리모델링에 대한 기존 인식 문제 개선

① 재산 증식 수단의 증축 리모델링 한계

리모델링을 재건축과 비교하여 재산증식의 투자수단으로 인식하여 리모델링 후 재산가치 상승으로 잘못 인식하고 있다.

② 유지관리형 리모델링 활성화

80년대 중반 이후로 아파트는 기존 용적률 200% 이상의 고층아파트로 건설되었기 때문에 재건축이 사실상 불가하며, 따라서 유지관리형 리모델링으로 활성화될 것이 예상된다(골조는 그대로 둔 채 내부설비 및 마감재 교체 리모델링). 선진 외국의 리모델링은 대부분이 유지관리형 리모델링으로 추진된다.

③ 재건축과 리모델링의 경제성 인식 문제

재건축과 리모델링의 경제성 비교는 단순한 공사 투입비와 공사 후 가치 증식의 문제로 판단하는 것이 아니라 경제성은 물론 유지관리성, 환경성을 종합적으로 분석하여 가치성이 평가되어야 한다.

1.2.4 리모델링 요구 발생

1) 리모델링 요구와 대응방안

① 리모델링의 요구는 건물소유자 · 이용자 · 관리자 등에 의해 발생하고, 또한 사회환경의 변화, 니즈(needs)의 다양화 및 건물의 기능 유지에 따라서도 발생한다. 사회는 기술발전과 더불어 변화하고 있으며 설비기능 또한 그것을 반영하여 상호적인 시스템이 요구된다. 최근의 가장 큰 변화는 정보화이며, 따라서 설비의 인텔리전트화로 그 초점이 맞추어지고 있다. 그에 대한 개보수가 가장 많이 요구되고 있다.

② 기술의 진보, 발전은 현저하여 새로운 설비시스템 및 고효율 기기의 개발 또한 끊임없이 이루어지고 있다. 에너지 절약, 개별운전, 페리미터(perimeter) 처리 등의 시스템

변천으로 전 세계적으로 환경적 문제를 감소시키기 위한 것이 기술의 목표가 되고 있다. 건축 리모델링 기획 시 기기의 노후화에 따른 기능 향상, 에너지 과소비 억제, OA화, 현행법규 적응 요구에 대한 대응방법을 제시해야 한다.

• Perimeter Heating System	건물 외주부를 따라서 천장, 벽 등에 방열체를 두거나 덕트를 두어 온풍을 뿜어내는 방식
• Perimeter Cooling System	건물 외주부를 따라서 천장, 벽 등에 방열체를 두거나 덕트를 두어 차가운 공기를 배출하는 방식.
• Perimeter Ventilating System	건물 외주부를 따라서 천장, 벽 등에 방열체를 두거나 덕트를 두어 환기를 시키는 방식

③ 사회적 환경의 변화에 따른 공간의 쾌적성과 안전성 요구 및 에너지의 다양화에 따른 계획 등이 필요하고, 설비기기의 소형화, 경량화, 규격화, 고효율 등의 요구에도 대응해야 한다.

④ 지구환경에 대한 문제로 오존층 파괴, 지구온난화, 산성비, 해양오염, 유해폐기물의 월경이동 등이 있지만 직접적인 개보수의 동기로서는 오존층 파괴에 영향을 미치고 있는 각종 설비기기로 부터의 유해가스 배출이다. 이에 대한 대책으로 에너지 절약과 환경보호를 위한 친환경설비로의 노력이 요구되어진다.

⑤ 우리나라도 노후건축물 증가에 따라 에너지 및 IT 등의 효율화 같은 건물성능 개선, 공간 효율화 및 사용자의 거주환경 개선, 건물이미지 개선 및 임대수익 증대 등의 리모델링 요구 압력이 높아지고 있다.

⑥ 경제적 가치 저하를 감소시키기 위해서는 시대의 변화에 민감하게 대처해야 수익을 지속적으로 얻을 수 있다. 특히 백화점, 쇼핑센터와 같은 상업시설에서는 사람들에게 늘 새로움과 자극을 부여해 구매의욕을 불러일으켜야 하며, 오피스에서는 인텔리전트화가 요구되는 것 등의 예를 들 수 있다.

2) 주거건축물의 맞춤형 리모델링의 주요 요구사항

① Barrier Free(무장애화) : 고령인구 증가 및 장수사회, 유니버설 디자인

② Green(녹색건축) & Image upgrade : 제로에너지성능 주택기술, 경제성 제고

③ 성능향상 개선 및 공간 신설 : 인텔리전트화, 스마트화, 스마트헬스케어

④ 커뮤니티 강화(주민카페, 취미실)

⑤ 단지내 분양과 임대를 함께 조성하는 Social Mix신설(피트니스, 실내골프)

⑥ 에너지 절감 : 신재생에너지 도입, BIPV(건물일체형 태양광발전 시스템)

⑦ 방범 및 안전 : 안전주택 설계기술

⑧ 주거면적 만족(주거공간 확장)

3) 주거시설의 최신 설비 요구

① 고급바닥재 온돌마루판 : 내구성, 보존성이 좋고 우아한 질감의 고급 바닥재인 온돌마루판을 거실에 시공한다.

② 방음이 완벽한 시스템 도어 : 소음차단용 날개턱과 고탄력 패킹을 설치한 시스템도어를 사용하여 우수한 방음효과를 얻는다.

③ 아름다운 시스템창 : 외부와 직접 맞닿아 결로 · 소음 · 환기에 취약한 주방창과 욕실창의 문제점을 해결하고 외부미관을 좋게 한다.

④ 방문턱 제거 : 청소기 출입이 자유롭고 가사 일이 편리하다.

⑤ 초강력 레인지후드 : 흡입력이 강한 초강력 레인지후드를 설치하여 음식조리 시 발생되는 냄새를 빠르게 제거해 쾌적한 실내를 유지한다.

⑥ 부부욕실 : 고급스러운 질감의 카운터형 세면대, 샤워부스, 대형타일 등 고급자재를 선정하여 욕실의 품격을 높일 수 있게 한다.

1.2.5 일반건축물의 성능향상을 위한 리모델링 수요

1) 사회환경 변화

① 구조보강 : 내진보강, 설비기기의 내진성능 향상

② 방재 · 방범 향상 : 소방설비 향상, 자가발전기 설치, 경비기계 설치

③ 노약자 보호 : 손잡이 설치, 장애인용 화장실 설치, 계단턱 높낮이 해소, 동선단축

④ 환경적 배려 : 쓰레기 문제, 물이용 관리, 가스배출 문제

2) 니즈(needs)의 다양화

① 정보화 대응 : OA기기 대응, 전원용량 증강, 광케이블 설치, Access Floor 설치

② 에너지절약 : 에너지절약 공조시스템 설치, 자연에너지 이용, 청소용 곤돌라 설치

③ 쾌적성 향상 : 공조환경 향상, 빛환경 개선, 화장실 개선, 휴게실 개선

④ 이미지 향상 : 외관 쇄신, 인테리어 개선, 조명 개선

⑤ 용도의 변화 : 타 용도로의 전환, 이용방법 변경

⑥ 증축 : 스페이스 확장, 공간절약을 위해 유용한 기기 설치

⑦ 재생 : 경관개선, 노후화된 건물 외관의 개 · 보수

⑧ 보존 : 역사적 환경 보존, 건물의 유효이용

3) 건물의 기능 유지

① 설비의 갱신 : 열원설비 갱신, 공조설비 갱신, 전원설비 갱신

② 안전 확보 : 외벽 타일의 낙하방지, 철구조물의 부식방지, 콘크리트 중성화 대책

③ 방수성능 확보 : 옥상방수 갱신, 옥외마감재 갱신

④ 오염 제거 : 외벽 청소, 백화현상 대응

4) 리모델링 요구에 따른 설계방법

형 태	설 계 방 법
세대간 병합형	인접한 두 단위 주호 간의 변경이 가능. 단위 세대의 확장 또는 축소가 필요할 때. 인접 단위 주호의 전체, 일부 공간 병합 또는 규모가 큰 단위 주호를 분리 두 세대 살거나 세를 줄 수 있도록 평면 계획
개축 및 증축형	단위주호를 인접 주호 방향이 아닌 방향으로 단순히 확장할 수 있도록 한 것. 수평적, 수직적 증개축 개념 포함
2호 연립형 (듀플렉스 하우스)	단독주택 두 호가 하나의 벽면을 공유하도록 지어짐. 대지사용의 효율성↑. 단독주택으로서의 장점
로하우스	벽을 이웃과 공유하면서 4호 이상 연속 지어짐. 개별 출입구와 독립마당으로 적절한 프라이버시 확보. 전면, 후면으로 두 방향만 채광 가능. 아래층은 공동공간(거실, 식당, 부엌 등), 위층은 사적 공간(침실) 배치. 운하우스(도시주택 밀집 건축)
테라스하우스	위층으로 갈수록 후퇴 배치. 단지가 경사.(위층의 주택은 아래층의 옥상을 마당으로). 토지이용률 높임. 후면은 경사지에 파묻히게 되므로 단위주호의 채광은 전면 한쪽으로만 가능한 단점
파티오하우스(ㄷ자), 아트리움하우스(ㅁ자)	소규모 마당을 갖는 단독주택을 앞, 뒤, 옆 등 사방으로 붙여 지음. 단독주택과 같으나 대규모 단지 공동 개발과 주택의 형태가 같다는 점에서 일반 단독주택과 구별. 대지 공동 구입하므로 경제적

그림 1.6 리모델링 증축 전·증축 후

1.2.6 건물용도별 발생 원인

건축 · 구조 · 설비에 관한 열화 및 노후화, 건물의 기능 저하와 디자인의 새로운 경향, 건물의 입지조건 및 주변을 둘러싼 환경의 변화로 건물 용도를 변경하고자 할 때 또는 경제상황의 변화로 소유주에 의한 교체, 사용자 또는 입주인의 변경 요청 등이 리모델링의 동기가 된다. 건물 용도에 따른 리모델링 동기는 다음과 같다.

① 오피스 빌딩 : 정보화 및 OA화 대응, 국제화 대응(24시간 가동 체제), 에너지 절감 효과, 안전성 확보(방재 · 방범), 수익성 확보, 이미지 개선, 업무환경 개선, 입주자의 요구에 부응 등

② 생산 설비 : 물류 시스템 변화, 기능 향상 또는 변경, 작업환경 개선(New Factory화), R&D 대응, 신제품 생산, 생산품목의 변화를 위한 FA화

③ 호텔 : 새로운 트렌드(Trend) 상품의 출현(Community Hotel 등)을 통한 수익성 제고, 토털 인테리어 구현, 부가가치 높이는 개수작업, 방재 · 방범설비 강화

④ 교육시설 : 학생수 미달로 인한 폐교 부지의 용도 변경, 정보화 대응, 안전성 강화, 내진보강, 교육제도 변화 대응

⑤ 의료시설 : 환자에 대한 서비스 향상, 신기능 부가(전문의료), 환경 개선, 감염방지책, 의료법 개정에 대한 대응, 의료정보시스템, 간호사 부족에 대한 대응

⑥ 골프장 클럽하우스 : 법적 규제에 따른 신규 개장의 어려움, 여성 이용자 증대에 대한 대책, 서비스 변화

⑦ 상업용 빌딩 : 이미지, 디자인 개선, 고객접근성 및 동선 개선, 재고물품 관리 및 이동 편리, 고객계층별 특성 및 니즈의 반영, 생활자 요구의 변화, 새로운 업종으로의 점포 확장, 복잡화 · 전문화 · 차별화 개선

⑧ 단독 및 공동주택 : 방 및 거주공간의 위치 및 크기 변경, 내부거주 및 시설환경의 변화, 증축 및 전용 부분의 확대, 주거환경 개선(공용부분) UBR, 시스템 키친의 고품질화, 설비기기의 성능 및 용량 개선

1.2.7 리모델링 수요에 대응하는 주택 정책

1) 리모델링에 의한 비용 절감과 수익 창출 도모

주택은 역사적, 사회적으로 다양한 모습과 의미를 가지는데 우리나라의 경우 '내 집 마련'이 인생을 살아가는 데 있어서 하나의 단계적 목표로 자리 잡게 되었다. 또한 주택이 단순히 살기위한 곳이 아니라 재산축적의 도구로 여겨지기도 하면서 주거산업은 복잡하고 다양한 양상을 띠기도 한다. 이제는 주택의 양적인 측면보다는 쾌적하고 안락한, 정신적인 여유를 주는 삶의 공간으로서 주택의 질적 측면이 강조되는 상황이다.

① 빌딩이 노후화되어 안전에 문제가 있거나 유지관리비 등이 과다하게 지출되며, 또는 신축 빌딩에 비해 분양이나 임대 등에서 상대적인 불리함이 있는 경우에 리모델링을 통해 이를 해결할 수 있다.

② 리모델링은 실내 마감재를 교체해 쾌적한 내부공간을 창출하거나 외장 마감재를 교체해 건물의 이미지를 쇄신시키거나 건축물 내 외부의 마감재를 모두 교체하거나 골조만 남기고 모두 철거한 후 거의 신축수준으로 만들거나 증 개축으로 건축물 자체의 모습이나 성능을 변경시킬 수도 있다. 그리고 건물의 효율적인 이용과 에너지 절감 등을 위해 건물 내외장의 복합적인 성능개선공사를 실시하여 비용 절감과 수익 창출을 도모할 수 있다.

③ 우리사회가 정보사회의 변화에 대응하기 위해서는 기존의 획일적인 빌딩보다 첨단정보 시스템이 구축된 새로운 환경의 인텔리전트빌딩이 필요하게 되었다. 이에 따라 생산성이 높은 빌딩의 성능을 창출할 수 있도록 IBS 기준과 신기술의 개발이 필수적이며 이를 수용하기 위한 리모델링이 요구된다.

2) 주거공간 창출 기술의 진화에 따른 리모델링 방향 설정

형 태	설 계 방 법
① 수요 다변화 대응 주택	• 비용절감형 생애맞춤 주택기술 • 생애맞춤 장수명(Life time Open Housing) 주택기술 • 재사용 구조형 주택기술
② 미래형 스마트 주택	• 에너지 저감 주택 · 친환경 저에너지 주택 • 저비용(Cost friendly) 고층형 Passive 공동주택 기술 • 고품질 주택성능 향상 • 앱 기반 스마트 주택기술 • 재해대응 안전한 주택 • 첨단 기능성 건강주택 자재기술
③ 사용가치 창출형 주택	• 공동주택 생애주기 대응 유지관리 • 노후주택 그린 리모델링 확산 • Plus Floor 안전증축 리모델링 기술 • 비용 제로 소규모주택 주거환경 개선기술
④ 지속가능한 복지주택	• 맞춤형 주거복지 구현 • 고령자 · 장애인 등 주거약자를 위한 주거지원 통합시스템 구축기술 • 헬스케어 스마트 홈 구현 • 주거복지 구현을 위한 생활밀착형 주거성능 개선기술

3) 맞춤형 리모델링 활성화(2013.7.4)

국토교통부의 수직증축 리모델링 허용 등을 포함한 '공동주택 리모델링 제도개선 방안'

(2013.6.5. 발표)의 후속조치로 노후 공동주택 거주 주민의 부담 가능한 범위 내에서 불편사례를 선택적으로 개선할 수 있도록 '맞춤형 리모델링' 활성화를 위한 연구용역을 마무리하고, 가이드라인을 제작 발표

① 단지내 리모델링에는 데크, 지하주차장 신설, 녹지, 보육시설 및 헬스장 등 확충, 노후상가 철거후 별동 증축 등

② 아파트 개별동 내에서는 급, 배수관/전기, 통신/소방 등 노후 설비 교체, 승강기 신설, 코어증축(복도→계단식 변경) 등

③ 세대 내에서는 문, 창호 및 내장재 교체, 단열, 기밀 등 에너지 성능 향상, 실내공간 재배치 등

4) 주택 수요 및 공급의 다변화정책

최근 리모델링 수요가 증가하는 것은 단순히 건축물이 물리적으로 노후화되고 있기 때문만은 아니다. 리모델링을 통한 건물의 성능개선 필요성은 사회적 노후화에 대응한 수요가 크게 발생하기 때문이다. 이와 같이 건물에 대하여 요구되는 사회적 기능은 방재 방범 기능 향상, 노약자 보호 및 환경친화적 니즈, 정보화, 에너지 절약, 쾌적성 향상, 이미지 향상 등 다양한 측면에서 발생하고 있다. 특히, 앞으로 건물의 에너지 효율성을 제고시키기 위한 리모델링 수요가 크게 증가할 것으로 예상된다.

(1) 수요 다변화 대응

① 저출산 및 1~2인 가구의 증가 : 시장수요에 신속히 대응할 수 있는 주택기술 요구

② 고령인구 증가 및 장수 사회 : 생애맞춤주택(Lifetime Open Housing)

③ 가족구성의 변화 : 중 · 소규모주택의 공급 및 주거환경 개선을 위한 정책

④ 다양한 주택형식 요구 : 다변화된 주택수요에 대한 대응

⑤ 도시형 주택 수요 : 도시인구의 계속적 증가 대비

(2) 주거환경/복지향상

① 장애인 · 고령자의 주거환경 개선 요구 : 주거약자를 위한 주거지원 통합시스템 구축

② 방범, 안전 시스템의 강화 : 안전주택 설계 및 요소기술 개발 필요

③ 스마트 헬스케어 시스템 도입 : 주택의 인텔리전트화, 스마트화

④ 에너지 절감, 복지성능 향상 : 제로에너지 성능을 구현할 수 있는 주택기술 확립

(3) 신규 건축시장 대응

① 보금자리 등 공공임대주택정책의 확대 : 공급방식 개선

② 에너지제로주택 활성화 : 비용제로 소규모주택 경제성 확보 기술

③ 미분양 해소 : 바우처 활용

④ 리모델링 건설비용 절감(기술, 금융, 법규 등) : 표준주택기술 및 금융정책, 법규 완화 필요

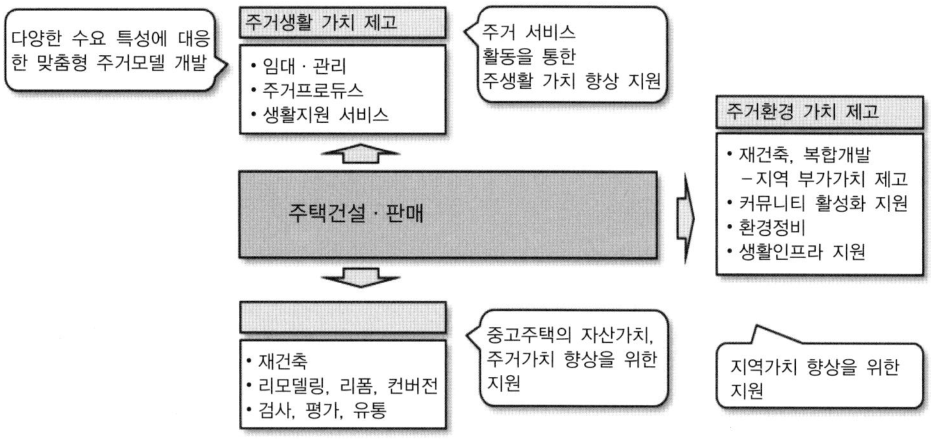

그림 1.7 신규 건축시장 대응

4) 리모델링 기술 경향

기술적 측면에서 리모델링은 크게 구조 부문, 주거전용 부문, 공용 부문, 그리고 설비 부문으로 나누어 살펴볼 수 있다. 이에 관련하여 최근 적용된 리모델링 기술들은 다음과 같다.

① **리모델링을 통한 구조안전성 확보** : 아파트 리모델링의 구조와 관련된 중요 이슈는 내진 구조 확보이다. 우리나라에서 아파트를 비롯하여 건축물에 내진설계가 의무화된 시기는 1988년부터이다. 따라서 이 시기 이전에 준공된 아파트는 모두 내진에 취약한 구조로 볼 수 있다.

② **주거전용 부문의 리모델링 경향** : 주거전용 부문에서 개선을 원하는 사항은 크게 두 가지이다. 첫째, 사용 가능한 주거면적을 확대하는 것과 둘째, 실내의 평면구조를 최신형으로 변경하는 것이다. 증축을 통하여 늘어나는 면적을 포함한 전체 실내 평면의 구조를 변경하는 작업은 리모델링의 핵심적 과제이다.

③ **공용 부문의 리모델링 경향** : 주차공간의 추가 · 확보와 주민복리시설 확충 등이 핵심적으로 요청되고 있다. 복도식 아파트의 경우 계단식으로의 변경을 통하여 실내 전용 부문을 보다 유리하게 확보하면서 승강기를 추가로 증설하는 작업을 병행하고 있다. 또한, 공용 부문 리모델링에서는 건물 외관의 개선과 옥외 조경공간 확보 및 개선도 중요하다.

④ **설비 부문의 리모델링 경향** : 설비 개선 및 교체는 그 필요성에도 불구하고 리모델링 상의 제약 요인으로 인하여 쉽게 적용하기 어려운 부분도 발생한다. 예를 들어 소음이나 바닥충격음 차단을 위한 음향 관련 설비 개선 및 소방설비 관련 스프링클러 설치는 기존 건물의 구조적 제약 요인으로 인하여 쉽게 적용하기 어려운 문제가 발생하고 있다.

1.3 리모델링 공사계획 고려사항

1.3.1 리모델링 프로젝트의 특징

(1) 공사기간이 짧아 신축에 비해 업무개시 발생 시점이 빠르다.

토목공사와 건물골조공사, 가설공사 등이 제외되어 공기가 단축되고 비용이 절감되므로 발주자의 자금운영 및 마케팅계획이 원활하게 된다. 그러나 단기간에 양질의 품질과 공기 단축에 관한 노력이 요구된다.

(2) 기존 건축물의 전반적인 기능에 대한 정밀진단이 필요하다.

어디를 남겨두고, 어디까지 개·보수해야 할지 정확히 구분한다. 특히 내력벽을 철거하거나 증축할 경우 반드시 구조안전진단을 거쳐 구조보강을 결정해야 한다.

(3) 건축물의 기본 자체를 바꾸는 경우가 빈번하다.

리모델링공사 전 사용목적을 분명히 하고, 주변 상권을 확인한 후 효과가 최대한으로 나타날 수 있는지 판단해야 한다.

(4) 사업수행 도중 발주자의 요구변경 사항이 빈번하게 발생한다.

리모델링설계 시 현존 건물의 구조상태 및 각종 설비 등의 상태를 정확히 파악하기 곤란하고, 진단 오류가 생길 수 있으므로 공사진행 중에 설계변경 및 추가공사가 빈번히 발생한다. 발주자·설계자·시공자를 조율할 수 있는 능력이 요구되며, 단순히 공사비용의 비교보다는 시공 및 A/S능력 등 신뢰할 수 있는 업체를 선정하는 것이 바람직하다.

(5) 기획 및 설계 능력이 필요하다.

리모델링은 기존 건물을 대상으로 하므로 건물주의 요구파악, 건물의 현상 및 문제점에 대한 조사·진단, 그리고 가장 효과적이고 경제적인 리모델링 방안에 대한 타당성 분석 등 기획 능력과 이를 반영할 수 있는 설계 능력을 필요로 한다.

(6) 원만한 공사관리 능력이 요구된다.

리모델링공사 시 기존 사용 부분에 영향을 최소화하기 위해 작업시간 및 공사용 차량의

진 · 출입시간 통제, 공사자재의 야적장 확보, 안전통로 확보, 소음 · 분진의 비산 방지, 기계 및 전기장치 장비의 교체 또는 이설, 연결작업 등에 어려움이 증가된다.

공사 시 소음 · 먼지 등으로 민원이 발생하여 공사가 지연되거나 중단되는 일이 없도록 사전에 인접한 건물의 건물주나 입주자에게 양해를 구하고 원만히 타결하도록 한다.

(7) 법규 관련 제반 문제의 사전 검토가 필요하다.

건축법이 개정됨에 따라 아파트를 제외한 단독, 다가구, 다세대주택을 근린생활시설로 사용하거나 근린생활시설을 주거용으로 전용할 수 있게 되어 리모델링이 한층 각광받게 됐다. 그러나 정화조, 주차장, 소방시설 등이 변경되는 용도에 적합한 시설과 용량을 갖추어야만 현행 법령상 변경이 가능하기 때문에 이러한 법적 검토 문제를 전문가의 협조를 얻어 해결한다.

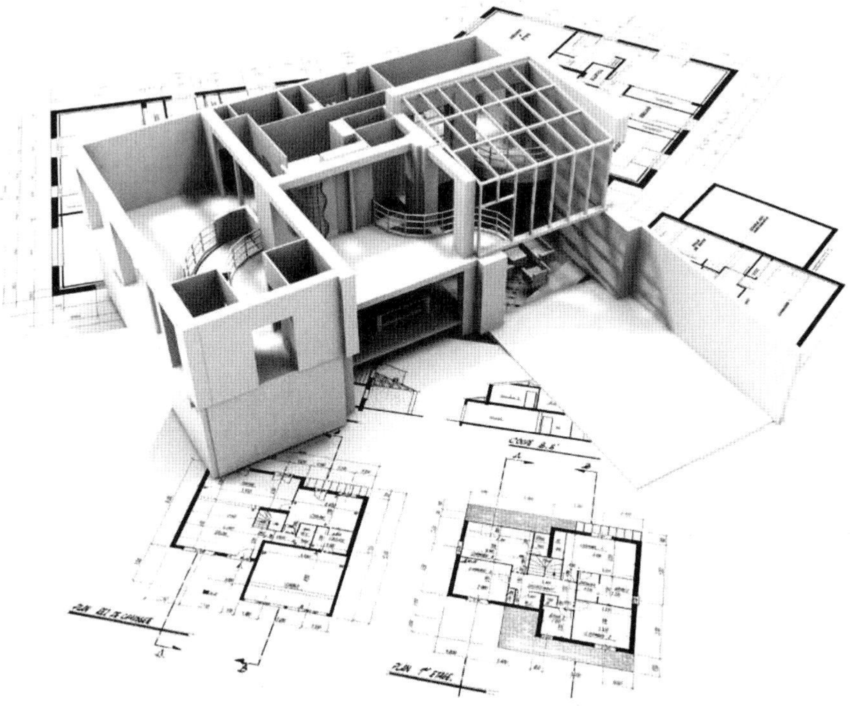

1.3.2 리모델링에 대응하지 못한 건축물과 리모델링 대응 건축물 비교

1) 리모델링에 대응하지 못한 건축물

① 고장이나 사고가 발생한 후에는 장해가 주변에 영향을 끼쳐 규모가 더욱 커지고 비용도 그 만큼 초과된다.

② 구체와 마무리 일부가 일체로 되었거나 구체와 설비 일부가 일체되어 있으면 갱신 및 개선공사가 어렵고 비용이 많이 든다.

③ 리모델링공사로 인한 주변 부분까지 마감되지 못하면 저하된 기능의 회복도도 낮아진다.

④ 요구되는 기능 향상이 어렵고 진부화에 대응성이 작다.

⑤ 용도변경에 대응성이 작다.

2) 리모델링 대응 건축물

① 적극적인 예방 보전을 기초로 적정한 수선 · 갱신 · 개선 시기에 의한 개수가 가능하다. 주변에 영향을 미치기 이전에 문제를 대처함으로써 비용을 줄일 수 있다.

② 구체와 마감, 구체와 설비의 분리화에 의한 수선 · 갱신공사가 용이하여 비용을 절감할 수 있다.

③ 리모델링을 통한 기능 저하의 회복도가 높다.

④ 진부화에 대한 대응성이 크다.

⑤ 용도변경에 대한 대응성이 크며, 특히 유닛(Units) 구성재 사용 등을 통해 충분히 대응할 수 있다.

3) 공동주택의 리모델링 대응 설계

① 벽식구조에서 다양한 구조형식 도입

② 획일적 공간에서 다양한 기능 수용 가능한 공간

③ 습식공법에서 건식공법, 해체가 쉬운 공법

④ 매입시공에서 해체가 쉬운 공법

⑤ 일체식 구법에서 공조와 외장, 내장, 설비 분리 구법

⑥ 현장가공 시공에서 공장생산 부품조립 시공

⑦ 전용부 공용설비에서 공용부 공용설비 배치

⑧ 고정된 전기 · 기계설비에서 이동 · 해체가 쉬운 전기 · 기계설비

⑨ 고정된 벽체에서 이동 · 해체가 쉬운 벽체

⑩ 해체 어려운 접합방법에서 해체 용이한 접합방법

1.3.3 리모델링 프로세스

1) 일반적 프로세스

① 사전조사/진단(기존 건축물의 현황조사, 교통, 접근성, 대지여건 등 입지분석)

② 타당성 검토(관련도면 검토, 리모델링 방침, 관련법규, 계약조건 등 검토, 정밀안전진단)

③ 기본계획(기본개념의 도면화, 개산견적, 리모델링 범위 결정

④ 기본설계(리모델링 기본설계, 설계 설명회)
⑤ 적산/견적(예상 공사비 판단)
⑥ 리모델링 설정(리모델링 제안서 작성, 평가, 결정)
⑦ 용역계약(인 허가 후 감리업체 선정 및 계약)
⑧ 실시설계(공종별 실시설계도서 작성)
⑨ 업체선정 및 본계약(공사발주방식 결정, 예산집행 계획 결정)
⑩ 시공계획(리모델링 공사관리계획서, 리모델링 시공계획서(공정, 품질, 원가, 안전, 노무관리)
⑪ 리모델링공사(공사 수행, 시공상세도 작성, 철거, 보수 보강, 골조, 비계, 기계, 전기, 통신, 소방 등
⑫ 유지관리(준공도(As-Built Drawing)작성 및 준공서류 인계), 건물관리 인계(유지관리 지침서 포함)

2) 주요 단계별 검토사항

(1) 사전조사, 평가 및 검증 실시

도면을 비롯한 건축물에 관한 모든 자료를 준비하고 건축물의 노후화 상태를 체크하고 관련 법률의 저촉사항을 조사하며, 건축신고 및 허가절차를 거쳐야 한다.

기록에 대한 철저한 점검부터 시작한다. 또한 이 건물이 어떤 문제점과 가능성을 내포하고 있는지 구조적으로 기능을 수용할 수 있는가를 점검한다. 이를 위해 물리적 공간, 기계 및 전기 시스템에 대한 진단도 실시한다.

(2) 예비타당성 조사 · 분석 실시

계획단계에서는 무엇을, 왜, 어떻게 바꿀 것인가를 생각해야 하며, 리모델링의 주요 목적과 개선하고자 하는 용도 및 방향을 설정해야 한다.

예비타당성 분석의 결과는 건축주나 투자자에게 리모델링의 범위와 경제적 타당성을 제시하는데 활용하며, 리모델링 행위의 유무와 공사 범위를 결정하게 된다.

(3) 리모델링 검토

① 건물의 성능을 검토하고, 설비 · 구조 · 외장의 노후상태를 점검한다.
② 주변 건물과의 외관 조화와 내부기능의 밸런스를 검토한다.
③ 공사비용과 임대료를 비교하여 리모델링의 타당성을 검토한다.
④ 가 투시도면과 가 견적을 받고, 공사계획을 검토한다.

(4) 구조안전진단

① 구조 변경 및 보강, 외장재 선정 시 하중문제를 점검한다.

② 건물의 구조내력에 대해 진단한다.

③ 구조안전진단 결과 구조변경이 가능할 때는 허가에 7~10일 정도 추가 소요된다.

④ 기둥, 보 등에 수직 또는 45도 방향으로 균열이 있을 때는 위험하다.

(5) 디자인계획 수립

컨셉디자인의 주요 업무범위는 건물 리모델링의 개념을 확정, 마스터플랜, 평면도, 전개도, 단면도, 스케줄링 작성, 매 단계마다 철저한 기록 등을 해야 한다. 또한 설계 시 각각의 시스템 선정도 고려해야 한다.

(6) 시방서 작성

철거도면의 준비 및 기존 조건과 새로운 조건 간의 연결기술이 매우 중요하다. 얼마만큼 철거하고 추가할 것인지, 그리고 보이지 않는 상황 등에 대한 전반적인 검토가 필요한데, 무엇보다도 리모델링 시공경험을 통한 작성이 가장 중요하다.

(7) 리모델링 공사감리의 주요 고려사항

① Shop Drawing Review

② Management Side의 건축의 질

③ 시방서 확인

④ 골조부재의 구조적 충돌

⑤ 접합부의 기술적 검토 및 마감처리

3) 리모델링 사업분석 FLOW(단계)

표 1.3 리모델링 단계별 사업분석 내용

기획단계	① 대상건물 파악, 사업타당성 분석	• 개발이용 목적의 명확화 • 개발 가능성 여부, 적정성 검토
	② 예비조사(법규 검토, 관련도면 검토)	• 주변 입지여건 파악(교통, 접근성, 대지여건 등) • 대상건물 상태조사
	③ 사전조사 및 진단 (안전점검, 정밀안전진단)	• 구조물 상태에 따른 보수 · 보강범위 설정 • 각종 전기 · 설비류의 노후도 조사, 에너지 진단, 실내 환경 평가
	④ 리모델링 규모 및 기본방향 결정	• 발주자의 의도 수렴, 설계조건 정리 • 사업규모 및 방향 결정

설계 및 사업비 분석단계	⑤ 기본설계 및 기본사업비 예상, 설계설명회	• 인 · 허가 및 관련 법규 검토 • 기존 도면 유무 검토 • 예산규모 예상, 사업타당성 분석
	⑥ 실시설계 및 리모델링 견적, 리모델링범위 결정, 리모델링 제안서 작성	• 외장 및 구조물 보수 · 보강 규모 • 실행 사업비 견적, 시공도 작성, 신기술 · 신자재 적용
공사 실행단계	⑦ 공사계약 체결	• 공사계약 체결(설계변경 등) • 세부설계서와 공정표 작성 • 적격업체 선정계약 및 본공사계약
	⑧ 건축신고 및 허가	• 허가도면 및 준비서류, 공사착공 및 시공 • 신고 및 허가 유무, 설비 · 구조보강 · 인테리어 등
	⑨ 공사착공 및 준공	• 공사기간(설계변경 등), 준공인허가, 임대, 분양, 입주 업무 • 사후처리(하자보수 등), 유지 · 관리 자문

4) 리모델링 프로젝트 의사결정 모델개념

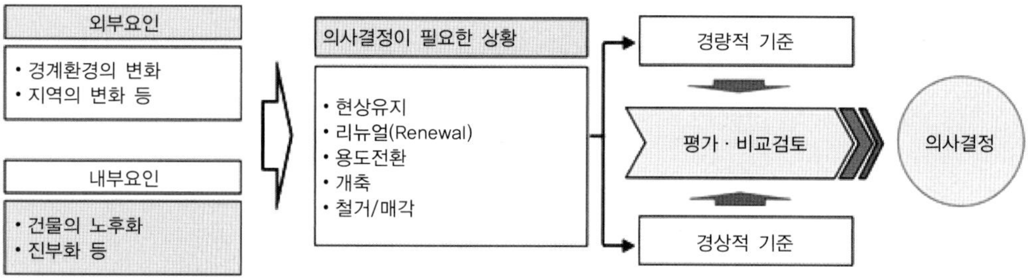

그림 1.8 의사결정 모델

1.3.4 리모델링 단계별 고려사항

1) 기획설계단계 고려사항

(1) 정확한 설계도서 작성 및 검증

리모델링사업은 신축과 달리 공사범위와 관련된 설계변경 요인이 많이 존재하며, 시공사와의 공사비 분쟁이 빈번하게 발생한다. 따라서 구조체 시스템, 구조체 보수 · 보강, 외관형태, 에너지절약을 위한 첨단설비시스템 적용, 각종 자재 선정 등에 대한 설계도서의 정확성이 담보되어야 한다.

(2) 예정사업비와 연계된 설계의 진행

건축주의 예산에 맞게 설계가 진행되고 있는지 여부를 계획설계, 기본설계, 실시설계

단계별로 사업비 검증 조직에서 점검해야 한다.

(3) 시공사 선정을 위한 최적의 기준과 방법 선정

시공사 선정을 위한 현장설명서에는 추후 분쟁을 차단하기 위해 해당공사의 특수성, 공사범위, 설계변경기준, 공사일정, 책임소재 구분 등에 대하여 명확히 표기되어 있어야 한다.

(4) 인 · 허가사항 검토

① 착공 전 검토 : 기초보강공사 신고, 설비이전공사 신고, 교통영향평가, 환경성 검토, 예술장식품 설치 심의 등

② 시공 중 검토 : 가설전력 사용 신청, 가스공급 중지 신청, 특정가스시설 폐기 통지, 방화관리자 선임, 전기설비 증설 등

③ 준공 시 검토 : 가스완성 검사, 소방검사, 승강기 사용검사 신청, 검사대행기기 검사, 통신 준공검사, 건물준공 신청 등

(5) 리모델링기획에 따른 평가항목

리모델링계획 내용, 공사계획, 시공방법, 공사기간, 공사비용 등을 복합적, 세부적으로 평가 검토되어야 한다.

이때 평가항목은 공사 제약 여부 및 운전비용, 보수성, 내구성 등의 경제성을 고려한 평가가 필요하다. 평가항목은 종류별, 사용조건에 따라 다르며 중요성 등도 변화하기 때문에 대안을 함께 검토해 나가는 것이 바람직하다.

2) 리모델링공사 진행단계별(계약 – 신고 – 허가 – 착공 – 완공 절차) 고려사항

진행순서	고려사항
① 설계변경	• 설비, 소방, 전기 도면과 건축도면의 변경사항을 검토한다.
② 견적	• 세부 견적서, 시방서, 구조변경 시 구조안전진단서, 하자보수 문제 등을 체크 • 공사계획과 공정을 확인한다. • 마감재와 공사범위에 대해 확인한다.
③ 공사 계약	• 신뢰성 있는 업체와 계약을 체결하고, 세부설계도와 공정표를 작성한다. • 반드시 최종 견적서를 검토한 후 계약한다.
④ 인허가 신고 및 신고절차	• 구청, 소방서, 동사무소 등에 관련 신고 · 허가서를 제출한다. • 구비서류(변경허가서, 등기부동본)와 도서(배치도, 평면도)를 동사무소에 제출 • 담당공무원 현장조사, 적법여부 확인 후 신고필증 교부(처리기간 3일)
⑤ 허가절차 (시, 군, 구청)	• 해당 관청 민원실(건축과 또는 주택과)에 허가서류 접수 (변경허가서, 등기부등본, 배치도, 평면도, 단면도) • 7일 이내 허가여부 통보

진행순서	고려사항
⑥ 착공신고서 제출	• 건축과 또는 주택과)에 허가서류 접수 (변경허가서, 등기부등본, 배치도, 평면도, 단면도)
⑦ 공사	• 시공업체에 의해 공사가 시행되고, 공정표에 따른 공정관리가 필요하다.
⑧ 완공	• 도면 및 계약서와 실제 공사가 일치하는지를 확인한다. • 시공 상태를 육안으로 점검하고, 전기, 급수, 배수 등의 기능을 점검한다. • 하자보증증권을 교부 받는다. • 공사 완료 후 신고 대상이었을 경우는 동사무소에, 허가대상이었을 경우는 해당 관청 민원실에 사용승인신청서 제출 (배치도, 평면도 첨부) • 해당 관청은 7일 이내 현장 조사 검사 후 사용승인서를 교부한다.

3) 리모델링 설계단계 고려사항

단계	고려사항
리모델링 설계	• 평면구성이 제한적이고, 층고의 제한을 크게 받는다. • 층간 소음대책이 반드시 고려되어야 한다. • 도면 보존 상태 부실, 시공오차를 고려한 설계가 필요하다. • 지하매설물 조사, 구조체의 불확실성에 대한 확인 및 진단이 필요하다.
구조설계	• 내진성능 확보를 위한 보강설계 • 확장부 하중 증가에 따른 기초보강공법 선정
토목공사	• 지하주차장 신설에 따른 근접 굴착 시 안정성 확보
골조공사	• 기존 구조체의 시공오차 흡수 방안 • 신 · 구 골조 접합부의 강도, 강성 확보 • 부동침하에 대한 대비
철거공사 측면	• 철거공사 중 구조물의 안전성 확보 • 철거 시 기존 구조체의 진동 및 충격, 소음 및 분진 등 최소화
보수 · 보강공사 측면	• 추가조사 정밀진단을 통한 기존 구조물의 현황 파악 • 공기단축 가능성, 품질관리 용이성, 유지관리 용이성, 경제성 측면에서 공법 적용
발코니 증축공사	• 증축에 따른 기초 및 골조의 안정성 확보 • 신 · 구 콘크리트 접합부의 구조안정성 및 사용성(방수 등) 확보
실 UBR공사	• 기존 구조물의 이용에 따른 공기단축 가능성 및 사용성 확보 • 하중경감 방안
바닥난방 반건식공사	• 층간소음 최소화 방안 • 하중경감 방안 모색

4) 공사실시단계 고려사항

리모델링 실시는 전문기술과 경험을 보유한 업체를 활용해야 하며, 다양한 요소기술과 경험이 필요하므로 시공업체는 아웃소싱(Out-Sourcing)체계가 잘 갖추어져 있어야 한다.

또한 건축물 유효활용 증대, 유지관리 효율의 극대화 등을 전제로 해야 투자이익을 극대화할 수 있다.

(1) 시공계획의 사전검토를 통한 문제점 사전 도출

철거공사 및 구조물 보수 · 보강공사는 리모델링공사에서 큰 비중을 차지한다.

① 건축물의 구조안전성 검토
② 적절한 철거공법 선정
③ 폐기물 반출동선 검토
④ 보수 · 보강공법의 장단점 검토
⑤ 방음 · 방진계획
⑥ 가설계획 적절성
⑦ 양중장비계획 검토
⑧ 안전 시설물계획 검토 등

(2) 설계변경 절차 및 기준에 대한 명확한 관리

시공단계의 설계변경 대부분은 발주자 요구가 아닌 부실한 현장조사에서 기인한 설계누락 및 설계오류에 의한 것이 더 많다.

(3) 발주자 입장에서 현장관리하는 전문가 조직의 투입을 통한 관리

① 시공계획의 검토
② 설계변경절차의 관리
③ 기성검사 및 기성금액의 지급방법
④ 준공정산 등에 대해 조언 수렴

(4) 공사 실시단계에서 주로 발생하는 리스크

① 다양한 공사조건
② 복잡한 작업공정
③ 예상치 못한 추가공사비
④ 빈번한 설계변경
⑤ 불명확한 책임소재 구분 등

(5) 시공 및 시공관리단계에서 고려해야 할 사항

① 기존 건물에 대한 각종 자료의 복원
② 공사기간 중 입주자의 이주관리
③ 패스트 트랙(Fast Track)에 의한 공정관리
④ 정전 최소화 공법 계획
⑤ 통신 및 방재설비의 사용 중지 기간 최소화 공법
⑥ 위생 · 냉난방 설비의 사용 중지 기간 최소화 공법
⑦ 무진동 · 무소음 철거공법 계획
⑧ 가연성 물질에 대한 화재방지 대책
⑨ 밀폐공간 내 작업에 대한 안전상의 대책

⑩ 철야작업 및 휴일근무에 대한 작업자의 건강 및 안전대책

5) 유지관리 단계 고려사항

준공 후 기존 및 신규 사용자의 평가, 공실률 및 분양률, 에너지절약 정도, 외관의 이미지 향상 등 최초 리모델링 시행 시의 목적에 대비하여 효과를 검증해 본다. 그리고 증대된 자산가치 유지를 위한 효율적인 건축물 유지관리 수법에 대한 추가 컨설팅이 필요하고 차후의 리모델링에 대비한 일상의 유지관리가 필요하다.

사후 유지관리단계에서의 고려사항은 다음과 같다.

① 각종 성능 검사
② 개별 시운전
③ 종합 시운전
④ 최소운전비용을 위한 시뮬레이션(Simulation)
⑤ 사업 전반 평가 및 개선 전 · 후 성과 비교분석

1.4 건축물의 LCC(Life Cycle Cost)와 유지관리기술

1.4.1 건축물의 생애주기비용 구성

LCC(Life Cycle Cost)란 생애주기비용이라는 의미로 건설 프로젝트는 시작에서 완성에 이르기까지 공통적인 일련의 발전단계를 갖는다. 이러한 일련의 단계들로 구성된 전체 과정을 프로젝트의 life-cycle이라고 부르며 단계의 구분은 일정하지는 않으나 일반적으로 6가지의 기본 단계 즉, 프로젝트의 기획, 설계, 자원조달, 시공, 시운전, 사용 및 유지관리 등의 순서로 구성된다. 프로젝트 life-cycle의 각 단계는 연속적으로 수행되는데, 프로젝트의 유형 또는 계약의 형태에 따라서 비용, 시간, 품질 등의 특성을 충족시킬 수 있도록 인접 단계들 끼리 부분적으로 중첩되기도 한다.

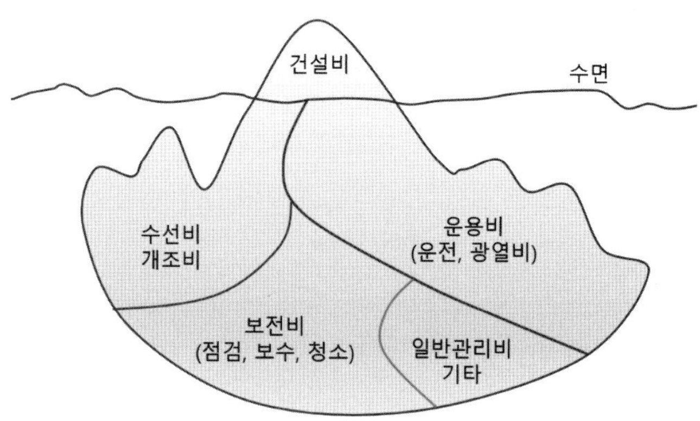

그림 1.9 건축물 생애주기 비용 구성

1) 기획설계 비용

기획조사, 규모계획, 에너지계획 등을 포함한 건축기획 비용이 있고, 설계비용으로는 기본설계, 비용계획, 실시설계, 견적 등을 포함한 건설에 필요한 제반 비용이 여기에 설정된다. 사업타당성 관점에서 리모델링 프로젝트 수행 여부 결정과 에너지절약적인 최적설계안 도출, 초기투자비 대 유지비 관점에서 최적의 시스템이나 설계 선정 및 예산범위 내에서 개별적인 리모델링 우선순위 산정과 건물유지비용의 최소화를 도모한다.

2) 건설비용

공사계약 비용과 건축공사, 설비공사, 특수공사 외 보수공사가 포함된 직접적 비용이다. LCC(Life Cycle Costing)비용 중 16~18% 정도(사용년수 60년 기준)를 차지한다. 건설비용을 무리하게 삭감하면 유지관리 비용이 늘어서 반대로 총비용은 높게 된다.

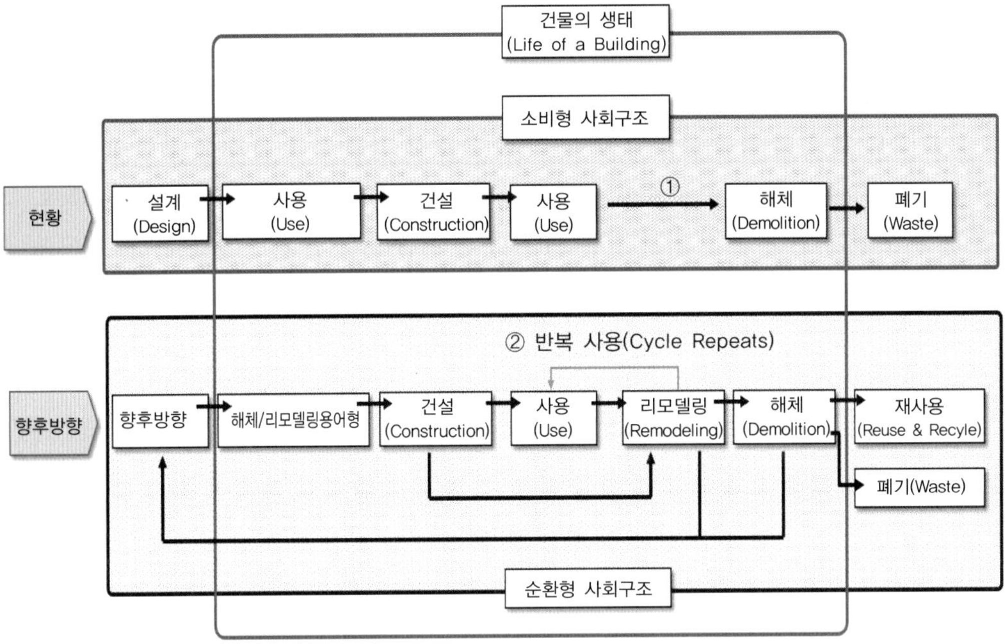

그림 1.10 리모델링을 고려한 신축건축물 설계의 기본적인 개념

3) 유지관리 비용

(1) 수선비용

제1의 수선비용은 법령점검, 정기점검보수, 운전, 일상점검, 청소 등을 포함한 보전비용으로 건축물의 사용시기 전반에 걸친 것이며, 제2의 수선비용은 방수보강, 창호교체, 설비기기류 갱신 등의 비용이다. 더 나아가 광열수도비, 소모품 등을 포함한 운용비용이 있다.

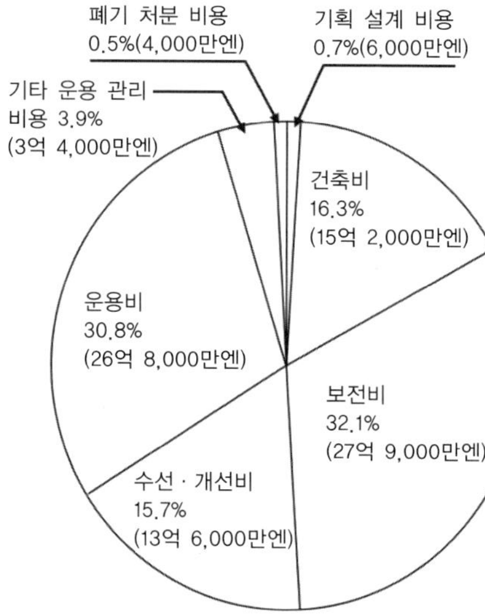

그림 1.11 중간규모사무소 건축물의 LCC 항목비교

(2) 유지관리비용 절감방안

유지관리 비용을 절감하기 위해서는 점검이나 보수, 운전이나 감독을 많이 필요로 하지 않는 기기를 도입하여 비용을 절감하고, 가능한 청소가 필요 없는 바닥재, 벽재, 창호 등 마감재를 선택하는 것이다. 또한 에너지절감 기기와 열효율이 좋은 기기를 채용하고 구조체의 단열성을 극대화시키는 것이 중요하다.

(3) 건축물 에너지 절감방안

건물의 가치는 유지관리에서 중요한 비용을 차지하는 에너지비용에서 판가름 난다. 에너지 등급이 높은 건축물은 그만큼 유지관리비가 적게 들고, 이것은 세입자가 냉난방비용, 수도 전기료 등 에너지 비용을 부담해도 된다는 것이며, 세입자의 이동을 줄여 부대비용을 절감해 주기 때문에 모두에게 이익이 된다. 이에 정부에서 발주하는 일정규모 이상의 건축물은 건축물관리대장에 에너지 등급이 표기되고 있다. 이것은 차츰 민간건축물로, 큰 건축물에서 작은 건축물로 확대될 것으로 예상된다.

1.4.2 총생애비용 수행절차 및 산정 사례

1) 건축물 생애 주기비용

LCC는 건축물의 경제성 평가를 판단하기 위한 기준으로 만들어진 용어이다. 건축물생애주기비용은 토지비를 제외한 설계비, 감리비와 신축공사비 등 초기투자비용, 자본조달비용, 운용비용과 유지보수비용, 대체비용과 잔존가치는 물론 세금과 공과금, 철거비용까지를 모두 아우른다. 여기서 중요한 것은 시간의 개념이 포함되어 있다는 것이다.

전 세계적으로 건축물의 생애주기비용(LCC)은 설계부터 착공까지 20%정도 소요되고 나머지 80%는 사용에서부터 철거 전까지 유지하고 관리하는데 들어간다고 한다. 토지, 설계나 시공 같은 투자비용보다는 유지관리비용이 4배 이상 크기 때문에 유지관리에 집중해서 그쪽에서 발생하는 비용을 줄여야 장기적이고 고정적인 관점에서 이익이 된다는 것이다. 매달 부담하는 수도, 전기세, 냉 난방비용, 관리비가 50년을 놓고 보았을 때 600회, 100년을 놓고 보았을 때 1,200회를 지급하게 되면 쉽게 간과할 수 없는 문제이다.

2) 건축물의 생애주기비용 구성

구분	내 용
건설기획비용	기획용 조사, 규모계획, 에너지계획, 매니지먼트계획
설계비용	기본설계, Cost Planning, 실시설계, 적산비용
공사비용	공사계약비용(시공업자의 선정, 입찰도서 작성, 현장설명), 공사비용은 LCC비용 중 약 20%정도(사용연수 60년 기준)
운용관리비용	보전비용, 수선비용, 운용비용, 개선비용, 일반관리비용 →LCC 중 80% 차지, 건설비용의 4~5배 정도
폐기처분비용	해체비용과 처분비용

3) 총생애비용(LCC) 수행절차

LCC분석은 각각의 대안에 대해서 건물의 전 생애에 걸쳐서 발생하는 비용을 항목별로 선정하여 화폐가치로 평가하는 절차와, 그리고 각 비용이 발생하는 시점이 상이하기 때문에 각 비용을 일정한 기준 시점을 정하여 환산하는 절차가 요구된다.

(1) 대안의 설정 : 모든 대안은 최소 성능기준을 만족시킬 수 있어야 한다.

(2) 가정의 설정 : LCC분석은 시설물의 미래를 대상으로 하기 때문에 기본적인 가정이 요구 된다. 대표적인 가정사항은 분석기간, 할인율 등이다. 분석기간은 수명주기를 얼마동안으로 산정할 것인가에 대한 가정이며 물리적 수명, 기능적 수명, 사회적 수명, 경제적 수명, 법적 수명 등으로 분류된다.

(3) 비용 산정 및 발생시점 결정 : LCC분석을 위한 비용의 분류는 다음과 같다.

① 투자비는 구입비, 교체비, 잔여가치

② 운영비는 운영 및 유지관리비, 수리비, 에너지 비용

③ 기타 세금, 유틸리티 환불, 세금 보조 등

(4) 미래발생 비용의 현재가치 환산 : 비용요소들은 분석기간 중 각기 다른 시점에서 비용이 발생하므로 LCC분석에서는 이를 통합하여 하나의 값으로 표현할 수 있어야

한다. LCC분석에는 미래의 발생비용을 현재의 가치로 환산하는 과정도 포함하는데 이를 할인율이라 한다.

(5) 각 대안에 대한 생애비용 계산 : 구성항목별 비용 산정이 완료되면 이들 각기의 비용을 종합함으로써 총비용을 구할 수 있다.

LCC＝초기투자비의 현재가＋에너지비용의 현재가＋유지관리비의 현재가＋시설교체비의 현재가－잔여가치의 현재가

(6) 최소 LCC산정 대안의 선정 : 여러 개의 대안 중 최소 LCC를 가지는 대안을 설정한다. 순 이익이 최대가 되는 대안을 선정한다.

(7) 민감도 분석 : LCC분석에서 적용되는 여러 지표들(예, 현가환산률, 에너지가격 변동률 등)은 대부분 추정값이므로 입력자료가 잘못 입력되었을 경우 LCC분석결과에 영향을 미쳐 잘못된 판단을 내릴 수 있다. 이를 보완하기 위하여 민감도분석을 통하여 오류를 사전에 예방하기 위한 조치가 필요하다.

(8) 경제성 평가를 위한 관련 지표의 산정 : 필요시 순익, 투자－대－이익의 비율, 회수기간 등의 경제성 평가를 위한 보조적인 지표를 산정한다.

(9) 최적의 대안 선택 : 이상의 과정 거친 후 LCC분석결과에 따라 최적의 대안을 선택한다.

(10) 자료축적 및 Feedback : 실무가 진행되어감에 따라 LCC분석 시의 예상과 실제를 비교하고 문제점을 찾아내 의사결정을 조정, 수정해 가는 단계이다.

4) LCC산정사례

(1) LCC산정사례–1

표 1.4 건물별 LCC분포

용 도		공동주택	업무용 빌딩	일반상업건물
기획, 설계비용		0.1~0.7%	0.4%	0.5~1%
건설비용		15%	16%	17.5%
유지관리비용	① 관리 · 운영비 ② 에너지 비용 ③ 보수 · 유지비	83.6%	81.7%	10.5% 20.1% 23.1%
기타		0.7%	0.4%	18.8%

(2) LCC 산정 사례-2

표 1.5 ○○○신축건축공사 LCC분석 (원 / m²)

구 분		초기투자비	교체주기	교체비	운영관리비	에너지비	LCC
외부 벽체	알루미늄패널	110,000	50년	–	36,939	1,002,518	1,149,457
	법랑패널	102,000	40년	–	69,401	1,024,085	1,195,486
	화강석	93,008	75년	–	49,112	1,024,063	1,166,184
창	로이복층유리	80,801	40년	–	72,171	729,557	882,529
	그린복층유리	58,581	40년	–	72,171	762,428	893,180
	투명로이복층유리	56,056	40년	–	72,171	935,820	1,064,047
내벽	수성페인트	5,138	7년	12,121	24,346	–	41,605
	벽지	6,287	7년	14,833	36,519	–	57,640
바닥	무석면 비닐타일	12,513	20년	5,700	215,058	–	233,270
	카펫타일	26,613	15년	44,045	162,308	–	236,985
천장	암면흡음텍스	41,497	20년	18,902	8,129	–	68,528
	석고보드	36,490	10년	31,451	8,129	–	76,071

1.4.3 총생애비용 평가방법

1) 효율적 대안 선택수단

건물의 총생애비용 평가는 경제성 평가과정을 명확히 함으로써 비용을 절감할 수 있고 체계적이고 투명한 경제성 평가와 대안의 제시로 적절한 투자 유도가 가능하다. 또한 기능적 효율성, 에너지 절감, 친환경 건축 등 사용자의 요구사항을 설계 및 시공 시 건축물 구성 요소 및 공간구성 대안 선정과정에서 적극적으로 반영할 수 있다. 따라서 리모델링의 실현 가능성을 검증하는데 가장 효율적인 대안 선택을 위한 필수적 수단이다.

LCC는 경제성 평가의 의사결정 지원도구로서 사업의 추진 여부, 리모델링 범위 결정, 효율적인 대안 선택 등에 활용된다.

2) 대안을 평가하는 방법

건물의 경제수명에 걸쳐 발생되는 모든 중요 내용을 현재가치로 환산하여 설계대안의 경제성을 평가하고 설계대안을 선정하는 방법을 말한다.

① 성능을 고정시키고 LCC를 비교하는 방법

② LCC를 고정시키고 성능을 비교하는 방법

③ 성능과 LCC를 서로 비교하는 방법

3) LCC평가기법 활용

항 목	내 용
• 합리적 투자 유도	투자의 경제성 향상과 합리화
• LCC 기준입찰	발주자는 투자가치를 극대화
• 발주자의 의사결정 지원	전문가로부터 진행 중 각종 구상에 대한 의사결정 지원
• 입찰전략의 일환으로 활용	대안입찰에 임할 경우 수주기회 향상
• 설계대안의 선택	최적대안 선정을 위한 의사결정 도구 활용
• 경제수명의 예측	다양한 요인에 대한 효과적 예측 가능
• 최적부품의 선택	각 부품들에 대한 경제적 측면의 정보를 얻음
• 시설물의 재개발 또는 보수 후 사용 여부 판단	유리한 방법 결정을 위한 정보 획득
• VE(Value Engineering)적용 시의 활용	해당 기능에 대한 원가분석은 LCC가 기본

1.4.4 건축물의 생애주기비용 분석

1) 초기투자비용과 운영비용(러닝 코스트) 관계

건축물의 장기적 사용에 있어 그 경제성을 검토하려면 건축물의 탄생에서 소멸에 이르기까지 모든 단계를 고려해야 한다.

건축물에 드는 비용은 대부분이 운용관리단계 비용이며, 건축단계의 비용(초기비용)이 차지하는 비율은 건축물의 사용년수 장기화에 따라 점점 작아진다.

운용관리단계의 비용으로는 보전비용(점검 · 보수 · 운전 · 청소 · 보안 등)과 운용비용(빛 · 열 · 물 등) 등이 있으며, 건축물 전체 사용년수에서 보면 막대한 금액에 이른다.

따라서 건축물의 장기적 경제성을 검토하고 확보하기 위해서는 이에 대한 대처 및 방법이 필요하다.

① 일반적으로 투자자나 사업주가 건축물의 비용을 고려할 때 주로 초기 건설비용에만 관심을 가진다. 그러나 건축물은 수명주기 동안 비용의 최적화가 총체적 관점에서 볼 때 더욱 중요하다는 것을 이해해야 한다.

② 초기 투자비용과 운영비용을 서로 비교해 볼 때 초기 투자비용이 적을수록 전반적인 운영비용은 커지고, 초기 투자비용이 많을수록 운영비용은 감소하는 정반대의 관계에 있다고 할 수 있다.

③ 건축비는 건축물의 전생애비용으로부터 생각하면 전체 비용에서 20%를 초과하지 않는 것이 일반적이다. 그 외의 비용인 보전비, 수선비, 개선비, 운용비(광열수도비), 그리고 일반관리비 등의 건축물 운영관리 비용은 건축물의 경우 수명주기가 길기 때문에 물리적 수명 동안 건축물을 사용할 경우 보전비, 개선비, 수도광열비, 인건비 등 유지관리비가 초기건설비의 최고 6~7배에 이르는 경우가 많다.

2) 건축물의 수선주기와 비용

건축물의 수선주기란 건축물의 각 부분을 구성하고 있는 자재 및 공종별로 각각의 경과년수에 따라 건물의 효율적 성능 확보를 위해 어느 정도 주기에 어느 정도로 수선하는 것이 좋은가를 표현하는 것으로, 수선주기 및 수선율 정립을 근거로 소요 수선비의 적산을 통해 단위건물에 대한 유지관리 비용의 예측적 수립 및 집행이 가능하다.

따라서 부품별 수선주기 정보는 건물의 life cycle cost상에서 일반적으로 유지관리비가 전체 cost의 80% 이상을 점유하는 것을 고려할 때 적기의 수선을 통한 건물내용년수 증대와 건물의 경제적 가치하락 방지를 위해 매우 중요하다.

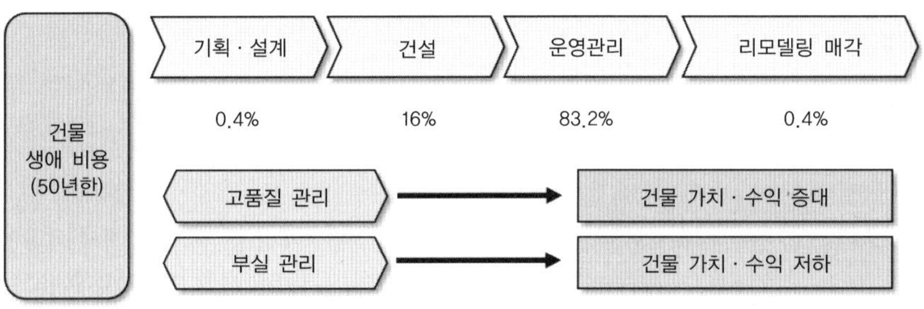

그림 1.12 수선주기와 비용

특히 건물 생애비용에서 유지관리운영비(운영관리)를 절감할 수 있는 대안으로 리모델링이 새로운 시장영역으로 고려될 필요가 있다. 운영관리가 고품질로 될 경우에는 건물의 가치 · 수익이 증대할 수 있지만 부실관리될 경우에는 가치 및 수익이 저하될 수 있다.

1.4.5 Life Cycle적 설계수법

1) 접근방법

리모델링이 용이하도록 건축물을 설계하기 위해서는 건축물이 지구환경에 미치는 부하를 감소시키는 것을 전제로 하여 장기간 사용하는 구조체는 가능한 한 장수명화하도록 설계하고, 수명이 짧은 설비나 내 · 외장 부재 및 부품들은 교체 및 교환을 쉽게 함으로써 건물사용 시 유지관리와 리모델링을 용이하게 할 수 있도록 한다. 구조체의 수명이 다하면 쉽게 해체 · 분리될 수 있도록 부재를 선택 · 사용하고 접합방법을 고안한 설계방법으로 접근해야 한다. 즉 건축물의 전 생애(life cycle)에 걸쳐서

Reduce → Maintenance → Reuse → Recycle

이라는 흐름에 근거를 둔 종합적인 설계수법으로 접근할 필요가 있다.

건설 프로세스	3R 관련성 검토항목
기획 · 계획 단계	□ 개발대상 대지 내 철거 건축물 및 구조물 재사용 계획수립, 개발대상 대지의 자원순환성 검토
설계단계	□ 장수명 건축물 설계 시 검토사항 – 내구성이 높은 구조체의 재료 검토, 가변 용이한 구조 시스템 및 공간 설계, 리모델링/유지관리 용이한 공간설계 □ 해체의 용이성을 고려한 구법 설계 – 해체 용이성 및 자재 분별 용이성 □ 자원절약 및 합리화 설계 – Modular Coordination 설계 □ 리모델링 및 해체시 재사용 가능한 구법 설계 – Skeleton과 Infill(내장, 외장, 설비) 분리 설계
자재 생산 단계 [자재생산업체]	□ 내구성이 높은 자재 생산 □ 환경친화적인 재료 사용 – 환경부하 저감 자재, 재활용 용이형 소재, 재료 활용 □ 경량 건식화된 자재 및 표준화된 부품생산 □ 건설폐자재 활용 자재
시공단계[건설업체]	□ 폐기물이 적게 발생하는 자재 적용, 재활용, 재사용 자재 적용 시공 □ 리모델링 용이형 시공법 – Skeleton Infill 분리 시공, 수명 차이를 고려한 시공순서와 접합부 설계를 통한 재사용 시공공법 확립 □ 유지관리 및 해체 용이형 시공법 □ 표준화된 부품, 공장생산 자재 사용
시공 및 관리단계	□ 건축물, 구축물의 유지 · 보수의 용이성 □ 주기적인 리모델링 및 유지관리 □ 교체, 해체부품 및 자재의 재사용, 재활용 방안 □ 사용이력 관리
해체단계	□ 해체시 폐기물 감소방안 – 용이한 해체, 분별 방안, 재사용, 재활용 용이한 해체 방안 □ 해체자재의 재활용 방안

Life Cycle적 설계를 위해서는 자원의 재활용에서 요소별 내구연한의 차별성과 프리패브공법, 건식공법 등 지속가능 설계개념의 순환형 건설시스템 구축이 필요하다. 더불어 Life Cycle 설계방법, Open Building, Modular coordination, 호환성 등의 설계기법에

적합한 구조시스템, 그리고 부재와 구조재료의 개발 및 연구가 필요하다.

현재의 일체식 콘크리트구조에서 혼합식 구조(Hybrid), 프리캐스트 구조, 포스트텐션 등 다양한 구조시스템 기술의 도입이 요구된다.

2) LC(Life Cycle)설계방법

LC설계란 건축물의 양호한 존속을 위해 설정한 기간 동안 사회변동이나 물리적인 열화에 기인하는 개수 · 갱신에 가변적으로 대응하고 경제성 · 안정성 · 쾌적성 · 편리성이나 보전 용이성 등에 대해 그 성능을 충분히 발휘할 수 있는 건축물을 설계하는 수법으로 정의한다.

건물의 골조가 가지는 수명을 설정하고 설비 및 내 · 외장 부재가 몇 년이 지나면 노후화되어 교체 및 교환을 해야 할 것인가를 미리 가정하여, 설정된 시점에서 용이하게 리모델링할 수 있도록 설계하는 것을 의미한다. 리모델링을 용이하게 할 수 있는 LC설계방법은 다음과 같다.

(1) 규모계획

장래 변화에 융통성 있게 대응할 수 있는 규모(Scale, 면적, 층고 등)의 상정(想定)이 중요하다.

(2) 공간계획

다양한 요구에 대응하기 위해 가변성 있는 평면 형태 및 계획, 구조스팬 확보, 단면의 형태 및 높이에 대한 계획이 중요하고, 장래의 규모변화(2호1호화, 수평통합, 수직통합 등), 증 · 개축 등에 대응성을 갖춰야 한다.

(3) 코어의 위치와 공용설비공간의 위치

일반건축물은 장래의 확장성 및 공간변화에 대응한 코어의 위치 고려 및 각종 설비샤프트의 위치 및 크기를 설정한다. 공용설비는 공용공간에 배치한다. 공동주택의 경우는 소유구분을 고려하여 각종 설비배관의 위치를 공용과 전용설비를 분리하여 배치한다.

3) 리모델링을 위한 피드백 고려사항

리모델링의 장점은 여러 사례를 통해 기본설계의 문제점을 명확히 함으로써 앞으로의 신축설계에 대한 피드백이 가능하다는 점에 있다. 즉 신축 시에 장래 리모델링하기 쉬운 설계로 연결해 가는 것이다. 장래의 기계설비 리모델링을 고려하는 것만으로도 건물하중, 층 높이, 승강용 공간, 반출 · 입 루트, 엘리베이터 상자(Box) 크기 등 설계 시에 관계되는 항목이 다양함을 알 수 있다. 설비의 본체 매입도 이러한 관점에서 재고되어야 한다. 배관 · 배선을 위한 보 관통 구멍, 장래의 증설이나 이동을 예상하여 예비구멍을 넉넉하게 설치하도록 구조설계 단계에서 조정해 둔다.

장래 구조리모델링을 위해 여유 있는 층고와 긴 스팬, 용도변경 및 증축에 대비한 여유 있는 하중, 그리고 내부공간의 가변성을 고려한 계획이 있어야 한다.

1.4.6 장기수선계획 개념도 이해

건물의 생애(라이프 사이클)를 횡축으로 하고, 건물의 기능 · 성능 수준을 종축으로 하여 시간의 흐름에 따라 건물의 성능변화를 그림으로 나타낸 것이다.

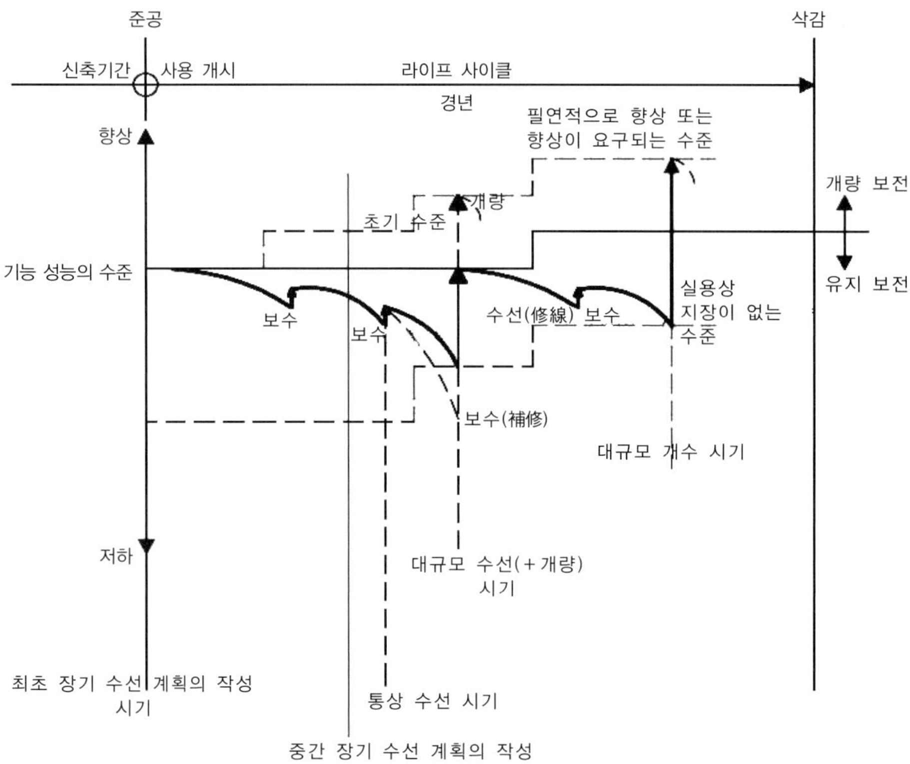

그림 1.13 장기수선계획 개념도

기능 · 성능의 수준을 나타내는 선이 어떤 시점에서 올라가 있는 것은(파선) 사회적 수준이 향상되어 그 건물에 대한 기대 수준도 같이 향상되고 있음을 나타낸다. 우측 하향곡선으로 나타낸 실선은 세월이 지날수록 성능수준이 저하되어 가는 것을 나타내며, 어느 시점에서 보수(補修) 조치를 취하여 저하된 수준이 약간 회복되지만 초기 수준까지 회복되기는 어려운 것을 볼 수 있다. 그리고 어떤 하자의 발생으로 인해 저하곡선보다 더욱 낮은 수준으로까지 떨어져(점선 부분), 보수를 함으로써 허용 가능한 수준까지 복원된 것을 알 수 있으며, 또 소규모의 수선을 통하여 초기 수준까지 복구되거나 대규모 개량을 통하여 현재 요구되는 수준까지 단번에 끌어올린 경우도 볼 수 있다.

1.5 건축물 유지관리

1.5.1 경년 열화의 특성

경년열화에는 건물을 구성하는 부품, 부재, 조립재 등의 집적체 자체의 '물리적 열화'와 그 건물의 구성 시스템이 사회의 변화에 대응하지 못하고 진부화되어 가는 '사회적 열화'로 나누어 생각할 수 있다.

(1) 물리적 열화는 구성 부재의 동적(動的) 부분의 마모나 노출 부분의 자연환경 영향으로 인한 화학적 변화 및 물리적 변화 등을 들 수 있다. 지진이나 재해에 의한 균열 발생, 부분 파괴도 여기에 포함된다. 물리적 열화에서 동해에 의한 열화가 가장 많이 발생한다. 물은 동결되면 9%의 체적팽창을 일으킨다. 만일 외부로부터 물이 콘크리트 속으로 스며들거나 동절기 공사로 콘크리트 속의 물이 외부로 빠져나가기 전이라면 콘크리트 속에 물이 함유해 있다고 간주할 수 있다. 즉, 콘크리트의 미세 공극 속에 물이 들어찬 상태라는 것을 의미한다. 이때, 기온이 영하의 동결온도로 떨어지게 되면 각 공극들 속의 물들이 동결되면서 각 공극들마다 9%의 체적팽창을 일으키고, 이러한 체적팽창으로 인하여 각 공극들 사이에 250kg/㎠의 팽창압이 발생하게 되며, 이때 공극들 간에 팽창압력으로 콘크리트 표피가 떨어져 나가거나 콘크리트가 들떠버리거나 표면의 콘크리트가 부실 부실해지는 현상이 생긴다. 이러한 손상들을 동해라 한다.

동해 손상의 특징은 다음과 같다.

① 콘크리트 표피가 떨어져 나가는 현상

② 콘크리트가 들뜨는 현상

③ 표면의 콘크리트가 부실 부실해지는 현상

그러므로 외벽은 5년에 1회 이상은 침투 방수제 또는 페인트 고결재로 보강을 하여야 한다.

(2) 사회적 열화는 공기조화시스템 기술의 고도화에 의해 신축될 당시에는 최신의 시스템이었지만, 현재의 시스템에 비하면 운영비가 높다든지 제어 시스템이 복잡하다든지 하는 이른바 '진부화(陳腐化)'라고 일컬어지는 현상이다. 이들 노화현상을 인정하면서 당초 설정된 기능들을 온전하게 장기간에 걸쳐 유지 · 보전하는 것이 최소한의 리모델링 행위라고 할 수 있다.

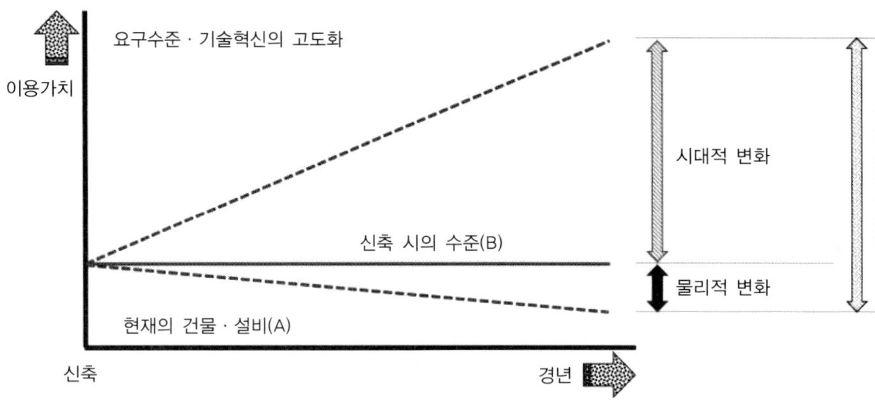

그림 1.14 경년과 이용 가치의 변화

1.5.2 부위별 열화현상

1) 바닥에 생기는 열화현상

바닥열화	현 상
변퇴색	바닥표면의 색상, 채도나 명도가 일사나 조명, 살균등(殺菌燈) 등에 의해 변하는 현상으로 주로 자외선이 주요 원인으로 작용한다. 이밖에도 산이나 알칼리에 의한 약품류에 의해 화학적으로 색조가 변하는 경우도 있다.
부풀음	바닥재가 기체, 액체 또는 부식 생성 등을 포함하여 부풀어 오르는 현상이다. 바탕 수분이 수증기가 되어 바닥재를 부분적으로 밀어 올리는 경우가 많다.
박리, 들뜸, 변형	바닥재와 바탕재와의 사이에 접착성을 잃어 경계면에서 떨어지는 현상. 원인으로는 바탕 수분, 수축응력, 일사, 적도 등 물리적 외력 등이 있다.
갈라짐, 흠	바닥재에 금이 가는 현상으로 낙하물에 의한 충격, 수축응력, 열충격 등이 원인이 된다.
부식, 부후	바닥재 자체가 산이나 알칼리 등과 화학변화를 일으켜 재료강도가 저하, 바닥재로서의 형태나 기능을 기대할 수 없게 된 현상. 목질재의 경우는 조직이 파괴되는 경우를 가리키며 부후(腐朽)라고도 한다.

2) 타일붙임 마감에 생기는 열화현상

타일열화	현 상
녹 부착	타일표면에 녹이 생기거나 녹물이 부착하여 흐르는 경우는 개구부 강재창호의 발청, 외벽 부착물 근처의 철물의 발청 등이 생기며, 강재의 발청에 의한 팽창압으로 인해 타일 박리의 원인이 되기 쉽다.
백화현상	콘크리트나 모르타르 마감부위가 누수에 의해 타일 표면이나 줄눈에 백색의 석출물이 되어 나타나는 현상이다.
균열	구체나 바탕 모르타르, 붙임 모르타르층의 움직임 등에 의한 균열은 타일이나 줄눈에도 균열을 일으켜 타일박리의 원인이 된다.
들뜸	타일 부착층이 박리하여 면 전체적으로 밀어 올라간 상태가 되는 경우이며, 위험한 상태가 된다. 개구부의 작고 큰 벽면 등에서 발생하기 쉽다.
박리, 박락	개구 모서리부, 인방부, 강제창호의 접합부, 매설철물 부분, 건물의 돌출부, 개구부의 작고 커다란 벽면 등에서는 박리가 생겨 타일의 어긋남, 밀림 등으로 인해 박락을 일으킨다.

3) 시멘트모르타르 도장마감에 생기는 열화현상

유기 합성고분자계 도장재나 마감재는 콘크리트의 호흡을 방해하여 콘크리트 구조물을 노후화 시킬 뿐만 아니라, 자외선에 의한 황변현상, 쵸킹(chalking)현상, 부풀어 오름, 갈라짐, 탈락 등의 결함을 유발하여 철근 콘크리트구조물의 미관을 저해한다.

그림 1.15 열화현상

열화	현 상
들뜸(팽창)	모르타르칠과 콘크리트 구체와의 접착 계면 또는 모르타르 도장층의 상호접착 계면이 분리된 상태로 박리, 들뜸이 발생한다.
균열	모르타르 도장면에 균열이 생겨 그 부분에서 도장면이 불연속적으로 되어 있는 상태. 모르타르 도장면에 생긴 경우와 콘크리트 구체의 균열도 동반하는 경우가 있으므로 구별해야 한다.
결손	부분적으로 모르타르 도장층이 결락해 있는 상태

4) 강재계 도막의 열화현상

열화	현 상
적청	강재표면에 수산화물이나 산화물을 주성분으로 하는 부식 생성물이 생긴다
백청	아연도금 표면에 아연산화물이나 탄산염을 주성분으로 하는 부식 생성물이 생긴다
들뜸, 갈라짐, 벗겨짐, 녹의 혼재	도막의 들뜸, 갈라짐, 벗겨짐과 바탕의 부식이 혼재해 있다.
단면 결손	부식이 진행하여 강재의 판 두께가 감소한다.

1.5.3 철근콘크리트구조물 노후화현상

1) 철근콘크리트 노후화

콘크리트의 균열과 철근부식 및 이것들의 상호관계가 철근 콘크리트에 있어서 가장 기본적인 노후화현상으로 본다. 철근의 부식이 어느 정도 진행한다면 녹의 팽창압에 의하여 피복 콘크리트에 균열, 박리 등을 일으킨다. 한편, 콘크리트 중에 염화물 이온이 어느 정도 이상 존재하게 되면 콘크리트가 중성화하지 않아도 철근이 부식하게 된다. 균열과 층간박리가 진행되면 염분, 산소 및 습기가 침입하기 쉽게 되고 부식은 더욱 촉진된다.

철근콘크리트 구조물의 8대 노후화 현상으로서 ① 중성화, ② 철근부식, ③ 균열, ④ 누수, ⑤ 강도저하, ⑥ 큰 변형, ⑦ 동해, ⑧ 표면 노후화를 들 수 있다.

2) 대기오염으로 인한 콘크리트 표면의 오염

자동차나 공장 등에서 배출되는 CO_2, NO_2, SO_3 등의 증가와, 이로 인한 산성비(酸性雨)의 영향, 먼지 등의 오염물질의 부착 등으로 콘크리트 구조물 표면은 노후화되고 균열발생을 촉진시켜 콘크리트 내부의 철근을 부식시킨다.

3) 콘크리트 중성화(탄성화)

콘크리트의 중성화는 대기 중의 탄산가스 등의 산성가스가 콘크리트의 세공으로 침입하여, 콘크리트내부 수분 중의 수산화칼슘과 반응하여 생긴다. 이 결과 콘크리트의 알칼리성은 pH10 정도까지 저하하며, 콘크리트에 의한 철근표면의 방청효과가 사라지고, 철근을 전도체로 하여 공급되어지는 수분과 산소와 함께 철근을 부식시킨다.

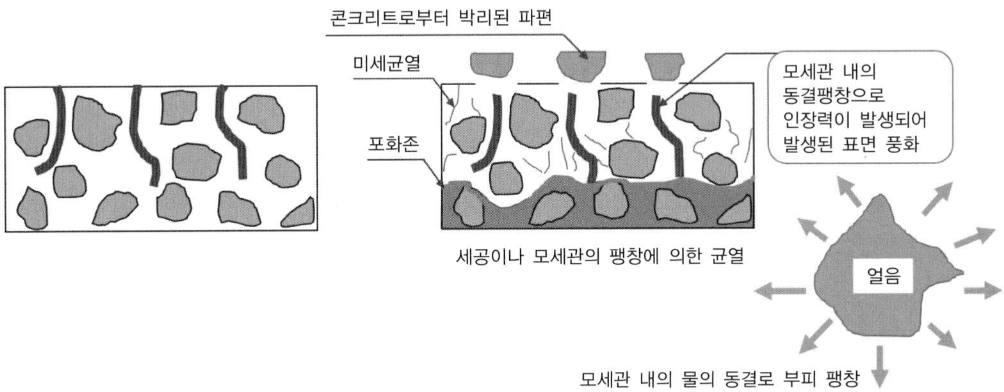

그림 1.16 동결융해

4) 동결융해에 의한 풍화

동결융해에 의한 풍화는 통상, 구조물의 물에 접하는 부분에서 세공중의 수분이 얼음으로 변하였을 때 체적이 팽창하며, 그 인장력에 의하여 국부적으로 발생한다.

5) 열화현상별 보수 및 보강

철근 콘크리트 부재는 사용연수 경과에 따른 열화와 설계 및 시공상의 품질 문제, 과도한 하중의 집중 및 외부의 급격한 진동이나 충격 등으로 구조물의 내력저하, 크고 작은 균열 등에 의한 부재의 단면 손실과 그에 따라 야기되는 구조적인 문제점, 자연환경 등에 의해 구조물의 성능이 서서히 저하되므로, 적절한 유지관리 조치를 실시하지 않는다면 구조물이 손상되어 안전상의 문제를 발생시키게 된다. 따라서 적절한 보수·보강 등의 유지관리를 통하여 구조물의 안전성 및 사용성을 확보하여야 한다.

1.5.4 유지관리 업무

1) 유지관리 개념

건물의 노화 · 열화현상은 처음에는 매우 더디게 진행되지만 일정한 한계를 넘으면 기능이 급속하게 저하하여 고장이나 기능 상실로 이어진다. 따라서 건축물이 건전하다고 판정되는 단계에서 점검 · 보수를 계획적으로 실시하여 일정단계의 노화 · 열화에 도달하기 이전에 수선, 부품 교체를 하여 건축물 전체의 내용년수를 연장해야 한다.

현재 주택보급률이 100%를 넘었고 노후 공동주택과 건축물들이 포화상태가 되어 사회적 문제가 발생함으로써 이제는 건축물의 관리와 운용의 시대가 왔다. 건축물을 얼마나 잘 사용하고 운용하며 관리하여 어떻게 건축물의 가치를 높이느냐가 건축시장의 패러다임이 되었다.

① 유지(maintenance)는 건축물의 준공 후 초기 기능 유지를 위하여 요청되는 청소, 점검 및 교체 등의 일상적인 활동을 의미. 가장 단순한 형태의 리모델링이라 할 수 있다.

② 유지관리(Maintenance and management)는 건축, 설비 및 제 시설 등의 기능 또는 성능을 상시 적절한 상태로 유지하는 목적으로 행하는 유지 보전의 제 활동 또는 그 관련 업무를 효과적으로 실시하기 위하여 행하는 관리활동을 의미한다. 유지관리는 대상물이 고장 등에 의해 기능 · 성능이 저하 또는 정지상태가 발생한 후 행해지는 사후관리와, 계획적으로 대상물의 점검 · 시험 · 재조정 · 교체 등을 행하며 사용 중에 고장을 미연에 방지하는 예방보전 행위로 나뉜다.

③ 유지보전은 건축물의 준공 당시 초기 성능 수준으로 유지하기 위한 활동으로 여기에는 점검 · 진단과 같이 일상적인 유지 활동과 원래의 기능으로 회복하기 위한 활동으로 사용상 지장이 없는 수준까지 개선하는 보수와 초기 성능까지 향상시키는 수선 · 갱신으로 구분되며, 개량보전은 초기성능 수준을 상회하여 개량하는 개념으로 개수, 개조, 변경, 개장 등이 해당된다.

④ 리노베이션(Renovation)은 기능적으로 노후화된 건물을 현재 요구되는 시점까지 개선 · 변경하는 행위로써 건물의 골조를 유지하면서 노후화를 억제하거나 그 기능을 향상시켜 주택의 수명연장과 주거만족을 높이기 위한 행위를 말한다.

⑤ 리-폼(Reform)은 일본에서 주로 쓰이는 영어로 본래 집을 새로 만든다는 의미인 'Rehome'에서 유래했다고 하는데, 일본 건설성에서 규정하기를 '증개축, 유지, 수선 등을 통하여 기존 주택의 유효 활동으로 욕구를 충족하는 것'을 의미한다.

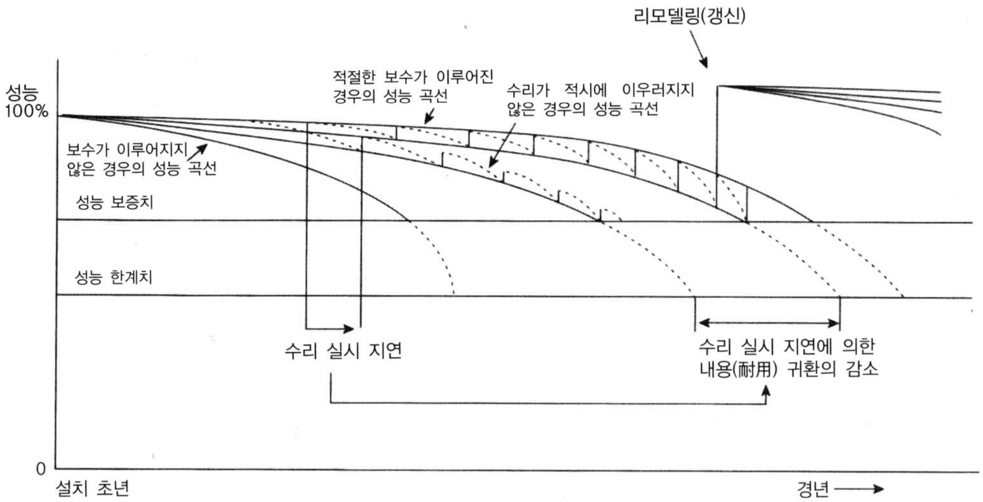

그림 1.17 건축물의 성능곡선

2) 유지관리의 필요성

일반적으로 투자자나 사업주가 건축물의 비용을 고려할 때 주로 초기 건설비용에만 관심을 가진다. 그러나 초기 투자비용과 운영비용을 서로 비교해 볼 때 초기 투자비용이 적을수록 전반적인 운영비용은 커지고, 초기 투자비용이 많을수록 운영비용은 감소하는 정반대의 관계에 있다고 말할 수 있다.

① 안전성 위생성 확보 : 승강기 점검은 건물사용자의 생명과 재산의 안전성 확보에 영향을 미침

② 기능성·쾌적성 확보 : 일상적 운전, 점검, 수선, 청소 등으로 제기능을 발휘할 수 있게 함

③ 자산가치의 유지 증대 : 건축물은 거대한 자산이지만 해가 지날수록 열화함

④ 투자의 합리화 : 경년열화, 사회적 진부화에 따른 이용자 감소를 예방하고 투자자금의 환수가 잘 이루어질 수 있도록 해야 함.

3) 건축 초기비용과 운용관리단계비용

건축물에 드는 비용은 그 대부분이 운용관리단계비용(러닝 코스트)이며, 건축단계의 비용(초기 비용)이 차지하는 비율은 건축물의 사용연수 장기화에 따라 점점 작아진다. 운용관리 단계의 비용으로는 보전비용(점검 · 보수 · 운전 · 청소 · 보안등)과 운용비용(빛 · 열 · 물 등) 등이 있으며, 따라서, 건축물의 장기적 경제성을 검토하고 확보하기 위해서는 이에 대한 대처 및 방법이 필요하다.

4) 건축물 유지관리 업무의 문제점

유지관리 대상의 이력관리 체계의 미흡은 교체 및 신설에 따른 시설물 현황과 정보의

갱신이 이뤄지지 못하고 관리부재로 인한 업무상 이중 작업이 빈번하게 일어나는 비효율적인 결과로 이어진다. 또 안전상에 영향을 미칠 가능성이 많다.

① 건축물 현황 및 이력관리 체계의 부재,

② 유지관리 업무의 효율성 저하 및 연속성 단절,

③ 기술의 승계 및 기술력 향상의 저하,

④ 의사결정 지원 시스템의 부재 등이다.

미국의 경우 정부차원에서 주도해 표준화된 시스템을 적용하고 있다. 또 일본에서는 유지관리를 위해 재해정보관리시스템을 가동해 전국적인 IT환경을 구축해 전기보안관리 서비스, 토털에너지 솔루션 등 에너지와 전원시스템의 안전 · 신뢰성을 확보하고 있다

5) 건축물 이력관리 표준화 분류체계 수립

① 계획 · 능률적인 수선을 위해 준공 후 25~50년의 장기계획, 준공 후 10~15년을 수선검토기간으로 설정한 중기계획, 공사 전 1~2년의 실시계획으로 나눠 예방보전의 기준 및 수선시기와 계획을 수립한다.

② 유지관리를 위한 관리자, 기술자용 시설점검 체크리스트를 통해 유지관리 부재에 대한 문제점을 해결하는 것이다.

③ 시설물의 내용연한에 따른 시설물 이력관리 정보체계 구축 및 타 시스템과의 연계가 용이하도록 표준화된 분류체계를 수립하고, 이를 통해 데이터베이스 구축, 시설물 대장관리 체계를 마련한다.

④ 의사결정 지원체계 미흡이라는 문제를 개선하고자 유지관리 경제성 평가를 통해 건설 생산단계별로 LCC(Life Cycle Costing)를 체계화시켜 의사결정이 수월하도록 한다.

⑤ 통합유지관리비용 시스템 등을 이용한 장기수선 항목 및 수선주기의 합리적 작성, 갱신의 표준화, 노후도 평가를 위한 시설물별 기준 등을 만들어 유지관리 업무의 효율성을 증가시킬 수 있도록 토대를 마련하는 방안이다.

6) 건축물의 수선주기

건축물의 수선주기란 건축물의 각 부분을 구성하고 있는 자재 및 공종별로 각각의 경과년수에 따라 건물의 효율적 성능확보를 위해서 어느 정도 주기에 어느 정도로 수선하는 것이 좋은가를 표현하는 것으로, 수선주기 및 수선율의 정립을 근거로 소요수선비의 적산을 통해 단위건물에 대한 유지관리비용의 예측적 수립 및 집행이 가능하다. 따라서 부품별 수선주기 정보는 건물의 life cycle cost상에서 적기의 수리. 교체. 갱신 등을 포함한 보수활동 등으로 건물 내용 년수 증대와 건물의 경제적 가치 하락 방지를 위해 매우 중요하다.

보수공종별 수선 주기는 다음과 같다.

재 료		최소연수	최대연수	평균연수
① 외장 마감	미장	9년	25년	20년
	타일	9년	60년	40년
	페인트	7년	25년	15년
② 옥상방수	아스팔트	10년	30년	18년
	시트방수	13년	20년	17년
③ 창호	목재	14년	40년	26년
	알류미늄	22년	48년	32년
④ 전기설비	간선	8년	30년	16년
	옥내배선	20년	30년	25년
⑤ 급 · 배수설비	옥내급수관	12년	30년	20년
	옥외급수관	12년	27년	21년
	옥내배수관	15년	30년	24년
	옥외배수관	15년	40년	26년

1.5.5 외장의 열화와 재생방법

1) 외장의 열화와 재생설계

(1) 외장 재생설계에 앞선 조사

사전조사는 현지조사를 실시하기 위해 필요한 데이터를 수집하는 준비단계이다. 재생 대상 건물의 사양, 개수이력, 환경조건 등에 대해 도면과 기록 등의 서류로 자료를 수집한다. 현지조사는 예비조사와 본조사로 이루어진다. 예비조사는 본조사에서 실시하는 항목이나 내용을 결정하기 위해 육안이나 간단한 조사기기를 이용한다. 본조사는 예비조사로 얻어진 자료를 바탕으로 공법 설계를 실시하기 위해 필요한 상세 자료를 얻는 것이다.

(2) 외장 재생을 위한 설계

외장 재생을 할 때는 어떤 재생을 할 것인지 확실히 할 필요가 있다. 성능회복에 중점을 둘 것인지, 성능향상에 역점을 둘 것인지 또는 새로운 기능을 부가하는데 둘 것인지 등이다. 또한 현재 이미지를 보존할 것인지 아니면 새로운 이미지로 바꿀 것인지도 중요하다.

(3) 시공에 앞선 조사

표시된 설계도서에 포함된 시공조건, 시공방법, 공사범위 등을 정하기 위하여 시공자가

하는 조사이다. 개수공사는 세입자가 입주해 있는 상태이거나 야적장이 좁다는 이유로 신축공사에 비해 조건이 더 까다로운 경우가 많다.

(4) 시공 시 고려사항

외벽공사에 관해서는 비계설치에 따라 실내로부터의 경관 저해와 건물 출입구의 변경, 보수작업에 따른 작업소음, 도장공사에 따른 냄새 등 여러 가지 문제가 발생한다.

2) 외장 재생방법

구조물의 외관은 재건축, 리모델링 등을 통해 의도한대로 디자인을 변경할 수 있으나, 이 경우 상당한 비용이 소요되어 쉽게 실행할 수 없는 경우가 많다. 이러한 문제점은 구조물의 외관재생 및 복원을 통해 쉽고 빠르게 해결할 수 있게 된다. 그러나 구조물의 외관재생 및 복원은 단순히 미관적인 욕구에서가 아닌, 유지관리의 개념과 재산의 보전가치로써의 필요성으로 더 필요하다.

구조물의 외관재생 및 복원에 대한 요구는 계속적으로 증가되고 있는 반면, 구조물에 사용되는 재료의 발달, 시설물의 구조공법의 다양화에 따른 디자인의 변화, 사회 환경변화로 인한 오염물질의 증가 및 다양화로 부식 등 복원 대상물의 환경은 계속적으로 악화되고 있는데 반해 외장재 복원기술은 건설 시공공법으로서의 자리매김을 하지 못하고 있어 안타까운 실정이다.

외장의 열화상태나 재생의 목표설정에 따라 적용하는 개수공법은 다르게 적용되면 대표적인 외장재성 공법은 다음과 같다.

(1) 세척

세척은 크게 물리적 방법과 화학적 방법으로 구분할 수 있다. 물리적 방법은 브러싱, 블라스트, 고압세척 등이 있다. 재료를 손상시키거나 느낌을 해치지 않도록 힘을 조절하거나 적절한 세척제를 선택할 필요가 있다. 화학적 방법은 용제, 세제, 약제를 사용해 오염을 제거하는 방법으로 오염의 종류, 정도, 세척제의 위험성 등을 고려하여 선택해야 한다.

(2) 보수

부분적으로 열화된 부위 등의 성능이나 기능을 사실상 지장이 없는 상태까지 회복시키는 것이다. 이러한 보수가 부분적으로 이루어지는 경우는 기존 부분과 보수한 부분이 의장적으로나 물리적으로 일체화될 수 있도록 하는 것이 중요하다.

(3) 부가

기존 외장 위에 부가하는 공법으로 패널공법은 기존 외벽이나 구조체를 밀봉하는 것이 아니라 빗물이나 햇빛을 차단함으로써 외벽의 열화요인을 줄일 수 있다. 옥상녹화는 녹화의 이미지뿐만 아니라 구조체의 하중 제한이나 시공 후의 일상 유지 등을 고려하여 검토할 필요가 있다.

(4) 교환

외장의 물리적인 열화가 상당 부분 진행되어 보수나 부가만으로 대응할 수 없게 되면 외장재를 교환하게 된다. 외장재의 교환은 대규모 공사를 수반하게 되지만 기대 이상의 고품질을 가져 올 수 있다.

그림 1.18 외관 재생

3) 개 보수작업 바탕처리

개수 시공에 앞서 ① 개수 대상의 시공 범위, ② 개수 대상의 주변 환경, ③ 기존 바닥의 마감재료 · 구법의 종류와 열화상황, ④ 바탕 종류와 열화상황, ⑤ 사용 재료, 기자재, 철거재, 잔여재 반출입 방법, ⑥ 벽과의 접합 및 마감, ⑦바닥 밑의 점검구 및 설비 배관 · 기기의 위치 및 마감에 대하여 시공 조사를 실시한다. 바탕처리 시 유의사항은 다음과 같다.

(1) 철거 및 세척작업
   ① 기존 콘크리트의 열화 · 중성화 부분을 브레이커 등을 이용하여 철거한다.
   ② 콘크리트 철거 시 파편 및 분진이 발생되므로 보호안경 착용 후 작업을 한다.
   ③ 콘크리트 단면철거 후 고압세척기를 이용하여 표면을 세척하여 이물질을 제거한다.
(2) 기존 콘크리트의 구체 및 표면강화를 위하여 침투성 접착강화재를 물 100%(중량비) 희석하여 골고루 밀실하게 도포한다. 5℃ 이하에서는 작업을 중지한다.
(3) 신 · 구 재료의 접착력 증진을 위하여 G & W(수성폴리머몰탈)을 솔처리한다.
(4) 5℃ 이하에서는 작업을 중지해야 하고, 솔처리는 1회 THK=1.5m/m를 넘어서는

안 된다.

(4) 기존 콘크리트 탈락부위에 1차로 조강 무수축 모르타르를 충진한다.

(5) 30℃ 이하에서 1차 도포 후 2시간 경과 후 도포 실시하며, 도포두께는 1회에 10m/m를 넘어서는 안 된다.

(6) 2차로 수성폴리머 콘크리트를 미장마감 한다.

(7) 5℃ 이하에서는 작업을 중지해야 하고, 비가 예상될 경우, 또는 습도가 80% 이상일 경우에는 작업을 중지해야 한다.

1.5.6 건축물 유지관리기술

1) 공동주택 생애주기 유지관리 기술체계 확립

① 국가와 개인의 자산가치 보전을 위해서는 공동주택의 수명연장(25년→40년)이 요구된다. 경년에 따른 성능저하를 최소화하고 자산가치 상승을 위해서는 장기수선·성능평가·이력정보기반의 유지관리시스템 개발 필요하다.

② 노후 공동주택의 증가에 따른 주택성능 저하, 관리비용 증가, 가치 하락 등 주거품질 저하에 대한 개선 요구가 증가하므로 재고주택의 품질을 적정 수준으로 유지·관리하고, 성능 향상을 지원하기 위한 통합적 관리 정책(공동주택에 관한 통합이력관리, 성능기반 주택가치 평가 등)이 필요하다.

③ 주택재고 증가 및 노후화에 따라 재고주택의 적정 수준 품질 유지와 성능개선형 관리체계가 필요하다. 주택 사용시점부터 멸실까지 주택의 수선이력 및 안전성능을 생애주기로 관리하기 위한 통합관리시스템이 필요하다.

④ 통합관리시스템은 준공 후 사용단계에서 철거단계 직전까지 주택에 부여된 성능을 유지하기 위하여 진단(성능평가)↔수선·교체↔수선이력정보↔관리계획 설정 등을 유기적으로 연계하여 수행하도록 제어된 관리체제를 말하며, 일반적으로 하드웨어, 소프트웨어, 하드웨어와 컴퓨팅, 비즈니스 애플리케이션, 네트워크, 인프라 등을 개발·운용·유지보수하고 이를 향상시키는 서비스를 말한다.

⑤ 경년 후 중고주택의 성능상태에 따른 잔존가치 등을 평가하는 등, 생애관리 수준에 따라 매매가치를 산정하는 통합관리시스템(장기수선, 성능, 이력 등)을 구축하면, 소유자의 능동적 관리투자를 촉진함과 동시에 소유자와 전세, 월세자의 관리패러다임을 변화시킬 것으로 예상된다.

2) 건축물의 Maintenance와 Restoration

① 대형 건축물의 유지관리는 과학적·효율적 방법이 적용되어야 건축물의 가치와 수명이 오래가고, 물리적 훼손이나 환경에 의한 오염도 방지할 수 있다. 건축물을 새로 신축

하는 것도 중요하지만 축조된 건축물을 본래의 가치와 기능을 유지하며 유지관리하는 것 또한 매우 중요하다.

② 건축물을 전문적으로 유지관리하는 것은 크게 구조물유지관리와 표면유지관리로 나눌 수 있으며 표면유지관리는 내 · 외벽, 천장, 지붕, 바닥 등의 유지관리 분야라 할 수 있다. 건축물의 표면은 각종 재질의 자재와 기능이 서로 다른 구조로 설계 · 축조되어 있다.

③ 건축물을 유지관리하고 표면을 재생하는데 여러 종류의 다양한 화학약품과 시공방법이 있다. 건축물 표면의 회복을 위해 오염물질을 제거할 때 사용되는 약품들도 최근에는 병원에서 약을 처방하듯 목적으로 하는 오염만을 제거하고 생분해되는 목적별 오염 제거제와 보호제 등이 있다.

3) 설비기기류의 유지관리 기술

① 설비기기류의 열화를 물리적 열화, 사회적 열화, 경제적 열화 등 각각의 측면에서 파악해 보면 이들의 상관관계에서 설비관계의 갱신시기를 추정할 수 있다.

② 설비 기능 향상을 위한 리모델링이라는 관점에서 보면 리모델링의 발생 동기는 물리적 열화라기보다는 사회적 열화 또는 경제적 열화에서 발생하는 경우도 많다.

③ 일반적으로 설비기기의 물리적 내구년수는 건축에 비해 짧아 리모델링도 10~20년을 주기로 이루어진다. 그러나 요즘에는 실내거주환경 및 정보화 시스템, 또 지구환경에 대한 사회적 요구가 고도화되어 설비 리모델링 시 이들의 기능 향상을 도모하는 것이 보다 중요한 문제로 떠오르고 있다.

④ 회복방법으로는 기기 교환이나 녹물대책을 위한 급수관 갱신 등이 여기에 속한다.

4) Facility Management(시설관리)

(1) 건물의 Life Cycle Cost에서 운영관리에 대한 비용 부분이 높아져 체계적이고 효율적인 시설관리방안이 요구된다. 고정자산을 효율적이고 통합적으로 관리하는 경영기법을 말하며, 비용의 최소화, 효율의 극대화, 건물의 가치 증대가 목표다.

(2) FM은 관리시스템을 주체별로 본사, 관리소장, 중간관리자, 시설관리담당자가 컴퓨터를 이용하여 현황을 파악하고 관리할 수 있도록 구성되어 있다.

(3) 체계적인 FM도입은 User, Clients, Fixed Asset(고정자산) 등 각 관점에서 효율성과 비용절감, 그리고 만족도를 제고할 수 있다.

(4) Facility Management System Menu

① 공사관리 : 공사계획, 공사실시, 공사실적 등의 관리

② 시설유지관리 : 건물을 구성하고 있는 각종 장비, 자재 등의 관리

③ 에너지 관리 : 용도별 에너지량 입력, 총에너지 사용량 집계에 의한 최적관리

④ 빌딩 운영 : 임차빌딩 현황 조사, 임대료 및 임차료의 관리

⑤ 공간 관리 : 공간 사용 현황, 공실 현황 파악

(5) 시설관리 대상

시설관리(Facility Management)는 건물의 존속기간(life cycle)동안 건물의 경제적 가치를 높이기 위해 설계 및 시공, 실내디자인부터 리노베이션, 유지관리에 이르기까지 전 과정을 통합 관리하는 것이며, 전문관리기술을 활용해서 건물을 양호한 상태로 유지하는 것을 말한다. 관리 대상으로는 전기시설, 건축설비시설(소방시설, 냉난방시설), 소방, 승강기, 상하수도 등 수도급수시설, 가구류, 화장실, 환기구 등의 기구 관리와 정비 등의 업무를 맡으며, 시설관리업체 (facility manager)는 건물 유지 및 리스크 관리, 시설관리, 청소, 보안 등 하드웨어 측면의 건물 시설관리업무를 맡는다. 시설사용자나 사용과 관련한 부문의 요구에 대응하게 된다.

(6) 시설관리대장

시설관리대장은 시설의 현재 상태를 파악하여 보수나 보강 등이 필요할 경우, 그에 맞는 적절한 조치를 취하여 문제없이 시설을 계속 사용할 수 있도록 도와준다. 안전한 시설 사용을 위해 필요한 양식이라고 할 수 있다.

① 시설관리대장에는 시설명과 관리일자, 관리자와 기타 기본적인 항목들을 빠짐없이 기재하도록 한다.

② 시설이 파손되었거나 손상되었다면 해당 내용에 대하여 간결하게 작성하여야 한다.

③ 해당 시설의 관리주체, 소유자, 보관자의 성명을 적고 소유자의 전화번호는 혹시 모를 상황에 대비하여 기재한다.

④ 위치도, 전경사진 등의 자료가 있다면 첨부하도록 한다.

건축물은 수십년 이상 사용하므로 운영, 유지관리문서와 사용자매뉴얼이 지속적으로 관리되어야 하고, 변경이 발생할 경우 업데이트가 되어야 할 것이다. 만약 누군가가 이사를 왔는데 사용자매뉴얼이 없어 시스템을 사용할 수 없다면 애써 구축한 시스템이 아무 소용이 없게 될 것이다.

5) 건축 · 시설물 분야 관리체계 개선방안

건축 · 시설물의 안전관리 체계에 사물인터넷(IoT), 인공지능(AI), 그리고 빅데이터 같은 새로운 지능정보기술이 도입되고 있는 지금 맞춤형 가이드라인을 제시하여 여러 가지 문제점을 보완하는 과정이 필요하다.

첫째, 건축 · 시설물의 생애주기(설계-시공-관리-개 · 보수 단계)별 맞춤형 안전관리 체계를 마련하여 건축물 및 시설물의 이용자가 안정적인 상태에서 활용하기 위한

대책이 필요하다.

둘째, 제4차 산업혁명으로 인해 새롭게 등장한 지능정보기술들은 건축·시설물의 안전 관리 체계의 틀을 바꾸어야 하는 큰 변화를 수반하고 있다

셋째, 현행 안전관리체계는 기술 중심의 안전관리체계로 사회경제적 측면까지 고려된 안전관리를 포함하지 못한다. 따라서 지능정보 기술적인 측면뿐만 아니라 사회경제적인 측면까지 고려된 안전관리 체계 구축이 되어야 한다.

1.6 리모델링 활성화의 배경과 제도

1.6.1 주택공급정책 전환의 필요성

1) 주택건설정책 문제점

① 주택재고 증가 및 노후주택을 대체할 장수명주택 건설과 그린 리모델링 등 관련 정책과의 연계가 미흡하다.

② 국내 공동주택 수명은 평균 27년으로 선진국에 비하여 1/3 정도로 지나치게 짧아 조기 재건축됨으로써 쓰레기 발생, 자원낭비, 사회비용낭비 등이 사회문제화되고 있다.

③ 공동주택은 구조체의 물리적 내구성은 문제가 없으나 기능적·사회적 내구성(유지관리, 리모델링, 가변성 등)의 한계로 조기에 전면 철거되어 재건축되고 있다.

④ 장수명 주택은 초기건축비가 일반 벽식구조 공동주택에 비하여 110~120% 수준으로 민간업체에서 건설기피로 인하여 보급이 저조한 상태이다.

⑤ 2009년 이후 500세대 이상 단지의 약 92%가 벽식구조이며, 기둥식 구조는 2%에 불과하다.

2) 초고층 아파트의 대량공급 후유증

1990년대부터 대량으로 신축된 고밀도·고층 아파트들은 설비의 수선 또는 교체시기가 도래하였고, 추후 용적률의 하향 조정 등으로 재건축이 어려워 대규모 리모델링 수요를 유발할 것으로 보인다. 특히 고층아파트의 사업성에 결정적 영향을 미치는 용적률은 이미 300%를 상회하고 있고 재개발로 인한 수익성을 기대하기는 어렵고 환경적·사회적 요인에 따라서도 재건축이 쉽지 않을 것으로 판단된다.

표 1.6 서울시 준공년도별 아파트 층수 건설비중 (단위 : %)

준공년도	5층 이하	6~10층	11~15층	16~20층	21층 이상
1970년 이전	57.5	35.3	2.1	3.0	2.1
1971~1980	53.5	8.4	37.9	0.2	–
1981~1990	21.6	4.9	69.5	3.3	0.7
1991년 이후	2.3	3.4	63.4	19.5	11.4
계	20.6	5.5	60.0	9.1	4.8

1.6.2 재건축과 리모델링의 정책 비교

1) 재건축사업 도입원인

국내의 주거환경은 1980년대 이후, 산업화 및 도시화가 촉진되면서 단독주택 위주에서 공동주택위주로 변화되었다. 또한 급속한 경제 발전으로 인한 대량 주택공급정책으로 인하여 매년 급속도로 공급이 증가되어 왔으며, 1990년대 초반에는 200만호 신도시공동주택의 도입 이후, 대량으로 공급된 결과, 2002년에는 주택보급률 100%를 초과 달성하기에 이르렀다. 하지만 이렇게 짧은 시기에 집중적으로 건설된 많은 공동주택들이 노후화되면서 기존 주택에 대한 새로운 정책적 대안이 필요하게 됐고 노후아파트는 리모델링 또는 철거 후 재건축하는 방안 이외에는 달리 선택할 수단이 없었다. 그로 인해 1990년 초부터 재건축이 제도적으로 도입되어 시행하게 되었다.

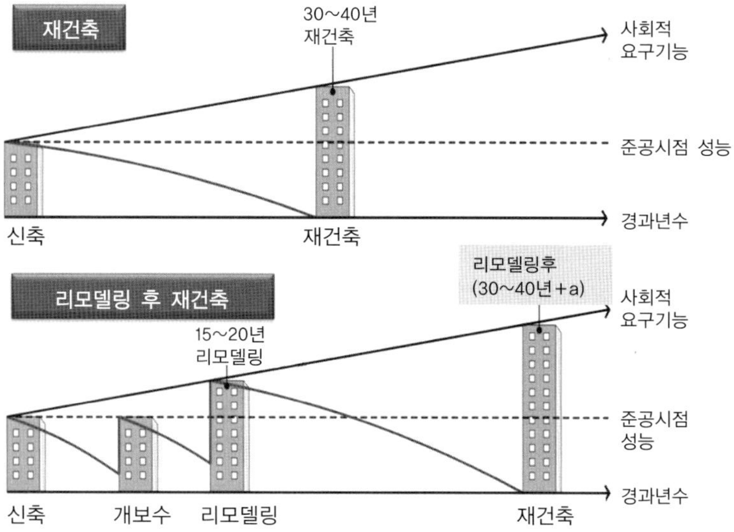

그림 1.19 재건축과 리모델링 정책

2) 노후공동주택 주거환경개선방향

경과 연수가 20년이 넘은 공동주택의 주거환경개선은 현재까지 주로 재건축사업으로 추진되어 왔으며, 저층 · 저밀도 주택을 고층 · 고밀도로 개발함으로써 사업자 측에서 상당한 개발이익이 발생하여 입주자가 별다른 경제적 부담 없이 재건축이 가능했다. 그러나 80년대 이후에 건축된 공동주택은 대부분 이미 고층, 고밀화되어 있어 향후 이들 주택을 재건축하는 경우 용적률을 크게 높일 수가 없어 경제적 측면에서도 이들 주택의 재건축은 쉽지 않을 것으로 예상된다. 더욱이 국내 건설환경의 변화와 '교토의정서' 등과 같은 국제 환경 관련 제약이 늘어나고 자원절약 및 보전에 대한 국내외적인 인식의 변화, 최근의 난개발 방지와 지자체들의 용적률 축소와 같은 재건축 · 재개발 억제정책 및 환경문제(폐기물 포함)의 대두, 주택보급률의 상승 등에 따라 현재와 같은 신규 주택 건설량은 불가피하게 수정될 전망이며, 재건축 또한 축소될 수밖에 없는 상황이다. 따라서 고층 공동주택의 노후화에 대한 주거환경개선 방안으로는 재건축보다 건축물의 내구연한(life cycle)개념으로 접근하여 이를 증대 또는 연장해 자원 낭비를 최소화하는 '리모델링 방안'이 환영을 받게 될 것이 예상된다.

3) 재건축에서 리모델링으로 정책 전환

① 전국의 주택보급률은 100.5%(2010년→101.1%(2012년)→102.3%(2015년)로 증가했으며, 서울은 94.4%(2010년)→94.8%(2012년)→96.0%(2015년)로 증가해 양적 부족 문제는 완화되었으나, 재고주택(신축+노후 포함) 성능의 질을 높이려는 수요는 지속적으로 증대하고 있다.

② 주거용 건축물 중에서 아파트 등 공동주택 비율이 증가함에 따라 주거생활에서 발생하는 층간소음, 결로, 공기질, 누수 등의 민원이 소비자 피해구제 청구 건의 약 60%를 차지했다.

③ 제도적 · 기술적 측면에서 80년대 이후 건축된 공동주택은 고층 · 고밀화되어 있어, 향후 이들 주택을 재건축할 경우 용적률을 크게 높일 수 없으므로 재건축 사업은 이익 발생이 불가능해진다.

④ 고층 공동주택의 노후화에 대한 주거환경개선 방안으로서 재건축보다는 건축물의 내구연한(life cycle) 연장 개념의 자원낭비를 최소화하는 방안이 요구된다.

⑤ 가까운 미래에 과잉 공급된 아파트로 인해 사회적 재앙이 되지 않도록 지금부터라도 수요와 공급을 조절해 나가는 것이 중요하고, 더 이상 신축 위주의 주택정책에서 벗어나 기존 주택들은 리모델링 과정을 통해 새로운 요구에 부응해 나갈 수 있도록 해야 한다.

4) 재건축사업 추진의 문제점

① 재건축은 국가적 건설자원 낭비와 다량의 폐기물 발생, 고밀도 건물의 재건축에 따른 주변 지역과의 부조화 등 오히려 많은 부작용을 초래하고 있다.

② 최근 무분별한 재건축을 규제하기 위한 정부의 방침에 따른 용적률 규제 강화로 인해 대부분 고층 · 고밀도화되어 있는 1980년대 이후 지어진 공동주택은 경제성 부족으로 사업이 쉽지 않을 전망이다.

③ 재건축은 건물을 헐고 무한정 세대수를 늘릴 수 있는 것이 아니다. 기존 용적률이 현재의 허용 용적률을 초과한다면 세대수가 줄어들 수도 있다.
예컨대 용적률이 400%까지 허용된 1990년대 초반에 지어진 아파트들은 현재의 용적률이 250%로 바뀌었다면 재건축을 통해 이익을 얻기 어렵다.

④ 재건축의 경우 아파트단지 전체의 용적률, 노후화 정도, 수익성 같은 다양한 요구조건을 만족시킬 때 수행될 수 있다. 최근 환경문제에 대한 관심이 증가하면서 환경파괴에 미치는 영향과 자원낭비, 비용의 수급, 부동산시장 침체 등으로 재건축의 가능성이 점차 저하되고 있다.

⑤ 재건축은 안전진단, 정비구역 지정, 조합의 설립, 사업시행 인가, 관리처분계획 인가 등 사업을 완료하는데 10년 이상 장기간이 소요되므로 재건축에 따른 수익성 확보가 어렵다.

⑥ 2014년 9월 주택법 개정에서 재건축 연한이 40년에서 30년으로 단축됐지만 안전진단에 구조안전성 평가 외에 주거환경중심 평가를 신설하고, 층간소음이나 에너지 효율, 노약자 편의성능 등 주거환경 비중을 강화했다.

⑦ 연면적 증가분에 대해 기반시설부담금을 내야하며, 공사 후 발생하는 이익의 일정 부분을 초과이익환수 정책에 따라 당국에 헌납해야 한다.

⑧ 세대수를 늘릴 수 있지만 새로 짓는 가구수를 중소형 평형 의무비율로 지어야 한다는 것 등이다. 이 기준을 다 지키면 기존에 중대형 아파트를 보유한 조합원들의 아파트 평수가 줄어들 수도 있다.

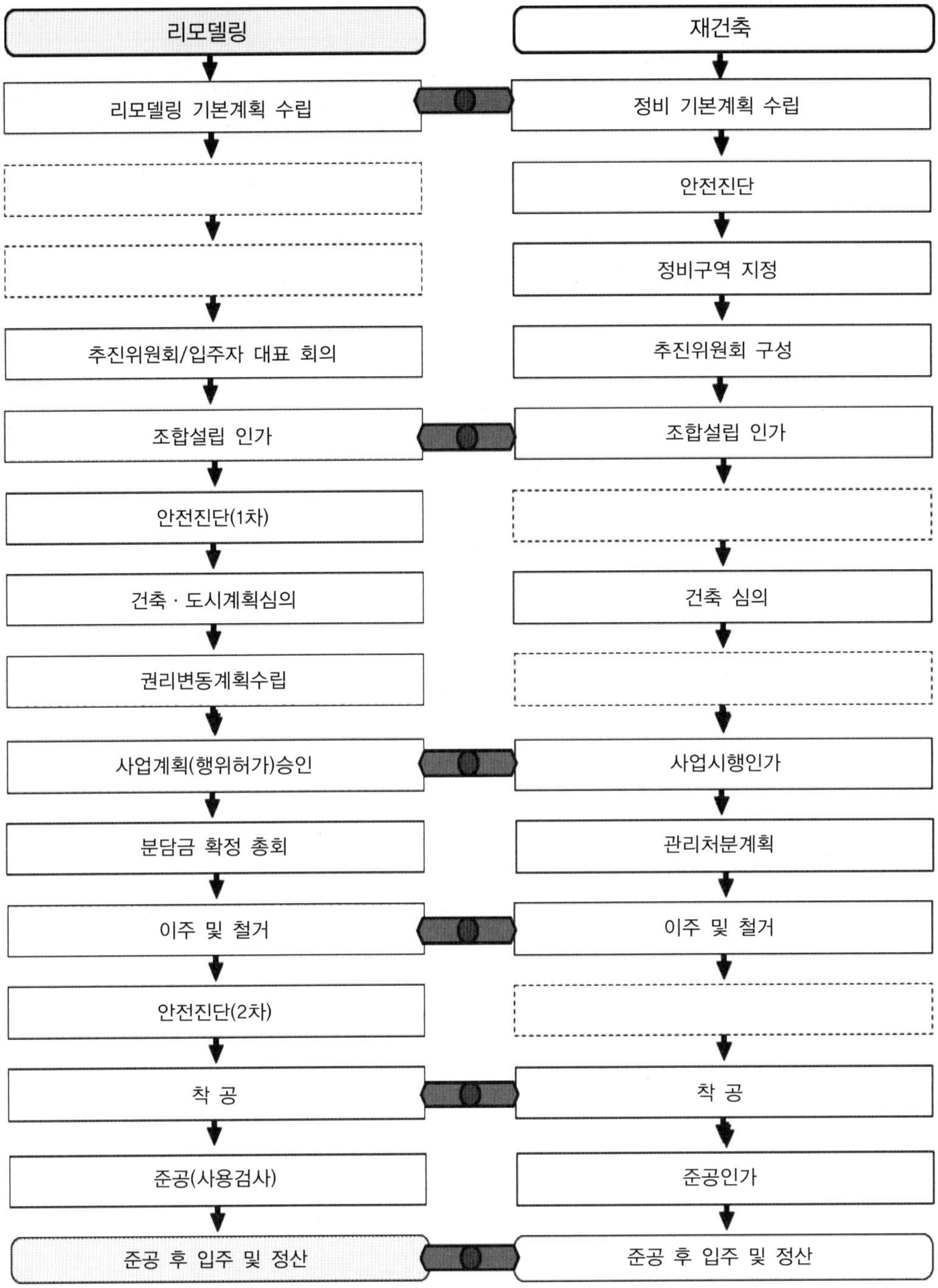

그림 1.20 재건축 리모델링 추진절차

5) 재건축과 리모델링의 법 적용 차이

구분	리모델링	재건축
근거	주택법(사업계획승인 / 행위허가)	도시 및 주거환경정비법(사업시행 인가)
목적 및 성격	건축물 노후화 억제, 기능향상	노후불량 건축물이 밀집한 지역에서 주거환경개선 및 주택공급
공사방식	대수선, 부분철거 후 증축	전면철거후 신축
건축	기존 구조를 유지하기 때문에 설계의 유연성 측면에서 제한됨	자유로운 평면설계가 가능(신축)
구조	기존 구조를 보수 보강하고 현행기준에 맞는 내진설계기준 적용	현행기준에 적합하게 설계 및 시공
기계/전기/통신설비	신축과 동일한 성능개선	현행기준에 적합하게 설계 및 시공
시공난이도	기존 구조체를 유지하면서 시공해야 하므로 공사가 어려움	전면철거 후 재시공이므로 공사가 용이함
공사기간/공사비	재건축 공사비의 80~90% 소요, 기존 구조체 보강비용 발생	리모델링보다 공사기간이 길고 공사비 높음
원주민재정착률	높음	낮음
연한(준공시점 기준)	증축형리모델링은 15년 이상	준공후 20-30년
증축범위	기존 전용면적의 30~40%이내	용적률 범위 내
가구수 증가	기존 세대의 15%이내	용적률 범위 내
층수 증가	3개층 이내 (15층이상은 3개층, 14층 이하는 2개층)	제한 없음
용적률	법적상한 초과(건축심의로 결정)	법적상한(3종일반주거지역 300%) 이하
보금자리주택 건설	없음	증가 용적률의 50% (전용 60㎡ 이하 주택)
기반시설 기부채납	없음	도로, 공원, 녹지 등 제공
건축기준 완화	건폐율, 용적률, 높이제한, 조경 등	없음

표 1.7 용적률 관련(제3종 일반주거지역 기준)

<table>
<tr><th>구분</th><th>리모델링</th><th>재건축</th></tr>
<tr><td>기존 용적률</td><td>기존 전용면적의 40% 증가 기준</td><td>2020 성남시 도시 주거환경 정비계획 기준</td></tr>
<tr><td>200%</td><td>200%×145%=290%
(성남시 도시계획조례
최대 280% 허용)</td><td rowspan="3">기반시설 제공 10%로 가정
재건축 용적률 산정
기준용적률 : 259%
허용용적률 : 265%
법적상한 용적률 : 300%
재건축소형주택 건설
용적률 증가분의 1/2 : (300%-265%)/2=17.5%
조합사용가능용적률 : 265%+17.5%=282.5%</td></tr>
<tr><td>190%</td><td>190%×145%=275.5%</td></tr>
<tr><td>180%</td><td>180%×145%=261%</td></tr>
<tr><td>170%</td><td>170%×145%=246.5%</td><td>조합사용가능 용적률 기반시설 제공전으로 환원
282.5%×90%=254.25%</td></tr>
</table>

① 리모델링은 주택법과 건축법의 적용을 받지만, 재건축은 도시 및 주거환경정비법의 적용을 받는다. 또 리모델링은 재건축과 달리 조합원의 전매제한이 없고, 해당 시·군·구청에서 용적률을 완화시켜줄 수도 있다. 즉 재건축은 용적률을 준수해야 하지만 리모델링의 경우 허용 용적률과 관계없이 30%까지 전용면적을 늘릴 수 있다.

② 조합결성도 재건축의 경우 주민 동의율이 80%(동별 3분의 2 이상)가 되어야 하지만 리모델링은 3분의 2(동별 3분의 2 이상), 즉 67% 이상이면 가능하다. 단, 리모델링은 실제로 공사에 들어가기 위해서는 주민 80%의 동의를 얻어 시·군·구청으로부터 행위허가를 얻어야 한다.

6) 재건축에 적용되는 법률

용 어	내 용
개발이익 환수제	늘어나는 용적률의 25%를 임대아파트로 환수하는 제도로써 표준건축비만 재건축조합에 제공한다.
소형 평형 의무비율	전용면적 60m² 이하 20%, 60~85m²는 40%, 85m² 이상은 40%로 규정하여 대형 평형 위주의 주택공급을 방지하고자 하는 법률이다.
재건축 연한 제한	기존의 20년이 경과한 아파트가 재건축을 추진하던 사업기간을 20년+(준공년도−1981년)×2년을 사업추진 연도로 규제를 강화하고 있다.
도시 및 주거환경 정비법 시행	시공사 선정은 사업승인 인가 이후에 가능하도록 규정하였으며, 관리처분계획을 사업 승인권자인 구청의 승인을 받도록 규정하고 있다.
기타	2007년 이후 주택 후분양제 도입 및 500세대 이상의 재건축 시 세대당 2m² 이상의 공원부지를 확보하도록 규정하고 있다.

7) 리모델링과 재건축사업의 사업성 평가

리모델링과 재건축은 아파트단지 특성에 따라 유·불리가 갈리기 때문에 두 사업이 지닌 특성과 차이를 잘 이해할 필요가 있다.

① 사업절차, 사업기간, 사업비 측면에서는 리모델링이 유리한 점이 많다. 재건축은 기본계획 수립, 정비구역 지정, 추진위원회 승인, 조합설립 인가, 건축심의, 사업시행 인가, 이주 및 철거, 착공 등 사업절차가 복잡하고 사업기간도 7~10년 가량 걸린다. 반면 리모델링은 사업절차가 재건축에 비해 간소하고 기간도 2~3년에 불과하다.

② 사업비를 따지면 재건축은 토지조성과 골조공사뿐 아니라 컨설팅비용, 임대주택에 따른 차액공사비, 조합경비, 기반시설부담금, 개발이익부담금 등 투입되는 비용이 많다.

③ 리모델링은 설계비, 보수보강비, 안전진단비, 인·허가비용 등의 사업추진비용이 들지만 재건축과 달리 기부채납 등의 부담이 없어 사업비가 상대적으로 낮다.

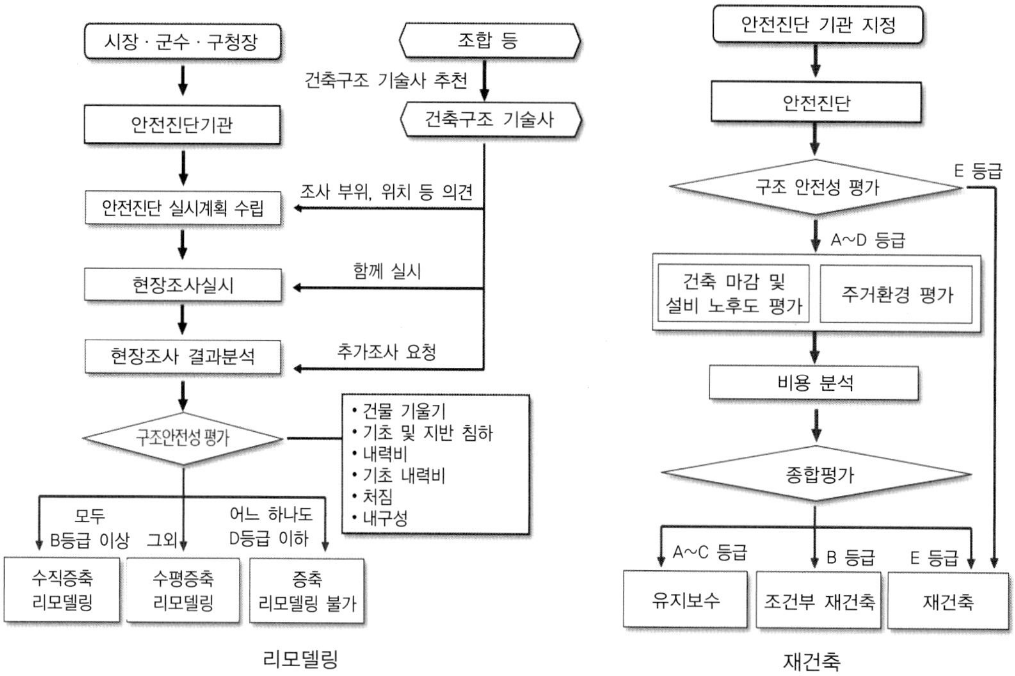

그림 1.21 재건축과 리모델링 추진 절차

④ 주거여건 면에서는 재건축이 더 낫다고 할 수 있다. 재건축의 경우 기존 아파트를 허물고 새롭게 짓기 때문에 평면을 자유롭게 설계할 수 있고 현대적으로 디자인할 수도 있다. 또 대규모로 재건축되면 편의시설 및 주변상권까지 함께 개발될 수 있어 유리하다.

⑤ 기존의 용적률이 낮고 지은 지 30년이 넘어 재건축이 가능한 5~10층 짜리 저층아파트는 일반분양 물량을 더 많이 확보할 수 있는 재건축이 유리하다. 반면 이미 용적률이 200%를 웃도는 15층 내외 중층아파트는 용적률을 충분히 높일 수 없으므로 리모델링 수직증축이 더 유리하다.

⑥ 리모델링이 유리한 아파트는 전용면적 비율보다 공용면적 비율이 높은 아파트다. 공용면적을 전용면적으로 편입시킬 수 있는 여지가 많기 때문이다. 계단식 아파트에 비해 복도식 아파트는 공용 부분의 면적이 넓다. 층마다 긴 복도가 차지하고 있을 뿐 아니라 엘리베이터가 한 곳에 집중돼 있어 1층의 필로티 부분도 상당한 면적을 차지한다. 이런 아파트는 복도와 발코니가 전부 전용면적으로 편입될 수 있다.

1.6.3 리모델링 관련 법제도

1) 리모델링 관련 법령 및 정책의 변화

① 2003.5.29 주택법 전부 개정

- 주택법에 리모델링 제도 도입, 리모델링 주택조합제도 도입, 행위허가 기준 마련, 동별 리모델링 및 전체 리모델링 모두 인정, 리모델링 동의율 80%로 개정

② 2005.7.13 주택법 제2조 : 리모델링 용어 정의 개정(증축의 범위를 대통령령으로 정함)

- 공동주택의 구조적 안전과 주거환경이 열악해지는 것을 방지하기 위하여 증축을 일정범위에서 제한

③ 2005.9.16 주택법 시행령 제4조의2 별표 3

- 대통령령에서 주거전용면적 10분의 3 이내 증축 허용, 필로티 구조의 인정 및 최상층 상부 증축허용, 조합설립요건 4/5 → 2/3로 완화

④ 2006.2.24 주택법시행령 제37조 : 조합설립 인가 동의율 3분의 2로 완화

⑤ 2007.3.16 주택법시행령 제4조의2

- 공동주택 증축 리모델링 허용 연한을 20년에서 15년으로 단축(15년~20년 미만 기간 내 조례로 규정)

⑥ 2007.7.6 주택법시행령 제47조

- 재건축 대상 건축물에 대한 리모델링에 동의한 입주자는 리모델링주택조합 또는 입주자대표회의에서 허가신청서를 제출하기 전까지 서면으로 그 동의를 철회할 수 있음

⑦ 2008.10.29 건축법시행령 제6조

- 공동주택 증축리모델링의 적용완화 기간을 주택법과 일치시킴(20년에서 15년으로 변경)

⑧ 2010.8.5 건축법시행규칙 제2조의4

- 증축규모 확대 - 기존 연면적의 10%~30%(허가권자가 인정하는 지역에 한함)
- 층수 및 높이 : 심의에서 정한 범위 이내
- 일반건축물 증축범위에 거실 추가

⑨ 2011.9.16 주택법 제42조

- 리모델링주택조합의 총회에서 시공자 선정(경쟁입찰 방법)

⑩ 2012.1.26(2012.7.27 시행) 주택법 제2조 등

⑪ 2013.12.24(2014.4.25 시행) 주택법 제2조 등

표 1.8 2013.12.24 개정(2014.4.25 시행)

항목	기존안	개정안	비고
세대수 증가 및 증축방법	• 세대수 증가(10% 이내) • 수직증축 불가	• 세대수 증가분 확대(15%) • 수직증축 가능(15층 이상 3개층 / 14층 이하 2개층 이내)	소형 평형 인센티브
구조안전진단	• 안전진단 실시	• 허가 전, 후 2회에 걸쳐 안전진단 실시 – 건축심의, 사업계획승인 접수 시 구조설계의 타당성 및 구조안전성 검토 승인 – 공사감리 시 구조설계자의 협력을 받아야 함	일반분양 허용
리모델링 기본계획	–	• 특별시 · 광역시 · 50만 이상 대도시의 경우 10년 단위의 리모델링 기본계획 수립 • 50세대 이상의 세대수 증가형 리모델링은 도시계획심의를 득하여야 함	세대수 증가시 권리변동 필요

⑫ 2014.4.25 건축법시행규칙 제2조의 4

- 공동주택의 리모델링을 통한 세대수 증가의 상한을 주택법과 일치시킴(기존 세대수의 10% → 15%)

표 1.9 2012.1.26 개정(2012.7.27 시행)

항목	기존안	개정안	비고
증축범위	• 전용면적의 30% 이내 증축 가능	• 전용면적 85㎡ 이상 : 30% 이내 증축 • 전용면적 85㎡ 미만 : 40% 이내 증축	소형 평형 인센티브
세대수 증가 및 증축방법	• 세대수 증가 불가	• 세대수 증가 가능 ※ 단, 기존 세대의 10% 이내에서 세대수 증가 가능(수평 또는 별동, 세대를 분할하는 경우에 한함)	일반분양 허용
대지지분	• 대지지분 변동 없음	• 세대수 증가를 수반하는 리모델링의 경우 대지지분 변동 가능(권리변동계획 수립)	세대수 증가시 권리변동 필요

⑬ 2016.1.19 건축법 제11조 및 17조의 2

- 공유지분자의 건축물을 신축 · 개축 · 재축 및 리모델링하는 경우 공유지분자의 수 및 공유지분의 4/5 이상의 동의를 얻은 경우 대지소유권을 인정하고 매도청구가 가능하도록 함

⑭ 2016.1.19 주택법 전면개정

- 세입자의 이주 거부로 인한 사업지연을 방지
- 층수나 높이제한을 위한 도시경관 관리방안을 리모델링 기본계획 내용에서 제외
- 동별 동의 요건완화(2/3 → 1/2)
- 별동(別棟)의 복리시설소유자는 동의 대상에서 제외
- 주택건설 사업계획승인 시 리모델링 허가절차를 함께 처리

⑮ 2016.8.11.(2016.8.12.) 공동주택관리법 제정

- 주택법 중 공동주택관리와 관련된 내용만을 분리하면서도 별도의 공동주택관리 전문 법률을 제정

⑯ 2017.2.13 주택법시행령 제75조 별표 4

- 주택단지 전체를 리모델링하거나 동을 리모델링하려는 경우 동(棟)의 비율 완화 (4/5 → 3/4)

⑰ 2017.6.27 건축법 제2조

- 기존 건축물의 노후화 방지와 기능 개선의 차원에서 이루어지는 일부 개축 행위도 현행법상 리모델링의 범위에 포함

⑱ 2020.1.23 주택법 제21조, 제22조 및 제 66조

- 리모델링의 퍼가를 신청하기 위한 리모델링주택조합이 그 리모델링 결의에 찬성하지 아니하는 자의 주택 및 토지에 대하여 매도 청구를 하는 경우에는 주택건설 사업 계획 승인 시 해당 주택건설대지의 소유권을 확보하지 않아도 되도록 명확히 규정

⑲ 2020.1.23 주택법 제76조 제 5황 및 제6항 신설

- 리모델링 주택조합의 법인격과 권리변동계획에 따라 소유권이 이전되는 토지 또는 건축물에 대한 권리의 확정 등에 관하여는 도시 및 주거환경정비법을 준용

2) 주택법령 전면개정 주요 내용(2016.8.12.)

구 분	내 용	관련조항
사업지연방지	• 공동주택 리모델링 추진과정에서 세입자의 이주 거부로 인한 사업지연을 방지하기 위하여 입대차 계약체결 당시 리모델링주택조합설립인가를 받는 경우 등 리모델링 추진 사실을 인지할 수 있는 상태에서 입대차계약을 체결한 경우에는 「주택입대차보호법」 및 「상가건물 임대차보호법」 상의 임대차의무기간을 적용받지 아니하도록 함.	주택법 제76조 제4항

구 분	내 용	관련조항
허기기준완화	• 주택단지 전체를 리모델링하는 경우 전체 구분소요자 및 의결권의 4/5 이상과 각 동별 구분소유자 및 의결권의 2/3 이상 동의를 얻어야 하던 것을 각 동별 동의 요건의 경우 1/2 이상 동의로 완화함 • 전체 구분소유자 및 의결권의 3/4이상 동의로 개정 (2017.2.13.) • 리모델링을 하지 않는 별동의 복리시설 소유자는 동의 대상이 아님을 명확히하여 이의 적용에 혼선이 없도록 한다.	주택법 시행령 제71조 및 별표4
내력벽 일부철거 허용	• 주택법시행령 [별표 4] 내력벽의 철거에 의하여 세대를 합치는 행위가 – 거주자들이 선호하는 평면으로계획 할 수 있도록 함으로써 공동주택의 노후화를 억제하고 주거환경 개선을 위한 리모델링을 추진할 수 있는 동기를 부여하였다.	주택법 제76조 제4항
기본계획수립 완화	• 도시과밀, 이주수요 집중 등을 체계적으로 관리하기 위한 리모델링 기본계획에 '도시경관관리방안'을 포함하도록 하는 것은 과도한 측면이 있어 이를 제외함.	주택법 시행령 제76조 2항
허가신청서류 미비점 보완	• 리모델링 사업계획 승인 시 리모델링 허가도 함께 처리 될 수 있도록 리모델링 사업계획승인 신청 시 리모델링 허가 신청 서류를 포함하여 제출하도록 함.	주택법 시행규칙 제12조 제4항

3) 증축

① 증축 가능 연한「주택법」사용검사일 또는 건축법」사용승인일 부터 15년이 경과된 공동주택

항 목	내 용
리모델링 증축가능범위	• 세대의 주거전용 면적이 85제곱미터 미만인 경우에는 4/10 이내 • 세대의 주거전용 면적이 85제곱미터 이상인 경우에는 3/10 이내 • 공동주택의 기능 향상 등을 위한 공용 부분은 별도 증축 가능

② 세대수 증가형 리모델링 각 세대의 증축 가능 면적의 합산면적 범위에서 기존 세대수의 100분의 15 이내에서 세대수 증가 가능

③ 수직증축형 리모델링 : 최대 3개 층(기존 층수가 14층 이하인 경우에는 2개 층) 이하, 리모델링 대상 건축물 건축 당시의 구조도를 보유하고 있는 경우

④ 증축의 규모(건축법 시행규칙 제2조의4)

규 모	내 용	
① 연면적 증가	공동주택	건축위원회 심의에서 정한 범위 이내일 것 −공동주택 외의 건축물
	공동주택 외	기존 건축물 연면적 합계의 1/10(허가권자가 리모델링 활성화가 필요하다고 인정하여 지정 · 공고한 지역은 기존 건축물의 연면적 합계의 3/10)의 범위에서 건축위원회 심의에서 정한 범위 이내일 것
② 층수/높이 증가	건축물의 층수 및 높이 증가는 건축위원회 심의에서 정한 범위 이내일 것	
③ 세대수 증가	사업계획승인 대상인 공동주택 세대수 증가는 증축 가능한 연면적의 범위에서 기존 세대수의 100분의 15를 상한으로 건축위원회 심의에서 정한 범위 이내일 것	

4) 대수선(건축법시행령 제3조의2)

리모델링은 기존 건축물을 대수선, 증축, 개축 하면서 현행법과 상충되는 부분을 건축법에 의한 '적용의 완화'를 받는 행위로 해석된다. 대수선은 건축물의 기둥, 보, 내력벽, 주계단 등의 구조나 외부형태를 수선 변경하거나 증설하는 것으로서 증축, 개축 또는 재건축에 해당하지 아니하는 것을 말한다.

위 치	내 용
내력벽	벽 면적을 30㎡ 이상 해체하여 수선 또는 변경하는 것
기둥	3개 이상 해체하여 수선 또는 변경하는 것
보	3개 이상 해체하여 수선 또는 변경하는 것
지붕틀	3개 이상 해체하여 수선 또는 변경하는 것
방화벽/방화구획	방화벽 또는 방화구획을 위한 바닥 또는 벽을 해체하여 수선 또는 변경하는 것
계단	주계단, 피난계단 또는 특별피난계단을 해체하여 수선 또는 변경하는 것
미관지구	미관지구 안에서 건축물의 외부형태를 변경하는 것(담장 포함)
다가구 주택	다가구 주택의 가구 간 경계벽 또는 다세대주택의 세대간 경계벽을 증설 또는 해체하거나 수선 또는 변경하는 것
외벽마감재료	건축물의 외벽에 사용하는 마감재료를 증설 또는 해체하거나 벽면적 30㎡ 이상 수선 또는 변경하는 것

5) 개축

개축은 기존 건축물의 전부 또는 일부(내력벽, 기둥, 보, 지붕틀을 철거하고 그 대지에 종전과 같은 규모의 범위에서 건축물을 다시 축조하는 것을 말한다.

1.6.4 공동주택 수직증축

1) 수직증축 리모델링 허용 주택법 개정 주요내용(시행 2014.4.25)

① 2013년 6월 수직증축을 골자로 하는 리모델링 활성화 방안이 국토교통부에 의해 발표되었는데, 15년 이상 경과된 아파트에 대해 안전성 확보가 가능한 범위 내에서 수직증축 리모델링을 허용하였다. 이 발표 이전까지는 수평 및 공지 내 증축, 기존 1층을 필로티로 전환 시 1개층 만의 증축이 가능하였다.

② 2014년 개정안에서는 신축 당시 구조도를 보유한 경우 공동주택의 수직증축은 15층 이상은 3개층, 14층 이하는 2개층을 허용하고, 신축 당시의 구조도면이 없는 경우 기초 파악과 완벽한 복원의 한계가 있으므로 수직증축을 불허한다고 했다.

③ 수직 및 수평증축의 경우 기존 기초의 말뚝 수량이 부족한 경우가 발생할 수 있으며, 또한 기존 공동주택은 내진설계가 이루어지지 않았거나 이루어졌어도 현행 내진설계 규정에 크게 부족하다.

④ 수직증축 리모델링은 구조안전성을 확보하기 어려우므로 기존 구조물에 대한 신중한 구조안전성 평가가 필요하며, 신규 구조체 및 기존 구조체 사이에서 발생 가능한 문제점을 면밀히 파악하는 과정이 선행되어야 한다.

표 1.10 공동주택 수직증축법 개정내용(2014.4.25 시행)

<table>
<tr><td>1. 수직증축 허용범위</td><td colspan="2">• 14층 이하 2층, 15층 이상은 3층까지 가능
(기존에는 수평증축, 별동증축만 허용)</td></tr>
<tr><td rowspan="2">2. 일반 분양비율 확대</td><td>전체 세대수</td><td>: 10% → 15%</td></tr>
<tr><td>용적률</td><td>: 2종의 경우 300%까지 가능</td></tr>
<tr><td>3. 구조안전성 검토 강화</td><td colspan="2">• 건축심의와 사업계획 승인 때 전문기관에서 구조설계에 대한 안전성 검토 2회 실시</td></tr>
<tr><td>4. 가구당 늘릴 수 있는 면적</td><td colspan="2">• 85㎡ 이하 : 기존의 40%
• 85㎡ 초과 : 기존의 30%</td></tr>
<tr><td>5. 가구분리형 가능 범위</td><td colspan="2">• 전체 가구수의 1/3까지 허용
• 900세대 단지의 경우 300세대까지 가구분리 가능
• 전용면적 100㎡, 아파트의 경우 50㎡, 두 채로 가구분할 가능
(1세대 임대 가능)</td></tr>
</table>

표 1.11 대한건축학회의 리모델링 주요 구조 보강기준

구분	기초	기둥
1개층 증축	일부 특수강관파일 보강	일부 저층부 보강
2개층 증축	특수강관파일 전체 보강	저층부 철판 보강
3개층 증축	단면보강+특수강관파일 보강	저층부 철판 보강
내진보강	가로벽 설치 또는 지진 완충장치 의무화	
공통	아파트 실내 벽체 및 마감부분 경량화로 하중 경감	

2) 증축과 세대수 증가

① 수직증축이 가능하게 함으로써 증가한 주택을 일반분양하면 조합원의 건축비 부담을 30~35% 정도 줄일 수 있으므로 사업추진이 원활하게 된다.

② 세대수 증가는 기존 세대수의 15%까지 증가를 허용하고, 세대별 증축면적의 총합계 내에서 세대수 증가가 가능하다.

③ 85㎡(전용면적 기준) 이하 아파트는 아파트 면적의 40%까지, 85㎡(전용면적 기준) 이상 아파트는 아파트 면적의 30%까지 세대당 면적을 증축할 수 있도록 하였다.

④ 85㎡ 초과 중대형 아파트는 현관문, 주방, 화장실 등을 따로 만들어 1가구 → 2가구로 쪼개는 리모델링도 가능하도록 하였다. 그러나 쪼갠 1가구는 별도 분양이나 매매는 안 되고 임대만 가능하도록 하였다.

⑤ 세대수 증가형 리모델링을 허가하는 경우 도시과밀 우려 및 기반시설에 영향이 없도록 20세대 이상 증가하는 경우 도시계획위원회의 심의를 받아야 한다.

⑥ 공급면적은 과거 전용면적+공용면적+지하대피소+지하주차장의 지분면적을 포함했고, 또한 욕실에서도 기존에는 PD, AD 등을 면적에 산입했지만, 2005년 5월 법 개정 후에는 면적에서 제외하게 되어 전용면적+주거공용면적(벽체공용+계단실 등)만으로 산정기준이 변화함에 따라 실제 사용 가능 면적이 130% 이외에 3~4평 추가 확장이 가능하게 되었다.

3) 수직증축으로 인한 구조안전성의 문제점

수직증축형 리모델링 시 구조안전을 위한 핵심기술로는 기존 기초 파일의 내하력 확인 및 보강공법, 신·구 접합, 고효율 저비용, 내진·내화 보강 등 기술을 확보하는 일이다.

① 구조물 자중 증가와 이에 따른 지진력 증가로 인한 부재내력 저하

② 기존 구조체와 신규 구조체와의 일체성 확보 문제

③ 기초보강 시 기존 공법 적용의 어려움

④ 구조보강 시 기존 구조체의 노후화 및 현재 설계기준과는 다른 설계기준으로 설계된

부재에 대한 보강

⑤ 자중 증가

4) 건축구조기술사와의 협력(주택법 제46조)

수직증축형 리모델링의 감리자는 감리업무 수행 중 다음 사항이 확인된 경우에는 건축구조기술사(해당 건축물의 리모델링 구조설계를 담당한 자)의 협력을 받아야 한다.

① 수직증축형 리모델링 허가 시 제출한 구조도 또는 구조계산서와 다르게 시공하고자 하는 경우

② 내력벽(耐力壁), 기둥, 바닥, 보 등 건축물의 주요 구조부에 대하여 수직증축형 리모델링 허가 시 제출한 도면보다 상세한 도면 작성이 필요한 경우

③ 내력벽, 기둥, 바닥, 보 등 건축물의 주요 구조부의 철거 또는 보강 공사를 하는 경우로서 국토교통부령으로 정하는 경우

④ 그 밖에 건축물의 구조에 영향을 미치는 사항으로서 국토교통부령으로 정하는 경우

1.6.5 건축기준의 적용 완화

1) 리모델링 건축기준 완화

(1) 건축기준 강화로 기존 아파트는 현행의 건축기준을 적용할 경우 리모델링이 불가능한 상황이었는데, 리모델링을 활성화하기 위해 건축법시행령(일부 개정 2001.9.15 대통령령 제17365호)과 건축법시행규칙(일부 개정 2001.9.28 건설교통부령 제298호)를 일부 개정하였다.

(2) 건축물 사용승인을 얻은 후 15년 이상이 경과된 건축물에 대한 리모델링의 경우 일부 건축기준의 완화 적용을 허용하고 있다.
완화 적용 항목은 건축법에 ㉠건폐율(제55조), ㉡용적률(제56조), ㉢대지 안의 공지(제58조), ㉣대지 안의 조경(제42조), ㉤공개공지(제43조) 등의 확보, ㉥건축물의 높이 제한(제60조), ㉦일조(제61조 제2항) 등의 확보, ㉧건축선(제46조) 등이다.

(3) 건축주 · 설계자 · 공사시공자 또는 공사감리자는 그 업무를 수행함에 있어 건축법 규정을 적용하는 것이 매우 불합리하다고 인정되는 대지 또는 건축물로서 건축법시행령이 정하는 것에 대하여 이 법의 기준을 완화하여 적용할 것을 허가권자에게 요청할 수 있으며, 건축기준의 완화 적용은 허가권자가 건축위원회의 심의를 거쳐 결정하게 되었다.

(4) 정부는 전용면적 증가가 없는 경우 현행대로 사용검사 후 10년만 경과해도 리모델링할 수 있도록 하는 한편, 주상복합 아파트의 리모델링사업 시 상가 등 주택 외의 시설 소유자도 조합원으로 간주하도록 규정했다. 전에는 아파트 소유주만 조합원으로 인정되어 사업추진 과정에서 상가 주인과 마찰을 빚는 등 문제가 많았다.

(5) 서울시는 신축 및 재건축 시 아파트 리모델링이 쉽도록 설계하면 인센티브를 주는 방향으로 건축조례를 개정했다. 개정된 건축조례는 아파트 신축이나 재건축 때 라멘 구조를 채택하고, 디자인을 독특하게 하면 최대 10%의 용적률 인센티브를 받을 수 있도록 했다. 개정안은 또 이런 구조로 아파트를 지으면 층고도 20%의 인센티브를 받을 수 있도록 했다.

(6) 공동주택 리모델링 평면계획에서 1998년 이전까지는 전용면적 결정은 벽체 중심선을 기준으로 측정했으나, 현행 면적기준은 벽면 안쪽에서 측정하도록 하여 종전보다 2~3평 정도 넓어지는 효과를 가져 오게 되었다.

2) 리모델링 관련 조항 개정

(1) 대지 안의 공지 완화 조항 추가(2009.5.20 건축법시행령 제6조 1항 6호 개정) : 건축물의 기능 향상을 위해 승강기, 계단 및 복도를 증축할 경우 대지 안의 공지 규정으로 리모델링을 할 수 없게 되는 경우 방지

(2) 증축 규모 및 증축 범위 확대(2010.8.5 건축법시행규칙 제2조의4 개정)

항 목	내 용
증축 규모	기존 건축물 연면적 합계의 $\frac{1}{10}$ 범위에서 건축위원회 심의에서 정한 범위 이내, 허가권자가 리모델링활성화가 필요하다고 인정하여 지정공고한 지역은 기존 건축물 연면적 합계의 $\frac{3}{10}$ 범위에서 건축위원회 심의에서 정한 범위 이내
증축 범위 (일반건축물)	㉠승강기, 계단 및 주차시설, ㉡노인 및 장애인을 위한 편의시설, ㉢외부벽체, ㉣통신시설, 기계설비, 화장실, 정화조 및 오수처리시설, ㉤기존 건축물의 높이 및 층수, ㉥법 제2조 제1항 6호에 따른 거실

1.6.6 공동주택 리모델링사업 추진절차

1) 사업추진 절차

일반분양 세대수 30세대 이상은 사업계획 승인(승인권자는 서울시장)을 받아야 하고, 30세대 미만은 행위허가(허가권자는 구청장)를 받는다.

① 추진제안 : 입주자대표회의 등에서 리모델링 추진 제안

② 리모델링주택조합 설립추진 위원회 구성(주택법시행령 제51조) : 리모델링 주택조합의 소재지를 관할하는 시장 · 군수 또는 구청장에게 설립 등 인가, 이 경우 결의서에는 리모델링 설계의 개요, 공사비, 조합원의 비용부담 내역 등을 포함하도록 되어 있다.

③ 리모델링주택조합 설립

④ 리모델링주택조합은 주택법 제18조의2 제2항의 규정에 따라 리모델링 결의에 찬성하지 않는 자의 주택 및 토지에 대해 매도청구를 할 수 있으므로 리모델링 행위허가가

있기 전에도 반대자에 대한 매도청구소송을 통해 동의율을 100%까지 확보할 수 있는 길이 열렸다.

⑤ 리모델링 추진업체(설계자, 시공자) 선정 : 리모델링사업 수행방식에 의거하여 선정

⑥ 안전진단(1차) : 주택법시행령 별표 3

구조안전성을 평가하여 수직증축 가능 여부 등 증축 리모델링 가능 여부를 판정하고, 안전진단 결과 재건축사업의 시행이 필요하다고 결정된 경우는 증축형 리모델링 불가

⑦ 적용 완화 요청 : 주택법 제42조, 건축법시행령 제6조, 건축법시행규칙 제2조의 4

리모델링 주택조합 설립인가 및 매도청구 : 주택법시행령 제37조

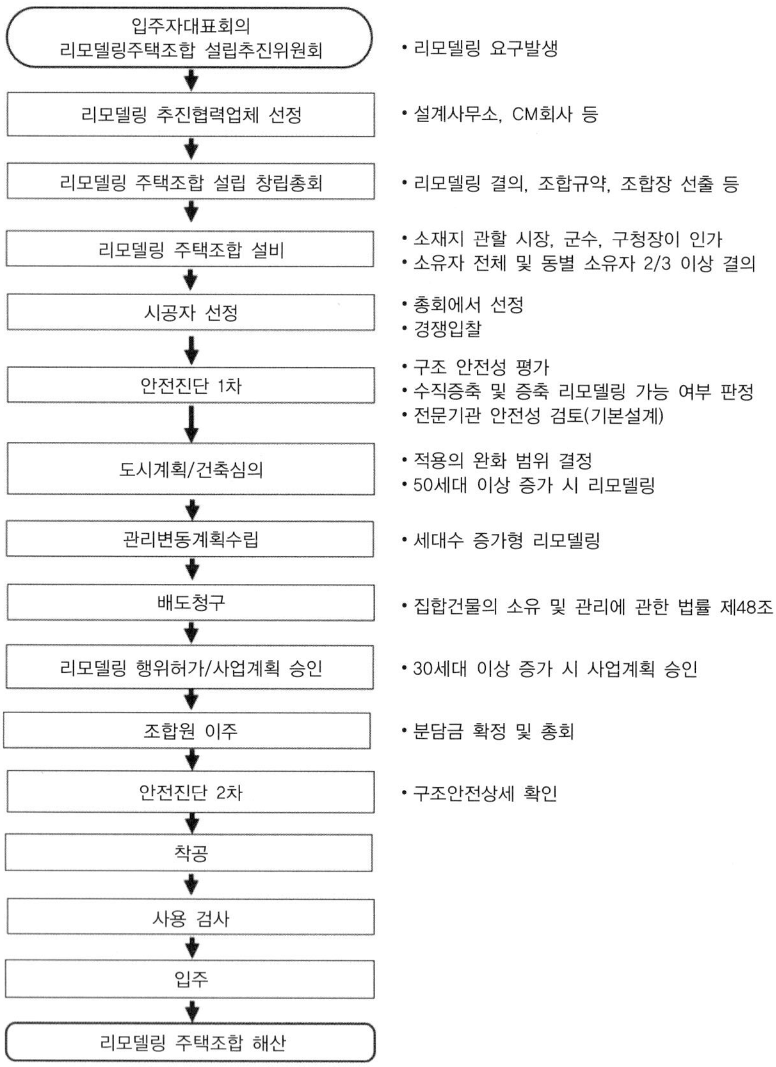

그림 1.22 공동주택 리모델링 사업추진 절차

⑧ 건축심의 : 용적률, 건폐율, 높이제한, 일조권, 건축선 지정, 조경, 대지 안의 공지, 공개공지 등 건축특례의 완화범위를 결정

⑨ 행위허가(사업계획승인) : 주택법 제42조, 주택법시행령 별표3, 신탁등기
조합 또는 입주자대표회의가 시장 · 군수의 허가를 받아 시행

⑩ 매도청구로 매수된 주택은 일반분양으로 하고 관리처분 총회를 거쳐 각 세대별 분담금을 확정한다.

⑪ 조합원 이주 : 분담금 확정 및 총회 후 이주

⑫ 안전진단(2차) : 주민 이주 후 구조안전에 대한 상세확인을 위해 안전진단 실시(1차 안전진단 적합성 확인 등)

⑬ 착공 : 착공, 사용검사 등

⑭ 하자보수보증금 예치증서 및 장기수선계획 수립하여 시장 · 군수 · 구청장에 제출하고 사용검사 및 준공처리하고 조합원 입주 후 리모델링주택조합의 해산 인가를 받는다.

2) 리모델링 추진협력업체 선정

(1) 리모델링 추진업체 선정

① 설계사무소, 건설회사, CM회사, 건축구조 안전진단회사, 부동산 개발업자 등

② 리모델링 사업수행방식에 따라 리모델링 추진업체가 달라질 수 있는데, 이 리모델링 사업 수행방식에는 설계 · 시공 분리발주방식, 설계 · 시공 일괄발주방식, 건설사업관리(CM)등이 있다.

(2) 설계자 선정

① 리모델링 사업을 추진하기 위하여 개략적인 사업계획 수립과 리모델링 결의서를 징구할 필요

② 리모델링 결의서 : 리모델링 설계개요, 공사비 및 조합원 비용 분담내역(주택법 시행령75조)

③ 주택법에는 설계자를 선정하는 방법을 특별히 규정하고 있지는 않지만, 일반적으로 특명입찰(수의계약), 지명경쟁입찰, 일반경쟁입찰 등을 통하여 설계자를 선정

④ '설계와 시공을 분리 발주할 것인가?'. '설계와 시공을 일괄 발주할 것인가?'를 검토(조합설립 이후)

(3) 시공자 선정

① 주택법 제42조가 개정되면서 리모델링 주택조합의 총회 또는 소유자 전원의 동의를 받은 입주자 대표회의에서 시공사를 선정하는 경우 → 경쟁입찰의 방법으로 하도록

규정

② 시공사가 리모델링 주택조합 설립전 단계부터 참여하기는 어려움

3) 조합의 구성과 추진

① 리모델링주택조합은 단지 전체 및 각 동의 구분소유자와 의결권의 각 2/3 이상 결의 및 각 동의 구분소유자와 의결권의 각 1/2 이상 결의, 동별 구분소유자 및 의결권의 각 2/3 이상 결의가 있으면 설립할 수 있으며, 구조안전진단을 관할 구청에 요청할 수 있다. 구조안전진단이 완료되면 주민이 동의한 설계안으로 관할 구청에 건축심의를 요청한다.

② 동의율이 50% 이상이 되면 조합창립총회를 열 수 있다. 이때 리모델링 동의 결의, 조합장 · 감사 · 임원 선출을 하게 되며, 시공사도 우선협상 대상에서 정식 시공사로 바뀐다.

③ 창립총회 후 추진위원회가 하던 업무는 조합이 인계받는다. 조합은 소유자의 80% 이상, 동별 3분의 2 이상의 동의를 얻어 관할 구청에 조합설립인가를 받으면 정식 조합이 된다.

④ 조합은 건축심의를 통과한 도면을 바탕으로 허가도면을 작성하여 행위허가를 받게 된다. 허가를 받은 뒤에는 공사비, 가구별 부담금을 확정해 총회에서 주민의 승인을 받아야 한다. 재건축의 관리처분 총회와 같다고 보면 된다.

⑤ 평형, 동에 따라 공사범위가 다르고 가구마다 마감 옵션도 다르기 때문에 가구별 부담금도 달라진다.

1.7 그린 리모델링(Green Remodeling) 기술

그린 리모델링(green remodeling)은 기존 건축물을 환경친화적 건축물로 만들기 위해 에너지 성능향상 및 효율개선을 목적으로 하는 행위(녹색건축물지원법)로 정의하고 있다. 그린 리모델링의 목표는 2009년 기준 건축물 분야 최종에너지 소비량 22%, 온실가스 배출량 25% 감축하는 것으로, 2012년 2월 녹색건축물 조성지원법에 따라 기존 건축물은 녹색건축물로 전환하는 것을 골자로 하고 있다. 국가온실가스 감축목표 설정에 따라 건축물 분야는 26.9%, 공공기관은 2015년까지 기준연도 대비 20% 감축(2016년 이후 재설정)하는 것을 목표로 하고 있다.

1.7.1 그린 리모델링(Green Remodeling) 개요

1) 지구온난화 문제와 그린빌딩

① 세계 각국에서는 산업부문별 온실가스 배출량 및 감축량에 대한 연구와 신기술 개발을 활발히 진행하고 있다. 국내에서도 건축부문의 경우에는 건축법상 지역별 단열기준 규정 및 에너지절약계획서 제출 의무화, 친환경건축물 인증제도 및 건물에너지효율 등급 인증제도를 통한 친환경적·에너지절약적 건축물에 대한 사회적 인식 확산, 에너지부문 의무대상 확대 등 다양한 관련 법제도를 강화하고 있다.

② 그린빌딩 또는 녹색건물(綠色建物)은 환경보존을 목표로 설계, 건설, 사용 및 유지관리, 해체의 전 과정에 걸쳐 자원 및 에너지절약, 자연환경의 보전과 자연친화적 설계 시공 운영 및 유지관리를 하여 쾌적한 실내환경을 유지할 수 있도록 함으로써 환경부하를 줄이고 사용자의 쾌적성과 건강성을 향상시킬 수 있도록 계획된 건축물을 의미한다. 주거건축물에는 생태건축, 생물건축, 그린빌딩, 환경건축 또는 환경공생주택 등의 이름으로 유럽과 일본 등에서 많은 시도가 이루어졌으며, 공공건축물이나 일반건축물에 대해서도 다양한 시도가 이루어지고 있다. 어느 용어든 현재의 자원낭비형, 반자연·반생태계에 대응한 대안으로서 추구하는 목표는 비슷하다.

그림 1.23 녹색건물

2) 그린 리모델링 활성화 사업

① 그린 리모델링은 노후건축물에 대한 리모델링 요소와 녹색건축물의 요소를 융합하여 주거환경 개선/에너지성능 개선/건물자산가치 상승을 도모하는 새로운 가치를 창조하는 리모델링이다. 특히 건물의 노후도, 에너지사용 실태, 사용용도, 관계법규 등을

면밀히 검토하여, 건축주에게 건물의 자산가치 및 에너지성능 개선의 혜택을 가져다 준다.

② 그린 리모델링은 건물 부문 국가온실가스 감축목표 달성과 건축물 거주자의 쾌적하고 안전한 환경 조성을 위해 기존 건축물의 에너지성능을 개선하는 건축행위이다. 2013년부터 기존 건축물의 에너지효율을 높여 온실가스를 저감하기 위해 그린 리모델링 활성화사업을 추진하고 있다.

③ 국토교통부도 건물 부문의 온실가스 배출량을 감축하기 위해 최근 신축건물을 중심으로 단열설계 허가기준을 강화하고, 기존 건물 중심으로는 그린 리모델링사업과 건축물 에너지관리시스템 등 녹색건축기술을 기반으로 한 에너지 사용량 절감 정책을 적극 추진하고 있다.

④ 용적률 인센티브제도는 특정 조건을 충족하면 용적률을 추가로 높여주는 것을 말한다. 예를 들어 신축의 경우 에너지 효율 1등급 또는 녹색건축인증 최우수 등급을 받으면 최대 15%의 용적률을 더 받는다. 기존 건축물은 그린 리모델링 등을 통해 냉난방 에너지를 종전 대비 50% 이상 절감할 때도 용적률을 최대 15%까지 추가로 받게 된다.

3) Green Remodeling의 내용

① 유럽연합(EU)은 2009년에 건물에너지절약지침을 발표하고, 2019년까지 모든 신축건물을 제로에너지하우스로 설계한다고 발표한 바 있다. 영국은 신축주택을 제로에너지하우스로 지으면 무이자융자혜택을 주고 있고, 독일은 모든 신축건물을 패시브하우스 수준으로 건축하면 보조금을 지급한다. 프랑스와 덴마크도 보조금과 융자금을 지원하고 있다.

② 우리나라는 2020년까지 온실가스 배출전망치 대비 30%를 절감한다는 목표를 세우고, 건물 부문에서 약 27% 줄이고, 2025년부터는 모든 건축물을 제로에너지 건물로 신축한다고 발표했다.

③ 건축허가를 받기 위해서는 에너지절약계획서를 제출해야 하고, 허가기준도 강화된다. 기존에는 에너지성능점수가 60점이면 허가해줬지만 앞으로는 65점 이상을 받아야 하는 것으로 강화된다.

④ 그린빌딩의 최종 목표는 소비하는 에너지와 동등 또는 그 이상의 에너지를 생산하는 에너지제로건축물(ZEB)이다.

⑤ 그린 리모델링의 주요 내용을 보면, 기밀성 창호 및 LED조명의 채용, 녹지와 수공간 도입, 녹색건축을 위한 자연형 건축, 건물녹화, 적극적인 빗물 재이용, 녹색에너지를 위한 태양광, 지열이용, 신재생에너지의 활용 등을 건축에 적극 도입하는 것이다.

⑥ 그린빌딩 설계에서 직접획득의 효율을 높이기 위해서는 건물의 축은 일반적으로 동서방향이어야 한다. 즉 정남향으로부터 15도 이상 벗어나지 않아야 동절기에 최대 90%까지 태양으로부터 열획득이 가능하다.

4) 그린 리모델링 기대효과

① 세계에너지기구에 가입된 국가 중 건물이 소비하는 에너지가 총 소비에너지의 평균 35% 이상이다. 그리고 건물이 소비하는 에너지 중 주거건물이 소비하는 에너지가 가장 큰 부분을 차지한다. 따라서 기존 주택을 에너지절감형으로 리모델링하는 것은 매우 많은 양의 에너지를 절감할 수 있다는 것이다.

② 국내 총 건축물은 680만 동이고, 이 중 67%(454만 동)가 주택이며, 총 주택의 58%인 265만 동이 20년 이상된 노후주택이다. 향후 그린 리모델링 시장규모는 전체 건축 시장 규모의 60%에 이를 것으로 추정된다.

③ 그린 리모델링이란 에너지 리모델링이다. 단열재 보강, 창호 교체, 고효율 에너지설비 설치 등을 통해 노후 건축물의 에너지 성능을 개선하는 것이다. 빠져나가는 에너지를 잡고 소비효율을 올려 에너지 사용량을 절감하도록 한다. 특히 동절기에는 44% 이상의 난방비 절감 효과가 있는 것으로 분석됐다.

④ 그린 리모델링이 중요한 이유는 우리나라에 노후 건축물이 많기 때문이다. 우선 건물부문 소비되는 에너지가 국가 전체 사용량의 약 17%에 달한다. 이 중 국내 건물 중 20년 이상 된 낡은 건물은 58.2%를 차지하고 있다. 국내 온실가스 감축 로드맵에서도 건물부문에 가장 높은 감축률인 32.7%를 목표로 잡고 있어 정부로서도 노후 건물에서 새어나가는 에너지를 잡는 것이 중요하다.

5) 그린 리모델링사업 포함 내용

① 신축건축물뿐만 아니라 노후화된 기존 건축물의 녹색건축물 구현을 위해 기존 건축물 녹색인증제도 활성화, 에너지소비증명제도의 단계적 도입, 그린 리모델링기준 마련 및 재정지원 확대 등의 제도가 마련되었다.

② 그린 리모델링 확산을 위해 녹색건축물정책, 녹색금융모델, 녹색기술개발, 그린 리모델링 시범사업 등 다양한 분야의 연구가 활발히 진행되고 있다.

③ 녹색건축물 조성 지원법에는 금융의 지원 및 활성화와 녹색산업 투자회사의 설립과 지원제도, 녹색건축물 조성사업에 대한 지원 · 특례 등이 명시되어 있으며, 기존 주택 및 기존 주택 이외의 건축물을 녹색건축물로 전환하는 사업을 지원하기 위한 내용을 포함하고 있다.

④ 그린 리모델링사업 지원대상은 준공 15년 이상 경과된 공공건축물 및 민간건물이며,

공공건축물은 에너지성능개선 공사비지원 및 에너지성능개선 사업기획을 지원해주며, 민간 건물은 에너지성능 개선사업에 대한 지원으로 민간금융 대출시 정부가 이자지원을 해준다.

⑤ 이자지원 대상공사는 건물의 단열성능 향상(단열보완, 기밀성능 강화, 외부창호 성능개선 등), 에너지 관리장치, 신재생에너지 공사(건물단열 향상 공사와 병행 시 지원) 및 기타 에너지성능 개선 관련 공사 등이다.

⑥ 건축주는 그린 리모델링 사업자를 선정 및 계약한 후, 사업신청서를 제출하면 그린 리모델링 창조센터로부터 사업승인 결과를 통보받는 순서로 지원금을 지급받는다. 이자지원은 에너지 성능개선 비율이 높을수록 이자지원율이 높아지며(에너지 성능개선 비율 30% 이상은 3%, 25%~30% 미만은 2%, 20%~25% 미만은 1%), 이자지원은 단독주택의 경우에는 최대 5천만원까지, 공동주택의 경우에는 최대 2천만원, 비주거 건물의 경우에는 최대 50억원까지 가능하다. 이자는 5년간 지원하며, 그린 리모델링 사업비는 이자지원 기간과 동일하게 5년 이내 분할상환하면 된다.

⑦ 영국에서는 에너지성능개선 공사 후 에너지절감 비용으로 사업비를 상환하는 그린딜 사업을 추진하고 있으며, 독일 또한 에너지절감 정도에 따라 보조금 및 저리융자를 통한 지원사업을 하고 있다.

1.7.2 민간건축물 그린 리모델링 이자지원사업

1) 이자지원 사업 구분

(1) 그린 리모델링은 안전하고 행복한 삶이 약속되는 생활공간을 실현하기 위하여 기존 건축물의 에너지 낭비 예방과 쾌적한 환경조성을 지원하는 국토교통부의 정책사업으로 공공건축물 시범사업과 민간 이자지원사업으로 구분된다.

표 1.12 이자자원 대상공사의 범위

대상공사	공사 내용	비고
건물단열 향상	단열보완, 기밀성 강화, 외부창호 성능개선 등 외피단열 성능 향상	필수
에너지 관리 장치	조닝제어장치, 대기전력 차단 장치, BEMS(건물에너지 관리시스템) 장치, 스마트계량기 등	병행 가능
신재생에너지 공사	태양광, 태양열, 지열, 풍력 등	
에너지성능개선 관련 공사	고효율 냉난방장치, LED 등	
에너지성능개선 공사와 연관된 부대공사	- 부대공사의 인정범위는 해당 사업의 에너지 성능개선 공사 범위를 참고하여 선정위원회에서 정함 - ESCO(Energy Saving COmpany) 또는 BRP(건물에너지 효율화 사업) 사업 등과 병행하여 추진하는 경우 해당 공사비에 대한 중복 지원하지 않으며, 중복 이외의 공사비에 한하여 이자지원 가능	

(2) 민간 이자지원사업은 건축주가 초기 사업비에 대한 부담 없이 건축물의 성능개선을 추진할 수 있도록 경제적 지원을 통하여 참여 · 유도하는 사업이다. 건축주는 은행에서 필요한 사업비를 대출하고 공사 후 절감되는 에너지 비용으로 대출금을 분할 · 상환하며 정부는 건축주의 초기 경제적 부담을 덜어줄 수 있도록 성능개선 공사비에 대한 이자를 지원하는 사업이다. 이자지원이 되는 공사의 범위는 단열보완, 기밀성 강화, 외부창호 성능개선, 일사조절장치 등 건축적 성능이 향상되는 공사이다. 해당 건축주는 원리금을 5년에 걸쳐 상환할 수 있다.

2) 이자지원 사업 절차

(1) 절차는 사업계획서 제출 → 사업승인 → 시공 → 사업결과보고, 완료승인요청 → 사업완료 → 융자지원 신청 → 완료로 진행된다. 마지막 융자 지원 신청에서 주택보증공사 보증서가 발행되고 대출이 진행되므로 주택보증 보증공사 보증 대출이다.

(2) 민간지원사업의 경우 아파트 및 빌라는 2000만원의 한도, 단독 또는 다가구주택의 경우 5000만원 한도, 빌딩은 50억원 한도로 국토교통부에서 5년간 이자를 2~4% 지원해주는 사업이다. 이자는 5년간 지원하며, 그린 리모델링 사업비는 이자지원 기간과 동일하게 5년 이내 분할상환 하면 된다. 이자지원 기준은 다음과 같다.

이자지원율	에너지 성능개선 비율	창호 에너지소비 효율등급
4%	30% 이상	2등급 이상
3%	25% 이상~30% 미만	3등급
2%	20% 이상~25% 미만	4등급
필수요건	개선공사 이전 대비 냉난방 부하량 최소 20% 이상 절감	최외측창 전체 적용(1㎡ 미만 창호 제외)

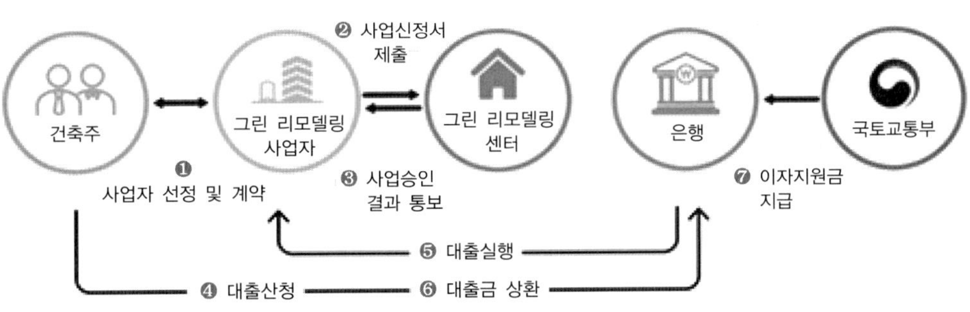

그림 1.24 그린 리모델링 이자지원 사업 절차도

출처 : 국토교통부 보도자료 2020.4.7

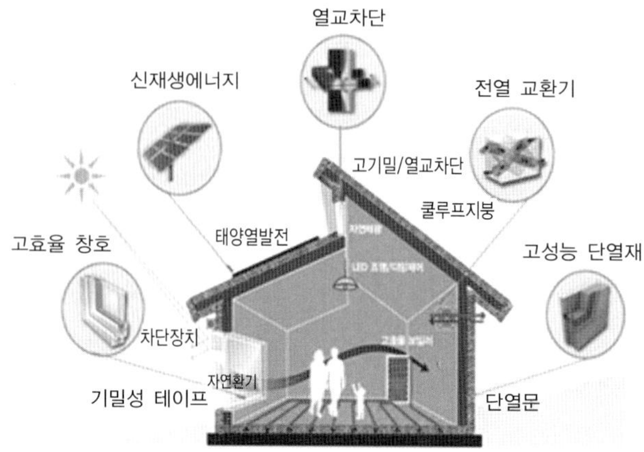

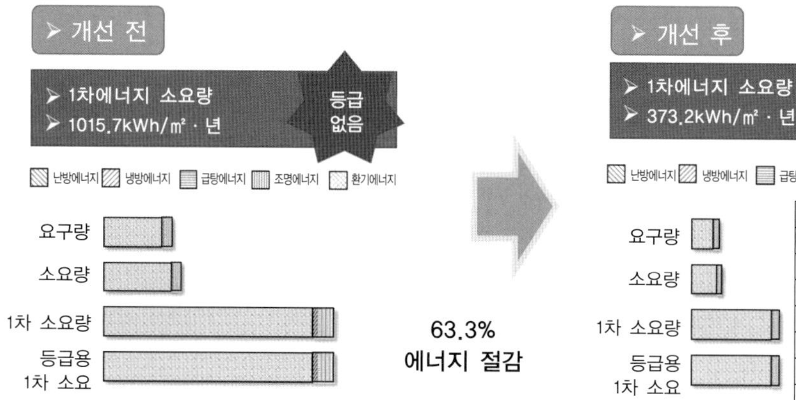

등급	비주거용 건축물 기준
1	200 이상~260 미만
2	260 이상~320 미만
3	320 이상~380 미만
4	380 이상~450 미만
5	450 이상~520 미만
6	520 이상~610 미만
7	610 이상~700 미만

그림 1.25 그린 리모델링 에너지 컨설팅 예시

1.7.3 그린빌딩 건축기술

그린빌딩은 사용단계에서 나타나는 에너지소비 및 탄소배출 만이 아니라 빌딩 건축물을 위한 부자재 생산 및 시공과정부터 고려하여 친환경적으로 설계하는 개념이다. 즉 빌딩 계획, 설계, 자재조달, 시공, 운영, 폐기의 전체 빌딩생애주기(LCC)에 걸쳐 친환경적으로 설계된 빌딩을 말한다.

1) 그린빌딩 구축을 위한 부문별 기술

환경부하를 저감하는 고효율외피기술, 고효율냉난방공조환기시스템, 신재생에너지의 건물 융합 및 이를 통합 · 운영하는 에너지관리시스템을 통해 건물에너지소비 및 이산화탄소 배출을 최소화하는 그린빌딩, 그린홈 구축을 위한 제반 기술들이 포함된다.

그린빌딩에 적용하는 기술로는 난방열원인 보일러는 고효율콘덴싱보일러 또는 소형열병합발전을 이용함으로써 에너지절감과 이산화탄소배출 저감효과도 기대할 수 있다. 그리고 소비전력이 낮고 반영구적이며, 자체발열이 거의 없는 LED조명을 적용한다.

이밖에 폐열회수 환기시스템, 이중외피시스템, 연료전지 장착, 고성능창호시스템, 고단열 열교현상 없는 구조시스템 적용, 지중덕트 또는 지중히트펌프 등을 적용할 수 있다.

항 목	내 용
① 외피 구성	㉠단열재, ㉡구조적 단열 패널, ㉢글레이징, ㉣이중외피, ㉤옥상녹화 등
② 조명 설계	㉠적합한 조도레벨 유지, ㉡자연채광 조닝, ㉢천창채광, ㉣측창채광, ㉤광선반, ㉥차양장치, ㉦전기조명 등
③ 난방시스템	㉠직접획득 방법, ㉡간접획득 방법, ㉢Active 태양열에너지 시스템 등 ㉣독립획득 방법,
④ 냉방시스템	㉠맞통풍, ㉡굴뚝환기, ㉢증기냉각탑, ㉣축열재 야간환기, ㉤지중쿨튜브, ㉥지중복토 등
⑤ 에너지 생산	㉠플러그 부하, ㉡공기 대 공기 열교환기, ㉢태양광 발전, ㉣태양전지설치, ㉤풍력발전, ㉥열병합발전시스템 등
⑥ 물과 폐기물	㉠퇴비화 화장실, ㉡물재활용/재사용, ㉢우수집수 시스템, ㉣저류지 ㉤식생 수로, ㉥투수성 포장녹화블록, ㉦폐기물 감축 등
⑦ 실내환경	㉠거주공간의 환기성능 강화, ㉡VOC/라돈/전자기파 등 환경인자 관리, ㉢공기정화 및 상대습도 유지, ㉣실내 온열환경
⑧ 창호	진공유리, 단열성이 우수한 아르곤(Ar)과 크립톤(Kr) 가스를 넣은 복층유리, 플라스틱 단열간봉을 적용한 고단열창 등 열손실을 줄이는 제품

2) 그린홈 건축기술

① 그린홈은 에너지절약형 친환경주택으로 태양광, 지열, 풍력, 수소연료, 전지 등 에너지 소비를 줄이고 탄소가 배출되지 않는 청정에너지를 이용하는 신재생에너지를 이용해 집안에서 가족들이 생활하는데 필요한 에너지를 자급하고, 탄소배출을 제로로 하는 친환경주택을 말한다. 이산화탄소를 배출하는 화석연료의 단점을 개선한 차세대 주택이다.

② 그린홈 구축사업은 에너지절약형 그린홈과 그린오피스, 그린스쿨을 확산시키기 위한 사업으로 공공부문을 중심으로 에너지 고효율 · 친환경건물 보급을 확대해 민간차원의 운동으로 확산할 수 있는 기반을 마련하기 위한 사업이다.

③ 그린홈은 2008년 8월 정부의 「그린홈 100만 호 프로젝트」 추진방침을 천명한 뒤 100대 국정과제로 채택됐으며, 2020년까지 100만 호 보급을 목표로 추진되고 있다.

④ 그린홈 건설의 의무화(주택건설기준 등에 관한 규정 제64조)에 따라 주택을 건설하려는 자가 20세대 이상의 공동주택을 신축하려는 경우 친환경 성능평가서 또는 친환경 주택 평가서 제출을 의무화하여 친환경 주택으로 건설하도록 하였다.

그린홈에 적용할 수 있는 기술은 다음과 같다.

① 에너지절약적인 설계방법(passive design) : 고성능 단열재, 고단열 창호, 기밀 시공, 옥상녹화 등
② 설비적 고려방법 : ㉠고효율 열원설비, 제어설비 및 고효율 환기설비 등 에너지 고효율 설비기술, ㉡LED조명, ㉢대기전력 저감 우수제품
③ 태양열, 태양광, 지열 및 풍력 등 신·재생에너지 이용기술(Active Design)
④ 고단열·고기능 외피구조, 기밀설계, 일조확보 및 친환경자재 사용 등 저에너지 건물 조성 기술
⑤ 자연지반의 보존, 생태면적률 확보 및 빗물의 순환 등 생태적 순환기능 확보를 위한 외부환경 조성기술
⑥ 건물에너지 정보화 기술 및 자동제어장치 등 에너지절감 정보기술

3) 그린빌딩 설계 요소기술

사람이 거주하는 건물은 신축에서 해체까지 최소 30년, 길게는 수백 년 동안 에너지를 소비하고 CO_2를 배출하므로 건축 초기부터 에너지효율적인 건물을 짓는 것이 중요하다. CO_2 발생을 최소화하기 위한 신재생에너지 기술, 친환경소재 개발 등이 기초가 되어야 한다.

① 건축부품 및 소재 재활용
② 환경부하 저감 건설공법
③ 해체나 수선이 용이한 구조
④ 원에너지 저소비 소재 사용
⑤ 내구성이 우수한 자재·공법 선택
⑥ 자연, 재생·재활용 소재 이용
⑦ 건설자재의 유효 이용
⑧ 지하저수조 및 지하정화조의 건축물 외부 배치

그린빌딩설계 시 공급처리 시스템은 다음과 같다.

① 배선 및 배관망 최소화
② 고효율·고성능 기계 또는 전기설비
③ 중앙·지역냉난방
④ 열동력 연계시스템
⑤ 설비형 태양열 활용
⑥ 태양광 발전
⑦ 미이용 에너지 활용
⑧ 폐열(쓰레기소각열) 회수시설
⑨ 우수차집, 생활하수 순환활용

4) 그린빌딩 냉방 요소별 특징

① **맞통풍** : 공기를 순환시켜 보다 시원한 공기의 흐름을 만드는 것이다. 맞통풍은 실외공기가 실내공기보다 1.7℃ 이상 시원할 경우에만 현실성이 있다. 풍압은 맞통풍의 원동력이다. 태양에 의한 지반가열이 없는 밤에는 풍압이 매우 약해진다. 야간 통풍을 위해서는 공기흐름을 촉진시키는 굴뚝환기를 사용하는 것이 권장된다.

② **굴뚝환기** : 대류시스템에 의해 따뜻해진 공기가 높은 곳으로 배출되고, 그 자리를 보다 시원한 공기가 채워지는 공기흐름을 만들어내는 것이다. 굴뚝환기의 효과를 높이기 위한 방법은 굴뚝의 높이를 높이는 것이다. 굴뚝 높이를 높일수록 수직온도층이 커지기 때문이다.

③ **Cool tube System** : 지중에 스테인리스관을 3m 깊이에 묻고 그 관을 통해 외기를 건물에 공급하는 시스템으로 예열 · 예냉 효과를 지닌다.

④ **지중복토** : 건물이 땅 속으로 들어감으로써 소음이 줄어들며, 가파른 경사지를 이용한다면 좋은 전망을 가져다 줄 것이며, 대지면적을 최소화하며, 화재 · 강풍에도 잘 견딜 수 있다. 지중복토 설계 시 지중복토를 남향 유리창으로 채광창을 내면 효과적인 축열효과를 얻을 수 있다. 천창이나 광파이프로 실내 공간에 주광을 유입하고, 중정이나 선큰을 이용한다면 추가로 환기 및 채광을 제공해 줄 수 있다.

⑤ **흡수식 냉동기** : 기체의 물에 의한 흡수성을 이용한 냉동기이다. 기계적인 압축을 이용하지 않고, 흡수기와 발생기에서 냉매 증기가 흡수 · 증발하는 과정을 이용하여 냉매 이송 발생기에서 열에너지를 이용하여 냉매증기를 발생시킨다. 흡수용액은 냉매를 흡수하여 열펌프의 작동을 가능하도록 하며, 냉매는 흡수, 비등, 응축과정을 반복한다. 이러한 흡수식 냉동기는 대형 공기조화장치에서 전력소비가 기계식보다 작고 폐열을 이용할 수 있어서 실용적이고 경제적이다.

⑥ **축열재 냉방방식** : 건물 안 또는 외피에 축열재를 이용한 냉방방식으로, 낮 동안에 건물 축열재에 열을 흡수 · 저장한 다음 야간에 시원해진 실외 공기를 건물에 순환시키는 방식이다. 이 냉방방식은 해당지역의 기후에 따른 의존도가 높다. 일교차가 11℃ 이상이어야 높은 주간의 온도가 냉방부하를 발생시킨다는 것이다. 또한 낮은 야간 온도가 냉방효과를 가져올 수 있다. 우리나라 기후로 말하면 봄, 가을처럼 일교차가 큰 계절에 효과적이다.

1.7.4 녹색건축

1) 녹색건축 개요

(1) 녹색건축 인증분야

그린빌딩은 저탄소녹색성장 기본법 제54조에서는 에너지이용효율 및 신재생에너지의 사용비율이 높고, 온실가스 배출을 최소화 하는 건물을 녹색건축물이라고 한다. 또한 녹색건축물조성지원법 제2조에서는 저탄소녹색성장기본법 제54조에 따른 건축물과 환경에 미치는 영향을 최소화 하고 동시에 쾌적하고 건강한 거주환경을 제공하는 건축물을 녹색건축물이라 부르고 있다. 그린빌딩의 녹색건축인증 기준은 9개 분야로 나누고 있다.

① 토지이용 및 교통　② 에너지 및 환경오염　③ 재료 및 자원
④ 물순환 관리　⑤ 유지관리　⑥ 생태환경
⑦ 실내환경　⑧ 주택성능분야　⑨ 혁신적인 설계로 구성

국토교통부는 '녹색건축물 조성 지원법'을 통해 신축건물은 물론 기존 건축물에 대한 대책으로 '건축물 에너지 통합관리시스템'을 통해 690만 동의 기존 건축물 에너지정보를 공개하고 있다. 이중 180만동(전체 건물의 26%)이 녹색건축물이라 할 수 있다.

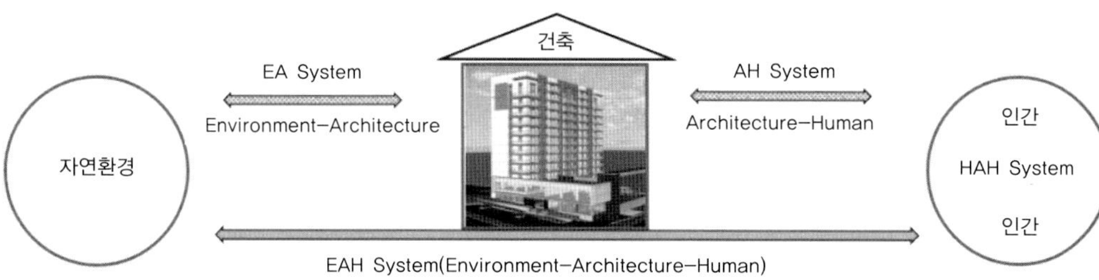

그림 1.26 친환경 건축의 기본 개념도

항목	내 용	종 류
녹색기술	사회·경제 활동의 전 과정에 걸쳐 에너지와 자원을 절약하고 효율적으로 사용하여 온실가스 및 오염물질의 배출을 최소화하는 기술	① 온실가스 감축 기술, 에너지이용 효율화 기술 ② 청정생산 기술 ③ 청정에너지 기술 ④ 자원순환 및 친환경 기술(관련 융합 기술포함) 등
녹색건축	에너지이용 효율 및 신·재생에너지의 사용비율이 높고 온실가스 배출을 최소화하는 건축물	

(2) 녹생성장의 지향점

'녹색성장(Green Growth)'이란 단어는 '환경(Green)'과 '성장(Growth)' 두 가지 가치를 다 포괄하고 있다. 녹색성장의 핵심은 경제성장을 추구하되 자원이용과 환경오염을 최소화하고, 이를 다시 경제성장의 동력으로 활용하는 '선순환구조'에 있다. 녹색성장은 에너지·환경문제뿐만 아니라 일자리와 성장동력 확충, 기업 경쟁력과 국토 개조, 생활혁명을 포괄하는 종합적 국가비전이다. 교통, 건축, 문화 등 모든 사회·경제활동과 사회 시스템을 포함하며, 심지어 개인의 라이프스타일도 포함되는 광범위한 개념인 셈이다. 기존의 경제

성장 패러다임을 '환경친화적'으로 전환하는 과정 중 파생되는 에너지 · 환경 관련 기술 · 산업에서 미래 유망품목과 신기술을 발굴해내고, 기존 산업과의 상호융합도 시도해 새 성장 동력과 새 일자리를 창출하고 있는 것이다.

2) 녹색건축 관련 정부정책

(1) 녹색건축 인증제도는 지속가능한 개발의 실현을 목표로 인간과 자연이 서로 친화하며 공생할 수 있도록 계획되나 건축물의 입지, 자재선정 및 시공, 유지관리, 폐기 등 건축의 전 생애를 대상으로 환경에 영향을 미치는 요소에 대한 평가를 통하여 건축물의 환경성능을 인증하는 제도이다(「녹색건축물 조성 지원법」 제16조 제1항), 일정 공공건축물을 건축 또는 리모델링하는 경우 녹색건축의 인증을 받도록 규정하고 있다(「녹색건축물 조성 지원법」 제16조 제5항).

표 1.13 녹색건축법 조성지원법

그린 리모델링	녹색건축물
노후화 억제+기능 향상 Energy성능 개선(패시브) Energy효율 향상(액티브)	온실가스 발생 저감 신재생에너지 사용 확대 환경영향 최소/건강한 거주환경
기존 건축물 리모델링, 증축, 대수선, 개축, 수선(창문, 설비기기, 단열재공사) 등	기존 건축물 리모델링, 증축, 대수선, 개축, 수선(창문, 설비기기, 단열재공사) 등
사용승인일 무관	사용승인 10년 이상
제27조 그린 리모델링에 대한 지원 -국가, 지방자치단체, 공공 그린 리모델링 지원사업 -민간 이자지원사업 제28조 그린 리모델링 기금의 조성 등 ★건축법, 주택법 적용됨 ★건축행위로 표기하지 않음	★ 녹색건축인증(녹색건축인증에 관한 규칙 별표 4-7, G-SEED ★ 녹색건축물 전환(제13조 1항) - 녹색건축인증기준 별표 6, 별표 7의 그린 리모델링 건축물 - 에너지효율등급 3등급 - 연간 단위면적당 냉난방비 요구량 20% 또는 1차 에너지 소요량 20% 개선

(2) 녹색건축인증업무는 '한국감정원(녹색건축센터)' 등 10여 개 기관에서 수행 중이며, 신청시기에 따라 예비인증과 본인증으로 나뉜다. 한국감정원은 녹색건축전문 공기업으로서 2006년 주택성능등급인증을 시작했으며, 2013년 녹색건축센터로 지정돼 에너지효율등급인증제, 에너지절약계획서와 같은 녹색건축물인증 · 검토 업무를 제공하는데, 이를 통해 국민이 주택을 거래할 때 가격뿐만 아니라 에너지 소비량과 성능을 비교해 선택할 수 있도록 지원한다.

3) 녹색건축법의 주요 내용

녹색건축물조성지원법을 기반으로 신축건물을 중심으로 추진해 오던 정책이 기존 건축물로 확대돼, 그린 리모델링 활성화기반 및 관련 금융지원정책수립 기반을 마련하는 등 기존 건축물의 에너지 효율개선 및 온실가스 감축 정책이 적극적으로 추진되기 시작했다.

① 녹색건축물 조성지원법 제4조 제2항에 근거하여 주택성능등급인정제가 녹색건축인증제로 통합함에 따라 공동주택의 경우 녹색건축 예비인증 결과를 입주자 모집공고에 표시하도록 하였다.

② 의무대상을 1,000세대(에너지 성능은 300세대) 이상에서 500세대 이상으로 확대

③ 공공건축물의 신축 또는 증축 시 인증취득 의무대상을 연면적 10,000㎡에서 3,000㎡ 이상으로 확대하였다.

④ 심사기준에 따른 평가결과 점수에 따라 최우수(그린 1등급), 우수(그린 2등급), 우량(그린 3등급), 일반(그린 4등급)의 네 등급으로 나뉜다.

⑤ 녹색건축물로 인증이 되면 등급과 점수에 따라 지방세 감면, 건축물 기준 완화, 환경개선부담금 경감 등의 혜택이 주어진다.

4) 2013년 6월 시행 녹색건축물지원법 세부내용

① 2017년 이후 새로 지어지는 주택의 경우 패시브하우스 수준의 건축이 될 수 있도록 설계기준을 강화하기로 했다.

② 외벽단열재는 기존 85mm에서 120mm 이상으로 강화되었다.

③ 창호는 복층유리에서 로이코팅유리를 사용하도록 변경하여 기존보다 10~30% 높은 기준을 충족시켜야 건축허가가 날 수 있게 했다.

④ 연면적 합계 500㎡(약 150평) 이상 단독주택도 에너지절약 계획서를 제출하도록 했다.

⑤ 건축물 에너지성능지표 합계점수가 60점에서 65점 이상으로 강화되었다.

⑥ 부동산 거래 시 에너지성능과 사용량 등이 표기된 에너지효율등급평가서를 의무적으로 제출하는 에너지소비증명제를 시행하기로 하였다.

⑦ 2012년 7월부터는 창호등급제를 시행하고 있는데, 국내 생산 · 유통되는 모든 창호는 가전제품처럼 창호의 열관류율과 에너지효율등급을 명기하도록 되어 있다.

5) 녹색건축 활성화 방안

① 미국에서 건축물이 환경에 미치는 영향을 조사한 결과 건축물이 에너지 소비의 40%, 전기의 72%, 자원소비의 40%, CO_2 배출의 39%, 식수의 13.6%, 폐기물의 30%를 배출하는 것으로 나타났다.

② 2025년까지 제로에너지 목표달성을 위해 2012년부터 단계적으로 강화하여 건축허가 시 에너지절약심의 강화, 에너지소비 총량제를 도입한다.

③ 건물 각 부위별(창호, 벽, 바닥 등) 기준에서 건물 전체 에너지사용량 기준으로 개선한다.

④ 그린 리모델링에 대한 지원방안으로서 고효율에너지의 자재 사용을 유도, 에너지절약 개·보수를 위한 장기수선충당금 추가 확보, 노후주택 개보수 시 주택기금지원 등이 실시된다.

⑤ 에너지소비증명제도를 도입하여 부동산 거래 시 이를 첨부하는 것을 단계적으로 도입하기로 했다.

6) 녹색건축 인증제 및 가이드라인

(1) 녹색건축인증제(Green Standard for Energy and Environmental Design)

① 녹색건축인증제(Green Standard for Energy and Environmental Design) : 저탄소녹색성장기본법에서 제시하고 있는 녹색건축물은 에너지이용 효율 및 신재생에너지 사용 비율을 높이고 온실가스 배출을 최소화하는 건축물로 정의할 수 있으며, 녹색건축물은 중창호, 단열, 고효율기계, 전기설비 등을 교체 및 개선하여 건물의 에너지 성능을 향상시킨 건물을 말한다.

② 건축물의 자재생산, 설계, 건설, 유지관리, 폐기 등 전 과정을 대상으로 에너지 및 자원의 절약, 오염물질의 배출감소, 쾌적성, 주변 환경과의 조화 등 환경에 영향을 미치는 요소에 대한 평가를 통해 건축물의 환경성능을 인증하는 제도이다.

③ 공동주택뿐만 아니라 주거복합건축물, 업무용 건축물, 학교시설, 판매시설, 숙박시설, 기타 건축물 등을 대상으로 토지이용 및 교통, 에너지 및 환경오염, 재료 및 자원, 물순환관리, 유지관리, 생태환경, 실내환경 등 7개 분야에 대해 엄중한 인증절차를 거친 결과 그에 해당하는 인증등급(4단계)을 부여하게 된다.

④ 녹색건축물로 인증을 받으면 인증일자로부터 5년간 유효하며, 등급과 점수에 따라 건축물 기준 완화, 신축 건물 취득세의 5~15%, 재산세 3~15%, 환경개선부담금 20~50% 경감 등의 혜택이 주어진다.

(2) 공공청사 녹색리모델링 가이드라인

조달청이 발표한 공공기관을 대상으로 하는 녹색리모델링 가이드라인의 내용은 녹색리모델링 추진과정에 필요한 사업범위 설정방법, 공사비 책정방법, 사업수행절차 등을 규정하고, 공공청사가 에너지효율등급 2등급, 친환경 건축인증 우수등급에 준하는 건물로 성능이 개선될 수 있게 하는 구체적인 설계기준이다.

이를 통해 공공기관이 녹색리모델링사업 추진에 활용할 수 있게 하고, 요청할 경우 예산편성부터 설계 시공관리까지 리모델링 전 과정에 대한 맞춤형 서비스를 제공한다.

1.8 친환경 · 생태 건축물 리모델링

1.8.1 친환경 · 생태 건축물 개요

1) 친환경건축물(Green Building)의 정의

① 에너지절약과 환경보전을 목표로 에너지절약, 고효율설비, 자원재활용, 환경공해 저감기술 등을 적용하여 자연친화적(Ecology)으로 설계 · 시공 · 운영 및 유지관리(Operation & Management)한 후, 건물의 수명이 끝나 해체될 때까지도 환경에 대한 피해가 최소화되도록 계획된 건축물을 말한다.

② 친환경건축물은 주변 환경과의 친화성이 이루어지도록 기후풍토, 지리 등 생태학적으로 환경을 이해하여 빛과 바람, 그리고 동 · 식물 등의 환경요소와 잘 화합하는 개발을 하도록 유도하여야 한다. 그리고 주거환경의 건강과 쾌적성을 위하여 청정한 공기와 온도 · 습도 · 통풍 등이 잘 유지되도록 한다.

2) 친환경건축의 방향

① 전통적으로 자연재료인 흙이나 나무 등의 시공기술에 현대적 공법을 접목시켜 미래 지향적으로 개발하려는 경향

② 재생가능하며 에너지가 적고 무독성인 생태건축 소재를 활용하여 새로운 건축시스템으로 구축하려는 움직임

③ 건축물의 공급처리 시스템을 생태계의 순환체계를 응용하여 인위적인 순환시스템으로 구축하려는 경향

④ 외부 공간 및 건물의 외피를 생물서식이 가능한 공간으로 조성하고 이를 자연경관과 유기적으로 연계시키려는 경향

⑤ 사회생태학적 개념을 적용, 내 · 외부 공간구성 및 건축과정 전체에 거주자의 요구를 적극 반영하여 궁극적으로 사회적 다양성을 수용할 수 있는 공동체적 집합주거를 건설하려는 움직임

3) 친환경건축물 인증제도

① 정부가 추진하는 저탄소녹색성장의 10대 정책방향 중 효율적 온실가스 감축 방안의 일환으로 실시하는 제도로서, 건물 부분에서의 온실가스 감축을 위해 실시하는 인증제도를 말한다.

② 친환경건축물 인증제도는 토지이용, 교통, 에너지, 재료 및 자원, 수자원, 환경오염, 유지관리, 생태환경, 실내환경 이상 9개 부문 44개 항목 총 136점 대비 65점 이상을 획득할 경우 우수등급, 85점 이상 최우수등급으로 인증해주는 제도이다.

③ 에너지성능지표

항 목	내 용
건축부문	외피의 단열성능, 기밀성 창호, 외단열, 옥상조경, 출입구의 방풍구조 등
설비부문	냉·난방 및 급탕부하 제어 등
전기부문	조명 및 전기제품의 부하 및 전력제어 등
신재생에너지 부문	냉·난방, 급탕, 전기부하를 대체

4) LEED(Leadership in Energy and Environmental Design)

① 미국에서 건축물이 환경에 미치는 영향을 조사한 결과 건축물이 에너지의 40%, 전기의 72%, CO_2의 39% 배출, 식수의 13.6% 소비, 원자재의 40% 사용, 쓰레기의 30%를 배출하는 것으로 나타났다. 그래서 건축 부문의 친환경성 확대 및 도입을 위해 LEED라는 친환경건축물인증제도를 개발하였다.

② LEED는 건축물 생애주기 전반에 종합적인 친환경 대책수립과 정량적 평가 측면에서 적용되고 있으며, 지속가능한 대지계획, 수자원의 효율성, 에너지 및 대기, 재료 및 자원, 실내환경의 질, 혁신 및 설계과정 등을 평가 대상으로 취득 점수에 따라 4단계로 구분된 등급을 부여한다. LEED는 영국의 BREEAM, 일본의 CASBEE와 함께 세계 3대 친환경인증제도로 꼽히고 있다.

③ 미국 녹색위원회(USGBC) LEED 2009에 의하면, 기본 점수가 100점이고, 창의적인 디자인에 추가로 6점, 지역적 특성에 추가로 4점 합계 110점으로 평가된다.

5) WELL Building Standard 개념과 인증체계

① 국외의 경우 Healty Building의 개념으로 에너지 및 친환경 성능만이 아니라 건강 관점에서의 WELL Building Standard(WELL) 건축물 인증제도가 시행되고 있다.

② WELL은 인체의 건강과 복지에 주안점을 두고 건강친화적인 건축물을 장려 및 평가하는 제도로서 2013년부터 시행되고 있는 건축물인증제도로 International WELL Building Institute(IWBI)에서 주관하며, 미국의 친환경건축물인증제도 LEED (Leadership in Energy and Environmental Design)의 심의기관인 GBCI(Green Business Certification

Institute)에서 인증 심의를 하고 있다.

③ WELL 인증의 효과로 재실자의 건강(health), 복지(well-being), 행복 증대, 근무자의 생산성 및 성과 증대, 건물의 자산가치 상승, 회사 이미지의 향상 등을 내세우고 있다.

④ WELL 인증에서 평가하는 내용은 크게 7개 항목으로 인체의 건강과 웰빙에 영향을 줄 수 있는 Air(공기), Water(물), Nourishment(영양), Light(빛), Fitness(운동), Comfort(안락), Mind(정서) 항목에 대해서 평가 · 인증 · 모니터링을 할 수 있는 성능 평가 위주의 시스템을 갖추고 있다.

6) 친환경주택의 건설기준 및 성능(고시)

(1) 의무기준

총 에너지 사용량 또는 이산화탄소 배출량을 30%(60㎡ 이하인 경우 25%) 이상 절감하도록 하고 7개 부문 25개 업종별로 감축목표를 할당했다. 에너지 의무절감률을 점차 상향 계획 : 2012(30%) → 2017(60%) → 2025(100%)

(2) 건설기준

자연녹지 및 바람길 확보, 빗물 재활용 등 친환경 설계에 필요한 요소들을 기본설계 방향으로 규정하고 친환경 주택으로 인정받기 위한 필수설비와 설치기준 등을 제시해야 한다.

① 고기밀 창호　② 고효율기자재　③ 대기전력차단장치
④ 고효율조명기기　⑤ 절수설비 등

(3) 평가기준

에너지 사용용도에 따라 냉 · 난방, 급탕, 전력, 열원 등 4개로 분류하고 총 14개 평가요소에 대해 평가한다.

① 외벽, 측벽, 지붕, 바닥, 창, 문
② 신재생에너지(태양광, 지열, 풍력 등)
③ 보일러, 지역난방, 구역형 열병합발전, 소형 열병합발전

7) 친환경주택 건설 유도를 위한 정책(주택공급에 관한 규칙 제8조, 공동주택 분양가격의 산정 등에 관한 규칙 별표 1의3)

① 공동주택 입주자 모집 공고 시 친환경주택의 성능수준 표시 의무화

② 친환경주택에 대해 취 · 등록세를 감면해주며, 그린홈 건설시 추가비용을 분양가 가산비로 인정해 준다.

③ 에너지절감률에 따른 취 · 등록세 감면 범위(지방세특례제한법 제47조)
35% 이상 15% 감면, 30~35% 10% 감면, 30% 미만 5% 감면

1.8.2 친환경 건축물 설계 일반원칙

(1) 국제환경협약 등 지구환경변화에 적극 대처하기 위하여 이산화탄소 등의 배출이 낮도록 하고, 오존층을 파괴하는 물질을 배출하지 않는 재료를 사용한다.

(2) 대지의 오염요소를 최대한 제거하고, 생태학적 가치를 유지하기 위하여 생태적으로 피해를 최소화하는 배치계획과 생태적으로 향상된 설계기법을 강구한다.

(3) 건축물의 설계에 있어 안전성, 환경성, 경제성이 가미되도록 하여야 한다.

(4) 인공에너지 투입을 감소시키고, 자연에너지를 활용할 수 있는 설계와 사용된 에너지를 순환시켜 재활용할 수 있는 설계기법을 검토한다.

(5) 인간생활의 쾌적성 확보에 필요한 다음 각호의 시설 등을 적절히 계획한다.

① 환기시설	자연환기시스템이 유리하며, 열회수 기능을 가진 기계환기시스템, 주방 등의 환기설비를 갖추도록 한다.
② 실내오염의 최소화	우레아포름, 알데히드폼과 콜타르, 석면, 납성분 자재 등의 사용을 억제하며 무기섬유질의 사용 수준을 높이고, 천연도장재를 사용하는 등 실내공기질 향상에 노력하여야 한다.
③ 조명시설	저에너지 조명, 전자식 안전기, 재실자 감지센서, 외부조명 등으로 계획하고, 주광과 인공조명 사이의 상호작용을 검토한다.
④ 안전시설	화재경보기, 위험물 보관, 약품 및 청소용재 보관 공간을 설치한다.

(6) 건축물 내 · 외벽, 지붕 등에 재활용 목재의 자재 사용 비율을 높이고, 쓰레기의 효율적인 관리와 재활용이 극대화되도록 한다.

(7) 건축물 배치는 방위, 지형, 미기후 등과 형태를 최적화해야 한다.

(8) 보수유지를 쉽게 하기 위한 시스템과 구성요소를 검토 · 계획한다.

(9) 지붕, 녹지 등의 우수를 모아서 활용할 수 있도록 계획한다.

1.8.3 친환경건축의 요소기술 및 기법

1) 토지이용 및 배치기법

① 요소기술 및 기법 도입	② 생태계 및 자연경관을 고려한 배치
③ 일조 및 일사를 고려한 배치	④ open space의 최대화
⑤ 지형 및 지세의 활용, 변화 최소화	⑥ 대지, 물, 공기, 바람 등 지역성 고려
⑦ 공간의 성격구분 및 연계	⑧ 보도 및 차도의 분리
⑨ 바람, 햇빛, 그늘, 기온 등의 미기후를 고려한 건물배치	

2) 친환경 외부공간 조성기법

① 자연순응형 택지개발, 자연토양의 보전	② 수림대 등 기존 식생의 보존 및 활용
③ 인공빗물의 침투유도 및 재활용 지반의 조성	④ 생태적 식재
⑤ Biotop의 조성 및 연계, 연못, 분수 등 이용	⑥ 친수공간 조성(실개천과 인공호수)
⑦ 물 순환체계(우물여과장치)	⑧ 건물 외벽의 녹화(벽면, 옥상)

3) 건물형태 · 구조 결정기법

① 자연채광, 통풍의 유도 배치	② 일조 및 일사를 고려한 배치
③ 자연형 태양열 이용,	④ 연면적대 외벽면적비를 최소화
⑤ 열 완충공간의 조성(부착온실)	⑥ 겨울철 충분한 일조
⑦ 건물외피, 지하실, 최상층 주호에 대한 고단열 · 고기밀,	
⑧ 이웃 건축 및 지형에 대한 과다 음영	

4) 쾌적한 실내환경 조성기법

① 적합한 조도레벨 획득을 위한 조명설비 시스템	② 스크린 부착 복층유리 설치
③ 거주공간의 환기성능 강화(환기유도 시스템)	④ 단열 및 축열기능 내장재
⑤ 고령자, 신체장애인 배려(배리어프리화)	⑥ 전 · 자기장의 차단
⑦ 세대 간 소음, 급배수소음, 바닥충격음 차단을 위한 방음 및 차음 시설,	
⑧ 실내 온열환경 자연조절 시스템(실내정원조성)	
⑨ 인체에 무해한 내장재의 사용, 조습소재, 건강소재 사용	

5) 자연 미활용에너지 활용

① 지중 및 지하수 냉 · 열의 열교환 장치	② Passive Solar System,
③ 태양열 이용(온수공급), 열펌프 및 열저장소 설치	④ 태양전지(계단실의 조명과 환기시설)
⑤ 풍력 이용(자연에너지를 최대한 이용)	

6) 고효율/자원절약형 설비기기 사용

① 절수형 위생설비와 기기 설치	② 무공해 동력
③ 중정의 우수처리 시스템 설치	④ 투수성 포장녹화 블록 확대
⑤ 지열 및 소각시설 에너지	⑥ 폐열회수 시스템 이용
⑦ 중수도 시스템 도입(배수를 정화하여 재활용)	⑧ Heat Pump 시스템,

1.8.4 건축부문 환경친화적 적용 기술

(1) Double skin 채용 : 이중 외피구조를 통한 태양열의 자연형 이용으로 건물의 에너지를 절약한다. 겨울철에는 상부의 온도 상승된 공기를 실내 난방열로 이용하고, 여름철에는 자연대류에 의한 통풍효과로 Double Skin 내부온도 상승을 방지한다.

(2) Louver에 의한 일사 차폐 : 남측면 각층 창의 상단부에 Louver를 설치하여 냉방기간 중의 일사유입을 최대한 억제하고 난방기간 중에는 반대로 일사유입이 지장받지 않도록 폭을 결정한다.

(3) Double Core의 채용 : 여름철 외피에 의한 열취득이 가장 큰 동 · 서측 벽에 비공조 공간인 계단실, 창고 등을 설치, 열적 완충 효과를 두어 여름철 일사에 의한 영향을 감소시켜 건물의 냉방에너지를 절감한다.

(4) 창면적 감소 : 창문의 개구면적비는 방위별로 쾌적한 조망을 유지하는 범위 내에서 최적화하여 건물의 외피부하를 감소시킨다.

(5) 건물 방위의 최적화 : 건물의 방위는 에너지 소비특성상 가장 유리한 정남향을 향하도록 배치하여 냉방 및 난방 에너지 소모가 최소가 되게 한다.

(6) 지중덕트를 이용한 지중 열교환(cool tube) : Cool Tube는 지중에 매설한 파이프를 통해 예열 또는 예냉된 외기를 도입함으로써 외기부하를 줄인다.

(7) 최소표면적 : 층수 감소(저층화), 층고 감소, 외피면적 대비 바닥면적 증가시키고, 용적 대비 최소의 표면적으로 한다.

(8) 창문틀의 기밀성, 단열성 향상(System 창호, 단열 셔터) : 건물의 창과 외벽은 열적으로 가장 취약한 부위이며, 실내의 열환경과 에너지 소비에 많은 영향을 미치는 요소이다. 모든 창에 알루미늄 Slat재에 우레탄이 충전되어 있는 단열셔터를 설치하고 야간에 창을 통해 발생하는 실내의 열손실을 억제함으로써 건물의 예냉 및 예열부하를 줄인다.

(9) 특수 복층유리 사용 : 건물의 실내 열환경과 에너지 소비에 많은 영향을 미치고 창의 기밀성과 차음 및 열적인 성능 제고를 위해 PVC Frame의 시스템 창호를 선정하고 모든 창에 24mm의 특수 복층유리를 사용하여 건물의 외피부하를 최소화한다.

(10) 태양열 이용 : 옥상에 평판형 태양열 집열기를 설치하여 온수를 생산함으로써 건물의 냉난방에 직접 이용한다.

(11) Earth Berming(복토) 적용 : 토양에 의한 축열 및 단열효과를 이용하는 에너지절약 방법이다. 지상온도가 지중으로 전달되는 열류전파속도가 지연됨에 따른 것으로 주 원인은 토양의 축열, 단열효과에 기인한다.

(12) 계단실, 화장실의 자연채광창 적용 : 에너지 절감, 안전성

(13) 옥상면의 일사 차폐, 외벽 단열, 지중 단열 강화 : 옥상면 인공지반 조성, 고단열 고기밀 자재의 사용과 시공

(14) 방풍실 및 출입구에 방풍벽 설치 : 바람 완충공간의 조성

(15) 건물 주변의 녹화 식재 및 자연환기가 가능한 조치 : 자연토양의 보전, 생태적 식재, 수림대 등 기존 식생의 보존 및 활용, 자연통풍이 가능한 창호 설계

1.8.5 생태건축 리모델링

70년대 후반부터 전세계적으로 대두되기 시작한 환경보전을 기본개념으로 하는 다양한 건축운동, 즉 생물건축(Bio-Architecture)이나 녹색건축(Green Architecture), 기후 순응형 건축(Bioclimatic Architecture), 대안건축(Alternatives Bauen)과 맥락을 같이 하고 있다.

선진국의 경우, 기존 건축물의 리모델링 시 자연에너지를 이용하거나 적극적으로 녹화를 하고 중수를 활용하는 것 등은 일상적인 테마가 되고 있다.

이 사업은 에너지절약, 수자원절약, 폐기물 감량, 주변 환경의 쾌적화를 위한 것으로 패시브 솔라시스템이나 태양열 급탕, 태양전지시스템 등 액티브 솔라시스템을 설치하고, 내부에도 열교환기를 설치하거나 우수 이용, 쓰레기 처리설비 등을 설치함으로써 개별 건축의 지속성뿐만 아니라 그 지역의 정체성 및 정주성 유지에도 크게 기여하게 된다. 이와 같은 생태적 리모델링은 자원을 유효하게 이용하고 건축물의 환경부하를 증대시키지 않는 방안이다.

그림 1.27 자연재료로 지은 Earthberming House

1) 생태건축의 방법과 수단

① 생태주택 설계방향은 기후에 대응하는 형태와 입면을 취하며, 평면과 입면의 간결성 및 가변성을 고려, 전통적이고 자연적인 재료 및 건축방법을 도입한다.

② 생태적 리모델링은 기존의 리모델링이 갖는 목적, 즉 주거기능의 개선, 설비 및 시설의 노후화 개선을 기본으로 이를 시행하는 방법상 환경부하를 최소화하고 자연과의 접촉을 최대화하는 목적을 갖는다.

③ 건축자재 선정에 있어서도 거주자의 안녕과 건강을 고려하며 재료의 재생 가능성 및 재활용 가능성을 검토한다. 재료 이용면에서는 용도에 맞는 적절성을 검토하며 지역 자원의 생산 및 사용에 중점을 둔다.

④ 자연의 순환체계와 재생가능 자원의 효율적 활용은 건축을 인공 생태계로 조성, 기후를 고려한 설계, 재활용 건축자재 이용, 우수 및 중수 사용, 유기물질로 구성된 폐기물의 퇴비화하는 방법이 있다.

⑤ 건축물 시공과 유지관리에 필요한 에너지와 자원 수요의 최소화는 지역 재료, 규격품 사용, 기후 고려 등이 있다.

⑥ 오염물질 방출 및 에너지 낭비의 최소화는 폐수의 양과 농도, 방출열, 폐기물, 포장 면적의 최소화가 있다.

2) 에너지절감을 위한 생태적 접근사항

(1) 부지계획

① 일사, 바람과 같은 자연에너지를 최대한 이용할 수 있을 것

② 지표면의 강우처리 및 부식에 대한 고려

③ 대지, 물, 공기, 바람과 같은 자연환경의 보전

(2) 에너지원

① 태양열, 풍력, 지열과 같은 자연에너지의 적극적 활용

② 이산화탄소와 같은 지구온난화가스 방출이 적은 천연가스 등을 에너지원으로 사용

③ 축열을 이용한 에너지 절감

(3) 지형과 주변의 환경조건

① 식재의 효과적 이용

② 나무에 의한 방풍효과 이용

③ 연못, 분수 등을 이용하여 주변온도를 낮춤

④ 반사율이 높은 포장재를 줄이고 흙, 잔디, 나무 이용

(4) 건물의 형상

① 외피면적 대비 바닥면적 증가(최소 용적률)

② 평면형상 및 장 · 단변비 조절

③ 용적에 대해 최소의 표면적 고려

④ 층고 및 천장고

(5) 외벽방위

① 열적으로 유리한 방위

② 방위에 적절한 계획(주개구부 벽면이 남향)

③ 동일한 평면 형태이면 동서측이 유리

(6) 평면계획

① 평면, 단면계획에 의한 공간의 열적 조닝

② 공조 및 공조공간의 구별과 배치

③ 비공조공간, 비거주공간을 외측벽에 배치

④ 최상층에 기계실 등을 배치

⑤ 통풍을 고려한 개구부의 배치

⑥ 서비스공간의 열적 완충대 이용

⑦ 흡연실 설치, 내부발열이 높은 공간의 집중화

(7) 열과 빛, 색채 처리

① 단열성 : 고단열유리를 사용하고, 창 면적비를 작게 함.

② 일사차단 : 수목이용, 차양, 외부 블라인드, 루버, 실내 블라인드, 커튼 등

③ 가시광선 투과율이 높은 유리 사용

④ 채광성 : 같은 창 면적인 경우 이어진 창이 유리

⑤ 반사루버, 천장 : 천장 부근에 유리면 배치

⑥ 일사흡수, 채광, 조명반사를 고려한 색채 선정

3) 생태건축설계 요소기술 도입방법

(1) 단열 및 차음성능 배려

① 옥상이나 외벽의 녹화를 통해 태양복사열 차단을 막는다.

② 지붕에 충분한 단열을 한다(외단열, 이중 지붕 통기구법, 녹화지붕 등).

③ 성능이 우수한 단열재를 사용한 벽체와 천장의 단열을 실시한다.

④ 외벽, 바닥, 천장 등을 고단열화한다(내측 단열, 벽외 단열, 외단열 등).

⑤ 외벽, 칸막이, 바닥 등에 대한 차음성능을 충분히 배려한다.

⑥ 건축물의 지역별 단열기준을 준수한다(건축물 에너지절약 설계기준).

(2) 자연채광 도입

① 자연채광을 적극적으로 활용한다(주택이 바라보는 향과 창의 크기, 천창 등 이용).

② 일광욕 등이 가능한 반옥외공간을 만든다.

③ 자주 사용하는 실에는 겨울에 충분한 일조가 가능하게 한다.

④ 실내에서도 햇빛을 즐길 수 있는 공간을 만든다.

⑤ 북측실에 태양광을 끌어들이는 장치를 이용한다(광덕트, 거울이용 자연채광장치 등).

(3) 개구부 설계

① 고단열 · 고기밀성의 창호를 사용한다.

② 개구부를 고단열 · 고밀화시킨다(고성능유리, 단열형 새시, 기밀 새시, 이중 새시, 단열 도어 등).

③ 창 면적을 필요보다 크게 하지 않는 것이 좋으며, 페어글라스를 사용하거나 이중창을 설치한다.

(4) 일조 및 일사의 취득과 차단

① 지붕의 처마는 태양고도가 높은 여름에 일사의 유입을 차단하고 태양고도가 낮은 겨울에는 일사를 실내 깊은 곳까지 유도하여 쾌적한 열환경을 조성한다.

② 일조 및 일사를 최대한 받아들일 수 있는 배치 및 평면구성으로 한다.

③ 계절에 따라 실내의 과열을 막기 위해 조절기능을 할 수 있는 지붕과 차양을 설치한다.

(5) 우수와 중수의 활용

① 배수를 정화하여 중수 등으로 재활용한다(욕실 배수, 부엌 배수, 오수 등).

② 빗물을 모아 다목적으로 이용한다(방화용, 비상용, 청소용, 물뿌리기용, 중수용 등).

③ 지역의 수자원을 가능한 보전하는 계획이다(지표수, 복류수, 지하수 배려).

④ 중수도설비의 경우는 수자원재활용이라는 차원에서 볼 때 중요한 요소이며 경제성을 확보할 수 있는 다양한 기술개발이 필요하다.

1.9 배리어프리(Barrier Free)화 리모델링

1.9.1 장애인과 편의시설

1) 장애인 배리어프리의 정의

① 장애인이란 영어로 “Handicapped people”이나 “Disabled person”이라 하며, 신체적 손상(Impairment), 능력의 장애(Disability), 사회적 불리(Handicap)에 있는 사람을

지칭하는 용어로 사용되고 있다.

② 배리어프리는 장애인의 생활편의성을 제고하기 위해 사회에 존재하는 여러 가지 배리어(Barrier : 장벽)를 제거하는 것인데, 사회적 약자들의 사회생활에 지장이 되는 물리적, 심리적 장벽을 없앤다는 것으로 아니가 들어서도 사는데 불편함이 없는 집으로 바꾸는 것이다. 국내에서는 아직 생소한 개념이지만 선진국에서는 장애를 지닌 사람, 고령자, 그리고 일반인을 포함한 모든 이들이 쾌적하고 안전하게 생활할 수 있는 환경을 만들기 위해 장벽을 제거하자는 Barrier-Free운동이 사회 곳곳에 파급 · 정착되어 있다.

2) 편의시설 설계기준

우리나라의 도시 및 주택들은 애초부터 장애인이나 고령자의 행동특성을 고려하지 않고 조성되었기 때문에 오늘날 이들 장애인 및 거동 불편한 고령자들은 생활하는데 큰 어려움을 겪게 된다. 때문에 최근에는 이들이 편리하게 생활 할 수 있는 유니버설디자인과 배리어프리 설계가 되어 있는 공간에 대해 관심이 커지고 있다. 그러나 장애유형이 다양하고 그에 따라 갖추어야 하는 편의시설도 다양하므로 장애 유형과 그에 따른 행동특성을 고려해서 건축 또는 리모델링되어야 한다.

① 우리나라 장애인 수는 2016년 기준 251만 명으로 전국민의 5%에 해당하며, 65세 이상 고령자와 영유아, 장애인, 임산부 등을 포함한 교통약자가 전체 인구의 26%를 차지하고 있다.

② 편의시설 설치는 장애인, 노인, 임산부 등이 일상생활을 함에 있어 다른 사람의 도움 없이 안전하고 편리하게 시설 및 설비를 이용하고 정보에 접근하도록 보장함으로써 이들의 사회활동 참여와 복지증진에 기여하기 위한 것으로 우리나라에서는 "장애인, 노인, 임산부 등의 편의증진에 관한 법률" 에서 이의 설치를 규정하고 있다.

③ 편의시설 설계기준은 반드시 적용하여야 하는 의무사항과 가능한 한 설치할 것을 권장하는 권장사항으로 구분하고 있다. 편의시설 설계기준에서는 기준을 구체적으로 명시하기 위하여 마감 치수, 최소 수치, 유효 수치, 도달 치수, 소요 면적 등의 치수 체계가 사용되고 있다.

④ 휠체어(Wheel Chair)는 보행이 곤란한 지체 부자유자의 이동 보조구로 사용된다. 신체 장애인시설에는 휠체어 이동에 편리한 공간과 슬로프(Slope)를 확보함은 물론 휠체어에 앉아 사용할 수 있는 기구를 설비해야 한다.

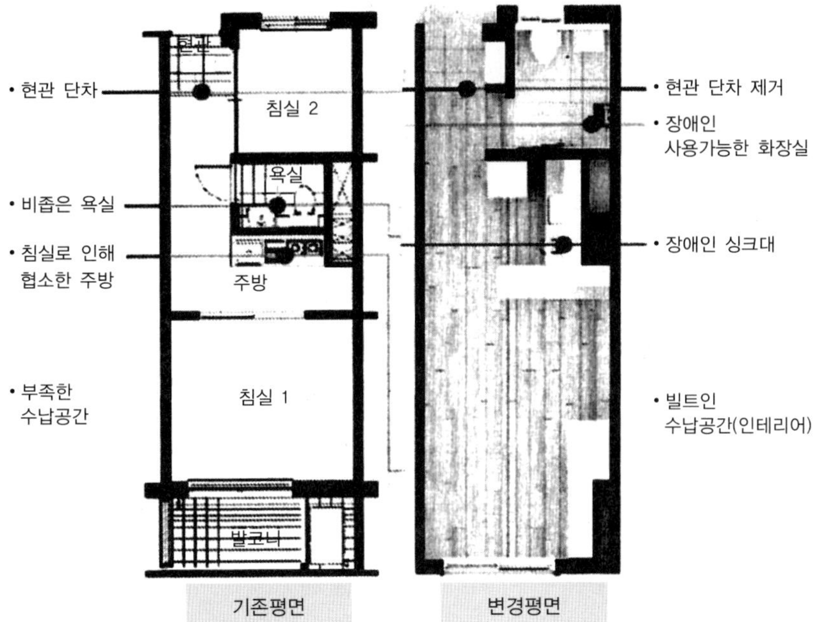

그림 1.28 장애인단독가구형 실구획

3) 유니버설 디자인

(1) 유니버설 디자인의 정의

유니버설디자인은 "성별, 연령, 국적, 문화적 배경, 장애의 유무에도 상관없이 누구나 손쉽게 쓸 수 있는 제품 및 사용환경을 만드는 디자인"으로 포용적 디자인(Inclusive Design), 모두를 위한 디자인(Design For All), 무장애 디자인(Barrier Free Design) 등과 뜻을 같이 하고 있다.

1970년대 미국에서 시작되었으며, 일반 건축환경 디자인과 편의시설 디자인 등으로 구분하지 말고 처음부터 모든 사람이 이용하고 접근할 수 있는 건축환경과 제품을 디자인하자는 운동이다. 연령이나 신체적 차이에 상관없이 광범위하고 다양한 이용자가 사용할 수 있는 환경을 조성하는 데 그 목표를 둔다.

거주민, 방문자, 여행객, 노약자, 어린이, 장애인과 비장애인 등 모든 이용자에게 유익한 공간 조성을 위해 유니버설 디자인은 필수적이다. 고령사회로 변해가는 추세에 나이를 먹으면서 자연적으로 새로운 장애를 겪게 되는데, 쾌적하고 품위있고 친절하고 인정 많은 도시공간 만들기를 위해서는 유니버설 디자인 접근법이 필요하다.

(2) 유니버설 주거 개념

유니버설 주거는 건축환경과 생활용품을 어린이, 노인, 임산부, 장애인 모두가 편하게 사용할 수 있는 생활공간을 구성하고 누구나 쉽게 접근할 수 있어야 하며, 가족원의 상황에 맞추어 융통성 있게 변경될 수 있도록 디자인한 주거를 말한다.

주택에 유니버설 주거 개념이 도입된 예는 다음과 같다.

① 출입구에 단차를 없애고, 부득이한 단차는 경사로를 이용하게 한다.

② 복도의 폭을 1.2m 이상 되도록 하여 휠체어가 쉽게 지날 수 있도록 한다.

③ 욕실 바닥은 젖어도 잘 미끄러지지 않는 재료로 마감하고, 휠체어를 타고 들어갈 수 있는 샤워실을 마련한다. 세면대의 거울은 휠체어에 앉은 사람도 볼 수 있도록 각도가 조절되어야 한다.

④ 계단에는 전동의자를 설치할 수 있는 공간과 설비를 마련한다.

⑤ 주택의 모든 벽에는 손잡이를 설치하여 필요시 잡고 걸을 수 있도록 한다.

⑥ 주택 내의 모든 스위치나 콘센트는 휠체어에 앉아 조작할 수 있는 높이에 있어야 한다.

1.9.2 배리어프리 리빙(Barrier Free Living)설계

1) 배리어프리 리빙 접근방법

① 배리어프리 리빙과 결합되는 주택기술은 주택단위가 힘, 능력, 감각, 움직임, 기억력 같은 분야에서의 개인능력 저하로 인해 야기되는 많은 문제를 미리 예방하도록 디자인하거나(난간설치, 휠체어용 화장실 설치, 바닥문턱 해소, 동선 단축 등), 첨단설비 기술과 지능주택을 위한 연구는 앞으로 더욱 가속화될 것이다.

② 기존에는 휠체어 이용 주택이 배리어프리 주택으로 인식되기도 했지만 이제는 시각·청각장애와 노년층까지 포함 대상으로 확대되었다. 고령자 대응 전용주택이라는 사고방식이 아니고 보통의 주택이라도 어느 정도의 배리어프리를 실현해야 한다는 관점에서 접근해야 한다.

③ 공동주택에서는 공용부의 배리어프리화로 어프로치 등의 단차 해소, EV의 나중 설치, 계단난간 추가, 야간 조도 확보 등이 있다. 고령자를 위해 화장실, 욕실, 현관에 난간을 설치한다.

④ 노후된 인필은 설비배관을 추가하여 화장실과 욕조, 싱크대를 방안에 설치하고 일상생활에 필요한 생활기능을 집약시키고, 간호 레벨에 맞는 평면으로 변경하는 것이 가능하다. 미닫이문이나 카운터에 난간기능을 부여하여 일어설 때 도움이 되는 헤드 설치 등 거주공간의 유니버설디자인화를 실현한다.

⑤ 고령자가 외부와의 접촉을 갖게 하는 구조로 외부 개구부의 미닫이문(입욕서비스 등을 이용할 경우 대형기기 반입이나 휠체어 출입), 방문객을 맞이하는 벤치식 압송 패스, 화장실 커버테이블 등이 있다.

⑥ 방에는 난간이 달린 가변벽과 난간이 달린 문, 요벽 카운터에 의해 지팡이 보행 이용자를 지원한다.

2) 배리어프리 리빙 기본설계방침

① 계단을 없앤 보도에서 지름길을 통한 빌딩의 접근은 휠체어 사용자나 기구를 사용하는 이들이 보도를 이용할 수 있게 하거나 빌딩으로 편리하게 진입할 수 있게 해준다.

② 건물 위 아래로 안내해 주는 계단 옆의 램프를 설치한다.

③ 휠체어에 탄 사람들의 발이 손보다 더 앞으로 나오게 되어 있기 때문에 접근하는 데 방해가 되는 사람을 향해서 밀 필요가 없는 문이 요구된다.

④ 사람이 가까이에 가면 열리는 자동문 : 노인들이나 팔이나 상체에 결점을 지닌 이들에게 유용하다.

⑤ 휠체어가 들어가고 나오기에 충분하도록 복도폭을 1.2m 이상으로 하고 넓은 문을 설치한다.

⑥ 숫자나 글자로 된 현관이나 로비, 특히 엘리베이터나 출구 위치를 지시해 주는 분명한 표지판이 필요하다.

⑦ 낮게 설치된 전화기나 식수용 분수대, 스위치 및 콘센트는 휠체어에 앉아서도 조작할 수 있도록 한다.

⑧ 휠체어에 미끄러져서 앉을 수 있을 정도로 낮은, 그리고 노년층과 장애인을 위한 의자뿐만 아니라 문과 입구가 커서 휠체어가 들어가고 내부에 회전할 수 있는 공간이 있는 화장실, 욕실, 그리고 욕실과 화장실 양쪽에 손잡이가 필요하다.

⑨ 엘리베이터 크기가 휠체어에 탄 사람을 위한 공간을 마련할 수 있도록 충분한 면적이 필요하다.

⑩ 비상벨 및 무빙감지 시스템, 개인별 긴급호출기를 두어 고령자나 장애인이 비상시 구조를 요청하고 관리사무소에서 통제가 가능하도록 한다.

⑪ 복도에는 음성유도장치, 보조의자 및 핸드레일을 설치한다.

⑫ 램프는 휠체어 반경을 고려하여 폭을 넓히고 점자블록과 핸드레일을 설치한다. 넓은 공간의 수납장을 설치하고, 발코니 확장으로 공간을 확보한다.

⑬ 현관에는 야간센서등을 설치하고 75~85cm 높이에 수직 · 수평손잡이를 설치한다. 현관의 마루굽들은 3cm 이하로 한다.

(a) 세면기 설계 (b) 변기설계

그림 1.29 장애우를 고려한 욕실 설계

그림 1.29의 (a)의 세면기 설계에서 일반적인 욕실과 다른 점은 휠체어를 이용해야 하는 장애우가 세면기에 불편 없이 접근할 수 있도록 하기 위해서 세면기 아래에 물 빠짐 장치가 안보이게 한 것이며 물빠짐 장치는 벽 속으로 내장했다. 유리 세면기가 깔끔해 보인다.

그림 1.29의 (b)는 장애우의 앉은키에 맞춰 변기의 높낮이를 조절하는 게 디자인의 포인트이다. 또 사진 왼쪽 벽에 손잡이를 달 때도 장애우가 쉽게 잡을 수 있도록 위치 조절을 배려한다. 장애우가 편리하게 샤워할 수 있도록 턱을 없애고, 샤워 공간에는 타일 컬러로 변화를 주었다. 미적 감각을 살리면서, 샤워 공간의 타일에는 미끄럼 방지액을 처리, 기능적인 측면을 고려했다.

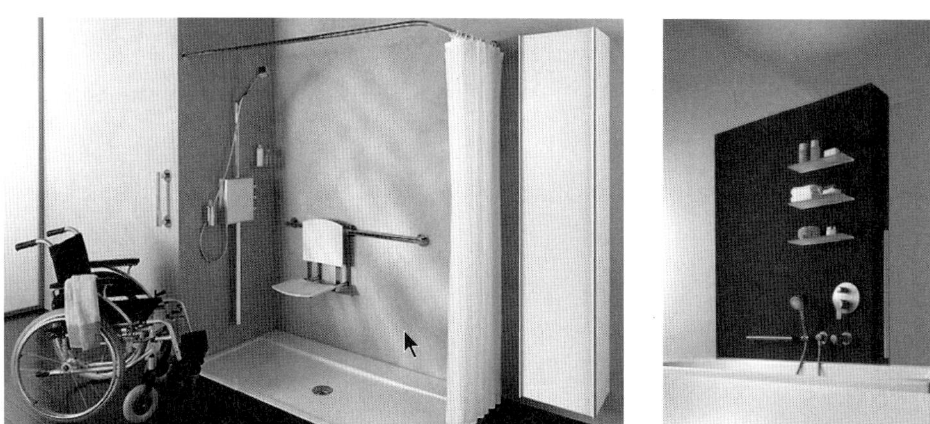

그림 1.30 장애우를 위한 욕실 디자인 사례

3) 배리어프리 리빙 세부설계지침

(1) 출입구

① 주출입구는 단차 없이 접근 가능해야 하고, 미끄러지지 않도록 마감처리 되어야 한다(있는 경우 1.5cm 이하).

② 주출입구에는 편의시설 유도 및 안내표시를 해야 한다.

③ 시각장애인과 휠체어사용자는 최대한 분리된 출입문으로 유도되어야 한다.

(2) 출입구 유효폭 및 활동공간

① 출입문의 통과유효폭은 2018년 8월 9일부터 0.8m에서 0.9m 이상으로 커지고, 출입문 옆에 60cm 이상의 여유공간을 확보하고, 출입문은 90도 이상 열리도록 한다.

② 출입문 전후의 휠체어 회전공간, 활동공간은 여닫이문인 경우 열리는 쪽은 150cm 이상 반대쪽은 120cm 이상, 미닫이문은 좌우폭 190cm 이상, 깊이 120cm 이상이 확보되어야 한다.

③ 바닥으로부터 75~85cm 높이에 수직 · 수평손잡이를 설치한다.

④ 출입문 손잡이는 레버형으로 잡기 쉽고 조작이 용이한 것으로 설치한다.

(3) 장애인이 사용 가능한 일반화장실

① 일반화장실에 양측손잡이만 설치하여도 시각장애인 · 노인 · 임산부 · 기타 보행장애인 등의 편의가 크게 증진된다.

② 장애인 대변기 크기는 2018년 8월 9일부터 1.4m×1.8m에서 1.6m×2.0m로 강화된다.

③ 시각장애인을 고려하여 측면 수평손잡이에 점자 안내표시를 하면 좋다.

④ 욕조는 바닥에서 45cm 이하로 계획하고, 이동 가능한 샤워기, 안전손잡이 등을 설치한다.

⑤ 좌변기 옆에 75cm 이상 여유공간을 확보하고, 높낮이 조절 세면기를 설치한다.

⑥ 욕실 출입문 방향은 밖여닫이, 미닫이문 또는 미세기문으로 설치한다.

(4) 계단의 형태

① 계단 유효 폭 : 1.2m 이상(단, 옥외피난 계단은 0.9m 이상)

② 단너비(디딤판) : 28cm 이상, 단높이(챌면) : 18cm(15~18cm)

③ 미끄럼방지턱(계단코) : 계단코에 줄눈넣기 혹은 경질 고무류 마감

④ 추락방지턱 : 계단측면에 높이 2cm 이상 설치

⑤ 계단이 끝나거나 시작되는 지점의 0.3m 전면에는 점형블록을 설치하거나 시각장애인이 감지할 수 있도록 바닥재의 질감을 다르게 함

⑥ 손잡이 높이→바닥면에서 80~90cm 이하, 계단측면의 연속 설치, 계단의 끝부분에서 30cm 이상 연장 설치

⑦ 바닥면으로부터 높이 1.8m 이내마다 휴식참 설치

(5) 거실 및 부엌

실내에 비상연락장치를 설치하고, 비디오폰 높이를 휠체어에 앉아서 이용이 가능하도록 1.2m 내외로 조정한다.

청각장애인인 경우 비디오폰을 설치하고, 조명밝기는 600~900lx, 세대 내 시각경보기를 설치한다. 침실의 조명밝기는 300~400lx로 하면 된다.

부엌에는 좌식 싱크대를 설치하고, 가스밸브 높이는 휠체어에 앉아서 이용이 가능하도록 1.2m 내외로 조정한다.

(6) 경사로 기준

① 유효폭은 1.2m 이상으로 하고, 바닥면으로부터 높이 0.75m 이내마다 휴식을 위한 수평참 설치한다. 경사로 시작과 끝, 굴절부분, 참에는 1.5m×1.5m 이상 활동공간 확보한다.

② 기울기는 1/12 이하로 한다.

③ 손잡이는 길이 1.8m 이상, 높이 0.15m 이상에는 양측면에 손잡이 연속 설치하고, 경사로의 시작과 끝부분에 수평손잡이 0.3m 이상 연장한다. 손잡이 높이는 바닥면으로부터 0.8m~0.9m로 하고, 2중 설치 경우 위쪽손잡이는 0.85m내외, 아래쪽은 0.65m내외로 한다. 손잡이의 지름은 3.2cm~3.8cm, 벽에 설치하면 벽과 손잡이 간격 5cm내외로 하고, 손잡이의 양끝부분 및 굴절부분에는 점자표지판을 부착한다.

④ 마감재는 잘 미끄러지지 않는 재질로 평탄하게 마감한다.

4) 휠체어 장애인을 위한 배리어프리 설계 지침

(1) 보행 장애인

① 휠체어 사용자 이외의 보행 장애인의 통과에 필요한 최소공간은 양쪽 목발 사용자의 경우 0.9m×1.2m의 공간이 필요하며, 통과 유효폭은 최소 0.9m가 필요하다.

② 한쪽 목발사용자와 지팡이사용자의 통과에 필요한 최소유효폭은 0.7m이다.

(2) 휠체어를 사용하는 지체장애인의 통과에 필요한 폭

① 휠체어를 사용하는 지체장애인의 통과에 필요한 폭은 최소한 0.8m이상으로, 쉽게

통과할 수 있는 유효폭은 0.9m이다.

② 휠체어를 사용하는 지체장애인과 비장애인의 통과에 필요한 폭은 비장애인이 옆으로 비켜섰을 때에는 1.2m, 휠체어 사용자와 비장애인이 동시에 통과할 수 있는 유효폭은 1.5m이다.

(3) 휠체어를 사용하는 지체장애인의 정지 및 회전에 필요한 공간

① 각실 내부 혹은 복도에서 각 실로 진입할 경우 휠체어의 정지 및 회전에 필요한 공간이 필요하다.

② 휠체어를 사용하는 지체장애인의 정지에 필요한 공간은 약 0.7m×1.2m이다.

③ 휠체어를 사용하는 지체장애인의 회전에 필요한 공간은 90° 회전할 경우 최소한 약 1.4m×1.4m가 필요하며, 180° 회전을 할 경우 약 1.4m×1.7m의 공간이 필요하다.

(4) 휠체어를 사용하는 지체장애인의 상체 도달범위

① 휠체어를 사용하는 지체장애인의 상체 도달범위는 개개인의 차이가 있으나 남·여의 계측값의 차이를 고려하여 모두가 사용 가능한 여성의 계측값의 최소치를 적용한다.

② 상부도달 범위의 최대값은 1.4m내외이며, 앞쪽으로 팔을 뻗을수록 도달범위는 점점 낮아진다. 앞쪽의 위쪽에 손이 도달하기 위해서는 1.35m내외의 높이가 최대 높이이다.

③ 하부도달 범위의 최소값은 0.35m내외이다.

5) 배리어프리 인증반영 항목

장애인, 노인, 임산부 등의 편리증진 보장에 관한 법률(2015.7.29 시행)과 서울특별시 교육청 공공건축물의 장애물 없는 생활환경 인증조례(2015.12.31 제정)에 따른 인증을 말한다.

(1) 매개시설

① 접근로의 유효폭 및 기울기, 보행 장애물 및 접근로와 차도의 경계

② 장애인 주차장 주차면수 확보 및 크기, 위치 및 안내표시

③ 주출입문 단차, 문의 유효폭, 전면 유효거리, 경사로 기울기

(2) 내부시설

① 일반 출입문 단차, 문의 유효폭, 전면 유효거리

② 복도의 단차와 유효폭, 기울기

③ 계단의 형태 및 유효폭, 추락 방지턱 유무, 챌면·디딤판의 크기, 기울기

(3) 위생시설

① 장애인 등이 이용 가능한 화장실 설치

② 화장실의 접근용 출입구 유효폭, 미닫이 등의 출입문

③ 대변기 내부 유효 바닥면적, 측면 활동 공간

(4) 안내시설

① 안내 설비, 안내판 설치 여부 및 적정 위치

② 경비 및 피난설비

(5) 기타 시설

① 장애인 관람석 및 열람석의 설치율, 위치, 유효바닥면적

② 접수대 및 안내데스크 설치 위치

③ 객실 및 침실, 매표소, 판매기, 음료대 등

1.9.3 노인을 위한 공간

1) 맞춤형 주거복지의 실현

① 고령가구의 비중은 매년 지속적인 증가세를 보이고 있는 것으로 조사되었다. 따라서 향후에는 고령자 주거공급 확대뿐만 아니라 고령자의 생활편의성 및 안전, 그리고 사회 참여를 유도할 수 있는 주거환경 구축이 필요하다.

② 주거약자의 안전 확보와 자립적인 주거생활 지원의 필요성 등을 감안하여 주거약자용 주택 공급을 확대하고, 고령자의 경제적 · 신체적 건강상태를 고려한 맞춤형 리모델링 서비스 시스템의 기술을 개발하는 것이 중요하다.

③ 고령자 · 장애인 등 실수요자가 각자의 신체적 · 심리적 · 경제적 상황에 맞는 양질의 주택을 구입 · 임대하거나 개조하기 쉽도록 주택공급 및 개조시스템을 구축하고, 각 개별부처별로 진행되는 주거지원 및 복지서비스와 연계함으로써 주거약자를 위한 주거-복지서비스 통합 시스템을 구축할 필요가 있다.

2) 공간의 이미지화를 통한 공간의 인지

① 감각기관의 노화와 함께 노인들은 공간의 인지능력과 특정 공간에 대한 기억력 감퇴를 경험하게 된다. 이러한 문제는 실내환경의 디자인 과정에서 공간의 정위개념을 보조하는 다양한 방법을 통해 접근할 수 있다.

② 특정 공간을 이미지화하여 공간을 직관적으로 경험하게 하면 노인들이 어떠한 공간의 성격을 이해하고 기억하여 다시 찾아가는 복잡한 인지과정을 단축시켜 주는 효과를 낸다. 즉 노인들은 어느 한 공간의 기능이 식당인지, 거실인지 혹은 침실인지를 이해

하고 그 위치를 주변의 다른 공간과 기능적 관계를 따져 기억하기 보다는 그 공간에 사용된 특정한 색상, 밝기의 정도, 온도 등의 감각이 복합적으로 작용하여 하나의 이미지로 형성된 분위기를 통해 공간을 인식하고 기억하게 되는 것이다.

③ 노인을 위한 주거시설에서 층마다 특색 있는 색채계획을 하는 것, 공용공간, 복도, 거주단위, 서비스 영역 등 공간의 기능적 성격에 따라 색채와 조명을 구분하여 다르게 계획하는 것, 각 실의 출입구 색상변화를 주는 것 등은 모두 위와 같이 공간을 이미지화하여 노인의 공간 정위개념을 보조하기 위한 디자인적 접근방법이다.

3) 고령자 대응 주택의 수요 증대

① 고령자를 위한 주택의 공통적인 기본조건으로 신체기능 저하에 대한 배려, 사회적 접촉기회를 확보하기 위한 배려, 경제력의 저하에 대한 배려 등이 필요하게 된다. 또한 주택의 설비적 대응과 함께 의료기관과 연결된 자동건강감시시스템, 긴급통보시스템, 원격치료시스템 등이 주택에 장착되어야 한다.

② 앞으로는 최소 규모로 고기능을 발휘할 수 있는 일실주택, 고령자의 신체적 특성을 감안한 고령자 대응주택, 인텔리젠트 기기들을 수용한 주택자동화 대응주택 등의 수요가 많아질 것이 예상된다.

③ 고령인구는 큰 주택을 소유하려하지 않기 때문에 두 집을 합쳐서 사용하게 하는 Group House를 선호하게 될 것이다. Group House는 부엌을 공동으로 크게 하고, 부엌을 경계로 두 1인가구가 한 집에 살게 되면 복지사의 보살핌도 편리하고 만약에 대비하여 서로가 비상시에 도울 수 있게 된다.

4) 노인을 위한 배리어프리 하우스 설계

(1) 노인을 위한 주거 세부시설

많은 고령인구는 휠체어를 타기 때문에 휠체어가 다닐 수 있도록 부엌이나 방의 문턱을 없애고 계단은 없앤다. 또한 노인이 사고로부터 안전할 수 있도록 손잡이 · 바닥재 · 바닥 높이 등을 어떻게 정할 것인지, 보다 쉽게 주택을 유지 · 관리할 수 있는 방법이 무엇인지 등의 구체적인 방법을 실내공간에 적용해 주어야 한다. 이를 위해서 손잡이 일체형 욕조, 문턱을 없앤 디자인, 자가 건강 시스템 뿐 아니라 시니어를 위한 취미실과 커뮤니티 등 라이프스타일 전반에 이르기까지 고령화 시대에 대처하는 주거들이 등장하고 있다.

노후 친화적인 디자인은 미끄럽지 않는 바닥재, 휠체어나 walker가 사용하기 편한 넓은 복도와 문, 적은 가구 수, 유지 및 보수가 적은 샤워부스 등이다. 이외 출입구 난간, 욕실 안 벤치, 레버 손잡이, 자동 수도꼭지, 계단 조명, 그리고 스마트 가전제품 등도 고려해야 할 세부시설이다.

(2) 배리어프리하우스의 도구 선택

노인들은 집안에서 이동성이 저하되기 시작할 때 사용하기 쉬운 도구를 선택하는 것이 도움이 된다. 예를 들어 문손잡이는 잡고 돌리기 편한 도어레버(door levers)를 선택한다. 사각형의 락커 패널(rocker panel)이 있는 조명스위치는 토글스위치(위아래로 젖히게 되어 있는 스위치) 보다 편리하다. 차양 모양으로 밖으로 밀어 여는 어닝타입(Awning-type) 창문도 일반 창문보다 열고 닫기 쉽다.

위험을 유발하는 눈부심과 조명 그림자를 줄이려면 간접조명을 설치해야 한다. 전구 교체 빈도수를 줄이려면 LED 조명 설치는 필수다. 조명색온도는 2700과 3000 사이가 좋다. 또한 침실은 출입구 문을 통해 들어올 때 켜고 침대 옆에서 끌 수 있는 양방향 스위치로 바꾸면 편리하다. 전기 콘센트는 바닥에서 18-24인치 높이에 설치하면 허리에 무리를 주지 않는다. 욕실과 복도에는 안전 손잡이가 있고, 휠체어로 출입이 가능, 바닥은 문턱을 제거, 계단은 거의 없고, 조명을 많이 설치하며, 캐비넷과 싱크대는 손이 닿기 쉬워야 한다.

5) 실버주택 주호 내부 고려사항

① 바닥 : 바닥은 부드럽고 평평하게 유지한다. 집안에서 공간이동 시 바닥높이에 차이가 있다면 재료, 질감, 색상 차이로 눈에 띄게 하며 강한 패턴, 반짝이는 표면은 피한다. 문턱이 있는 경우 제거하기 힘들다면 바닥과 다른 색상으로 페인트를 칠한다. 바닥재는 코르크, 고무 및 리놀륨과 같은 부드럽고 매끄러운 표면 재료가 관절에 무리가 덜 간다.

② 침실 : 노인에게 있어서 침실은 야간의 수면뿐만 아니라 휴식을 위한 중요한 공간이다. 침실은 취침, 휴식, 취미생활, 옷 갈아입기 등을 할 수 있고, 프라이버시가 잘 보장되도록 계획해야 한다. 그 밖에 수납공간 확보, 채광, 환기, 차음이 잘 되는 쾌적한 공간이어야 한다.

③ 부엌은 물과 불을 사용하는 곳으로 노인들에게 안전사고가 발생할 위험이 높은 공간이다. 따라서 조리할 때 화재의 위험이 없는 벽재료와 물에 젖었을 때 미끄럽지 않은 바닥재를 사용해야 한다. 또한 부엌은 휠체어 반경을 고려하여 조리공간을 넓히고 높낮이 조절이 가능한 싱크대를 설치한다. 주방에서 식사준비를 할 때 앉을 수 있는 의자를 준비한다. 바퀴가 달린 아일랜드가 있으면 주방 안에서 휠체어를 타도 자유롭게 옮길 수 있다. 캐비닛을 낮게 설치하는 대신 카운터톱 아래에 수납공간을 마련하도록 한다. 캐비닛 손잡이는 D형 모양이 열고 닫기 쉽다.

④ 욕실 및 화장실은 물을 사용하는 공간이므로 노인에게 발생할 수 있는 안전사고에 대비해야 한다. 예를 들면, 욕실의 문턱을 제거하고 바닥의 단차를 없애며 물에 젖어도 미끄럽지 않은 재료로 마감하고 세면대, 욕조, 샤워기, 양변기 주변에 안전손잡이를

설치하도록 한다. 온도조절을 위한 냉난방설비, 위급 상황에 대비하기 위한 비상연락 장치를 설치해야 한다. 또한 욕실 내 개폐 및 진입이 용이한 미닫이문을 설치하고, 안전창, 변기손잡이, 핸드레일을 장착한다. 높이 조절이 가능한 샤워헤드를 달면 시니어들이 도움 없이 독립적으로 목욕할 수 있다. 만약 새 욕실을 만들거나 대형 워크 인 샤워로 바꾼다면 샤워부스 안에 의자나 앉을 수 있는 공간을 마련하도록 한다. 기존 샤워실을 일부 개조한다면 바닥타일과 대비되는 벽타일을 붙이면 벽과 바닥을 더 쉽게 구분할 수 있어 안전하다. 욕조와 샤워기가 함께 있는 경우 슬라이딩 유리 샤워문보다 샤워커튼이 편하다. 온도조절식 샤워장치 및 화상방지장치는 뜨거운 물로 상해를 입는 것으로부터 보호할 수 있다.

6) 노인을 위한 스마트홈 첨단 장치

노인들의 청력, 시력, 인지력 감소는 편안하고 안전하고 독립적인 생활에 큰 영향을 미친다. 이 문제는 스마트홈 장치로 해결책을 마련할 수 있다.

① 링비디오 초인종 : 링비디오 초인종은 문을 열 필요 없이 스마트폰, 태블릿, 컴퓨터를 통해 문 앞 방문객을 보고 얘기할 수 있다.

② 위모 라이트 스위치 : 어두운 방에서의 어지럼증으로 인한 낙상위험은 스마트한 조명스위치를 설치함으로써 줄일 수 있다. 위모 라이트 스위치(WeMo Light Switch)는 아마존 에코 같은 주택보조장치와 연결되어 음성명령으로 조명을 켜고 끌 수 있다.

③ 센시 스마트 온도조절계 : 센시 스마트 온도조절기(Sensi Smart Thermostat)는 노인들이 좀 더 쉽게 주택 온도를 조절할 수 있도록 도와준다. 스마트홈 장치와 연결되어 음성으로 제어할 수 있어 버튼을 누르거나 화면을 읽을 필요 없다.

④ 자동문 : 집안에서 이동에 영향을 주는 문은 특히 중요하다. 양 쪽으로 열리는 슬라이드문은 거동이 불편하거나 휠체어를 이용하는 경우 큰 도움이 된다.

⑤ 캐비닛 리프트 : 노인들이 주방 캐비닛의 상단 선반에서 물건을 꺼내기가 쉽지 않다. 하지만 캐비닛 리프트 시스템을 사용하면 상단 선반에 쉽게 접근할 수 있다. 어프로치 월 캐비닛 리프트(Approach Wall Cabibet Lift)는 높이를 최대 20인치까지 조정할 수 있는 버튼이 있다. 안전장치가 있어 선반이 아래 카운터톱에 접촉하면 자동으로 멈춘다.

⑥ 아마존 에코 : 아마존 에코(Amazon Echo)는 음성명령 하나로 음악재생, 책읽기, 전화 걸기 등 작업을 수행할 수 있다. 다른 스마트홈 제품과 잘 호환될 뿐만 아니라 나이를 먹으면 어려울 수 있는 많은 작업을 쉽게 끝낼 수 있다.

⑦ 벽을 따라 설치된 손잡이, 쉽게 들어갈 수 있는 욕조, 앉아서 쓸 수 있는 샤워기, 휠체어를 타고도 사용 할 수 있는 세면대 등이 있다.

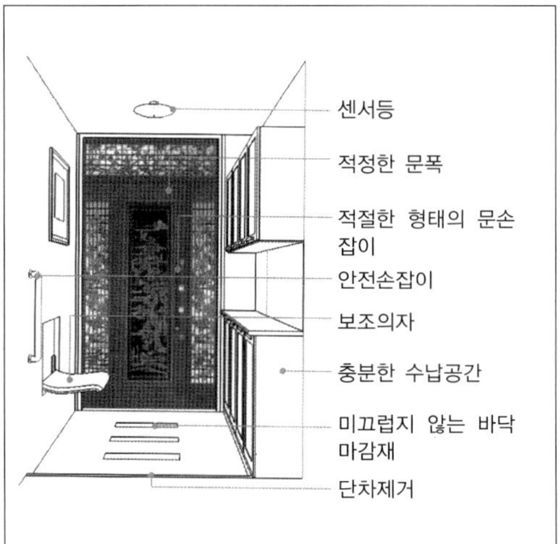

1 현관은 신체기능의 저하에 따라 휠체어를 타고 외출하거나 시중이 필요한 가능성을 고려하여 가능한 넓은 공간을 확보한다.

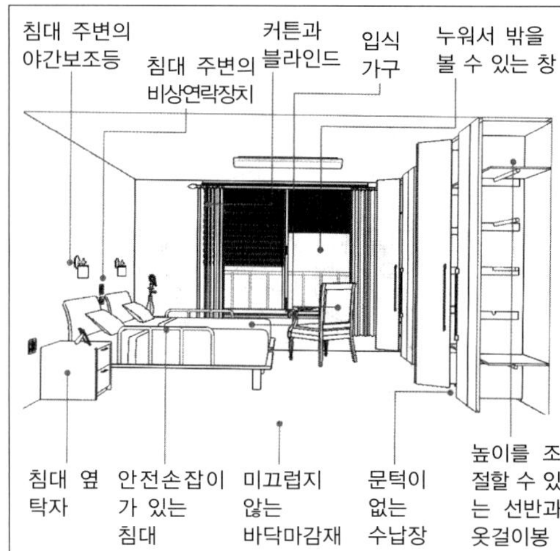

2 침실 공간에 침대를 놓을 경우 3면에서 접근이 가능하도록 공간을 확보하고, 보조기구나 휠체어 사용이 가능하도록 이동공간을 확보한다.

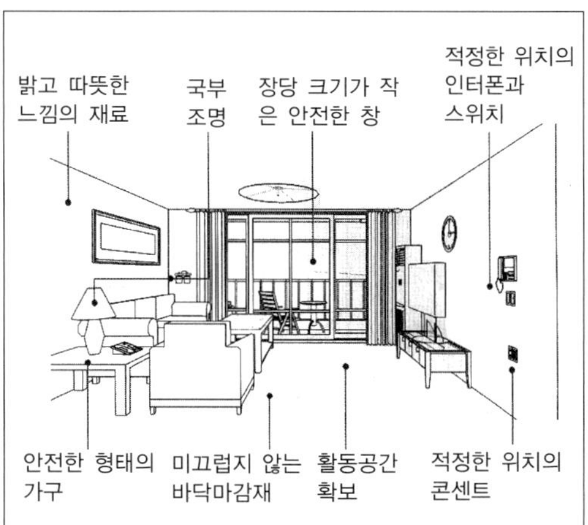

3 거실은 고령기에는 하루 중 가장 많은 시간을 보내는 장소가 되므로 쾌적하게 생활할 수 있도록 적당한 규모를 확보한다.

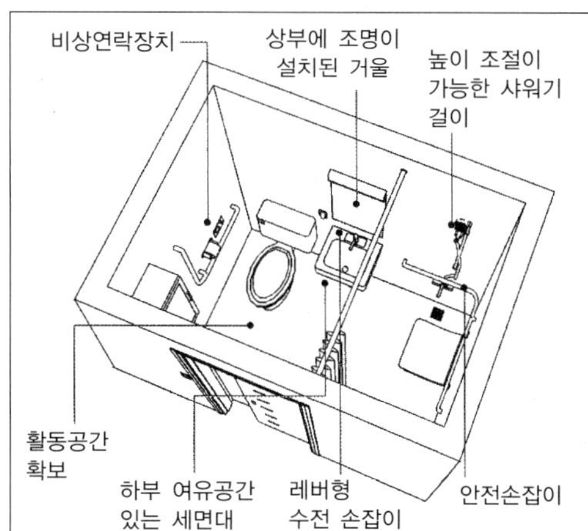

4 욕실 및 화장실은 안전에 유의할 필요가 있으며 특히 노인의 침실과 가까워야 동선이 짧아져 안전사고를 줄일 수 있다.

그림 1.31 각 공간별 고려사항

1.9.4 시각장애인을 위한 공간설계

① 흰지팡이를 사용하는 시각장애인이 필요로 하는 복도폭은 일방통행 시 최소 90cm로, 휠체어 사용자보다 넓으므로 공동주택의 복도폭은 이보다 넓게 정해져야 한다. 그리고 흰지팡이로 물체를 감지할 수 있는 최고높이는 68cm 정도이므로 이보다 높은 곳에 갑작스런 돌출부나 물체가 나타나지 않도록 배려한다.

② 복도나 통로는 가능하면 직선으로 교차하도록 하여 방향을 알기 쉽게 하며, 양측 벽

에는 75~85cm 높이에 연속적으로 핸드레일을 설치하여 유도기능을 겸하도록 한다.

③ 자동문을 설치하는 경우 문짝의 개폐 소리를 들을 수 있어야 위험을 막을 수 있다. 계단, 램프, 단의 변화가 있는 곳, 돌출물체가 서 있는 곳 등 위험한 장소에는 주의를 환기시킬 수 있도록 좀 더 밝게 한다.

④ 계단의 시작되는 점과 끝나는 점에서는 난간을 30cm 정도 수평으로 연장시키고, 손잡이의 양 끝부분과 굴절 부분에는 층수, 위치 등을 나타내는 점자표지판을 부착한다. 모든 계단의 디딤면 너비는 30~32cm, 챌면의 높이는 15~16cm 정도로 일정한 치수를 적용해야 발을 헛디디는 사고를 방지할 수 있다.

⑤ 시각장애인은 빛의 변화에 매우 민감하고 적응에 시간이 많이 걸리므로 밝은 곳에서 어두운 곳, 어두운 곳에서 밝은 곳으로 이동할 때 문제가 발생하지 않도록 조명계획을 세운다.

⑥ 스위치는 촉각으로 감지가 가능하고 조작이 쉬운 양각의 터치형 스위치나 토글스위치, 로커 스위치를 달되 벽의 색과 대비되는 색상을 선택한다.

⑦ 문에는 닫히는 속도를 늦춰주는 장치를 달아 90° 열린 상태에서 일정시간 열려 있도록 하는 방법을 취할 수 있다. 목재문의 경우 문의 하부에 킥 플레이트(금속판)를 덧붙여 지팡이 사용자가 자신의 위치를 알기 쉽게 하고 지팡이로부터 문을 보호하도록 한다.

⑧ 스위치는 손뼉으로 소리를 인식하여 작동되는 형태가 시각장애인에게 편리하다. 스위치로 할 때는 색의 대조를 강하게 하고 스위치마다 조광기를 설치하여 빛의 양을 조절하면 시각장애인의 시 기능에 훨씬 적합한 환경을 조성할 수 있다.

⑨ 시각장애인은 현재 위치와 장애물의 인지, 방향의 확인 등 다양한 정보가 부족하며, 이동이 곤란하다. 따라서 이용과 이동에 필요한 정보를 최대한 다양한 방법으로 제공할 필요가 있다.

⑩ 시각장애인이 흰지팡이를 이용하여 보행할 때에 소요되는 유효폭은 1.2m이상이며, 점자블록 옆에서 보행하며 지팡이를 좌우로 긁거나 두드리며 걷는 것이 원칙이므로 점자블록 좌우측에 0.6m의 보행공간이 필요하다.

⑪ 시각 및 청각 장애인 유도 · 안내 설비는 시각장애인의 시설 이용 편의를 위하여 건축물의 주출입구 부근에 점자안내판, 촉지도식 안내판, 음성 안내 장치 또는 그 밖의 유도신호장치를 점자 블록과 연계하여 1개 이상 설치하여야 한다.

⑫ 시각 및 청각 장애인 경보 · 피난설비는 시각 및 청각장애인 등이 위급한 상황에 대피할 수 있도록 청각장애인용 피난구 유도등 · 통로 유도등 및 시각장애인용 경보설비 등을 설치하여야 한다.

1.9.5 청각장애인을 배려한 지능형 주택설계

① 청각장애인은 장애특성상 이동보다는 이용(사용), 즉 의사소통의 접근에 어려움을 겪고 있기 때문에 시설이용 시 문자서비스나 경보시스템의 종합적인 인식(화재, 가스, 도난방지, 천재지변, 비상사태, 전화착신, 호출 등)이 가능한 기기 설치가 우선적으로 고려되어야 한다. 따라서 이러한 기능은 최근의 정보통신기술을 기반으로 하는 인텔리전트(지능형) 주택의 도입을 통해 청각장애인의 주거환경을 개선시킬 수 있다.

② 인텔리전트 주택의 정보배선망을 이용하여 주택에서 신호와 제어를 환경제어시스템을 통해 구현할 수 있다. 환경제어시스템은 청각장애인의 주거환경을 지원하는 각종 경보시스템, 방문객 확인시스템, 요리지원시스템, 주동출입시스템, 무선단말기, 홈오피스, 방문객 확인 장치로서 초인종 인지용 전기신호장치(점멸등 혹은 진동장치), 무선비상 경보장치, 진동침대, 조명기구, 그리고 커튼 조절기 등 많은 기구를 상호 연동하여 작동시킬 수 있다.

③ 컴퓨터로 작동되는 이 시스템은 안전을 점검하거나 방에 사람이 없을 때 방안의 온도를 자동으로 낮추기도 한다. 환경시스템의 제어는 기기에 따라 손동작에 의하지 않고 바람을 불어넣거나 반대로 숨을 들어 마심으로써 작동되는 것도 있다.

④ 호흡으로 작동되는 기기, 진동레버, 통신보조기, 소형컴퓨터 등을 이용해야 할 수 있고, 진동스위치는 전등이나 에어컨, 텔레비전, 그리고 인터콤 등에 많이 사용된다.

⑤ 청각장애인 거실에는 비디오폰을 설치하고 조명밝기는 600~900lx(침실은 300~400lx), 세대 내에는 시각경보기를 설치한다.

1.10 도시리모델링과 도시재생(urban regeneration)

1.10.1 도시리모델링 방식의 구분

도시리모델링은 도시 내 건물의 신축보다 더 적극적인 도시재창조 행위이다. 신축은 새롭게 미래지향적인 이미지를 창조하는데 중점을 두지만 도시리모델링은 과거와 현재, 그리고 미래를 이어주는 교량역할을 하면서 도시의 아이덴티티를 한 차원 높여주는 역할을 한다.

디자인 측면에서 보면, 리모델링은 신축보다 더 적극적인 도시 재창조 행위이다. 신축은 새롭고 미래지향적인 이미지를 창조하는 데 중점을 두지만, 도시 리모델링은 과거와 현재, 그리고 미래를 이어주는 교량 역할을 하면서 도시의 아이덴티티를 한 차원 높여 주는 역할을 한다. 디자인 측면에서 리모델링은 건물의 외관을 보존 또는 복원하는 유형과 새로운 이미지로 변신시키는 유형의 두 가지로 구분할 수 있다. 전자의 유형을 보존방식 리모델링이라고 한다면 후자는 변신방식리모델링이라 할 수 있다.

1) 보존방식 리모델링

보존방식 리모델링은 건물의 역사적 가치를 보존하고 살리는 행위이다. 역사적 건물은 건축학적 의미와 더불어 사람들의 삶과 문화가 함께 묻어 있는 보이지 않는 가치를 간직하고 있다. 건물의 집합체인 도시 내 특정 장소나 가로는 이러한 측면에서 더욱 더 사람들의 향수를 불러일으킨다. 특정 장소에 집합된 일련의 역사적 건축물들은 흘러간 과거의 역사를 간직하고 있는 마지막 흔적이다.

그림 1.32 바로크식 목구조 주택. 전통적 방법과 적은 기술로 복원하기 전과 후

보존방식 리모델링은 이러한 가치를 발견하고 재현하는 유일한 수단이며, 리모델링을 제대로 한다면 경제적으로 높은 부가가치를 창출할 수 있다. 보존방식 리모델링을 통하여 과거의 이미지를 되살리면서 새로운 활력을 제공하는 특정 장소 또는 가로들은 사람들을 끌어들이고 다양한 문화활동을 유발한다. 이는 보존방식 리모델링이 건물 또는 장소의 시각적 이미지와 스토리를 결합시켜 독특한 매력을 창출하기 때문이다.

이를 위해서는 보다 면밀한 계획적 접근과 주민과의 대화가 필요하다. 건물의 역사적 가치와 건물주 또는 주민들의 이익을 동시에 살릴 수 있도록 필요한 건축기준상의 인센티브를 부여하는 방안을 적극 찾아야 할 것이다.

2) 변신방식 리모델링

경제적 활력이 넘치는 부유한 지역에서 변신방식 리모델링은 활성화 되어 있다. 서울 강남지역은 재건축과 더불어 변신형 리모델링을 통하여 가로변 이미지가 빠르게 바뀌어 가고 있다. 그러나 상대적으로 경제적 활력이 부족한 지역에서는 이것도 용이하지 않다. 그래서 활성화를 위한 적극적인 지원과 규제완화가 필요하다. 아파트 외관의 변신리모델링 방법은 기존의 골조를 그대로 이용하므로 판상형을 탑상형으로 변신시키는 것은 불가능하지만, 일부 층수를 변경시키고 외관이미지를 개선하는 것이 가능하다. 스카이라인에도 변화를 줄 수 있고, 독창적인 디자인이 적용된다면 새로운 모습의 아파트를 기대할 수 있다.

3) 건축역사와 도시환경적인 측면에서의 리모델링 대안

① 기존 건물군과 동일한 양식 및 재료를 사용하여 조화를 이루어 동시대적 건물처럼 보이게 하거나 대조적인 방법으로 대립시켜 건축적 복합성을 나타내는 것이다.

② 동일하지는 않지만 감성적으로 역사 및 도시환경을 유추할 수 있는 건축재료나 모티브를 사용하여 현대적 방법으로 처리하는 것이다.

③ 도시환경적 맥락을 고려하여 상호 결합된 환경경험을 제공하여 기능적으로 상호관련성을 줄 뿐만 아니라 시각적으로도 만족감을 줄 수 있다.

4) 보존 또는 복원방식의 리모델링 사례

보존 또는 복원방식의 리모델링을 통하여 도시 또는 지역의 매력을 재창조한 선진 외국의 도시재생 사례를 어렵지 않게 접할 수 있다. 화력발전소를 개조한 런던의 데이턴모던 박물관과 기차역을 개조한 파리의 오르세 미술관은 수많은 관광객을 끌어들이는 도시의 명소가 되었고, 요코하마의 랜드마크로 사람들의 이목을 끄는 미나토미라이 21은 과거 조선소의 이미지를 살리면서 재개발한 지구이다.

최근 감옥소를 호텔이나 미술관으로 개조하여 도시의 명물로 만드는 외국 도시의 사례들도 있다. 기타 일본(록본기 힐즈), 일본 가나자와(시민예술촌) 영국(게이츠헤드, Gateshead), 독일(쾰른), 프랑스(파리의 라빌레트 공원), 미국(뉴욕 배터리파크 시티), 스페인(빌바오 구겐하임 미술관), 호주(시드니의 달링 하버) 등도 도시재생으로 크게 성공을 거둔 명소로 재탄생한 곳이다

서울의 선유도공원은 과거 정수장시설의 모습을 그대로 살리면서 리모델링한 성공적인 사례이고, 명동의 역사적 건축물을 보전하여 옛 명성을 되살리겠다는 지구단위계획도 추진되고 있다. 오래된 공장건물을 복합시민공간으로 개조하여 도시의 전통을 살린 독일 에슬랭겐시를 벤치마킹하여 서울에도 최근 공장건물을 리모델링하여 아트 팩토리를 만드는 계획을 추진하고 있다고 한다.

1.10.2 도시재생의 계획과 기법

1) 도시재생의 개념

① 신도시 · 신시가지 위주의 도시 확장에 따라 나타나는 기존 시가지의 노후 및 쇠락으로 발생하는 도심공동화를 방지하고 지역사회의 삶의 질을 향상시키기 위해 도시의 일부

또는 전부를 정비사업을 통해 물리·환경적, 사회·문화적, 산업·경제적 측면에서 기능을 새롭게 하거나 기존 기능을 활성화하는 것이다.

② 도시는 살아 움직이는 생물처럼 변화를 거듭하게 된다. 발전과정에 있어서 산업구조의 변화와 경제적 요건들이 변화함에 따라 전통적 중심이었던 지역이나 산업의 중심지가 여러 가지 이유로 쇠퇴하게 되는데, 이 경우 기존 도심(혹은 구도심)은 보수 및 관리 소홀, 슬럼화 등의 문제를 발생시켜왔다.

③ 인구 감소와 경제 침체, 주거환경 악화 등으로 쇠퇴하는 도심 지역을 새로운 기능을 도입하고 활성화함으로써 경제적·사회적·물리적으로 부흥시키기 위해서는 도시재생이 필요하며, 이로 인해 시민들의 삶의 질을 높이고 지역이 가진 제반 여건과 자원을 효율적으로 활용할 수 있는 새로운 개념의 도시를 만들어가는 것이 도시리모델링이라 할 수 있다.

④ 도시재생사업은 ㉠도시의 산업구조 변화로 인한 쇠퇴지역 발생, ㉡도시경쟁력이 국가 경쟁력으로 대두, ㉢사회통합적 커뮤니티의 중요성 증대, ㉣민관의 긴밀한 협력체제 요구성 증대 등으로 필요성이 증대되고 있다.

2) 도시재생의 목표와 수법

(1) 도시재생의 목표

일찍부터 도시재생을 추진했던 영국에서 '도시재생의 목적은 가난한 지역사회의 어려움을 해결하는 데 있다. 즉 4가지 핵심영역인 실업, 건강(질병), 범죄, 교육에 치중하고, 물리적 환경개선이 이루어져야 한다'라고 지적한 바 있다.

① 도시기능의 회복 및 전환(도시기능의 입체화)
② 도시 커뮤니티의 부활(복합용도 개발)
③ 도시의 활력 및 매력창출(기존 구조물 리노베이션)
④ 기반시설·건축물 입체화(주거+문화+상업+업무)의 목적 달성

(2) 도시기능의 새로운구성

① 도시가 도시답다는 것은 공공광장이나 가로수길, 카페, 그리고 사람들이 많이 모이는 지역클럽과 같은 공적인 모임의 장소가 사람들을 거리낌 없이 만나게 하고 악수를 나누게 하며, 서로의 관심사에 대해 얘기꽃을 피우는 역할을 하는 것인데, 근대건축가들에 의해 새롭게 만들어진 도시공간은 이런 재미를 즐기기에는 여러모로 부족했다.

② 자동차를 위한 도로를 사람들을 위한 '길'로 다시 만들고, 속도와 효율이 지배하던 도시공간을 '머무름과 담화의 장소'로 재편함으로써 '우연한 만남과 그에 대한

기대의 장소'를 실현할 때 비로소 자폐증을 앓는 단지와 분열증에 시달리는 우울의 도시는 새로운 형국을 맞게 될 것이다.

③ 올바른 시민사회나 사회경제적 정의의 실현은 자폐의 건축에서 이탈하고 분열의 도시를 다시 봉합하려는 노력, 즉 도시건축에서의 공공성 추구를 통해 가능하다는 것이다.

(3) 도시재생의 수법

시대 흐름에 뒤처진 낙후지역, 즉 ㉠쇠퇴 · 낙후 산업지역, ㉡역사 · 문화자원 특화지역, ㉢저이용 · 저개발 중심지역, ㉣노후 주거지의 기능 강화가 필요하다고 판단되는 지역에 대해 맞춤형 도시재생을 통해 기존 산업을 강화하고 주거환경도 함께 바꾸는 전략적 재생을 실시한다.

① 역사지구의 보전과 재생
② 복합화된 도시재개발
③ 공동 재건축을 통한 기성 시가지의 연속적 갱신
④ 장소성에 근거한 점진적 도시경관 형성
⑤ 기성 주거 시가지(Urban village)의 재생

3) 도시재생 활성화 계획의 유형

(1) 도시경제기반 재생형

도시경쟁력 강화를 위한 경제기반 확충을 목적으로 하며, 도시의 성장을 견인하기 위해 대규모 사업 성격으로 핵심사업과 여러 개의 관련 프로그램 연계로 구성하는 유형이다.

지역경제가 침체된 노후 · 낙후도시에 대하여 생활재생 · 경제재생 · 환경재생 등 수법을 동원하여 재생시킨다.

(2) 근린재생형

공동체 기반을 강화하고 주민간 교류를 증진시키고자 중 · 소규모로 추진하는 성격으로 여러 개의 관련 프로그램 연계나 필요시 소규모의 물리적 사업을 포함하는 유형이다. ①주택지재생, ②공장이적지재생, ③역세권재생, ④도심상업지재생, ⑤워터프런트재생, ⑥업무지재생 등으로 분류된다.

(3) 입체복합공간 개발형

도시재생 과정 중 개발주체 간 공공용지 및 매개공간의 개별이용 한계와 이로 인해 분절된 도시환경은 여러 문제를 보이고 있어 이에 대한 기존의 평면적인 도시계획의 한계를

극복하고 도시기능을 회복하기 위한 중요 수단으로 시설 및 공간을 수직 · 수평적으로 입체 · 복합화하는 입체복합공간으로 개발하는 유형이다.

1.10.3 도시재생의 공간적 연계 추진 방법

도시재생 사업은 해당 지역의 역사를 훼손하지 않는 범위에서 주거 · 상업시설을 개선하는 정비 방식이다. 2010년대로 들어서며 재개발 · 재건축 사업의 대안으로 제시됐다. 2013년 말 제정된 '도시재생 활성화 및 지원에 관한 특별법'에 의해 지방자치단체가 10년 단위의 도시재생 전략계획을 세워 구체적인 사업지를 정하고, 국토부는 이에 따라 도시재생을 지원하게 되어있다.

1) 신도시와 구도심의 상생발전 방안

① 신도시 개발 시 신도시와 구도심이 갖는 서로의 장점과 잠재력을 발굴해야 한다. 또한 신도시와 구도심의 적절한 역할 분담을 통하여 상생 발전을 유도하고, 구도심의 매력 및 쾌적성을 증대시켜 나가야 하며, 도시 아이덴티티 보존 · 강화 및 구도심을 활성화할 수 있는 조치를 시행하는 것이 중요하다.

② 신도시는 행정, 교육, 연구개발 등 도시성장경제 위주로, 구도심은 서민경제, 문화 · 역사, 위락 · 관광 위주로 기능적 분담을 하되 공간적 연계를 추진해야 한다.

③ 기존 중 · 소도시에서 시행하는 여러 개의 소규모 재개발 또는 정비사업을 조합하여 기능적으로 서로 연계시키고, 이를 다시 신도시와 연계시키는 방식이다.
대상지역 내에 여러 개의 개발지와 시설 간의 상호관계성을 형성하는 계획은 신도시 연계형 도시재생기법의 핵심이다.

2) 기존 도시의 정주여건 및 매력 극대화 방안

① 유형 · 무형의 지역자산을 목록화하고 체계화하며, 창조적 안목으로 자산의 잠재력을 최대화하도록 집중화해야 한다.

② 활용 가능한 장소와 자원을 집약하고, 폐철도, 폐도 등의 유휴부지, 빈점포와 빈집 등의 유휴시설을 재조명한다.

③ 예전의 문화적 향수를 공유할 수 있는 공간, 지역경제의 핵심역할을 수행했던 시설을 다시 활성화시킨다.

④ 오래된 지역기업과 학교와의 협력체계를 마련하고, 사회적 기업, 협동조합 등과 사회 · 경제적 활동을 재생과정에 담는 것도 필요하다.

1.10.4 도시재생 사업방안

1) 도시재생사업의 과제

① 도시재생의 주인은 지역에 헌신적이고 지역을 사랑하는 사람이어야 한다. 이들이 도시재생을 이끌도록 조직의 틀을 제공하고 지원해야 한다. 도시재생대학, 재생지원센터, 전문 코오디네이터 등이 적절한 역할을 부여받고 책임있게 움직여야 한다.

② 도시에 젊은 인재들이 머물고 찾도록 하는 것은 중요한 과제이다. 교육과 취업여건의 개선이 중요한 이유이다. 젊은이들의 창의적인 아이디어 및 기술개발을 공유할 수 있는 시스템을 마련해서 새로운 가치 창출에도 적극적으로 나서야 한다.

③ 도시재생은 주민 주도적인 사업추진으로 유휴시설을 재창조한다. 지역경제 주체들을 보듬어서 새로운 일자리 확대와 경제 자립도를 높여 나간다.

④ 낙후된 원도심 지역의 생활환경 개선을 통해 다양한 계층의 새로운 인구를 유입한다.

⑤ 지역 내 다양한 자산에 대한 인식 전환을 통해 주민들의 자긍심을 고취시키고, 지역의 문제와 지역자산 활용방안을 공동으로 고민하는 지역 발전의 주체로서 커뮤니티를 활성화한다.

⑥ 역사 및 문화적 장소에 활력을 부여하고 다양한 콘텐츠 개발을 통해 방문객을 획기적으로 유치한다.

⑦ 다양한 산업이 분포하면서도 특색있는 삶의 정주공간을 가꾸어 나간다.

⑧ 마을만들기 사업을 통해 주민 주도의 협력과 소통의 모델이 되는 도시를 지향한다. 이것이 우리가 도시재생사업을 하는 목표이자 이유인 것이다.

2) 도시재생의 구체화 방안

① **지역자산을 활용한 문화도시 조성** : 근대 산업유산, 한옥 등 지역의 역사 · 문화적 건축물을 창의적으로 활용하여 특색 있는 경관을 조성하고 머무르고 싶은 공간을 창출한다. 또한, 창고, 폐공장 등 기존 건물을 재활용하여 도시민이 필요로 하는 도서관과 전시 · 공연장 등의 문화 · 여가공간 등을 공급한다.

② **복지시설, 사회서비스 및 기초생활 인프라 확충** : 국 · 공립 보육시설, 각급 병원 등을 도심부 위주로 설치하도록 하여, 노약자 · 장애인 · 저소득층의 이용 편의성을 제고하고, 도서관, 공원, 놀이터 등 국민생활에 밀접한 기초생활 인프라의 국가적 최저기준을 설정한 후 이를 단계적으로 확충하도록 노력한다.

③ **쾌적한 생태형 도시공간 확충** : 장기 미집행 도시계획시설, 공 · 폐가 등 유휴부지를 활용하여 생활공원을 정비하고, 실개천 습지, 복개천 등 도심하천의 생태복원을 추진한다. 도시재생사업 추진 시에는 빗물관리, 자원순환 등 친환경적 기술을 적용한 시스템 등을 도입하도록 하여 도시의 지속가능성을 제고한다.

④ 공간환경디자인의 품질 제고를 통한 아름다운 도시 전략 : 도시 내 중요한 가로에 대한 경관을 개선하고, 특히 시청사, 도서관, 주민자치센터 등 공공시설 건축디자인을 정비한다. 벤치, 가로등 등 가로환경시설물의 디자인 품격을 제고하고, 경관을 저해하는 지상 전선 · 통신선 등에 대한 지중화사업 등을 우선적으로 실시하도록 한다.

1.10.5 도시재생의 변천 방향과 목표

1) 도시 유산의 보존 요구

모든 도시는 그 도시만의 정체성을 지니고 있으며, 이는 고유의 자연환경, 역사, 건축, 정신, 예술 등을 통해 발현된다. 도시의 실체와 정체성이 보존되는 보편타당한 도시를 만들기 위해서는 도시의 유산을 가치화하고 역사의 흔적들을 보존 · 재생하는 지속가능한 도시개발이 이루어져야 한다. 그러나 근대기의 유산들은 새로운 변화와 요구에 의해 소멸한 위기에 처해 있다. 특히, 도시의 발전과 확장을 주도했던 산업유산들은 개발논리에 밀려 그 가치를 평가받지 못한 채 빠르게 사라지고 있어 이에 대한 보존방안이 요구된다.

2) 지속가능한 도시재생의 방향

① 도시재생은 초기에는 주택 및 생활수준 향상을 위하여 한정된 지역을 개발하는 차원이었지만, 1980년대 이후부터는 종합개발적인 관점과 문화유산 유지보전이라는 관점에 중점을 두고 사업이 시행되었다.

② 2000년 이후부터는 낙후된 구도심에 대한 재활력을 부여하여 커뮤니티를 활성화하고 지속가능한 발전을 도모하면서 환경친화적인 방향으로 도시재생이 이루어져야 한다는 개념이 강조되었다.

③ 앞으로의 도시재생은 기존의 단순한 재개발, 재건축 사업, 뉴타운 사업과 같은 물리적 변화를 추구하는 측면에서 벗어나 사회 · 경제적 구조 및 생활환경 개선을 통하여 도시경쟁력을 제고하고 지속가능한 도시공간 조성으로 미래사회 삶의 질을 향상시키는 방향으로 발전할 것으로 예상된다.

3) 도시재생의 목표(국가도시재생기본방침 : 2013.12.31)

급격한 산업화에 따른 도시 발달로 인해 개발하기 쉬운 도시 외곽 지역의 기능은 팽창하는 반면, 기존 시가지는 노후 · 쇠락하게 된다. 도시지역의 무분별한 외부 확산을 억제하고 도심부 쇠퇴현상을 방지함으로써 도심지역에서의 인구 및 산업의 회귀를 촉진하고 재활성화를 도모하기 위한 것이며, 이는 쇠퇴지역의 문제를 종합적인 시각에서 해결하려는 접근으로서 기성시가지의 재활성화를 도모하는 데 목적이 있다.

① **일자리 창출 및 도시경쟁력 강화** : 도시재생 과정에서 새로운 도시기능 도입, 지역자산 활용, 산업구조의 변화 등을 통해 고용기반을 창출하고 소득을 증대시킨다.

② **국민 삶의 질 향상 및 생활복지 구현** : 국민 모두가 최소한의 생활수준을 누릴 수 있도록 저소득층 · 노후주거 밀집지역 등의 기초생활 인프라 등을 적정 수준으로 공급한다.

③ **쾌적하고 안전한 정주환경 조성** : 환경친화적이고 건강한 도시를 지향하고, 범죄 및 재해로부터 안전한 생활환경을 조성한다.

④ **지역 정체성 기반의 문화 가치와 경관 회복** : 과거 번성했던 쇠퇴 구도심 등이 보유하고 있는 역사적 · 문화적 정체성을 활용하여 품격있는 공간을 조성하고 문화서비스를 확충한다.

⑤ **주민역량 강화 및 공동체 활성화** : 살고 있는 도시의 쇠퇴 문제를 직접 고민하고 해결책을 도출하는 '역량 있는 주민'을 육성하고, '참여하는 주민공동체'를 구현한다.

4) 도시재생 뉴딜사업

낙후된 주거지가 쾌적한 주거환경이 될 수 있도록 재개발하여 삶의 질을 향상시키고 도시재생의 이익을 지역사회와 공유하게 하는 것을 목표로 한다. 도시재생 뉴딜사업은 구도심과 노후주거지를 생활밀착형 도시로 살리려는 것이 뉴딜의 핵심이다. 이는 기존 '갈아엎기식' 뉴타운 · 재개발사업과는 차이가 있다. 뉴타운 · 재개발이 전면 철거를 전제로 한다면 도시재생은 지역 실정에 맞춘 '리모델링' 성격이 강하다. 낡은 주택을 정비하고 아파트 단지 수준의 마을 주차장, 어린이집, 무인택배센터 등을 설치해 마을을 되살리는 목적이 크다. 사업 모델은 면적 규모에 따라 우리동네살리기, 주거정비지원형, 일반근린형, 중심시가지형, 경제기반형 등 다섯 가지로 나뉜다.

① 우리동네살리기는 면적 5만㎡ 미만 소규모 저층 주거밀집지역에서 추진하며 이곳에는 주택 개량과 함께 CCTV, 무인택배함 등 생활밀착형 소규모 생활편의시설이 설치된다.

② 주거정비지원형은 5만~10만㎡ 저층 단독주택지역을 대상으로 하며 도로 정비, 주택 정비, 공공 임대주택 공급 등이 이뤄진다.

③ 일반근린형은 10만~15만㎡ 주거지와 골목 상권 혼재 지역이다. 여기에는 노인 · 청소년 등 지역민을 위한 문화 서비스 공간 등이 설치된다.

④ 중심시가지형은 주로 상업지역(20만㎡)에서 이뤄지며 노후 시장 개선, 빈 점포 리모델링을 통한 창업 공간 지원 등이 이뤄진다.

⑤ 경제기반형은 역세권, 산업단지, 항만 등 대규모 사업지(50만㎡ 산업 지역)가 해당된다. 여기에는 복합지식산업센터 건립, 국유지 활용 개발 등이 이뤄진다.

1.10.6 도시재생 기법

1) 도시재생의 유형

(1) 물리적 재생

외관상 나타나는 건물의 상태뿐만 아니라 토지와 도시의 입지, 도시공간, 통신과 교통 등 각종 기반시설 정비와 서비스, 환경의 질 등을 모두 포함한다. 물리적 개선 사항은 성공적인 도시재생을 위한 필수적인 요소라고 할 수 있다.

(2) 경제적 재생

도시 내의 소비를 촉진하는 수요 측면의 경제적 재생과 도시 내의 생산 활동을 활발히 하는 공급측면의 도시재생으로 구분할 수 있다.

① 수요측면의 도시재생은 지역주민들이 소비지출을 해당 지역 내에서 이루어지게 함과 동시에 외부의 소비를 최대한 끌어들일 수 있는 도시 능력에 따라 결정되는데, 국제회의와 관광시장 개발을 도시경제의 활성화를 위한 전략의 하나라고 할 수 있다.

② 공급측면에서의 도시재생은 기존 산업과 새로운 산업을 위하여 토지를 재개발하고 재활용함으로써 지역의 경제적 재생에 기여하도록 하는 것이다.

(3) 사회적 재생

지역사회를 활성화하고 고용, 보건, 교육 훈련 등을 통한 지원활동으로 개인의 삶의 질을 향상시키고, 사회통합에 기여하는 것으로 지역사회의 활성화하는 것이라고 할 수 있다. 지속가능한 커뮤니티를 조성하여 주민참여를 활성화시킨다.

(4) 문화적 재생

역사유적을 활용한 재생방안, 문화공간을 조성한 재생방안, 전통문화공연 및 무형문화재 등을 활용하는 방안 등이 있는데, 해당 도시가 가지고 있는 고유의 특성을 찾아서 이를 활성화하는 재생이라고 할 수 있다.

2) 도시재생기법의 구분

(1) 전체 개발형 재생기법

도시 전체의 물리적 개선을 의미하는데, 도심쇠퇴지역과 산업쇠퇴지역, 도시 전체 쇠퇴지역 등이 물리적 노후화의 심각함으로 인해 안전에 대한 우려가 있어 중앙 및 지방정부의 주도 하에 기반시설정비뿐만 아니라 업무, 상업, 주택, 문화 등의 다양한 용도시설을 배치하는 것을 말한다.

(2) 부분 개발형 재생기법

기반시설을 보수함으로써 핵심지역을 부분적으로 개량하는 것을 의미하는데, 기존 도심부의 부분적인 노후화가 진행된 지역을 대상으로 시행하는 기법을 말한다. 이러한 재생기법은 단순한 물리적 환경개선에 머물지 않고 도시경관개선사업을 통한 지구 전체의 전략적 활성화 및 지구의 경쟁력 강화를 목표로 한다.

(3) 주민 참여형 재생기법

공공공간에 대한 환경개선을 의미하며, 도심지의 쇠퇴현상에서 물리적 노후화의 진행 정도는 양호하지만 부분적 기반시설의 보수와 주민의 자발적인 정비사업으로 활성화가 가능한 지역을 대상으로 하는 재생기법이다.

(4) 신시가지 연계형 재생기법

대상지역 주변에 지역성장 거점을 조성하여 재생하는 기법을 의미하는데, 이는 기존의 중심시가지와 신시가지의 연계를 통한 상생의 방안을 모색하는 기법으로 기존 도심의 경제활동 활성화를 위해 산업클러스터 정책을 구축하는 방법 등을 말한다.

3) 구도심 활성화를 위한 도시재생 방법

① 기존 상점의 지주들 중심으로 추진협의회를 구성한 후 테마상가 개발 등 종합적 상권 활성화를 추진한다. ㉠지역 공동체 주도형, ㉡코오디네이터 주도형, ㉢참여지주 공동체형, ㉣CM공동 개발주도형이 있으며 재원 확보는 지주가 하고 지자체는 일부 기반시설을 지원하게 된다.

② 다수의 상가 수요자들이 소규모 공동투자하여 맞춤형 상가를 개발하는 방법이 있다. 소규모 투자자들이 공동으로 구매하고 공동으로 개발방식을 도입하여 특정한 맞춤형 테마 상가를 개발하는 방식이다. 이 사업은 노후상가 쇠퇴지역에서 주로 이루어지는데, 낮은 분양가와 미분양에 따른 리스크가 적은 장점이 있다.

③ 지역상인단체나 지역주민을 중심으로 지자체 및 공공기관과 연계하여 지역상점과 재생신탁(Regeneration Trust)을 형성하여 상가 재생사업을 추진하는 방식이 있다.
부동산 소유자가 소유권을 신탁회사에 이전하고 신탁회사는 소유자 의견과 신탁회사 자금과 전문지식을 결합해 신탁재산을 효과적으로 개발 · 관리하고 그 이익을 돌려주는 제도이다.

④ 대상구역의 주차문제를 해결하기 위해 건물주, 토지주의 동의 및 투자에 따라 공동으로 주차장을 확보하는 블록단위 지역공동주차 시스템 방식을 도입한다.
이 사업에는 주차장 정비지역 지정, 주차장 특별회계 설치, 주차전담기구 설치 등

관련 제도가 충분히 뒷받침해 주어야 한다.

⑤ 보행자를 위한 전용거리 조성과 탄력적인 교통운영을 기반으로 주 도로 및 이면도로 주변상가를 재생하도록 한다.

보행활동 공간을 확장하기 위해서는 Set-back, 필로티, 보행자 Deck 등과 같은 다양한 설계기법을 적용하고, 적용 건물에 대해서는 사선제한 및 용적률 완화와 같은 법적 · 제도적 인센티브를 적용해야 한다.

⑥ 지역전략산업이 부재하고 도시중심기능이 쇠퇴한 지방도시의 재생을 위해 도농연계 도심형 산업육성을 위한 도시재생이 필요하다.

지역산업연합회, 전문가, 지자체, 중앙정부 등으로 구성하며 1, 2, 3차 산업이 상호 공생적 산업연계 관계를 형성하여 추진하는 것이 바람직하다. 이러한 복합적인 도시재생기술을 적용하기 위해서는 도시재생 종합계획의 수립이 선행되어야 한다.

⑦ 등록문화재와 산업유산을 활용한 도시재생을 개발하도록 한다.

역사적 문화적 가치를 지닌 문화재를 활용하여 관광객 유입, 문화예술 산업개발, 지역사회개발 및 관광유도와 우리나라 경제개발에 역사적 의의가 있는 산업인프라인 철도시설, 공장시설, 운송시설 등 지역의 폐산업시설을 발굴 · 보존하여 특화된 지역문화를 대표하는 문화공간으로 활용하도록 개발한다.

1.10.7 도시재생의 세부기법

(1) 지역문화유산의 보존

각종 문화재와 전통건축물 등 지역문화자원목록을 구축하여 역사문화자원 보전정책을 적극 추진하고, 도심부의 지역문화유산이 집중된 곳을 역사지구로 지정하여 관리한다.

(2) 역사적 도시경관 및 가로경관 보존

① 도심의 정체성을 구현하기 위하여 역사적 상징성을 적극 활용하고, 기존 도시가구의 형태 및 특성을 반영한 도시재생계획을 수립한다.

② 기존 도심이 가지고 있던 가로경관을 보전하여 경관특성을 유지하고, 도시경관수준 향상을 위한 다양한 방안을 모색한다.

(3) 도심문화산업의 육성 및 문화행사 개최

① 도심의 문화적 정체성을 이용하여 문화콘텐츠 산업을 유도하고, 도시이미지 제고를 위해 다양한 이벤트와 축제를 개최한다.

② 문화재생기법을 도입하여 각종 문화시설을 조성하고 도심활력을 증대시켜 고용증대와 지역경제 활성화를 도모한다.

(4) 다양한 도시축과 연계성 확립

① 도심의 주요 축과 보행자공간이 원활한 연계를 이루도록 하고, 도심 내 하천 축과 오픈스페이스 축을 활용하여 보행연계를 도모한다.

② 입체적 · 복합적인 토지이용과 연계하여 보행중심의 도시구조를 지향한다.

(5) 효율적 보행접근체계

① 보행공간의 역할과 위계에 따라 다양한 보행공간을 창출하고, 대중교통체계를 기반으로 보행지구로의 접근성을 제고한다.

② 장애인, 노약자 등 보행약자를 위한 보행편의성을 제공하고, 보행자 우선지구를 지정한다.

(6) 가로환경 향상

① 각종 가로장치물의 디자인 통합을 도모한다.

② 가로형 건축의 도입을 통한 정연한 도시경관을 모색한다.

③ 옥외광고물에 대한 적절한 설치 및 배치방안을 마련한다.

(7) 도심보행경관의 창출

① 다양한 유형의 보행환경 조성을 통하여 다양한 도심 보행경관을 창출한다.

② 도심부의 야간보행경관을 적극 연출하여 야간활동을 활성화한다.

(8) 도심형 주거유형의 개발 및 보급강화

① 도시재생사업 추진 시 일정비율 이상의 다양한 도심형 주거를 확보한다.

② 도심의 정체성을 기반으로 커뮤니티를 구성 · 발전시킨다.

(9) 정주기반체계 정립 및 정주환경 제고

① 다양한 직업교육을 통해 도심부내 정주기반을 구축하도록 도모하고, 안정적인 직장생활을 위해 보육 및 탁아시설을 확충한다.

② 저소득층 주거공급 확대 및 다양한 유형의 저소득층 주거를 개발하여 공급한다.

(10) 복합용도개발의 활성화

① 복합용도개발의 입지는 계획과정을 통해 적절한 지역을 선정하고, 주상/주공/상업업무 등 다양한 복합화방안을 모색한다.

② 주거용도를 포함할 경우에는 소음, 교통, 안전과 같은 요소들을 포함, 교통비용과 에너지 소비를 줄일 수 있도록 고려한다.

(11) 도심소매업 활성화

① 보행공간의 확충과 특화거리를 조성하여 도심소매업의 활성화를 도모한다.

② 도심소매업의 생존을 위협하는 대형할인점 등의 입지를 최대한 억제한다.

(12) 도심형 신산업 육성

① 도심의 기존산업 및 주변시설과 연계방안을 모색한다.

② 도심부 내에 스포츠 · 레저를 유치해 청소년들이 즐겨 찾는 장소로 유도한다.

(13) 특화거리 조성

① 특화거리 조성을 위한 보행자 위주의 가로환경 조성 및 도시축과 연계한다.

② 도심형 신산업과 연계하는 특화거리 조성을 위한 주제를 적극 지원한다.

1.10.8 역사적 건물 보전 · 개수 리모델링

1) 역사적 건물 개요

역사적 건축물은 국가 및 지방 공공단체에서 지정한 문화재, 사적, 전통 건물군 보전지구 내에 현존하는 건물에서부터 단순히 오랜 세월 토지에 현존하여 계속 사용되고 있는 건물에 이르기까지 여러 범주로 분류 · 정의할 수 있다. 이들 건물을 리모델링할 때는 그 목적 여부나 건물 규모의 대소를 불문하고 어떠한 법 · 규제의 대상이 되는지 먼저 고려되어야 하므로 그에 대한 배려가 우선적으로 필요하다(문화재보호법, 고도(古都)에 있어서 역사적 풍토 보존에 관한 특별 조치법 등). 유럽의 도시 중에는 거리의 외관, 형태 보존에 대해 극단적이라고 할 정도로 세부적인 규제를 가하는 도시도 있다.

2) 역사적 건물의 보존 및 활용

① 법 규제 대상이 되는 경우가 많고, 동시에 금융 및 조세상의 공적 인센티브 등이 주어지게 된다.

② 순수하게 역사적 유산으로서 보존을 목적으로 하는 건물과 외관 또는 형태는 준공 당시의 상태로 보존하되, 내부의 용도를 특정 목적으로 변경시키거나 현대적인 기능이 가능하도록 변경시키는 유형의 건물로 구분할 수 있다.

③ 향후 한옥보존지구, 미관지구 등과 같이 집단적인 건물 보존지역으로 지정되는 사례가 늘어나고, 이러한 지역을 유지하고 활성화시키기 위한 제도적 지원 역시 증대될 가능성이 높다.

3) 역사적 건축물의 복원재생[Rehabilitation]

Rehabilitation은 어떤 자산을 수리 또는 개조함으로써 역사적 · 건축적 · 문화적 가치에 기여하는 부분이나 특징을 보존하고, 현재 요구되는 사용 방법에 대응하는 행위 또는 과정을 말한다.

① 건축물은 오늘날 도시공간에 있어 역사성. 연속성. 다양성 및 장소성 등에 대한 가치를 지니고 있다.

② 건축물은 당시의 건축물 그 자체로서만이 아니라 그 시대에 맡았던 역할과 지역의 연륜을 보여주는 상징물이다.

③ 건축물의 Rehabilitation을 통하여 그 시대의 도시에 대한 기억 및 지역의 역사성을 회복시키고, 도시의 정체성과 문화적 연속성을 얻을 수 있으며, 현실의 기능에 쉽게 적응시킬 수 있다.

④ 건축물은 도시의 정체성(아이덴티티)을 유지하고, 역사. 문화경관으로 우리의 생활 환경 속에서 시/공간적으로 인식되어 그 공간을 보다 풍요롭게 한다는데 그 중요성이 있다.

1.10.9 성공한 도시재생 사례

1) 문화를 결합한 도시재생 사례

우리 사회는 끊임없이 새로운 것을 추구해 왔고 그로 인해 옛 건축물과 공간뿐만 아니라 함께 존재했던 문화와 삶의 터전, 공동체까지 사라져 가고 있다. 다행히 최근 들어 문화를 결합한 도시재생이 활발하게 이루어지고 있으며 세계적으로 성공사례를 살펴볼 수 있다.

(1) 쇠퇴한 철강도시 빌바오가 문화 · 관광도시로 재탄생

빌바오(Bilbao)는 스페인 동북부에 위치한 바스크 주의 수도이다. 1980년대까지 스페인의 금융 및 철강산업 중심지로서 바스크(Basque)주의 경제 중심지이었다. 이러한 빌바오에 1980년대 위기가 찾아왔다. 철강산업이 세계 시장에서 경쟁력을 잃음에 따라 도시 실업률은 24%까지 치솟았다. 도시인구는 급격히 줄어들었고, 문 닫은 공장들과 오염된 항구로 빌바오는 혐오스러운 도시로 변해갔다.

빌바오시가 1983년 대홍수로 파괴된 도심을 복원하면서 역점을 둔 것은 도시 중심을 보행자 중심 공간으로 전환하는 사업이다. 철도와 네르비온 강으로 단절된 도시 공간을 연결하기 위해 철도를 이전하고 지하철과 트램(경전철), 수많은 보행교와 다리를 건설했다.

빌바오 도시재생의 특성은 도심을 복원하면서 산업유산과 빌바오의 역사적 건물들을 복원하였다는 점이다. 우리는 빌바오 도시재생을 이야기하면 구겐하임 미술관을 떠오른다. 하지만 빌바오시는 관광객을 위한 도시재생이 아니라 주민을 위한 도시재생을 추진하기 위해 노력했다고 한다. 단순히 경제적 활성화를 넘어 주민들이 살기가 좋은 도시를 만들기 위해 노력했기 때문에 빌바오 도시재생이 세계적 수준으로 성공할 수 있었다.

그림 1.33 빌바오의 구겐하임미술관(건축가 : 프랭크 게리)

2) 탄광도시에서 문화 · 관광도시로 바뀐 게이츠헤드

게이츠헤드(Gateshead)는 영국 잉글랜드 북부 뉴캐슬(Newcastle) 인근에 있는 인구 20만 명의 작은 도시이다. 뉴캐슬과 게이츠헤드는 과거 탄광과 공장지대로 번성했던 지역이다. 영국 최초의 증기기관차와 철도를 생산 곳이기도 하다. 1854년 대폭발과 화재로 많은 중세 유산을 잃어버렸고 1920년대 불황기에 많은 실업자가 발생하기도 했다. 이어 탈산업 사회가 진행되면서 급격한 쇠퇴의 길을 걷게 된다. 이 지역에 민간주도 형태로 시작한 게이츠헤드 지역 활성화 사업은 탄광 도시 게이츠헤드를 문화도시로 바꾸기로 이어갔다.

그림 1.34 게이츠헤드의 '북방의 천사'(조각가 : 안토니 곰니)

먼저, 게이츠헤드 도시재생이 관심을 끌기 시작한 것은 '북방의 천사(Angel of the north)'가 등장하면서부터이다. 도시 전체가 내려다보이는 언덕 위에 높이 20m, 폭 54m에 이르는 엄청난 크기의 조각 작품을 설치했다. 이어 2001년 '밀레니엄 브리지(Millennium Bridge)'를 대중에게 개방했다. 인접 도시 뉴캐슬 지역을 연결해 주는 다리인데, 독창적인 설계로 관광명소가 되었다. 세 번째 사업으로 2002년 개관한 '발틱현대미술관'을 꼽을 수 있다. 1984년 화재 후 문을 닫은 옛 제분공장 건물 내부를 리모델링하여 예술공장으로 만들었다. 마지막으로 2004년 개장한 '세이지 뮤직센터'는 소라껍데기를 모티브로 건축된 음악공연장인데, 특히 주민을 위한 음악학교와 음악 정보센터, 예술 관련 프로그램등을 활발히 운영하고 있다. 외관 형태나 기능 면에서 명실상부한 게이트헤드 랜드 마크가 되었다.

이들 문화시설들이 죽어가던 탄광도시 게이트헤드의 경제를 살려내었다. 관광객이 증가하면서 각종 서비스업이 되살아났고 고급호텔이 문을 열었다. 20%까지 뛰었던 실업률도 4%대로 하락했다. 길거리도 활기를 찾았다. 이제 게이트헤드는 문화를 통해 도시를 다시 살려낸 세계적 대표 도시로 부상하였다.

1.11 인텔리전트 스마트빌딩 리모델링

1.11.1 인텔리전트빌딩 리모델링

1) 인텔리전트빌딩(Intelligent Building)의 정의

인텔리전트 빌딩이란 고도의 정보통신기능이나 사무실을 쾌적하게 하는 자동제어시스템을 갖춘 첨단 정보 빌딩으로서 건축, 통신, 오피스 자동화, 빌딩 자동화 등의 4가지 시스템을 유기적으로 통합하여 첨단 서비스 기능을 제공함으로써, 경제성, 효율성, 쾌적성, 기능성, 신뢰성, 유연성, 안전성을 추구한 지적 생산의 장소에 적합한 빌딩을 말한다.
기본적으로 ① 공기조절 · 조명 · 방재 등의 자동제어가 가능한 빌딩 자동화, ② 디지털 PBX 교환기를 중심으로 하는 근거리통신망(LAN)의 정보통신, ③ PC · 워드프로세서 · 팩시밀리 등으로 이루어지는 사무자동화 등이 이루어지는 빌딩을 말한다.

구체적으로는 방범 · 전기 · 배전 · 조명 · 냉난방 · 화재방지 · 출입통제 · 엘리베이터 운영 등이 통신망으로 엮어진 빌딩 자동화시스템에 의해 통일적으로 통제된다. 또, 건물 내의 컴퓨터와 사설 교환망 및 랜(LAN)을 유기적으로 연결하여 문서처리 · 회계관리 · 연구개발 · 정보은행 구축 등 사무를 자동화하고, 위성통신 · CATV · 음성회의 등의 정보통신이 이루어진다.

2) 인텔리전트빌딩의 이점

향후 기업활동에서 당면하게 될 환경변화는 노동임금의 상승화, 산업 구조의 변화, 빌딩 관리 및 Energy 대책 확보, 입주자 확보 경쟁 심화, 정보 통신 기술의 발달 및 통신시장 자유화 등으로 예측된다. 이에 따라 향후 기업의 정보화, 국제화, 고임금화 및 지가의 상승 등 복합, 다양한 요인들로 인하여 빌딩의 인텔리전트화가 더욱 빠른 속도로 진행될 것이 예상되므로 인텔리전트화가 고려되지 않은 빌딩은 쾌적한 근무환경의 미비, 최신 정보기기의 수용 불가능으로 야기되는 임대성 하락 및 빌딩 수명의 단축 등을 감수하지 않으면 안될 것이다. 인텔리전트 빌딩은 일반 빌딩에 비해서 초기 투자비가 10~20% 정도 증가되지만 냉난방, 전기, 수도 등 에너지 분야에서 20% 비용 절감, BA시설의 운용 및 유지분야에서 20% 절감, 사무 생산성 20~30% 향상 등 직·간접적 경제성이 실로 큰 것으로 나타내고 있다. 임대료도 일반 빌딩에 비해 20~30% 상승해도 입주를 원하는 기업이 늘고 있어 라이프 사이클 상에서 보면 경제성이 크다.

입주자가 선호하는 오피스빌딩은 쾌적성, 경제성, 생산성, 편리성, 유연성, 신뢰성 확보라고 한다. 노후 빌딩을 인텔리전트빌딩으로 리모델링 될 경우 입주자가 얻게 되는 이점은 다음과 같다.

① 보다 쾌적한 Office 환경에서의 생산성 향상

② 고도의 정보통신 Service를 공동 이용함에 따른 경제성 증대

③ Network을 통한 각종 Resource

④ 공유 회선의 공동 이용에 의한 통신 Cost 절감

⑤ Security 등으로 분석되고 있다

3) IB의 요구발생

건물의 자동관리기능은 빌딩 관리와 운영에 관계된 에어 컨디셔닝, 조명, 전원, 승강기 운행, 급수, 위생, 방범, 방재 등의 기능이나 운행을 고도화하고 자동화시킴으로써 빌딩의 질을 제고시켜 준다.

IB의 출현에 따라 건축, 빌딩 자동화설비, 정보처리, 정보통신의 통합 필요성이 증대하게 되고 다음과 같은 요구가 발생한다.

① 장래를 고려한 배선설계의 요구 : ISDN(Integrated Service Digital Network : 종합정보통신망)서비스 등 장래에 예상되는 다채로운 통신서비스와 정보시스템 증가에 대비한 배선설계 요구 증가

② Multi Vender환경 증가 : 다양한 Maker의 정보기기들이 혼재되어 사용되고 있는 상황에 대응하고 수용할 필요성 증대

③ Multi Media 네트워크의 요구 : 아날로그, 디지털을 포함한 음성, 데이터, 화상정보를 통합한 어떠한 통신도 통합할 수 있는 배선망이 필수적인 조건으로 대두
④ 시스템, 기기 변경, 확장 증가 : 기업에 동반하여 사무실 배치의 변경, 정보시스템의 재배치, 확장에 유연하고 신축적으로 대응할 수 있는 배선시스템 요구
⑤ 용이한 보수체계 확립 요구 : 신뢰성 있는 통신망 유지를 위해 체계적이고도 통일성 있는 배선기록에 의거한 간편하고도 경제적인 보수방법 확립 요구

최근의 인텔리전트 빌딩이란 광파이버 케이블 등을 사용한 대용량의 정보통신망이 도입되어 디지털 PBX(Private Branch Exchange : 자동으로 전화를 연결해주는 구내 전화 교환시스템)나 고차적인 안전 · 방재 시스템, 컨트롤 시스템, 근거리정보통신망(LAN), 화상회의 시스템 등의 고차적인 정보기능과 쾌적성을 겸비한 새로운 타입의 빌딩을 말한다.

4) 인텔리전트 리모델링의 정의

인텔리전트 리모델링이란 현대사회의 국제화, 정보화에 따른 기존 건물의 불합리성, 첨단 정보기기의 수용 및 자원(Resouece)의 공유 불가능, 쾌적한 근무환경 조건 미비, 인건비 및 Energy 절감 대책 부족 등에서 탈피하여 고도의 정보통신 시스템, 사무자동화 시스템, 빌딩 자동화 시스템 및 건축환경 등을 유기적으로 통합화하여 첨단의 정보 및 통신 Service를 제공하고 공간의 효율적인 활용, 쾌적한 환경 제공에 의한 사무 능률의 향상, 빌딩의 최적 관리 및 Energy 절감을 통한 경제성 추구, 그리고 지적 생산성을 향상을 통한 빌딩의 고부가 가치화를 추구하는 첨단의 건축활동을 말한다.

5) 인텔리전트 리모델링 건축활동

최근 사회가 산업화, 정보화됨에 따라 고부가가치 정보의 중요성이 점점 커지고 있으며 그러한 정보의 효율적 유통을 위한 쾌적한 건축환경, 사무자동화, 빌딩자동화, 정보 통신 시스템을 갖춘 인텔리전트 빌딩이 필수적인 기반시설로 인식되어 가고 있다.

노후주택의 경우도 초고속인터넷망, 디지털가전 확산 등 일상생활의 디지털화가 리모델링 수요를 촉발하고 있다. 현대 건축물은 고도의 빌딩자동관리시스템 및 정보통신기능을 갖추고 빌딩에서의 사무자동화, 건물자동화, 정보통신시스템 등 각 설비와 기능을 양호하게 유지 관리하여 사용자에게 맞는 서비스를 제공하는 인텔리전트빌딩 구축을 요구하고 있다.

6) 정보통신기술의 발달

스마트폰, 클라우딩 컴퓨터로 대표되는 모바일 정보통신기술(ICT)의 발달로 인해 홈네트워크, 원격근무(Smart Work), 유비쿼터스가 가미된 공간정보, 이러닝(e-learning) 등이

다방면에서 발전 중이다. 유비쿼터스란 언제 어디서나 네트워크에 접속이 가능한 환경을 의미한다.

미래에는 1~2인 가구(2005년 42.1%, 2013년 51.6%)가 증가함에 따라 정보통신기술(ICT) 및 서비스가 주택에서의 ① 즐기고 배우는 공간, ② 간편한 단말간 접속, ③에너지 절감, ④ 기기간 서비스 공유 및 ⑤ 감성 · 실감형 연결을 추구함으로써 가족 역할을 대체할 것으로 전망된다. 최근 아파트에 초고속 정보통신망을 연결하고 구내정보통신망(LAN) 장비를 이용, 각 세대간 통신은 물론 사이버 반상회, 공동물품구매까지 가능한 사이버아파트 건설이 증가함에 따라 향후 주택시장이 크게 변동이 있을 것으로 예상된다. 공동주택과 정보통신기술(ICT)이 접목되어 Smart, Green, Health & Security를 핵심 키워드(key word)로 다양한 기술과 서비스가 개발되고 있어 스마트홈이 점차 실현되고 있다.

7) OA(Office Automation)용 간선설계 및 시공 시 고려사항

표 1.14 간선설계 내용

고려사항	내 용
여유 있는 간선용량 선정	• 설계 시에는 OA사용 기기에 대한 정확한 사양 결정이 이루어지지 않기 때문에 간선용량의 예상치에는 충분한 여유분을 포함시킨다.
전용 간선 샤프트	• 간선배치 시 별도구획 공간 확보로 기타 설비의 사고파급에 의한 영향 방지 • 수직샤프트의 경우 누수에 대비하여 주변 바닥보다 높게 한다. • 방화구획처리를 완벽하게 한다.
소동물 방지대책	• 소동물 기피제 도포 또는 기피제 혼합 케이블을 사용한다. • 개구부 폐쇄처리한다.
배선방식	• 관통개소에 대한 방화계획을 수립한다. • 건축구조체의 안전을 고려한다. • 배선시스템의 모듈화를 고려한다. • 사용 시 동선, 가구배치를 고려한다. • 천장 내 배선은 타 설비와의 배치를 충분히 고려해야 한다.

1.11.2 인텔리전트 아파트 설비기술

지능형 주택은 앞으로의 주거환경 변화를 도모하며, 최근 들어 인텔리전트아파트(지능형 아파트), 스마트하우스, 유비쿼터스 주택 등으로 불리어지면서 그 기능은 급속도로 첨단화되고 있다. 여기서는 인텔리전트(지능형) ⇨ 스마트하우스 ⇨ 유비쿼터스 주택으로의 진화 과정으로 설정하여 서술한다.

1) 인텔리전트 아파트 생활패턴에 따른 건축대응

(1) 최근 우리사회는 정보 집약적 사회구조로 변화하고 있다. 이에 대한 건축에서의 대응은 사무용 건물의 경우에는 사무공간의 환경이나, 생산성 향상, 이용의 편리성 등 최첨단 지능형 빌딩(Intelligent Building)의 구축에 초점이 맞춰져 왔고, 주거용 건물의 경우에는 홈오토메이션(Home Automation)을 이용한 방범, 방재, 방문자 영상 확인 등을 기본으로 각종 장비의 고급화 및 첨단화를 추구하고, 정보통신 이용을 위한 인프라 구축에 관심이 집중되어져 왔다.

(2) 건축물 지능화의 목적은 사무용 건물의 경우 재실자에게 편리하고 쾌적한 환경을 제공해 줌으로서 생산성을 높이기 위한 것이라 볼 수 있으며, 주거용 건물의 경우에는 편리성, 안전성, 쾌적성을 제공하는데 있다고 할 수 있다. 그러나 최근 정보통신의 발달은 주택의 개념을 거주자의 생활을 지원하는 것은 물론 업무처리 및 생산에 대한 지원도 함께 이루어져야 하는 개념으로 정착되어 가고 있다.

(3) 인텔리전트 아파트란 거주자들을 위한 편리성, 쾌적성, 안전성은 물론 정보화 등이 건축 환경과 어우러져 휴식의 공간과 생산의 공간으로 구축되어지는 주거공간으로서의 역할을 다할 수 있는 방향으로 계획되어져야 할 것이다.

2) 인텔리전트 아파트의 정보화기술

(1) 인텔리전트아파트

주택과 인터넷을 연결시켜주는 정보통신망을 기반으로 하고 내부의 각종 기기, 컴퓨터, 엔터테인먼트를 Home Network기술로 연결하여 주택 내·외부에서 자동원격제어가 가능하고, 다양한 멀티미디어를 이용 또는 공유함으로써 주거의 편리성, 안전성, 오락성, 쾌적성, 정보화를 증진시키는 주택을 인텔리전트 아파트라고 한다.

(2) 인텔리전트 아파트 시스템 종류

① 시큐리티(security) 시스템
② 실내환경 조절시스템
③ 가사생활 지원시스템
④ 문화·건강생활 지원시스템
⑤ 인터넷 관련 서비스 시스템
⑥ 자동제어 시스템

(3) 홈네트워크 시스템

집안의 냉장고, 에어컨, 전자레인지, TV 등 주요 가전제품과 정보통신기기들 간에 데이터를 주고받을 수 있는 통로를 제공함과 동시에 외부 인터넷망과의 접속을 제공함으로써 지능화된 커뮤니케이션이 가능하도록 하는 네트워킹 방식이다. 홈네트워크 환경이 구현되면 집안은 물론 집 밖에서도 휴대전화, 컴퓨터 등으로 가전제품을 조종하고 정보를 파악할 수 있게 된다. 또한 가전제품을 통해 가정 내·외부에서 인터넷 접속, 동영상 전송, e-메일

송 · 수신이 가능해져 진정한 사이버 홈 구축이 가능하게 된다.

(4) 전열교환기가 내장된 공기청정시스템

세대 내의 공기를 환기시켜 항상 쾌적한 실내환경을 조성한다. 자동환기기능은 조리로 인한 음식냄새나 나쁜 공기를 신선한 바깥공기로 바꾸어 준다.

환경계획	
유연성 계획	사무공간 이용계획 절차 : 유연성 있는 사무실 배치, 유연성 있는 조명 및 공조 계획
사무관리	사무비품 배치절차 : 작업구성 절차
인간공학계획	색상고려 및 수목조절 OA조명구성 및 제어전략, OA기기 소리 고려
쾌적성 계획	홀과 라운지, 아트리움, 통풍구 차단계획 : 식당, 커피라운지, 휴식공간계획
유지계획	건물시스템 전략 : 유지보호 전략, 고장진단 절차
생활주기 계획	생활주기 비용 산정 : 비용절감 평가절차
공용시설활용 계획	사무실 임대차 : 첨단정보빌딩 안내 및 소통서비스(Show room service)

설비계획	
LAN 구성	케이블 샤프트, PBX 및 노드 종합설비 이용계획
이중마루 배선	언더카펫 및 셀룰러 이중마루 덕트기술 : OA기기 사용을 위한 이중마루 배치
벽배선	패널 및 케이블 공구 배선
천장배선	천장 및 케이블랙 배선 : 광스타형 접속
유연성 있는 공조	사무실 공조 : 분배공조, 환기공조, 다양한 공기량 이용공조
유연성 있는 조명 회로 스위치	구역별 점등기능 : 내주부/외주부, 사용/비사용구역, 사용자제어/원격제어
서류운송	기록변경장치 : 수적운반, 적선운반 모터기술, 압축공기 기술
지진설계	내진보호 : 지진장비 설비 및 파이트 기술

(5) 기타

에너지절감형 난방조절시스템, 진공청소시스템이 관리비와 주부들의 가사노동을 절감시켜 준다. 믿고 마실 수 있는 물을 안정적으로 공급해 주는 중앙정수시스템과 쓰레기 자동수거 시스템 등은 첨단주택에 일반적으로 적용될 것으로 예상된다.

3) 인텔리전트 아파트의 기능 요약

① 사이버 홈 : 온라인 조리(e-cooking), 온라인 세탁(Net-Washing), 기기들의 상태감시 및 기능 추가, 원격의료(e-Toilet), 원격 교육

② 엔터테인먼트 : 인터넷 TV서비스/게임, e-Toy, 인터넷 게임기

③ 사이버 오피스 : 영상회의, 공동문서 편집

④ 인터넷 정보서비스 : 홈쇼핑, 정보검색, 홈ASP(Application Service Provider)서비스

⑤ 홈 오토메이션 : 에너지 관리(조명제어, e-보일러), 원격검침 및 감시, 제어, 방범 및 보안 서비스

⑥ 머물다(stay)와 휴가(vacation)를 합성한 신조어인 스테이케이션이 일상화됨에 따라 집에서 여가시간을 많이 즐기는 새로운 주거 트렌드가 등장하고, 이에 따라 각종 인텔리전트 기능이 건축에 포함되어 스마트 홈으로 업그레이드된다.

1.11.3 스마트 빌딩시스템

1) 정의 및 기능

① 스마트 빌딩 혹은 인텔리전트 빌딩이란 용어는 1984년 미국 코네티컷주 하트포티의 시티 플레이스 건물의 특징을 설명하면서 처음 등장하였다고 하며, 건물의 실내 환경을 완전히 제어할 수 있으며, 냉방, 난방, 조명, 방재, 방범, 통신 및 승강기 등의 제어가 중앙 컴퓨터에 의하여 이루어지는 건물로 정의된다. 또한 건축, 통신, 자동화 등의 기술을 유기적으로 통합하여 경제성, 효율성, 쾌적성, 기능성, 신뢰성, 안전성을 추구한다.

② 스마트 빌딩의 주요 구성 요소와 기술은 건물자동화시스템, 냉난방공조시스템, 조명 시스템, 엘리베이터, 방재 시스템, 방범 시스템과 통신 시스템으로 구분할 수 있으며, 방범 및 방재 시스템은 출입제어기, 감시용 CCTV, 침입 방지 기능을 갖추고 있다. 스마트 빌딩의 건물자동화 시스템은 인터넷을 통한 원격 제어가 가능하다.

③ 스마트 빌딩은 건물 사용자의 건물 재실 패턴을 파악하고 기기를 운전함으로써 에너지 비용을 절감할 수 있다. 예를 들어 미국 맨해튼에 위치한 뉴욕타임스 건물은 스마트 센서를 설치하여 이를 기반으로 조명 시스템을 운전함으로써 조명에너지의 70%를 절감하였다고 한다.

2) 국내 스마트빌딩 사례

스마트 빌딩은 사물인터넷(IoT)을 적용해 최적으로 운영되는 똑똑한 빌딩이며, 빌딩 내 각 설비에 센서를 부착해 운영정보와 에너지 사용량, 운영인력의 빌딩 내 위치와 같은 정보를 실시간으로 수집할 수 있으며, 이렇게 수집된 정보는 빅데이터 분석을 거친 뒤 빌딩 운영에 다시 반영됨으로써 사용자에게 최상의 안전과 편리함을 제공한다. 스마트빌딩에는 호텔인포테인먼트, 실내위치정보서비스, 스마트 주차, U-서비스, 미디어파사드, 냉 · 난방 기제어기능, 조명제어, 디지털 아쿠아리움, 헬스케어서비스, 보안 등 다양한 솔루션이 적용되며, 더 지능화 되고 더 자동화 되어가고 있다.

위치한 서울국제금융센터(IFC)몰은 2016년 6월부터 빙축열을 이용한 인공지능 냉방 시스템이 적용됐는데, 빙축열이란 전기 수요가 적은 밤에 얼음을 얼렸다가 한낮에 이를 녹여 건물을 냉방하는 방식이다. 이 시스템 덕에 냉방 에너지를 50% 이상 절감할 수 있게 됐다고 한다.

트리플 스트리트 쇼핑몰은 건물 통합관제, 스마트 주차관리 시스템, 긴급 비상벨 솔루션 등으로 구성된 스마트빌딩시스템이 적용돼 있기 때문에 건물 관리자는 관제실에서 전력과 조명 제어, 원격 검침, 주차관리를 한 번에 할 수 있다고 한다.

1.11.4 스마트홈 주택 기술

1) 스마트생활환경 구현

주거공간에서의 삶의 질 향상을 위한 정보통신기술(ICT)과 융합한 스마트 주택관리(에너지 · 건강 · 방범 · 방재) 기술을 스마트 센서 · 제어장치 및 앱(App.) 기반으로 주거용 건물에너지관리시스템을 통해 주택 에너지를 절약할 수 있도록 관리하여 스마트 생활환경을 구현하는 스마트홈주택을 말한다.

스마트 생활환경(건강/방범/방재/화재 등) 구현을 위한 기술들은 다음과 같다.

① U-헬스 디바이스 개발

② 다기능 복합센서 및 연동기술 개발

③ 생활패턴 정보를 이용한 건강관리기술 개발

④ 지능형 센서를 활용한 화재감지, 방범 등으로부터 안전한 원격 방범 · 방재기술 개발

⑤ 원격 고독사 방지 및 건강 진단 · 관리기술 개발

초고속정보통신이 도입된 스마트주택은 새로운 지식, 정보, 문화 및 전자상거래 등을 사용할 수 있는 통신환경과 주민 간에 혹은 지역공동체 간에 더불어 살아가는 사이버공동체 문화를 실현함으로써 삶의 질을 높이고 공동체의 이익을 추구하는 새로운 주거문화공간이 등장하게 된다. 스마트주택은 건강, 시큐리티, 에너지절약 및 편리한 생활 추구가 가능하며, 특히 장애인, 노인의 육체적 문제를 보완해 주는 수단으로도 사용하고 있다.

2) 스마트홈 보급정책

(1) 스마트 홈과 사물인터넷

스마트 홈이란 사물 인터넷(Iot)이 집에 반영되는 것으로 집 안에 있는 가전제품들이 인터넷을 통해 상호 연결되어 정보를 공유하며, 지능화되어 이를 통해 다양한 서비스(원격제어 등)가 제공되는 첨단 인텔리전트 서비스시스템'을 말하며, 사물인터넷(Internet Of Things)은 인터넷을 기반으로 사람과 사물, 사물과 사물 간 정보를 소통하는 지능형 기술 및 서비스를 말한다.

국토교통부는 장기 주택종합계획에서 에너지 절약적이고 환경 친화적인 주거환경의 조성을 위하여 ICT를 활용한 스마트홈 보급 확대 정책을 공표하여 미래형 주택공급을 유도하고 있으며, 구체적으로 이동통신, 원격제어 보안 등 관련첨단 기술을 융합한 스마트홈 보급을 위한 지원을 확대하고 있다.

(2) 스마트홈 제어기술

스마트홈에는 가전제품 외에도 에너지 소비장치(전기, 수도, 냉 난방 등), 보안기기(도어록, 감시카메라 등) 등 다양한 분야에서 모든 것을 통신망으로 연결해 모니터링, 제어할 수 있는 기술이다. 스마트폰이나 인공지능 스피커가 사용자의 음성을 인식해 집안의 모든 사물인터넷 기기(IOT)를 연결하고, 사용자의 특성에 따라 자동으로 작동하거나 원격으로 조종할 수 있으며, 원격제어에서 발전해 AI가 상황과 사용자의 취향을 학습하고 이에 맞는 결과를 스스로 제공하는 방향으로 발전하고 있다. 예를 들어 아침에 일어날 때 블라인드가 자동으로 올라가고 밤에는 자동적으로 내려온다. 음성 제어나 스마트폰 앱을 통해 집을 제어할 수도 있다. 반려동물의 모니터링, 자동화된 먹이주기 역시 가능하다. 외출 중 집안에서 이상한 상황이 벌어지는 경우 혹은 택배가 올 경우 스마트폰으로 알려준다.

3) 스마트주택의 기능 요약

스마트주택은 모든 가전제품이 인터넷과 연결되어 일상생활을 공상과학 영화처럼 만들어 놓으며 무수한 마이크로칩들 사이의 커뮤니케이션으로 주택 전체가 자동으로 운영된다. 가정에 아무리 많은 전자제품이 있어도 전선은 필요하지 않게 된다. 전파를 이용해 가정용 전원으로 사용하기 때문이다. 모든 시스템은 손짓으로 작동이 가능한 주거공간으로 변한다.

전자오븐은 '마이크로 로봇'이 내장돼 있어 요리 재료를 넣고 식단을 입력하면 자동으로 조리해 주고, 만일 고장이 있을 때는 기기가 자동으로 제조회사에 연락해 '원격 수리'를 받을 수 있게 된다.

양방향 디지털 TV를 통해 영화감상, 쇼핑 및 결재, 일정관리, 민원서비스, IPTV 등 다양한 서비스를 선별하여 제공받을 수 있다. IPTV는 인터넷을 이용하여 방송 및 기타 콘텐츠를 TV수상기로 제공받는 서비스이며, TV를 보면서 인터넷검색, 홈뱅킹, 온라인 게임, 홈쇼핑 등을 리모컨으로 사용할 수 있다.

지능형냉장고는 주방의 모든 가전제품을 네트워크로 제어하고 인터넷은 물론 화상통화도 가능하다. 필수적인 식품이 떨어져 가면 스스로 감지해 전용 슈퍼마켓에 식품을 주문하기도 한다.

스마트 용변기는 센서가 용변을 분석한 뒤 그 데이터를 인터넷으로 병원에 보내 건강상태를 확인하는 것이다. 몸무게와 오줌 속 당분 비율 등 각종 건강정보를 벽에 부착된 멀티디지털거울을 통해 제공한다. "넷미러"라 불리는 거울에는 생체를 측정하는 각종 센서가 내장되어 있어 건강상태를 확인하는 종합검진기 기능을 한다. 때로는 거울을 텔레비전이나 컴퓨터로 활용할 수도 있다.

4) 홈IoT(Internet of Things : 사물인터넷) 기술시대 주거생활

매년마다 달라지는 IT환경 속에서 이제는 모든 사물이 IT와 융합하여 모든 사물과 사물, 사물과 사람이 인터넷을 통해 통신하는 IoT시대가 시작되었고, 사물인터넷의 발전과 함께 홈 IoT(사물인터넷 기반 스마트홈)로 주거문화가 바뀌고 있다. 사물인터넷에선 모든 물리적 센서 정보, 즉 온도, 습도, 열, 가스, 조도, 초음파 센서부터 원격감지, 레이더, 위치, 모션, 영상센서 등 유형 사물과 주위 환경으로부터 정보를 바탕으로 사물 간 대화가 이뤄진다.

초고속 이동통신, 고감도 센서, 빅데이터 처리 등 3대 핵심기술의 발전에 힘입어 국내에서도 클라우드, 빅데이터, 모바일과 더불어 IoT가 각광받기 시작했다. 홈IoT는 모바일 기기, 가전 등을 인터넷과 통신으로 모두 연결하여 정보를 수집하고 교환하는 플랫폼을 의미한다. 이를 통해 집 밖에서 스마트 기기를 이용하여 집 안의 가전제품을 제어하고 통제함으로써 사용자의 주거생활서비스 질을 높여주는 기술 및 서비스를 의미한다. 가전 분야는 냉장고, 세탁기, 에어컨, 청소기 등의 제품과 스마트폰을 연결해 상황 인지, 온도, 구동 등을 제어하는 방향으로 발전 중이다.

다음은 IoT(사물인터넷) 기술이 접목된 대표적인 예이다.

① 사용자의 감성 · 라이프 스타일에 맞춰 조명을 자동 연출하는 지능형 조명
인간의 심리상태에 따라 조명이나 벽지의 무늬가 바뀐다던지 또는 인간의 기분에 따라 장르에 맞는 음악이 재생된다.

② 누구나 손쉽게 가족들의 취향 · 생활 패턴에 맞는 최적의 요리를 할 수 있는 인터렉티브(Interactive) 레인지

③ 문자 메시지로 문을 열고 보안까지 책임지는 스마트 도어록

④ 콘센트에 장착하면 연결된 가전기기의 전력사용량을 모니터링해 자동 조절하는 전력

관리시스템

⑤ 검침원이 필요없이 각 가정의 가스 사용량을 실시간으로 측정하는 원격가스검침 시스템

⑥ 알약이 위장에 도달하면 위의 상황을 체크해 스마트폰으로 전송하는 스마트알약

⑦ 사용자의 칼로리 소모량과 운동거리 · 시간 등을 수집해 생체 점수까지 제시하는 퓨얼밴드

1.11.5 BAS(Building Automation System)와 유비쿼터스 환경

1) 빌딩자동화시스템(BAS)

빌딩자동화시스템은 크게 빌딩관리시스템(BMS : Building Management System), 시큐리티(Security)시스템, 에너지절약시스템 등의 세가지 요소로 구성되며, 통신시스템과 통합 운용함으로써 고도의 환경제어에 의한 쾌적화, 빌딩운용관리의 경제화, 효율화를 이룰 수 있다. 건물의 자동관리기능은 빌딩관리와 운영에 관계된 에어컨디셔닝, 조명, 전원, 승강기 운행, 급수, 위생, 방범, 방재 등의 기능이나 운행을 고도화하고 자동화시킴으로써 빌딩의 질을 제고시켜준다.

빌딩자동제어시스템(Building Automation System)은 인텔리전트 시스템(IBS), 유비쿼터스(Ubiquitous), 스마트그리드(Smart Grid), 빌딩에너지 관리시스탬(BEMS) 등 모두 정보통신(ICT) 기술로 더욱 발전하고 있다. 최근의 빌딩관리시스템은 시설물에 부착된 QR코드를 스캔하면 대상 시설에 대한 정보 조회가 가능하며 작업 및 점검에 대한 결과를 등록할 수 있도록 진화되었다. 각 시설물에 고유 주소를 부여하기 때문에 똑같은 시설물의 수가 많더라도 작업할 시설물의 위치를 정확하게 파악할 수 있다

2) 빌딩 에너지관리 시스템(BEMS)

현재 우리나라의 에너지 소비량은 세계 10위이며, 에너지 수입량은 세계 4위이다. 이러한 에너지의 소비량 중 빌딩분야가 차지하는 비율은 전체 에너지 소비량의 4분의 1로 상당한 소비량을 차지하고 있다. 건물이 생겨나서 폐기 때까지 총 에너지 생애 비용 중 약 83%가 운영에서 발생되고 있다. 그러므로 빌딩의 운영단계에서의 에너지 감축을 위한 노력이 반드시 필요하다.

① 빌딩 에너지관리 시스템(Building Energy Management System)은 실시간으로 전력 사용량을 관리하여 불필요한 에너지의 사용처를 찾아서 그 낭비를 최소화하는 시스템이다.

② BEMS는 건물의 설비관리 및 설비운전 보수관리, 건물 내부 환경의 유지와 그로

인해 소비되는 에너지, 물질을 관리하는 종합적인 시스템이다.

③ 시스템을 자동 운전관리하고 에너지관리 및 공조설비 시설 등의 자동제어를 포함하며, BMS(Building Management System) 보다 범위가 넓으며, BEMS 안에 BMS가 포함된다고 볼 수 있다.

④ BEMS는 기존의 BAS(Building Automation system)과 FMS(Facility Management System)의 장점들을 포함해서 만들어진 시스템으로, 건물의 에너지 및 비용을 최소화하기 위하여 제공되는 에너지 절감 시스템이라고 할 수 있다. 이를 통하여 에너지 설비를 제어 및 관리가 가능하여, 경제적인 절약이 가능하게 된다.

⑤ BEMS를 통하여 빌딩의 각 설비의 에너지 사용 현황을 모니터링으로 감시하고, 누적된 데이터를 분석하여 설비의 고효율 운영과 관리를 도모하여 에너지 사용량을 감소시켜 줄 수 있다.

3) 유비쿼터스(ubiquitous) 환경

국내의 IT 주택은 사이버 아파트, 인텔리전트 아파트, FTTH(Fiber To The Home) 아파트 등으로 발전해 왔으며, 앞으로는 유비쿼터스 아파트로 발전해 나갈 것으로 예상된다.

유비쿼터스 주택은 홈네트워크나 유무선 브로드밴드(광대역 통신, 초고속 인터넷 인프라) 등 정보통신기술 기반에서의 발전 이외에도 이러한 기술 기반에 의해 거주자가 직접 혜택을 받을 수 있는 상품영역, 예를 들면 건강주택, 주거성능, 복합화 타운, 생활문화 프로그램, 커뮤니티 등과 연계하여 통합적으로 발전되어야 할 것으로 건축 리모델링의 최종 목표가 될 것이다.

IT기술의 발전에 따라 광 정보망을 통해 얻어지는 정보와 첨단기술의 통합체인 인텔리전트 시티(Intelligent City), 리서치 파크(Research Park), 텔레포트(Teleport), ITS(Intelligent Transport System) 등이 현실화될 것으로 예상된다.

또 NT와 BT기술의 발전으로 폐기된 건축물의 재활용 · 재생산 · 재사용이 가능해지고, 고기능성 첨단 소재 및 실용 로봇 개발을 통한 공간활용의 고도화 · 극지 개발 · 초고층 빌딩 건설 등이 모두 실현 가능해진다.

이에 따라 미래 핵심기술인 IT, NT, ET(Environment Technology), CT(Culture Technology) 등을 접목 · 활용하여 새로운 형태의 시설물 · 시스템을 개발하는 종합시스템 구축용 건설기술이 필요하다.

1.12 근미래주택 리모델링 전망

1.12.1 미래주택 대응 리모델링기술 전망

1) 스마트 리모델링 기술개발

근미래 사회 · 경제적 변화에 따른 공간의 쾌적성, 안전성, 에너지 절감, 친환경성, 첨단기능 등이 건축의 키워드가 될 것이며, 쾌적성을 높이기 위한 건축성능의 극대화가 추구되므로 리모델링은 이러한 새로운 주거 트렌드를 예측하여 근미래에 전개될 첨단생활을 수용할 수 있는 주택기술을 개발하는 것으로 방향을 전환해야 한다. 노후된 건축물도 시대에 맞는 업무공간이나 생활공간으로 변신하기 위해서는 스마트되는 미래주택의 변화를 예측하고 그것을 실현할 수 있는 첨단기술을 적용하는 건축 리모델링이 요구된다.

2) 새로운 리모델링 요구 부응

가까운 미래에 과잉 공급된 아파트로 인해 사회적 재앙이 되지 않도록 지금부터라도 수요와 공급을 조절해 나가는 것이 중요하고, 더 이상 신축 위주의 주택정책에서 벗어나 기존 주택들은 스마트홈을 지향하는 리모델링 과정을 통해 새로운 요구에 부응해 나갈 수 있도록 하지 않으면 안 된다.

1.12.2 미래신개념 주택의 등장

1) 여가산업 등장

미래주택에서의 여가형태는 정보통신기술(ICT) 발달과 함께 급진적으로 발전할 것이며, 특히 주택 내에서는 영상매체를 이용한 여가가 활발히 이루어질 것이다.

미래에는 원하는 모든 활동의 스포츠, 오락, 게임 등이 가상현실과 같은 체험을 통해 주택 내에서 다양하게 할 수 있게 됨에 따라 이제까지 경험하지 못한 새로운 여가혁명의 시대를 맞이하게 된다. 따라서 미래주택은 첨단 영상매체와 정보통신기기들과의 공조체계를 갖추어야 한다.

구체적인 여가산업으로는 미래 스트레스를 치유할 릴랙세이션 비즈니스(Relaxation Business : 방향, 음악, 마사지, 사우나)가 발달할 것이고, 종합적인 도시 리조트, 사람들의 다양한 관심과 고품위 위주의 질적인 욕구에 부응하는 테마가 있는 스토리형 리조트, 또한 직장 · 주택 · 여가의 기능을 갖춘 리조트, 수변공간을 이용한 워터프런트와 수상레저, 가상현실 체험장 같은 하이테크 인공놀이장 등이 등장할 것이다.

2) 미래주거문화의 비전

생산과 소비패턴의 변화, 세분화된 기호(taste), 가치의 다원화 등 21세기에 나타난 라이프스타일 변화의 움직임은 새로운 주거유형 개발을 촉구하고 있다.

이제 공간은 보다 컴팩트(Compact)하게 구성되어 실용적 가치를 충족시킬 수 있는 형태를 취하고 독신들의 기호와 가치, 삶의 형태에 맞는 다양한 서비스가 제공되기를 원한다.

미래주거문화의 비전은 첨단기술이 집약된 인텔리전트 하우스로 집약된다.

① 근미래에는 에너지 절감기술 · 친환경 자재 및 부품개발 · 지능형 홈네트워크 설치 등 급속하게 발전하는 주택건설기술을 개발해야 한다.

② 주택의 개념이 거주의 단일개념에서 삶의 복합개념으로 변화, 주거자의 생활 · 문화 · 건강 등을 포함하는 포괄적 개념으로 변화하고 있다.

③ 주거복지 요구증가에 따른 헬스케어 주택의 제조기술 개발이 필요하다.

④ 국내에서는 조습, 항균, 항곰팡이 등과 같은 유해물질 저감용 기능성 내장재 개발이 요구된다.

3) 사이버 아파트 등장

최근에는 웹패드나 리모컨에서 발전하여 음성만으로 제어가 가능한 Voice Apartment가 등장했다. 일부에서는 집 밖에서 휴대전화나 PDA로 무선인터넷에 접속해 동영상으로 확인 · 제어할 수 있는 네트워킹 기술을 채택한 아파트가 등장하고 있다.

산소공급 역시 자연의 숲이 아닌 인간의 손에 의해 공급될 수 있고, 인공산소와 숲의 향내를 인간적으로 공급하고 또한 소리 역시 인공적으로 공급할 수 있다는 현실은 건물내부에 충분히 가상의 공원이 만들어질 수 있으므로 자연을 느끼는 것 역시 실제 자연이 아닌 가상의 자연으로 대체될 수 있다.

이를 실현시키기 위한 기술적 장애요인은 고층화에 크게 문제가 되지 않는다. 이와 같은 전망은 앞으로 우리 사회의 변화 전망과 이에 따른 건축의 방향을 예측할 수 있게 해준다.

4) 그린홈 등장

그린홈은 외부환경조성기술(Site), 저에너지건물기술(Building), 고효율 설비기술(System) 등 3개 분야별로 최신기술 및 친환경 건축자재를 사용하여 건축된다. 그중 외부환경 조성기술은 건물 미기후의 조절 및 열섬현상 등 건물부하를 저감하는 기술로서, 경사형 및 벽면녹화시스템, 물 순환 시스템, 친환경 통합 단지계획 등이 적용된다. 또한 저에너지 건물기술은 건축물 단열, 기밀 설계 및 시공, 자연형 냉·난방 기법으로 건축된다.

그린홈에 추가하여 가변형 경량벽체시스템, 외단열·열교차단시스템, 지능형 이중창호시스템, 친환경·기능성 실내마감재 등을 적용하면 고효율 저에너지 건축물이 된다. 고효율

설비기술은 효율적 에너지 설비 및 조명 제어시스템 구축, 신재생에너지를 사용 기술로, 모세관 복사 냉·난방시스템, 하이브리드 환기시스템 등이 적용된다.

1.12.3 미래주거공간의 변화예측

1) 공간기능의 변화

미래주택은 개별성의 존중과 건강, 환경의 중시 등의 요구가 증대된다. 앞으로 가변형 주택, 주문형 주택, 오픈 하우징, 생태주택(환경공생주택, 친환경 주택), 건강주택, 스마트 주택 등이 더욱 활발하게 전개될 것이다. 장수명화(CHS), 리모델링의 용이성, 각종 성능 확립기술 등이 중요한 주제가 된다. 노령화 확산으로 집은 첨단제품으로 장착되며 네트워크망에 의해 관리된다. 전력난 · 주택관리비용 증가에 대한 사회적 관심이 증가하고, 1인 가구 및 고령화 시대가 도래함에 따라 에너지 · 건강 · 방범 · 방재에 대한 원격 관리 및 통합관리의 필요성이 증가된다.

2) 주거스타일에 따른 공간구성

근미래의 아파트는 여러 가지 사회현상의 변화에 따라 2030년 정도가 되면 지금까지와는 전혀 다른 주거환경에서 생활할 것이라고 한다. 아파트에 거주하는 사람들은 창조직업 스타일, 홈 오피스스타일, 패밀리 리빙스타일, 실버스타일, 그룹 리빙스타일, 코쿤스타일 등 5가지의 거주 라이프스타일을 이루는 아파트에 살 것으로 예상된다. 이 건물은 장소의 성격에 따라 적정하게 배합돼 층이 나뉘고 동시에 다양하게 구성되며, 각 군집엔 공동의 시설이 존재하는 공간을 만든다.

창조직업 군집은 전시 공간과 대형 작업 등이 가능한 공동 공간, 홈오피스 군집은 회의 및 세미나와 같은 비즈니스 공동공간, 실버 군집은 의료 및 여가 시설을 수용하는 공동공간 등이 있다. 최상층에는 군집 배합의 비중에 따라 미술관이나 디자인 뮤지엄, 컨벤션, 학교 등의 공공시설이 들어가며 이 공간은 늘 개방된다. 최하층에는 소규모 상점이나 공용시설이 들어서며 도시로부터 단절되지 않고 융화되어 인간적인 거리 풍경이 형성되도록 건설될 것이라 한다.

3) 공간하이브리드현상

근미래 주택은 낡고 불편한 건물을 리모델링하는 수준을 넘어 '더 높은(High) 개성적 가치부여를 통한 공간 재탄생'을 의미한다. 거실, 주방, 안방, 서재 등 일률적으로 나누던 방식에서 벗어나 기존 공간에 새로운 기능이나 용도를 결합하는 공간하이브리드 현상이 나타날 것이다. 예를 들어 아파트의 남는 방을 게스트룸으로 만들어 게스트하우스로 활용하고, 거실을 화랑이나 뷰티크로 만들어 재택근무공간으로 활용하기도 한다. 신발장에

신발만 수납하는 게 아니라 책을 넣어두는 서재로 활용하는가 하면, 거실에 멋스러운 테이블을 두어 식탁 겸 다이닝 공간으로도 활용하는 방법도 있다. 주방에 아일랜드 식탁과 4~8인용 테이블을 놓을 수 있는 공간을 두고 물건을 수납하거나 서재로 활용할 수 있는 수납장을 곁들여 다이닝룸의 서재화를 구현함으로써, 책을 읽거나 작업 공간으로 활용할 수 있다.

다용도실은 아니더라도 사용자의 동선을 고려해 세탁, 건조, 수납, 손빨래까지 모두 한 공간에서 가능하도록 하며, 세탁물을 보관할 수 있는 공간도 포함한다. 비단 이런 극적인 변화는 아니더라도 공간에 대한 기존 상식을 깨뜨리는 현상은 지속적으로 일어나게 될 것이다.

4) 주거스타일의 분화

미래주택은 보다 컴팩트(Compact)하게 구성되어 실용적 가치를 충족할 수 있는 형태를 취하고, 개별성의 존중과 건강, 환경의 중시 등의 요구가 증대된다. 생산과 소비패턴의 변화, 세분화된 기호(taste), 가치의 다원화 등 21세기에 나타난 라이프스타일의 변화 움직임은 새로운 주거유형의 개발을 촉구하고 있다. 앞으로 장수명화(CHS), 리모델링의 용이성, 각종 성능확립기술 등이 중요한 주제가 되어 가변형 주택(Flexibbe housing), 주문형 주택, 오픈 하우징, 생태주택(환경공생주택, 친환경 주택), 건강주택, 스마트주택 등이 더욱 활발하게 전개될 것이다.

5) 쾌적성(amenity)의 추구

주택은 외기로부터 생물적 존재인 인간을 지켜주는 공간으로 출발하였다. 문명과 기술이 발전하면서 주택은 단순한 외부로부터의 보호에서 벗어나 인간에게 안락함과 편안함을 보장해줄 수 있게 되었다. 이러한 발전의 결과로서 미래에는 주거생활에 있어서 쾌적성(amenity)의 추구가 오늘날 보다 더 큰 과제로 대두될 것이다. 이제까지의 주택의 기능은 휴식, 수면, 세면, 배설, 수면, 식사, 조리와 같은 생리적인 요건과 가정간의 단란함과 이웃 간의 교류, 그리고 교육 등의 기능이 중심이었고, 생활여건의 개선에 따라 생활의 여유와 쾌적성을 가져다주는 기능은 부수적인 것으로 간주되었다. 이와는 달리 미래주택에서는 AV기기, PC관련 기기, 피트니스 시설, 유아놀이기구 등의 전용실이나 가정용 사우나실, 연회실과 같이 주거생활의 다양화와 레저화를 보장하는 주택기능이 출현할 것으로 예상된다. 시스템주방, 홈인테리어, 실내정원이나 조경 등과 같은 요소는 이미 확산되고 있다.

6) 미래주거비전을 추진하기 위한 목표

근미래에는 여성의 사회진출 증가, 노동시간의 단축, 재택근무와 자유시간제 등 취업구조의 변화, 사람들의 가치관이 다양화 되고 여가생활이 중시되며 자원 및 에너지의 유효

이용, 공해방지와 폐기물 대책, 자원재생과 같은 기술의 변화와 환경을 고려한 기술 요구 등 다양한 사회적 요구가 전개될 것이 예상된다. 또한 앞으로의 주거는 경제적 환물가치보다는 가족 간의 행복추구와 이웃 간의 벽이 없이 열린 사회생활의 편리함이 함께 하는 안정적인 주거환경이 될 것이다.

(1) 다양한 라이프스타일 대응

① 다양한 형태의 주거개념 주택 개발
② 단지형 단독주택, 타운하우스, 코하우징 등 다양한 주거 공급
③ 주택의 가변성을 높일 수 있는 가변형 주거 개발
④ 재고주택의 가격, 품질 등 정보 데이터베이스 관리시스템 개발
⑤ 유니버설디자인과 다양한 노인주거유형의 개발
⑥ 급증하는 외국인 거주지에 대한 다문화 융합형 주거 공급

(2) 빈부격차 해소, 도시주거재생

① 사회공용시설 · 사회서비스시설 등 거주자의 사회적 지원 강화
② 커뮤니티 향상을 위한 친사회 공동주거 인증시스템 도입
③ 질 높은 교외주거 개발 지원체계 구축
④ 다양한 형태의 임대주택 공급 확대
⑤ 도심 노후아파트에 대한 대책수립
⑥ 대중교통 역세권 중심지의 복합개발

(3) 유비쿼터스사회 대응, 에너지 제로, 친환경 주거

① 첨단IT기술을 이용한 감성전달기술 개발
② 커뮤니케이션 활성화 융합기술 개발
③ 인간 · 환경 · 기술 컨버전스 지능형 주택 개발
④ 친환경주거관련 기술 개발
⑤ 무부하(zero emission)주택개발 및 보급
⑥ 장수명주택 개발 및 첨단방재기술 도입

1.12.4 근미래 주거공간 트랜드

주거 트랜드를 움직이는 변수들은 다양하다. 소득수준, 일반적인 삶의 형태, 인구와 가족구성의 변화, 가치관들이 모두 그러한 것들이며, 이 같은 변수들에 영향을 받으면서 주택의 기능 및 수요와 공급이 변화하게 된다.

1) 사회현상 변화에 따른 주거형태 등장

앞으로는 다음과 같은 다양한 형태의 주거 또는 주거생활이 등장할 것으로 예측된다. 독립형 주거시설 형태로는 모빌홈(Mobil Home), 임대주택, 은퇴노인용 주거시설(Retirement Community)등이 있고, 공동생활형 주거시설 형태로는 요양원, Eco-housing, 동거주택(Cohabitation Housing), 양로원(Retirement Facility) 고령자 주택단지(Sun City, Leisure World)등이 있다. 여기에 덧붙여 도시형 생활주택, 준주택(기숙사, 고시원, 노인복지주택, 오피스텔 등), 원룸텔, 주거형 오피스텔, 고시텔, 리빙텔, Compact House, 게스트하우스, 쉐어드하우스(Shared House), 시니어하우스 등 1인 소형주택시장이 도시형 생활주택과 준주택이 제도화되면서 다양한 형태로 진화되고 있다.

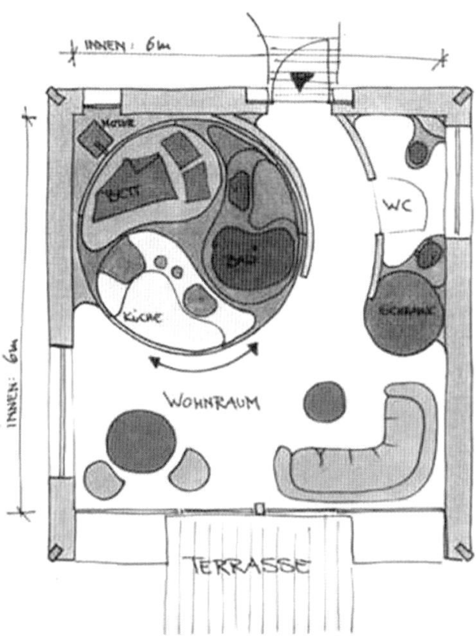

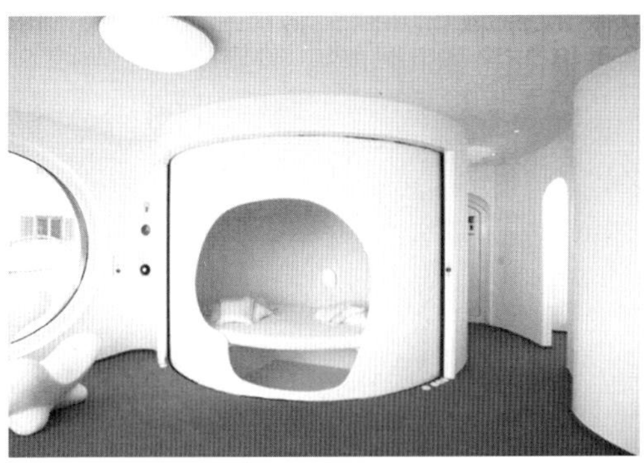

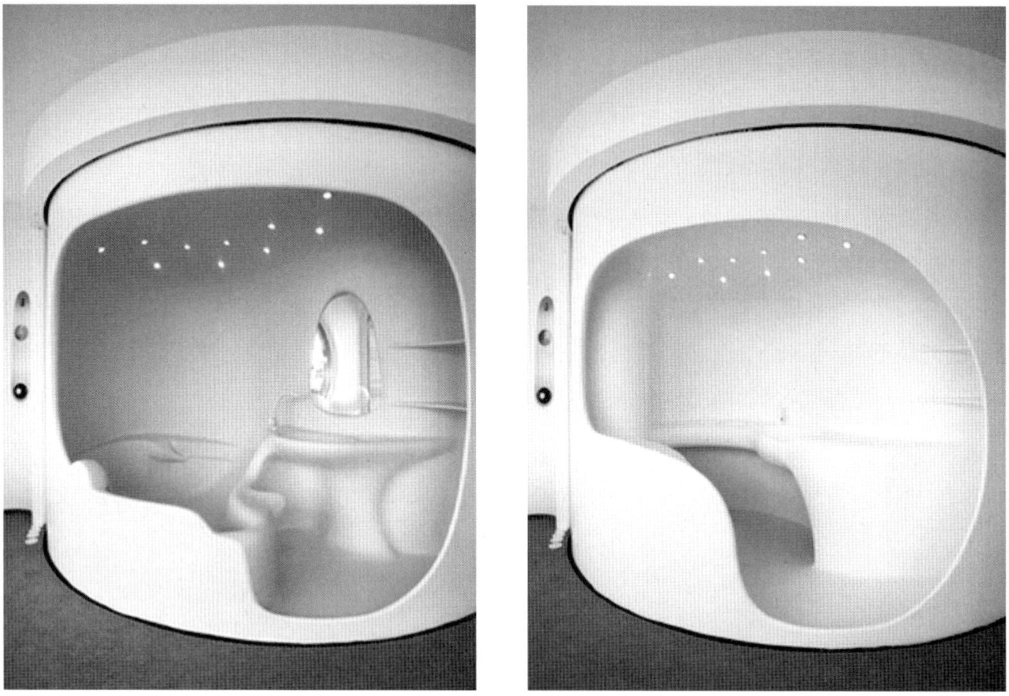

그림 1.35 장애우를 위한 욕실 디자인 사례

2) 삶의 질을 높일 수 있는 집

주거트랜드의 변화에 따라 미래주택에서는 주택의 내부공간 계획 시 삶의 질을 높일 수 있는 여가공간에 대한 배려가 있는 주택이 환영을 받게 된다. 따라서 교양, 오락, 레저, 스포츠, 취미 등의 욕구가 증대되고, 주생활에 대한 관심이 강하게 나타나, 결과적으로 서재, 오디오룸, 운동실, DIY Room, 원예실 등 다양한 시설이나 공간이 완비된 주택을 찾게 되고, 나아가 세컨드하우스에 대한 수요가 늘어날 것이 예상된다. 주방 공간에 맘스데스크(Moms Desk), 즉 컴퓨터나 각종 취미생활, 가계를 관리할 수 있는 Tool을 배치한 주부들을 위한 부엌설계가 시도된다.

3) 케어센터로서의 집

지금까지의 집이 휴식과 쉼을 위한 공간이었다면, 앞으로의 집은 저출산 고령화에 따라 집은 돌봄의 역할까지 가능하도록 발전될 것이 예상된다. 삭막한 현대사회에서 지친 몸뿐만 아니라 지친 마음까지도 돌볼 수 있는 여러 기능적, 감성적 상품들의 수요가 커짐에 따라 집은 케어센터의 기능을 대신할 수 있는 공간으로 진화될 것이 예상된다. 그리고 다양한 생활상에 대해 개개인의 요구에 적합하도록 성능수준을 자유롭게 변경할 수 있는 구조의 집을 선호하게 될 것이다. 또한 주택의 설비적 대응과 함께 의료기관과 연결된 자동건강감시시스템, 긴급통보시스템, 원격치료시스템 등이 유비쿼터스에 의해 주택에 장착되게 될 것이다.

4) SOHO(Small Office Home Office)의 확산

정보화의 진전과 이를 지원하는 IT 기술 및 산업의 발전은 주택 및 주거공간에도 여러 가지 변화를 가져왔다. 이러한 기술적 인프라가 구축되면 지능형 주택(Intelligent House)이 증가하면서 자동화주택의 개념이 확산될 것이며, 이러한 주택은 재택근무가능형 주택의 수요 증가에 따라 더욱 확산될 것이다. 도시공간의 확산과 자동차 교통이 지닌 공해문제가 심각해지면서 도심내부에 대규모 업무시설을 설치하는 것 자체가 불가능해진다. 이와 함께 직업의 변화는 물론 산업 구조도 노동집약적 산업에서 지식 집약적 산업으로 변화되고, 다양한 IT기기가 발달할 것이기 때문에 일터와 주거가 하나로 묶인 주택, 재택근무가 가능한 주택이 늘어날 것이다. 이미 이러한 경향은 두드러지면서 SOHO(Small Office Home Office)가 낯설지 않은 단어가 될 것이다.

5) 자유롭게 네트워크 접속이 가능한 유비쿼터스 환경

공동주택에서의 적용 가능한 유비쿼터스 분야는 사용자 요구에 따라 다양한 매체를 통해 제공되는 '컨텐츠'와 가전기기가 유무선으로 연결되어 다양한 홈 서비스를 제공받을 수 있는 '홈 네트워크', 가사분담, 엔터테인먼트, 홈 오토메이션 등의 기능으로 활용될 수 있는 '홈 로봇' 등의 요소로 구성되는 사이버 아파트로 진화되고 있다. 생활에 이러한 유비쿼터스 기술이 접목되면, 거주자의 가사노동에 대한 부담이 줄어들고 시간과 공간으로 인한 제약이 최소화되어 생활이 더욱 풍부하고 다양화될 것이다. 이와 같은 유비쿼터스 주택의 해외 연구 사례로는 대화형 인터페이스 단말기와 쌍방향 TV 등을 소개하고 있는 벨기에 및 네덜란드의 'Living Tomorrow'와 유비쿼터스 기술을 기반으로 주택을 구현한 일본 도요다의 '꿈의 주택 PAPI'가 있다. 도요다 PAPI에서는 각종 물품에 소형 칩을 부착해 사물 정보와 주변환경 정보를 무선주파수로 전송 · 처리하는 기술을 선보였다.

6) 최근 아마존은 주택건설업체 '레나(Lenna)'와 협업해 음성인식서비스 '알렉사'를 주택에 설치한 미래형 주택을 선보였다. 간단한 말 한 마디로 문을 잠그거나 실내 온도를 바꾸고 조명을 끄는 등 집 안 시스템을 제어할 수 있다. 레나가 설계할 미래형 주택에는 알렉사 외에도 소노스 원(Sonos One) 스피커, 링(Ring) 비디오 초인종, 스마트 잠금장치, 커넥티드 온도조절기 등 다양한 스마트홈 기술이 갖춰져 편리함을 극대화 시켜준다.

아마존은 여기에 더해 파이어 TV, 보안 카메라, 무선 주문기기 대시버튼, 프라임 음악 서비스 등 아마존 제품을 적극적으로 활용한 모델 하우스를 선보이고 있다.

1.12.5 홈네트워크 시스템

1) 홈네트워크 설비와 기술

홈네트워크는 가정 내의 정보 가전기기 및 시스템을 상호 또는 외부 인터넷상의 정보기기와 연결하여 원격 접근과 제어가 가능하고, 음악, 비디오, 데이터 등과 같은 콘텐츠를 사용할 수 있도록 양방향 통신서비스를 제공하는 환경을 말한다.

홈네트워크 주요 설비로는 가정용PC 인터페이스 설비(가정용PC, 프린터, 스캐너, 디지털설비 등), 전화설비(유선전화, 휴대폰, 인터폰 등), 멀티미디어설비(TV, 오디오, DVD, 캠코더 등), 보안시스템(동작감지기, 잠금장치, 경보설비 등), 원격검침시스템(수도, 전기, 가스 등 공공기관에서 실시하는 원격검침) 등이 있다.

홈네트워크 시장은 아파트(공동주택)를 기준으로 크게 기축시장과 신축시장으로 구분되며, 각 시장에 맞는 시스템 및 솔루션이 적용된다. 신축시장의 경우 일반적으로 시공사의 아파트 고급화 정책에 따라 적용 솔루션 및 제공 서비스가 달라진다. 기축건물 리모델링의 경우 기존 배관 · 배선을 유지한 상태에서 홈네트워크를 적용하는 경우와 일부 배관 · 배선을 추가해 구축하는 경우 2가지로 구분된다.

주택을 새로 건축하거나 기존주택을 리모델링하는 경우, 제어를 위한 배선이 벽에 설비된다. 배선은 컨트롤러에 연결되어 각종 제어를 한다. 최근에는 무선기술을 이용하는 것도 있다.

2) 홈네트워크 향후 기술 트렌드

최근 사회문제로 대두되고 있는 고령화 사회와 어린이를 상대로 한 강력범죄 등을 고려해 볼 때 원격진료(헬스케어), 위치기반 제공 서비스, 가정용 로봇, 바이오인식 등에 기반한 다양한 서비스. 특히, 치매노인, 독거노인, 어린이 및 장애인을 대상으로 한 위치기반 제공 서비스가 대표적으로 각광받는 서비스가 될 것이다.

지문인식, 음성인식, 홍채인식, 얼굴인식 등과 같은 바이오인식 솔루션도 다양한 홈네트워크 시스템과 결합하여 보안 및 출입관리 시스템에 적용될 것이다.

또한, 각 지방자치단체에서 추진중인 u-City 사업과 맞물려 홈네트워크 시스템도 아파트라는 물리적인 영역을 벗어나 주변 지역상가 및 학교, 도로교통 같은 각종 사회기반시설과 상호연동을 통해 다양한 서비스가 각 가정에 시범적으로 도입될 것이다.

1.12.6 미래주택 실현을 위한 기술항목

1) 주생활 대응 기술

(1) 정보처리 기능 확보

① 캡틴시스템(Character and Pattern Telephone Access Information Network)
가입 전화망으로 접근하여 캡틴 센터(captain center)로부터 뉴스, 일기 예보, 교육

정보, 주식 정보 등의 화상정보를 텔레비전 수상기로 제공받는 통신형태이다.

② 캡틴(Captain) 대응 각종 정보처리장치(Tele-Control)

③ Home Automation 관련기술

④ 신소재 개발 및 적용(광센서 등 각종 센서매립 콘크리트 패널, 경량고강도 박형 콘크리트 이중바닥용 패널, 전자파흡수 패널)

⑤ HBS(Hetwork Termination, Home Bus Controller Interface Unit) : 비디오텍스(텔레비전 수상기나 컴퓨터 모니터를 단말기로 이용하고, 전화망을 통해 정보센터와 연결하여 화상정보를 제공하는 시스템)

⑥ CATV[Community Antenna Television] : 동축 케이블이나 광섬유 케이블 등 광대역을 전송할 수 있는 전송매체를 이용하여 영상, 음성 등의 정보를 가입자에게 전송하는 시스템

⑦ 홈시큐리티(home security)시스템 : 주택의 방재(防災)·방범을 위한 컴퓨터시스템 등 각종 뉴미디어의 실용화에 따라 각 가정이 이들 시스템의 정보전송로를 개별로 도입하면 집안이 배선투성이가 되어버린다. 홈버스시스템은 그것을 한 줄의 선으로 연결하여 정보전송로의 효율적 사용을 목적으로 한 것이다.

⑧ 홈 리서베이션(home reservation) : 쌍방향 CATV, 비디오텍스를 이용하면 관련 정보를 화면에서 검색하여 단말기의 키를 간단히 두드리기만 하면 비행기나 열차 등의 좌석을 예약할 수 있고, 홈쇼핑, 홈뱅킹과 연동함으로써 요금이 자기계좌에서 자동으로 결제된다.

2) 건축구법 대응

① 신소재, 신구법 : Unit Prefab, 가변형 벽체를 활용한 가변성주택 시스템, 공간가변성 부여, 증개축의 용이성, 공간의 용도변경, 배수·하수·정화처리기능의 확보, 바이오테크놀러지, Bioreactor에 의한 정화조 및 쓰레기처리시스템

② 면진구법, 보이드 내진벽 등 : 보이드 슬래브, 서스펜션 플로어, 배선내장 콘크리트 파티션 등, Flexible배선 배관 시스템

③ 신섬유재료, 신금속재료, 뉴세라믹 소재, 기능성고분자재료, 대단면집성재, 초치밀콘크리트, 레진콘크리트, 잘 더렵혀지지 않는 내·외장재, 청소하기 쉬운 내·외장재 등

④ 초경량골재 콘크리트, 초고강도 경량콘크리트, 고강도 강재보강 콘크리트, CFRC(섬유보강 콘크리트), 콘크리트충전 강관구조(CFT), Flat Slab(무량판)구법, 방화용 세라믹코팅 콘크리트, 고내화콘크리트 등

제 2 장

리모델링 사업관리

Remodeling

2.1 일반사항

2.1.1 리모델링사업 개요

1) 리모델링사업의 시장 형성

국내 · 외 건설경기 침체와 저성장 시대의 돌입, 신규시장 개척의 필요성 등 경제 · 사회적인 환경변화는 건설산업의 변신을 요구하고 있다. 즉 건축물에 대한 소비자 의식은 저비용 · 고효율화를 추구하고 기존 건설시장에서 중점적으로 추진하고 있는 신축 및 재개발사업에 대한 기대수익은 한계에 부딪혀 점차 다른 사업으로의 전환이 불가피한 실정이므로 건축 리모델링 사업은 점진적으로 시장형성기에 진입하고 있는 단계라 할 수 있다. 이제까지 우리나라는 경제발전과 더불어 지속적인 주거 안정정책으로 신규주택의 공급 확대에 비중을 두었으나 주택보급률이 100%를 상회하면서 지금까지 소홀히 다루어졌던 기존의 노후 아파트 관리가 중요한 영역으로 부각되었다.

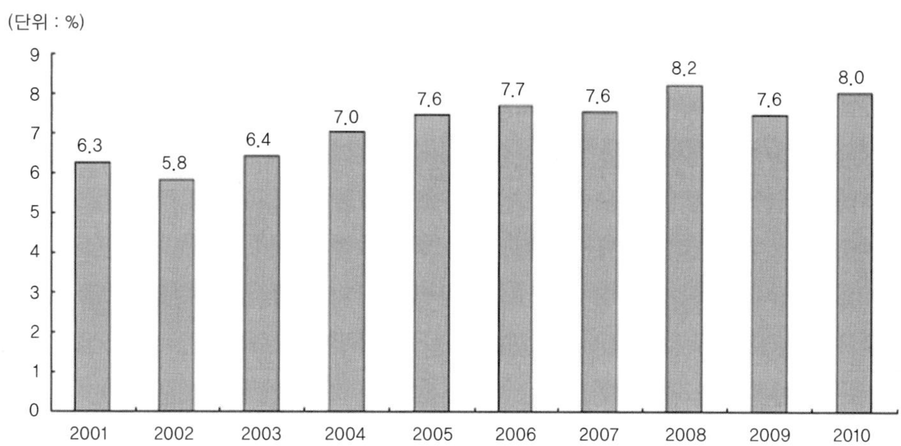

주 : 건물건설투자액(불변)대비 비중임

그림 2.1 리모델링 시장

1980년도 후반기 5공화국 공약사항인 주택 200만 호 건설을 추진하면서 짧은 기간에 대량 건설한 고층아파트는 재건축을 통해 주거환경의 변화 욕구를 충족시키기에는 경제성이 없어 향후 추진이 어려울 것이며, 환경문제와 자원 및 에너지 효율적 이용 등 정부의 적극적인 개입과 주민의식 전환으로 선진국의 경우와 마찬가지로 국내에서도 기존의 건물을 리모델링하여 재활용하는 방안이 더욱 중요할 것으로 예상된다.

2) 해외 리모델링 정책 및 관련 기술 동향

우리나라는 선진국들의 연구결과와 관련 정보들을 연계 또는 발전시켜 우리나라 실정에 맞는 리모델링 설계기준 및 체크리스트를 개발할 필요가 있다.

① 일본은 1984년에 일본주택리폼센터가 발족되어 많은 연구를 해왔으며, 일본의 건축물 설계기준안을 기반으로 구조안전성, 환경쾌적성, 경제적 평가 등을 시행하여 건축물의 객관적 평가와 리모델링시장의 활성화에 도움을 주었다. 도시기반정비공단에서는 임대아파트를 대상으로 시범 리모델링을 시행하고, 전문협회를 두어 데이터 축적 및 전문가 육성을 하고 있다.

② 유럽의 경우 CIB(국제건축연구정보회의)의 W-70위원회(maintenance and modernization)에서 많은 연구를 하고 있는데, 미국은 리모델링사업 시행에 있어 민간주도적 특징을 보이면서 민간단체가 많은 역할을 담당한다.

디벨로퍼(developer)에 의한 리모델링 발주가 많은데, 이들은 노후건물을 인수하여 리모델링을 하고 임대 또는 매각형식으로 사업을 한다.

미국의 많은 건축회사는 직원의 30% 정도가 리모델링 관련 업무를 수행하고 있으며 건축, 인테리어, 엔지니어링, 건설사업관리, 파이넨싱 등의 인력이 복합적으로 구성되어 있는 것이 특징이다.

③ 영국은 주택법에 의하여 개량지역으로 지정된 지역의 주택 개·보수 시 50~75%의 보조금을 지원하며, 프랑스는 자가 주택 리모델링 시 20~30%의 주택개량 보조금을 지급하고 있으며, 독일이나 영국은 보조금 지급제도는 없으나 저금리 공적 융자제도와 세제상의 지원제도를 두고 있다.

④ 홈 매니저(Home-Manager)는 기존의 주택관리서비스가 개별 주거관련 서비스를 제공하던 것에서 더욱 진화 발전해 3대 서비스 즉, 임대중계, 시설관리(전기, 집수리 등), 생활코디(세탁, 식사 반찬배달 등)를 종합적으로 제공하는 전문기술자이다. 주거와 관련된 임대 문의-접수-담당자 연결-세부사항 상담-계약조건 협의-계약 체결-입주전 사전 준비-입주 등 Total service를 제공한다. 이 밖에 리모델링 수준을 넘어 기존 공간에 개성과 가치가 부여된 공간재활용 서비스를 업으로 하는 분야가 등장할 것으로 예상된다.

⑤ 미국에서는 고객을 위한 주거계획 서비스를 제공하는 업체가 많다. 이 서비스는 건축디자이너들과 연계한 팀을 통해 고객의 Life Style, 디자인 취향 및 재정상황까지 종합적으로 고려하여 가장 적합한 주거계획을 세워주는 과정을 포함하고 있다. 이밖에도 더욱 세분화 되어 고객맞춤 페인팅서비스나 고객맞춤 지붕을 설계 제작 시공해 주는 서비스를 제공해 주는 업체들도 있다. 특히 일본의 경우 보험, 법률, 토지, 공사비 등 다양한 정보를 공개하여 고객이 상담에 응할 수 있도록 각종 상담 서비스를 제공한다.

표 2.1 부동산 및 주택에 대한 유럽과 한국의 문화적 인식 차이

구분	유럽	한국
① 집에 대한 개념	• 거주공간 개념으로 주로 임대거주 형태임.	• 주거보다는 투자와 소유 개념으로 주로 분양 또는 전세거주형태임.
② 부동산 투자 개념	• 기존 건물의 리모델링으로 임대수익 개념 • 주택은 저층이고 임대 개념으로 부동산 투자대상이 아님 • 실거래가 개념 • 부동산 투자대상은 상가나 오피스	• 신축으로 분양수익 개념 • 주택은 고층이며 분양수익 개념으로 부동산 주요 투자대상임. • 기준시가 및 실거래가 개념 • 부동산 투자는 대부분 아파트 또는 일부 상가
③ 부동산 투자시 세제 차이	• 부동산 투자수익 발생시 대부분 세금으로 환수	• 부동산 투자 수익시 적용 방식에 따라 세금환수의 한계 • 다주택에 한해 일부 중과세
④ 부동산 투자에 대한 사회적 인식 차이	• 부동산 투자로 돈을 번다는 사회적 인식이 없음. • 기존 건물에 대한 선호 • 대규모 택지개발 등에 사회적 선호 미흡	• 부동산 투자로 돈을 번다는 사회적 인식 • 신축 건물에 대한 선호 • 대규모 택지개발 등에 대한 사회적 신호

3) 선진국 리모델링시장의 특징 분석

(1) 선진국 시장의 동향

① 1997년 현재 서구 유럽 15개 국가의 리모델링 시장 규모는 전체 건설시장에서 평균 44% 내외를 차지하고 있으며, 지속적으로 상승하고 있다.

② 북유럽(덴마크, 노르웨이, 스웨덴, 핀란드 등)의 경우 전체 건설시장의 60% 이상, 캐나다의 경우에는 약 58.6%를 리모델링이 차지하고 있다. 1996년도에 유럽의 건설시장은 0.4% 감소하였지만 리모델링 시장은 1.6% 증가했다.

③ 독일의 공동주택 리모델링은 이미 Passive 기술의 상용화 단계이며, 매년 독일 전체 건축면적의 1%가 저에너지 그린 리모델링으로 진행중이다. 2020년 2% 시장 점유 및 2050년 전체 기존 주택의 그린 리모델링으로의 전략을 수립하고 추진중에 있다.

④ 선진국 모델링시장은 내부시설물이나 설비성능 향상뿐만 아니라 내부 벽체 제거 또는 위치변경, 발코니 부가, 창고건물의 주택화, 엘리베이터 설치 및 이동, 공동주택의 각동 입구의 개성화 등 다양한 유형을 보이고 있다. 주택내부 주거의 수직·수평통합 외에도 증축, 종합주거환경 개선, 단지별 리모델링이 이루어지고 있다.

(2) 미국의 리모델링시장 분석

① 미국 건설산업계에서는 1990년대를 리모델링 시대라고 부를 정도로 지난 10년간 리모델링이 전체 건축시장에서 차지하는 비중이 급증하였다.

② 1998년 미국 국내건설의 리모델링이 차지하는 비중은 약 31.7%에 이르렀는데, 이 중 상업용 건물 리모델링이 11.5%였다. 상업용 건물 리모델링 대상 중에는 사무실이 33.6%로 가장 많았고 쇼핑센터 16.6%, 호텔이 11%로 뒤를 이었다.

③ 리모델링 종류에는 건물 자동화, 유지보수, 인터넷전화 연결선 업그레이드가 가장 많았으며, 주택 리모델링 중 60%가 수도가스관, 바닥수리 등 보수를 위한 것으로 나타났고, 리모델링 계획의 75%가 지속적인 보수에 초점을 둔 것으로 나타났다.

④ 미국 주택의 평균나이가 32년을 넘어섰고, 대대적인 보수가 필요한 시기를 넘어섰다.

⑤ 미국 시장의 다른 특징으로는 수익성 측면의 용도변경 리모델링이 증가추세이며, Green Remodeling, Energy Efficiency Retrofit 등의 친환경, 에너지절감 리모델링의 비중이 꾸준히 증가하고 있다.

(3) 일본의 리모델링시장 분석

① 일본의 경우 1995년 건설시장의 15%에 그쳤던 리모델링 시장이 2000년도에는 30%에 이를 만큼 급성장하여 신규 건설시장을 대체할 정도였다.

② 일본은 종합건설업체와 설계사무소 및 부동산업체는 주로 비주택 부문을 중심으로 리모델링이 활성화되기 시작하였는데, 일본 건설성의 1995년 기준에 의하면 일본의 주택 대 비주택 리모델링 시장의 규모는 37 : 63 수준이었다.

③ 주택업체, 리모델링 전문업체, 자재업체 등은 주택시장을 중심으로 사업을 전개하고 있다. 주택에 특화된 업체 중에서도 주택업체와 리모델링 전문업체들은 단독주택에 특화하는 반면, 전문건설업체는 공동주택에 참여하는 비중이 높은 편이다.

2.1.2 리모델링시장 분석

1) 리모델링 시장 변화 요인

(1) 앞으로 시장동향은 재건축공사에서 개·보수공사 방향으로의 전환과 건축물 단위 공종별 보수에서 종합 공종 보수로 바뀌고 있으며, 재건축이 불가능한 건물의 리노베이션 수요 및 노후한 건물의 Intelligent화 하려는 수요, 아파트를 재건축하지 않고 유지·보수만 하려는 수요가 맞물려 향후 급진적인 시장 성장이 예상된다. 또한 정보화 사회, 쾌적화 및 공간활용 욕구의 변화 등 기존 건축물에 대한 사회적 요구 기능이 변화하고 있으며, 최근 건축물에 대한 사용자의 사회적 요구 기능, 예를 들면 정보화 사회로 인한 IBS(Intelligent Building System), HA(Home Automation) 등에 필요한

정보통신 인프라 구축의 요구, 건물 사용자들의 공간에 대한 활용욕구 증대와 쾌적한 환경의 요구, 사용자들의 life style 및 life cycle 변화에 따른 개성적이고 다양한 공간표현에 대한 요구가 발생하고 있다.

(2) 기존 건축물에 대한 사회적 요구기능이 날로 증가하고 있는 것도 리모델링 시장을 증대시키는 주요 요인으로 작용하고 있다. 통상적으로 사회변화 속도가 빠를수록 건축물에 대한 요구기능도 빠르게 변한다. 오늘날 건물에 따른 요구기능은 다양하고 하루가 다르게 높은 수준으로 변하고 있다. 건물의 구조를 보강하고 방재, 방범기능을 향상시켜야할 뿐만 아니라 노약자 보호 및 환경친화적 수요 등도 과거보다 더욱 커지고 있다. 또한 정보화, 쾌적성 향상, 그리고 이미지 향상 등을 위한 다양한 수요가 지속적으로 발생하고 있다. 건물의 에너지 효율성을 높이는 활동도 이러한 범주에서 이해할 수 있다. 이 밖에 건물의 기능유지를 위한 설비의 갱신, 안전 확보, 방수성능 확보 및 오염제거 등에 대한 요구도 끊임없이 발생한다. 건물을 허물고 새로 짓지 않고, 개보수를 통하여 이러한 요구기능을 충족시키는 경우 보다 적은 비용으로 보다 짧은 시간 내에 효과를 달성시키는 이점이 발생한다.

(3) 유럽 19개국과 일본, 한국 등 21개국의 1 인당 GDP와 전체 건설시장에서 리모델링이 차지하는 비중을 비교하면, 현재까지는 우리나라 리모델링 시장의 비중은 유럽 국가들에 비해 상대적으로 증가율이 낮다. 우리나라 건설시장은 상당기간동안 신축과 재건축 수요가 이어지면서 리모델링 수요가 동시 병행적으로 나타날 것으로 예상된다. 또한 건설부문의 21세기는 양적 공급시대에서 질적 개선시대로 전환될 것이 명확하기 때문에 신축 수요의 성장률 보다는 리모델링 수요의 성장률이 더 클 것으로 예상된다. 따라서 건설시장에서 리모델링이 차지하는 비중과 중요성은 지속적으로 커질 것이다.

(4) 리모델링이 활성화 되어있는 선진국의 경우 대부분 다양한 지원제도들이 시행되고 있다. 미국의 예를 살펴보면, 미국연방정부는 건물성능개선에 매년 약 80억 달러를 투자하여 50만개에 이르는 연방정부건물에 대해 연차적으로 대대적인 리모델링을 실시하고 있다. 건물성능개선에 관련되어 프로그램을 운영하고 있는 정부기관도 에너지부(DOE), 주택도시개발부(HUD), 조달청(GSA)은 물론 국방부(DOD)와 환경청(EPA)에 이르기까지 광범위하고 전문인력도 충분히 확보하고 있다. 이밖에도 주정부와 각종 지방정부를 포함하여 리모델링 수요의 상당부분을 정부가 담당하고 있다.

(5) 사회적인 관점에서 보면 오랜 기간 동안 사용가능한 건물을 조기에 허물고 새로 짓는 것은 낭비를 초래한다. 또한 건축 폐자재의 처리문제는 이미 사회적으로 감당하기 어려운 높은 비용을 요구하고 있다. 이러한 요인들은 결국 정부가 적극적으로 리모델링 활성화 정책을 구현하지 않으면 안 되는 이유가 되고 있다. 건축물의 리모델링 사업이

효과적으로 추진되어 파급효과를 발휘하기 위해서는 무엇보다도 정부의 선도적 역할이 가장 중요하다. 법 규정을 개선하고 각종 지원정책을 수립하고 사업주체로서 리모델링 산업을 이끌어 나아가야만 한다. 이를 위해 정부의 자원절약 및 폐기물 축소정책, 지구온난화 방지협약에 의거 에너지 절약형 빌딩으로의 전환, 리모델링을 위한 개·보수 자금 저리융자정책 및 기존건물의 용도변경이 쉬워지게 된 건축법 개정 등의 적극적인 정책에 따라 리모델링 시장은 큰 폭으로 신장될 것으로 전망된다.

(6) 기후변화협약 같은 환경정책의 변화로 기존 건축물에 대한 에너지 고효율화의 필요성이 제기되고 있다. 2018년 기후변화협약의 본격적인 발효에 대비하여 정부가 건축물에 대한 에너지 고효율화 정책을 추진함에 따라 건축물에 대한 에너지성능 개선, 공동주택의 난방에너지절약, 건축물의 가치상승과 수명의 유지 및 장기화를 위해 신축건물을 비롯하여 기존 건축물을 에너지절약형 건물로의 전환이 요구되고 있다.

2) 리모델링 목표시장 확대

노후건축물 증가로 국내 리모델링 목표시장이 확대되고 있다.

표 2.2 리모델링 시장의 전망 (단위 : 억원)

주택유형 \ 리모델링	1단계(25%)	2단계(50%)	3단계(95%)
단독주택	103,908	207,816	394,850
아파트	223,984	447,968	851,140
연립주택	13,782	27,564	52,371
다세대 주택	34,110	68,220	129,618
비거주용 건물내 주택	4,140	8,280	15,731
합계	379,924	759,848	1,443,710

출처 : 리모델링 시장의 가치와 전망(조용경)

우리나라는 지난 30~40년간 고도 성장기를 거쳐 오면서 엄청난 건축물 재고를 축적하여 왔다. 재고 건축물의 축적은 단순히 건물의 재고가 늘어나는 것만을 의미하지 않고 노후 건축물이 동시에 늘어난다는 것을 의미한다. 이런 측면에서 리모델링 수요는 기간이 경과할수록 노후 건축물의 재고가 늘어나면서 더욱 증가할 것으로 전망된다. 선진국은 전체 건축시장에서 리모델링이 50%내외 차지하고 있으며 리모델링 비중이 지속적으로 증대되고 있다. 2025년 기준으로 건설비용 측면의 산업 규모를 대상 주택수의 10%만 리모델링 사업을 실시할 경우 공사비는 상기 표 2.2와 같이 추정할 수 있다.

3) 리모델링시장의 성장 요인

리모델링시장은 선진국에서는 총 건설시장의 40~50%에 이르나 국내에서는 총 건설투자의 10% 미만으로 추정하고 있다.

표 2.3 건축물 리모델링 시장 예측(2005년 불변 기준)

구분	리모델링		주거용 리모델링		비주거용 리모델링	
	금액(조원)	비중(%)	금액(조원)	비중(%)	금액(조원)	비중(%)
2010	7.0	8.0	0.5	1.4	6.5	12.5
2015	9.0	8.4~8.5	0.7	1.3~1.4	8.3	14.5~15.4
2020	10.4	8.9~9.5	0.8	1.4~1.5	9.6	15.8~17.1

그러나 결국 국내의 리모델링 수요도 빠른 속도로 성장할 것으로 전망하고 있으며, 이러한 리모델링 수요 및 성장의 주요 요인은 다음과 같다.

(1) **노후 건축물의 임대 부진 대응** : 신축 건물의 임대 · 공급이 과다하여 노후건물의 임대가 부진해지고 신축건물과 임대 유치경쟁에서 불리하다.

(2) **디지털 사회에 대응** : 초고속 정보통신과 디지털 사회에 대응하여 건축물의 정보통신 기능을 새로이 확충할 필요가 높아지고 있다.

(3) **인텔리전트빌딩 시스템에 대응** : 빌딩자동화 시스템, 사무자동화 시스템, 최신 정보통신 시스템 등을 건축환경적 측면에서 유기적으로 통합하여 구현한 빌딩으로 개조한다. 최근에는 방재방범기능 향상, 노약자 보호 및 환경친화적 니즈, 에너지 절약, 쾌적성 향상, 이미지 향상 등 다양한 측면에서 발생하고 있다. 그리고 사회적인 관점에서 보면 장기간 사용 가능한 건물을 조기에 허물고 새로 짓는 것은 국가적인 낭비를 초래한다. 또한, 건축물 폐자재의 처리문제는 이미 사회적으로 감당하기 어려운 높은 비용을 요구하고 있다.

(4) **방재, 안전성 측면 대응** : 오래된 건물에 대한 방재, 안전에 대한 수요가 커짐에 따라 건물 내 정보시스템을 도입하여 방재, 방범 시스템을 설치하고 외벽이나 내장재를 불연재로 교체한다. 건물 소유자 입장에서 보면 리모델링은 재건축에 비하여 적은 비용의 투입을 요구하는데, 통상적으로 신축에 비해 1/3내지 1/2정도 수준이다.

(5) **쾌적성 향상 대응** : 화장실, 욕실처럼 물 사용과 관련된 환경 및 실내 온 · 습도 등 공기환경이나 음환경 등의 개선 및 흡연공간을 분리 · 설치한다. 리모델링과 관련된 정책 지원 내지 개선방안으로는 조세 및 금융상의 지원, 건축규제의 완화, 리모델링 발주 및 산업정책 등이 있다. 리모델링이 활성화되어 있는 선진국의 경우도 대부분 이와 관련된 정책 방안을 시행하고 있다. 우리나라도 향후 건축물 리모델링의 활성화를

위하여 다양하게 제도적 규제완화와 지원이 증가할 것으로 예상된다

(6) **에너지절약 대응** : 기존 건축물의 에너지절약을 위한 개수 수요 증대로 건물 내 각종 에너지 관련기기 및 설비의 고도화를 유도하고, 단열재 설치 및 건물증축 시에는 자연 에너지 이용을 확대하기 위한 설비를 설치한다.

4) 리모델링시장의 경쟁력 전망

(1) 미래건설산업 경쟁력의 핵심은 신속한 생산속도, 생산가격 및 품질에 있다. 그렇다면 정보화 추세가 건설산업, 특히 생산과정과 생산방법 및 생산관리에 어떤 영향을 주게 되며 또 건설산업의 경쟁력과 자동화 및 표준화가 어떤 상관관계에 있는지 살펴볼 필요가 있다.

(2) 21세기에는 건설수요의 양적 성장 한계와 함께 질적 내용도 크게 변화될 전망이다. 경제발전의 진전과 함께 새롭게 요구되는 건설수요가 나타나는 한편 수요자는 더욱 더 다양하고 세분화된 요구를 하게 될 것이다.

(3) 과거에 전혀 없던 새로운 건설수요가 생겨나고, 기존의 수요에 새로운 소비자의 욕구가 다양하게 부가되거나 변화되는 형태로 나타날 가능성이 높다. 이러한 건설수요의 질적 내용 변화에 민감하게 부응하지 못하는 건설기업들은 시장에서 생존하기 어려울 것이다.

5) 리모델링 사업의 특성

항 목	내 용
① 저비용	토공사, 골조공사 및 보존부위에 대한 공사비 투입이 거의 없어 신축에 비해 현격히 줄어든다(리모델링 공사비용은 평균 신축의 1/3 수준).
② 신 이미지 창출	건물을 헐지 않고도 미관상 좋지 않은 부분이나 오래된 부분을 자신의 개성에 맞도록 새롭게 단장 할 수 있다.
③ 재산가치 상승효과	새로 단장된 건물은 편리성, 기능성, 미적 가치가 증대되어 부동산 가치를 높일 수 있다.
④ 법적용 혜택	구건물 신축 당시의 건축법이 적용되므로 건물 규모에 전혀 손댈 필요가 없다.
⑤ 공사조건 유리	공사제약조건이 적고, 공사기간이 짧고, 소음 등 이웃에게 주는 피해가 적어 각종 민원을 예방할 수 있다.

6) 리모델링시장의 공급구조 특징

① 리모델링 사업 참여자의 증대

② 다양한 분야의 사업자 참여

③ 소수의 대기업과 다수의 소기업의 공급자 구조 형성

④ 시장 진출입 자유로움

⑤ 대형 업체와 중소 업체간에 물량 규모별로 분리된 시장구조 형성
⑥ 지역단위에 뿌리를 둔 소기업이 리모델링 공급시장의 절대 다수
⑦ 장기적으로는 명성도와 서비스의 질에서 우위를 갖는 대형 리모델링 업체 출현

7) 향후 리모델링 분야의 산업구조 전망

① 기존의 대형 일반업체 중 리모델링 분야 선두업체 출현
② 현재 주택업체의 대부분은 주택리모델링 시장에 진출
③ 전문분야의 시공기술력을 기초로 전문업체의 리모델링 시장 진출 확대
④ 리모델링 전문업체의 출현
⑤ 자재 업체의 리모델링 시장 진출
⑥ 대형 업체와 중소 시공업체 간의 리모델링 프랜차이즈 망 형성
⑦ 설계, 엔지니어링 업체의 리모델링 설계, 감리, 컨설팅 시장 진출 확대
⑧ 리모델링 정보, 컨설팅 시장을 공략하는 부동산, 온라인 벤처업체의 출현
⑨ 리모델링 금융 서비스, 관리업체의 출현
⑩ 유지관리 전문업체의 성장과 대형화

2.1.3 리모델링사업계획 검토 프로세스

1) 사업기획단계 시 검토사항

리모델링사업에는 상당히 큰 투자액이 요구되므로 자금계획 및 리모델링 후 건물의 평가가 중요하다. 따라서 일종의 투자로써 예산관리자나 건축주가 납득할 수 있는 계획내용이 요구된다. 리모델링에는 기존 건축행위에서 발생하지 않는 여러 가지 제약요인과 서로 다른 건축행위가 많다. 따라서 리모델링사업은 기존 건축물의 제약요인과 문제점을 사전에 충분히 검토하고, 이를 토대로 사업성 분석, 사업계획 수립, 설계 등이 제대로 이루어져야 성공할 수 있다.

표 2.4 리모델링사업 기획단계별 분석내용

구 분	분석내용	
사업계획 수립	① 동기의 적합성	② 사업의 투자 타당성 분석
발주자 의도 파악	① 발주자 의도와 현재 여건 분석	② 발주자의 경제적 규모
투자가치 효율성 분석	① 투자의 타당성 분석	② 대안별 투자비 분석
리모델링 범위 설정	① 내부 인테리어 수준 ② 외장, 내장 및 전기설비공사 수준	③ 내·외장과 구조변경 및 증축 수반 수준
리모델링 방식 설정	① 리모델링 단계에 맞는 방식 결정	② 리모델링 유형과 규모에 맞는 방식 설정
현장조사	① 입지분석 ② 건물현황조사 ③ 관련법규 검토 설정	④ 건물관리상태 조사 ⑤ 예비구조진단 기획방향

표 2.5 리모델링 사업단계별 주요 검토 내용

기획단계	대상건축물 파악	개발이용 목적 파악
		개발가능성 여부
	예비조사	주변 입지여건 파악
		대상건물 상태조사
		기존도면 유무 검토
	사전조사 및 진단	구조물 상태에 따른 보수 보강범위 설정
		각종 전기 설비류의 노후도 조사
	리모델링 규모 및 기본방향 설정	발주자의 의도 수렴
		사업규모 및 방향 결정
설계 및 사업비 분석단계	기본설계 및 기본사업비 예상	인 허가 및 관련법규 검토
		예산규모 예상 세부설계서와 공정표작성
	건축신고 및 허가	허가도면 및 서류준비
		신고 또는 허가(용도변경 포함)
	실시설계 및 리모델링견적	외장 및 구조물 보수 보강 규모 확정
		실행사업비 견적
공사실행단계	공사계약 체결	적격업체 선정
		공사계약 체결(설계변경 사항 등 포함여부 결정)
		세부설계서와 공정표 작성
	공사착공 및 준공	설계변경에 의한 공기연장 검토
		하자보수 등 사용승인후 처리문제 정리

2) 리모델링사업의 경쟁력 확보 방안

① **공기단축** : 리모델링 건설공사는 공사기간이 짧아 신축에 비해 수익발생 시점이 빠르다. 따라서 단시간에 양질의 품질을 보증할 수 있는 다양한 노력이 필요하다.

② **진단의 정확화** : 리모델링은 기존 건축물의 골격을 그대로 유지한 상태로 진행되므로 기존 건축물에 대한 구조, 설비, 에너지 효율성 등의 진단을 실시하게 되는데 진단의 정확성 유무는 리모델링사업의 기본방향 설정과 공사비에 결정적인 영향을 주게 된다.

③ **사업타당성 분석** : 정확한 사업타당성 분석능력 구비가 필수적이며, 영업활동에 있어서도 발주처의 이해와 결정을 돕는 상승효과를 거둘 수 있다.

④ **시공기술력** : 리모델링공사는 신축과 달리 밀폐된 공간에서 기존 입주자가 상주하는 상태에서 부분적 공사를 수행해야 하기 때문에 이에 대한 특별한 기술력 확보가 매우 중요한 경쟁력이 된다.

3) 사업성 검토 프로세스

공동주택 리모델링 사업성은 투자 대비 가치향상이며, 이는 기대수익률로 표현될 수 있다. 가치향상은 가격 상승과 성능향상으로 표현될 수 있다. 사업성 영향요인은 대표적으로 지역, 용적률, 건폐율, 증가 세대수, 세대분할 가능 세대수, 주차장 등이라고 할 수 있다.

(1) 사업성 검토 프로세스

항목	내 용
NPV (Net Present Value)	편익의 현재가치－비용의 현재가치＝순현재가치 '순현재가치＞0'이면 타당성 있는 사업으로 판단
IRR (internal rate of return)	여러 개의 투자안이 있을 때 투자에 관한 의사결정에서 내부수익률과 자본 비용을 비교하여 수익률이 높은 쪽으로 투자를 결정하는 것

(2) 사업타당성 검토(경제적 분석)

총 사업비 구성

도급 공사비
- 건설사에게 지불하는 비용/계약면적으로 계산
- LTV범위 내에서 집단 대출가능/과다채무시 2금융권 활용
- 안전진단 2차 완료 후 최종 결정
- 공사여건과 수준에 따라 차이가 큼

+

조합 사업비
- 사업을 위해 발생되는 간접비용
- 조합원이 조합에 납부하는 비용
- 조합운영비, 감리비, 인허가 비용
- 민원, 영향평가, 감정평가, 소송, 분양경비 등

+

이주비
- 이주 시 조합원의 전, 월세 편의를 위한 비용
- LTV범위 내에서 집단 대출가능
- 입주 시 상환

+

이주비 금융비용
- 이주비 사용기간에 따른 이자
- 이자 후불제로 입주 시 정산
- 입주 후 장기저리로 전환

+

중도금 금융비용
- 도급공사시/사업비 대출에 의한 이자
- 계약금 10%, 중도금 60%, 잔금 30% 기본이나 계약금 10% 후 이자 후불제로 입주 시 정산
- 입주 후 장기저리로 전환

그림 2.2 사업 타당성 검토항목(경제적타당성 검토)

(3) 사업타당성 검토(공사비 분석 사례)

공사명	비율(%)
공통가설	4.54
건 축	50.8
토 목	5.54
설 비	8.94
전 기	9.54
조 경	2.18
안 전	1.62
경 비	7.9
경 상 비	8.93
합 계	100

건축공사명	비율(%)
철거 및 보강	16.82
파 일	14.56
철근콘크리트	21.46
조 적	1.94
미 장	4.63
방 수	1.01
타 일	2.07
석공사	2.27
목공사	3.78
단 열	0.37
창 호	11.91
유 리	0.37
수 장	3.09
도 장	0.9
잡공사	6.84
가구공사	7.99
합 계	100

그림 2.3 사업타당성 검토항목(공사비 분석 사례)

4) 리모델링 프로세스별 핵심사항

(1) 투자대상 설정

① 사업환경 분석 : 입지특성 및 주변 여건분석, 관련법규 및 제약 요인(용적률, 고도제한, 주차장 등), 주변 건축물과의 경쟁 분석, 내부요인 분석(사업현황 및 개발계획 등)

② 시장조사 : 상권특성 분석, Client Objective(건축주 목표), Tenant Objective(세입자 목표), 부동산 정보(임대료 수준, 공실률 등)

(2) 투자가치 평가

① 개발 시설물 도출 : 유치 업종, 업태, 시설 등

② 업종/업태별 타당성 분석 : 시설 연계 효과 및 성장성, 개발리스크, 테넌트 유치 가능성, 입지 및 시설 경쟁력, 수요 분석 등

(3) 대상건물 가치평가

① 리모델링 개발 컨셉 결정

② 개발 방향 수립, 업종/업태 mix 개발 컨셉, 최적임대공간 확보

5) 사업성 평가의 애로사항

① 오피스 리모델링 사업규모가 크게 증가할 것으로 예상되지만 추진전략 수립을 위한 프로그램이나 데이터베이스가 구축되지 못한 상태에서 빌딩 소유주에게 사업추진의 필요성을 설득하기가 쉽지 않다.

② 공동주택의 리모델링사업은 제로베이스에서 시작하는 신축설계와 다른 각도에서 주거공간의 성능개선에 필요한 건축설계 및 엔지니어링기술의 적절한 선택과 이에 따른 응용기술이 필요하다. 또한 다양한 리모델링 여건에 대처할 수 있는 설계기술과 사업성 평가기술 개발이 요구된다.

③ 리모델링 사업추진이 확정되기 전에 과도한 비용과 시간, 기술이 소요되는 사업타당성 분석을 충분히 수행할 수 있는 시스템과 컨설턴트가 부족한 상태이다.

④ 건축계획 초기단계에서 건축주가 직면하는 최대의 불확실성은 자금조달 및 기대이익 등과 관련된 투자리스크이다. 초기단계에서 예산은 두 가지 방법으로 제시된다.
첫째는 건축주가 건축을 위해 투자할 수 있는 최대 예산을 제시하는 경우이고, 둘째는 건축주가 특정규모의 건물을 건축하기 위해 어느 정도 예산이 소요되는가를 파악하는 경우이다. 이때 컨설턴트는 제한된 예산으로 건물의 Life Cycle에 걸쳐 기대이익을 최대화시킬 수 있는 조건을 제시해야 한다.

6) 사업계획 참여자의 갈등 해소

사업계획의 기본 요구조건은 참여자의 업무영역에 따라 달라진다. 건축가가 제시하는 요구조건은 건축적 작품으로써의 형태나 미적 우수성에 치우치는 반면, 견적업무 담당자는 의뢰자가 제시한 예산범위 내로 비용지출을 한정하기 위해 비용에 편중되는 경향이 있다.

① 건축주(Client) : 투자, 생산성, 내구성, 시장성, 유지관리비, 위신 및 명성의 충족

② 설계자(Designer) : 창조성, 명성, 성능, 시공용이성

③ 건설업자(Builder) : 품질 확보, 이윤, 작업의 계속성

(1) 건축가는 많은 설계대안을 마련하고, 비교하기 위해 각 대안의 시공에 필요한 공기와 공사비, 운영비와 보수비, 철거비까지 실시간으로 산정할 수 있어야 한다.

(2) 건축가는 웹상에서 건축물의 내부와 외부를 3차원으로 탐색하면서 여러 가지 설계 대안을 보거나 사용자가 원하는 실내구성을 할 수 있는 가상현실(Virtual Reality) 기법을 활용하여 프로젝트 관련자들과 커뮤니케이션을 할 수 있어야 한다. 설계정보화는 설계단계에서 시공방법을 가상의 공간에서 시뮬레이션해 볼 수 있도록 해 주기 때문에 시공단계에서 발생되는 재시공 부분을 상당 부분 감소시킬 수 있다.

(3) 참여자들이 목표로 하는 점은 서로 상반되기 때문에 사업계획과정의 가치체계는 각 집단의 가치가 균형을 이루는 상태에서 형성되어야 한다.

(4) 사업계획과정에서 가치상의 갈등은 건축주로 하여금 ①목적을 재고하게 하고, ②새로운 정보를 더 잘 받아들일 수 있도록 하고, ③대안을 재검토하게 하고, ④기존의 대안을 수정하게 함으로써 해소될 수 있게 한다.

7) 리모델링사업 추진상 변수

리모델링공사가 신축공사와 크게 다른 점은 불확실성이라 할 수 있다. 리모델링은 현존하는 노후건축물을 대상으로 하므로 예상치 못한 변수가 산재해 있다.

① 다양한 공사계획과 복잡한 작업체계

② 난해한 철거공사와 리스크

③ 불확실한 설계 및 공정관리의 어려움

④ 예상치 못한 추가공사 발생

⑤ 재건축과 리모델링의 선호도 차이에서 오는 의견 충돌

⑥ 시공사 위주의 설계

⑦ 제한된 어려운 조건에서 무리한 증축과 과도한 차익 기대

8) 리모델링 사업관리 영향요소

① 금융조건(Financing terms) : 동일한 부동산이라도 차이가 나는 금융조건이 지불가격을 달라지게 하는 경우 거래에서의 금융조건을 충분히 이해하고 분석하고 설명해야 한다.

② 매매상황(Conditions of sale) : 여러 상황에서 거래당사자의 특별한 동기는 지불가격에 영향을 줄 수 있고, 심지어 일부거래를 비시장거래가 되게 할 수도 있다. 특별한 매매상황의 예로는 그 필지가 시너지가치를 갖고 있는 경우 매도자의 급매로 더 낮게 지불한 가격, 비정상적인 세금 고려사항, 소송절차의 장기화 가능성 등이 있다.

③ 매수 직후의 지출 : 매수 직후의 지출은 수선비 또는 구조물의 개조비용, 환경오염의 치유비용 또는 개발을 허용하는 용도변경 관련 비용 등이 있다. 매수가격을 협상하는 데 필요한 지출이다.

④ 시장상황(Market conditions) : 시장상황에 영향을 주는 요인으로는 부동산가치의 급속한 상승이나 하락, 세법의 변화, 건축제한 또는 정지(moratorium), 수요와 공급의 변화 또는 시장상황을 변화시키는 여러 요인의 결합이 있다.

⑤ 위치(Location) : 비교 매매 사례와 대상 부동산의 위치는 지불가격에 영향을 준다. 심각한 위치적 차이는 거래가 진정으로 비교 가능성이 없다는 것과 제거되어야 한다는 것을 의미한다.

⑥ 물리적 특성(Physical characteristics) : 규모, 건축의 질, 그리고 비교부동산의 물리적 상태가 대상 부동산과 다르다면 각 차이점을 고려하여 가치에 대한 수정을 해야 한다.

⑦ 경제적 특성(Economic characteristics) : 소득, 영업경비, 임대차 조항, 관리 및 임차자 혼합과 같은 특성들이 소득창출부동산을 분석하기 위해 사용된다.

⑧ 용도(Use) : 지역지구제 및 다른 제한 또는 한계는 부동산의 용도(Use)에 영향을 준다. 비교부동산의 현행용도 또는 최대 이용이 대상 부동산과 차이가 있다면 차이의 가치에 대한 영향을 고려하여야 한다.

2.1.4 리모델링사업의 단계별 리스크관리

1) 사업계획 단계

수요예측, 임대면적 산정 등 사전 타당성 조사항목에서 오류가 발생할 경우 건축주 입장에서는 기대수익 만큼 수익을 얻을 수 없고, 그로 인해 자금조달에 대한 압박을 받을 수 있는 등 자금운용 계획상 큰 문제에 부딪힐 수도 있다.

리모델링 대상 건축물에 대해 각종 법률적 · 경제적 · 물리적 관점에서 실사(實査), 즉 DD(Due Diligence)를 수행하게 되는데 이 부분에서도 많은 오류가 발생할 가능성이 있다. 따라서 사업계획 단계에서의 리스크관리는 다음 사항에 중점을 두어야 한다.

첫째, 현장조사와 진단 시에는 구조물의 노후화 상태, 각종 설비류의 노후화 상태, 건물의 외관, 에너지 성능, 방재시설 등 물리적 실사와 진단뿐만 아니라 건물의 입지적 특성과 주변여건 등을 함께 고려하여 경제적 가치 향상 측면도 동시에 검토해야 한다.

둘째, 투자가치의 정확한 분석, 리모델링 공사의 범위, 리모델링을 통한 건축물의 경제적 가치 향상 등에 대해 실현성이 있는 기획설계가 이루어져야 한다. 리모델링사업 계획서에는 철거, 구조보강, 증축, 개보수 등 리모델링의 범위뿐만 아니라 임대 가능 면적 혹은 객실 수 등이 실질 예상수익에 근접하도록 반영되어야만 자금운영 계획의 실패를 범하지 않을 수 있다.

셋째, 예정사업비의 정확한 분석이다. 기획단계에서의 예정사업비는 리모델링사업의 특수성에 기인하여 부정확할 수밖에 없는 것이 현실이다. 최적의 사업예산은 얼마인지, 초기투자비는 얼마인지 등에 대해 구체적인 판단과 분석을 끌어내야 한다. 또한 특별히 추가될 수 있는 원가요소, 우발비용 등에 대해서도 사전에 분석 · 검토해야 한다.

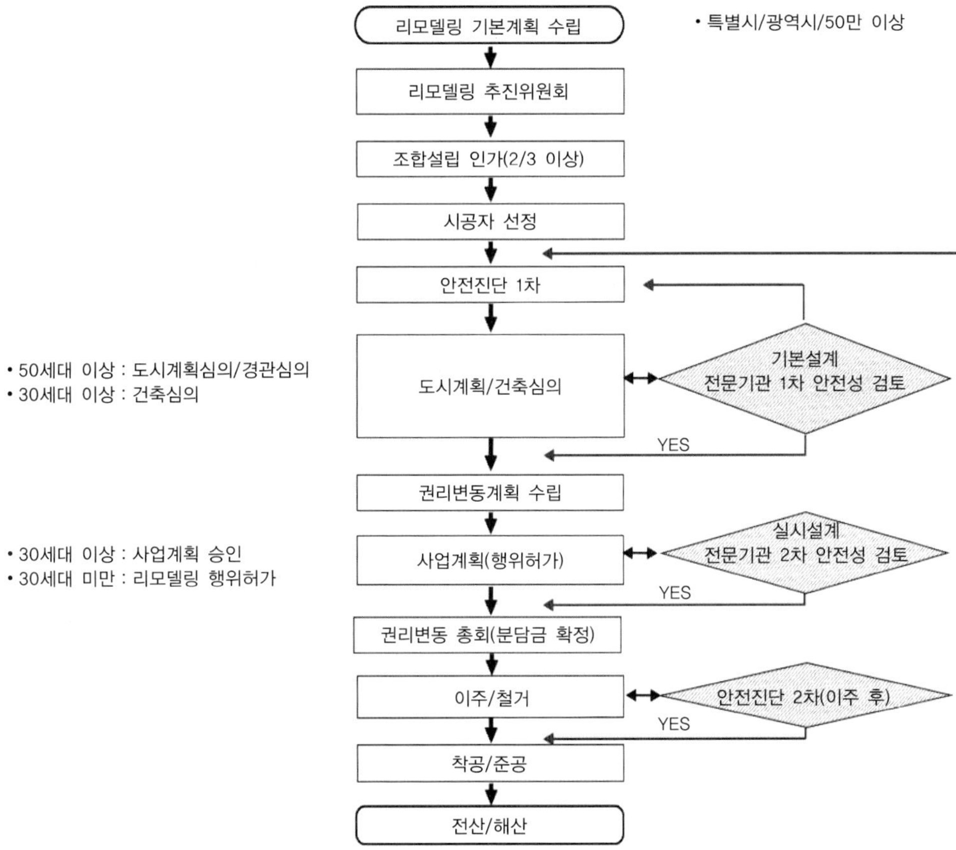

그림 2.4 사업단계 추진 절차도

2) 설계 단계

설계 단계에서는 기획 단계에서의 리모델링 관련 계획을 설계도서화하여 리모델링 규모 및 용도에 대해서 확정하는 단계이며 확정된 설계도서를 토대로 시공사를 선정한다.

이 단계에서는 설계오류 등에 의한 시공사 도급계약의 오류, 예산범위를 초과한 설계도서 작성, 인허가 일정 지연 및 관련법규의 변동, 참여자간 의사소통 미비로 인한 사업 지연들이 빈번하다는 점에 주목해야 한다. 따라서 설계관리 측면에서의 리스크 관리는 다음과 같은 사항에 중점을 두어야 한다.

첫째, 리모델링사업은 신축사업과 달리 공사범위와 관련된 설계변경 요인이 많으며, 시공사와의 공사비 분쟁 또한 빈번하게 일어나므로 신중한 설계관리가 이루어져야 한다. 설계도서 작성은 구조시스템, 구조체 보수·보강, 외관형태, 에너지절약을 위한 첨단설비 시스템 적용, 각종 자재 선정 등이 정확하게 표시되어야 한다.

둘째, 예정사업비와 연계된 설계의 진행이다. 건축주의 예산에 맞게 설계가 진행되고 있는지 여부를 계획설계, 기본설계, 실시설계 단계별로 사업비 검증 조직에서 점검해야 한다.

셋째, 시공사 선정을 위한 최적의 기준과 방법 선정이다. 시공사 선정을 위한 현장설명서에는 해당 공사의 특수성, 공사범위, 설계변경 기준, 공사일정, 책임소재 구분 등에 대하여 명확히 표기되어 있어야 한다. 추후 예상되는 계약분쟁을 사전에 차단할 수 있기 때문이다.

3) 시공 단계(철거, 구조보강, 마감공사 등)

시공 단계에서 다양한 철거방식과 보수보강공법 등은 각종 민원의 원인이 되고, 공사일정에 직접적인 영향을 미친다. 다양한 공사조건, 복잡한 작업공정, 예상치 못한 추가공사비, 빈번한 설계변경, 불명확한 책임소재 구분은 시공단계에서 대표적으로 발생하는 리스크이다. 시공 및 시공 이후 단계에서는 다음과 같은 사항에 중점을 두어야 한다.

첫째, 시공계획의 사전검토를 통한 문제점의 사전도출이다. 건축물의 구조안정성 검토, 적절한 철거공법 선정, 폐기물 반출 동선 검토, 보수·보강공법의 장·단점 분석, 방음·방진계획, 가설계획 검토, 양중장비계획, 안전시설물계획 등은 반드시 시공계획 검토를 통해 사전에 문제점을 도출하고 대책을 마련해야 한다.

둘째, 설계변경 절차 및 기존 설계에 대한 명확한 관리이다. 설계변경의 대부분은 발주자 요구가 아닌 부실한 현장조사에서 기인한 설계누락 및 설계오류에 의한 것이 더 많은 것이 특징이므로 설계단계의 현장조사는 더욱 철저히 하여야 한다.

셋째, 발주자 입장에서 현장관리를 하는 전문가 조직의 투입이다. 전문적인 리모델링사업관리자의 투입을 통해 시공계획의 검토, 설계변경절차의 관리, 기성검사 및 기성금 지급방법, 준공정산 등에 대해 조언을 받아 보다 효율적인 사업진행이 이루어지도록 해야 한다.

2.1.5 리모델링사업의 단계별 건축주 업무

1) 리모델링 건축계획 과정 12단계(RIBA : 영국건축가협회)

① 개념 구상(Inception)
② 타당성(Feasibility) 검토
③ 설계개요 제안(Outline Proposals)
④ 계획설계(Scheme Design)
⑤ 실시설계(Detail Design)
⑥ 시공정보(Production Information) 수집
⑦ 내역서(Bills of Quantities)
⑧ 입찰 실시(Tender Action)
⑨ 공사시행계획(Project Planning)
⑩ 현장 시공(Operation on Site)
⑪ 준공(Completion)
⑫ 건설정보의 분류 및 환원(Feedback)

2) 건축 리모델링 커미셔닝(Commissioning)

리모델링 사업추진 과정에 걸쳐 건축주의 요구사항(건축기계설비 분야)에 맞게 건물이 리모델링되는지 확인하는 전반적인 공사진행 과정을 말한다. 디자인 리뷰부터 시작하여 Construction, After Construction(현장 확인), 시운전, 각종 테스트, Acceptance Phase 등을 수행하고, 이러한 일련의 과정에서 작성되는 각종 문서들을 취합하여 건물의 LCC 동안 유지관리의 참고자료로 사용하는 일이다. 최근 건설 및 빌딩운영에서 에너지효율이 최우선시됨에 따라 에너지소비 억제, 쓰레기 절감, 빌딩운영 향상을 위한 장비와 솔루션이 등장함으로써 빌딩커미셔닝은 크게 도약하고 있다.

3) 건축주의 관점분석

계획의 초기단계에서는 사용 가능한 정보가 극히 제한적이기 때문에 LCC평가는 기존 건물 등에서 얻어진 정보 및 자료를 활용하여 이루어져야 한다. 이 단계에서 건축주의 주요 관심사는 연면적, 층수, 건폐율, 용적률 등 수익성 판단의 근거가 될 수 있는 인자와 연관시켜 바람직한 투자가 될 수 있도록 하는 것이다.

① 건물의 유지관리에 관심 있는 건축주의 목적은 초기투자비를 최소화하면서 건물이 제공하는 서비스와 수명주기비용의 관계를 최적화시키는 것이다.
② 리모델링사업 자체가 리모델링의 유형과 규모, 범위 정도에 따라 공사의 내용, 공사비, 공사기간 산정에 있어 상당한 차이가 생길 수 있는 특수성을 가지고 있다.
③ 리모델링사업 추진 절차에 따른 건축물에 대한 각종 평가와 진단자료에 대한 분석과 공사단계별 인허가, 법률관계 등의 업무가 일반인이 담당을 하기에는 매우 복잡하다.
④ 공사수행 전 사업주가 각종 관련자료를 종합적으로 분석하여 사업의 타당성을 판단할 수 있는 능력이 요구된다.

2.2 리모델링사업 관리

2.2.1 리모델링사업과 비용분석

1) 리모델링사업 영역

(1) 기존 건물을 리모델링하기 위해서는 건물의 기능과 용도, 주변의 상황, 기술, 경영 등의 조건 차이로 인하여 다양한 형태로 진행하게 된다.

(2) 현재 많은 건설업체가 리모델링 시장을 선점하기 위하여 노력하며, 대기업에서는 별도의 리모델링 팀을 두어 기획, 계획, 설계, 시공 등 단계별로 전문적인 사업추진 체계를 구축하고 있다.

(3) 리모델링사업은 기존의 인테리어 개념에서 벗어나 구조물의 성능 회복을 위한 구조적인 보수 및 보강이 전제되어야 한다. 이를 위해 안전진단 및 점검 등 건물의 성능을 평가하고, 이에 적절한 보수 · 보강방법을 선정하여 시공하는 것이 중요하다.

(4) 리모델링사업 영역은

① Infill의 갱신	② Restructuring(주동 내에서 주호분할방법 변화)
③ 공용공간 및 시설 확충	④ 환경친화적 생태적 리모델링
⑤ 외장 변경	⑥ 건물용도 변경
⑦ 외부환경 정비	⑧ 토지이용 변경 혹은 파괴 등으로 분류하며, 최근
⑨ 증축 및 감축	⑩ 인텔리전트 리모델링, 스마트화 리모델링
⑪ 안전성 확보 및 Barrier Free형 리모델링	

(5) 세부적인 사업영역으로 구체화하면 개수공사 영역, 보수공사 영역, 유지 · 관리 영역으로 구분할 수 있다.

항 목	내 용
개수공사	건축물에 새로운 기능을 부가하여 준공시점보다 기능을 향상시키는 일체의 활동을 의미하며 구조부에 대한 수선과 변경 등의 대응능력을 요하는 건축공사 영역으로 기획 · 설계 · 시공능력을 동시에 보유한 종합건설업체들이 담당하는 시장이다.
보수공사	진부화된 기능을 준공시점까지 회복시키는 수리 · 수선과 관련된 일체의 활동을 의미하며, 전문공사업체, 설비업체 등으로 대응 가능한 공사 영역을 말한다. 전기 · 가스 · 수도 등 중소설비업체가 담당하는 소규모 시장과 내 · 외장, 도장, 배관 등의 교체를 실시하는 중규모 이상의 전문공사업체들이 담당하는 시장이다.
유지 · 관리	건축물의 자연적 기능저하 속도를 최초 준공시점 수준까지 늦추는 일체의 활동을 의미하며, 거의 단일 직종으로 대응 가능한 공사나 물품판매가 주가 되는 공사영역 또는 소규모 작업이 중심이 되는 영역을 말한다.

2) 리모델링에 의한 비용절감 방안

(1) 공사의 집중화에 의한 비용절감

① 수선 주기 · 갱신 주기 · 개선 주기를 가능한 한 집중시키면 비용을 절감할 수 있다.

② 구체 · 마감재 · 설비의 분리에 의해 공사가 쉬워지고 코스트를 합리화하여 비용을 절감할 수 있다.

③ 공사상 지장을 주는 요소들은 단기일화하여 비용을 절감할 수 있다.

④ 영업 손실 등을 감축하여 비용을 절감할 수 있다.

⑤ 예방 보전에 의해 비용을 절감한다.

⑥ 건물사용 상태에서 점검 · 보수하면서 공사를 진행할 수 있다.

(2) 리모델링에 의한 보전비용 절감

① 점검 · 보수가 많이 필요하지 않은 기기를 도입하여 비용을 절감할 수 있다.

② 운전 · 감독을 많이 필요로 하지 않는 기기를 도입하여 비용을 절감할 수 있다.

③ 청소가 필요 없는 바닥재 · 벽재 · 창 등의 채택으로 비용을 절감할 수 있다.

3) 리모델링 공사비용 분석

건축계획 초기 단계에서 건축주가 직면하는 최대 불확실성은 자금조달 및 기대이익과 관련된 투자 리스크이다. 초기 단계에서 예산은 두 가지 방법으로 제시된다.

첫째는 건축주가 건축을 위해 투자할 수 있는 최대 예산을 제시하는 경우이고, 둘째는 건축주가 특정 규모의 건물을 건축하기 위해 어느 정도 예산이 소요되는가를 파악하는 경우이다. 이때 컨설턴트는 제한된 예산으로 건물의 라이프 사이클에 걸쳐 기대이익을 최대화시킬 수 있는 조건을 제시해야 한다.

소요예산은 단일값으로 주어지기 보다는 미래의 불확실성을 고려하여 보다 현실적인 방법으로 최대예상치와 최소예상치를 함께 제시하고, 그 범위 안에서 가장 확률이 높은 단일값을 제시하는 것이다.

① 건물리모델링공사가 선호되는 가장 큰 이유는 저렴한 공사비로 새 건물의 자산가치를 창조하는 것이다. 건물 각 부위별 경제적 내용년수를 고려하여 표준개보수 범위를 기준으로 하였을 때 일반적으로 신축 대비 70%~100% 정도면 가능한 것으로 조사되었다.

② 건물의 라이프 사이클 코스트 상에서 유지관리비는 일반적으로 전체 비용의 55~84%를 점유하므로 건물 내용년수 증대와 건물의 경제적 가치 하락 방지를 위해서는 적기의 리모델링이 매우 중요하다.

4) 리모델링 단계별 사업내용에 따른 비용 추정

① 1단계는 부분적 수선

수도꼭지나 창틀 교체, 전용 부분의 마감재 교체 등 내부 인테리어 수준의 소규모 공사, 일반적으로 신축 대비 20~30% 정도의 사업비가 소요된다.

② 2단계는 전면적 개보수

전용 및 공용 부분을 포함한 단지 전체에 걸친 마감재 교체, 주차장 및 단지 내 도로, 조경 등 단지환경 개선, 전기설비 등 설비 및 배관 등의 교체, 발코니 확장, 복도의 계단식 전환(엘리베이터 증설) 등 구조체를 제외한 건물 각 부분의 개선에 해당되는데, 신축 대비 40~60% 정도의 사업비가 소요된다.

③ 3단계는 대수선

건축물의 기둥, 보, 내력벽, 주계단 등의 구조나 외부형태를 수선·변경하거나 증설하는 대수선으로써 각 세대의 증축 가능 면적을 합산한 면적의 범위에서 기존 세대수의 100분의 15 이내에서 세대수를 증가하는 증축행위, 세대수 증가형 증축 중 최대 3개 층 이하로서 대통령령으로 정하는 범위에서의 수직증축행위인데, 신축 대비 80~110% 정도의 사업비가 소요된다.

각 단계의 신축 대비 사업비에 철거비(신축비용의 5~7%)는 포함되지 않은 비율이다.

그림 2.5 리모델링 전·후 비교

2.2.2 리모델링사업 전략 수립

1) 리모델링사업분야 특징

① 리모델링 건설사업은 신축에 비해 사회적 비용이 저렴할 뿐만 아니라 건축주나 시공자 모두에게 이익이 되는 사업적 특성을 갖고 있다.

② 건축물의 내구년수가 상당기간 남아 있는 건물을 재건축하게 되면 건축 폐자재 처리에 따른 환경비용 발생, 신축에 따른 자원소비, 건물 잔여기간 사용에 따른 기회비용 등 비경제적 요인을 갖고 있다. 따라서 재건축보다는 리모델링을 실시하는 것이 사회적 비용을 절감하는 방편으로 수요자와 공급자 모두에게 경제적 이익을 줄 수 있다.

③ 리모델링을 실시한 사례를 보면, 리모델링 후 신축건물과 거의 동일한 수준의 임대 수입을 올리고 있다. 또한 리모델링은 신축에 비해 단기간에 공사를 완료할 수 있어 수익의 발생 시점이 빠른 것으로 조사되었다. 리모델링사업 공급 측면의 경제적 유인으로 시공자 입장에서 리모델링 건설사업은 자금 유동성이 높은 사업 분야이다.

④ 최근 건설업의 전반적인 침체에 따라 수주 난에 직면해 있는 건설기업의 상황에서 리모델링 건설사업은 기업 내 인력 및 건설기자재의 효과적 활용과 수익 창출 면에서 매력적인 사업 분야로 평가되고 있다.

⑤ 공동체의식 재고방안

공동주택 리모델링은 공동소유 건물 및 시설에 대한 공사이므로 필연적으로 소유자들의 동의가 필요하다. 또한 리모델링 추진을 위한 경제적 부담이 따르는 일이므로 개개인의 의식전환이 무엇보다 중요하다. 공동주택에 대한 공동체 의식 제고를 통해 각각의 소유자들이 전용공간뿐 아니라 공용 및 외부공간, 시설에 대한 책임의식을 갖도록 하는 방안이 필요하며, 또한 리모델링을 통하여 재산가치의 증식이 현실화될 수 있음을 홍보해야 한다.

2) 리모델링 활성화제도 도입요건

① 관련 전문가의 조직형성 : 우리나라의 공동주택은 현재 리모델링과 관련한 기준 등이 제대로 정비되어 있지 않은 상황이므로 각 전문가 집단의 정보 공유가 필요하다. 민간 또는 공공기관을 중심으로 리모델링과 관련된 정보 축적과 기준 정립이 필요하다.

② 공동주택 리모델링 추진기구 신설 : 정부기구나 협회의 산하에 공동주택 리모델링연구소 등을 조직하여 리모델링의 원활한 공사진행을 위한 기준작성과 리모델링 기술개발 등 보다 활발한 리모델링을 위한 작업이 필요하다.

③ 리모델링 전문인력 양성 : 대형건설업체들도 리모델링에 관심을 가지면서 전문인력에 대한 필요성이 증대되고 있다. 이에 리모델링 전문인력 양성을 위한 교육과정을 개발하고 기술면허를 신설하는 등 전문인력 양성에 주력해야 한다.

④ 리모델링 컨설팅제도 도입 : 기획, 설계, 계약, 공사감리 등 다양한 범위의 컨설팅으로 주민들의 이익을 보호하고 동일 비용으로 최대의 효과를 얻을 수 있도록 해야 한다.

3) 리모델링사업 수행 시 고려사항

① 리모델링 사업에 대한 실적 및 노하우를 축적함으로서 실제 활용할 수 있는 리스크 관리모델 개발도 시급한 과제이다.

② 추후 예상되는 리모델링의 수요증가에 따라 건축물의 기계설비 리모델링에 대한 다양한 연구와 이에 대한 계획 및 시공기술에 대한 보급이 절실한 시점이다.

③ 무분별한 재건축으로 인한 건축폐기물, 그로 인한 환경훼손을 생각할 때 미래 환경보전 및 재생 가능한 에너지 활용을 위해서 리모델링 수행 시 진지하게 고려해야 할 점이 무엇인지, 설비시스템을 어떻게 리모델링해야 합리적인지, 그리고 무엇이 중요한 점인지, 진지하게 성찰해 볼 때이다.

4) 리모델링 사업에 영향을 미치는 요인

공동주택 리모델링에서 사업성은 투자대비 가치향상이며, 이는 기대수익률로 표현될 수 있을 것이다. 사업성에 영향을 미치는 대표적 요인은 ① 지역, ② 용적률, ③ 건폐율, ④ 증가 세대수, ⑤ 세대분할 가능 세대수, ⑥ 주차장 증설 등을 들 수 있다.

공동주택 리모델링사업을 추진하는 목적으로는 주민부담금 절감이 가장 높게 나온데 반해 재건축은 사업 후 개발이익이 주목적으로 나타났다.

선호도	재건축	리모델링
1순위	사업 후 개발이익(30%)	주민부담금 절감(16%)
2순위	원하는 평면 형태(11%)	단지의 환경보존(9%)
3순위	주차 및 단지(9%)	대형평형 확보(5%)

5) 사업타당성 검토사례(실제 제안)

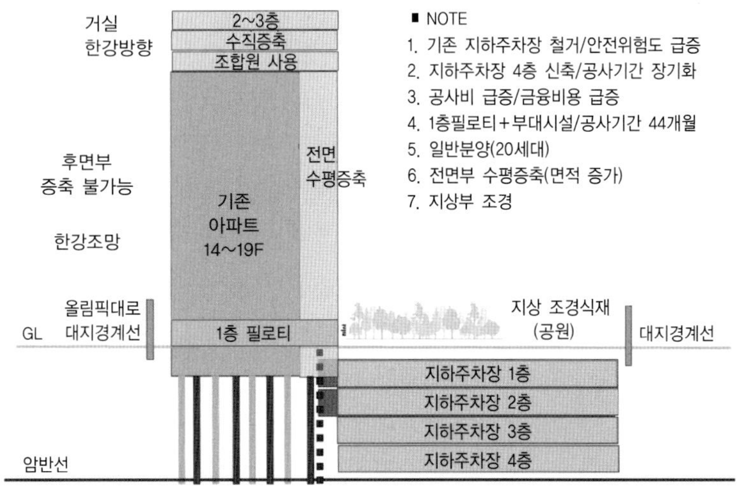

그림 2.6 사업타당성 사례-실제 제안

2.2.3 리모델링 수익창출 방법

1) 부동산 연계

① 부동산 정보 획득 : 기존 온라인 부동산 정보 관련 사이트와 연계하고, 특수정보 네트워크를 구성한다. 개인 및 유관 협력업체와 제휴사를 통해 정보를 취득한다.

② 부동산가치 창출 : 사업성 승패는 부동산가치 창출 여하에 따른 수익성 확보이므로 부동산가치 창출의 기본에 충실한다.

③ 부동산 컨설팅회사와 업무 유대 : 분양전문가, 부동산 금융전문가, 사업타당성 분석 전문가들이 많지 않으므로 상기 분야에 업무 Power를 향상시켜야 한다.

2) 부동산 감정 평가방법

감정평가란 동산 · 부동산 및 기타 재산의 경제 가치를 판단하여 그 결과를 화폐액으로 표시하는 작업을 말한다. 이것은 사회에서 일어나는 일련의 가격질서 중 그 부동산의 가격 및 임료가 어떠한 위치를 차지하고 있는가 하는 것을 지적하는 작업으로

① 감정평가 대상인 부동산을 정확하게 인식한 후에

② 필요한 관련 자료를 충분히 수집하여 이것을 정리하고

③ 부동산의 가격을 형성하는 요인 및 부동산 가격의 제 원칙을 충분히 이해한 후

④ 감정평가 방법을 적용하여

⑤ 그동안 수집하고 정리한 모든 자료를 구체적으로 분석하여 대상 부동산에 미치는 자연, 사회, 경제 및 행정 요인의 영향을 판단하고

⑥ 대상 부동산의 경제가치가 얼마인지 최종판단에 도달하여, 이것을 화폐액으로 표시하는 일이다.

부동산 감정평가 방법에는 원가에 착안하는 코스트 어프로치, 수익에 착안하는 인컴 어프로치, 시장에 착안하는 마켓 어프로치의 3가지 수법이 있다.

3) 리모델링 사업자금의 종류

공동주택 리모델링 사업에 필요한 자금의 종류는 크게 3가지로 이주비, 공사비, 사업비로 구분할 수 있다.

① 이주비는 조합원이 이주할 때 필요한 자금으로써 공사기간 동안 타 주택에 임시 거주하는 데 필요한 가계자금이며, 대부분 전세금에 활용되는 개인대출이다.

② 공사비는 리모델링으로 증축과 전면 수선되는 비용으로써 평형 증가 및 주차장 증설과 주민복리시설 등으로 시공에 소요되는 자금을 대여해주는 대출이다.

③ 사업비는 기업대출의 형태로서 2가지 명목으로 나눌 수 있다. 공사에 필요한 사업비와 조합운영에 필요한 사업비로 나눌 수 있다. 조합관리 및 업무추진을 위한 운영비는

소규모의 사업비지만, 리모델링 미동의자의 주택을 매입해야 하는 매도청구비용과 조합원의 종전 대출보전비용이나 시설보강비용 등은 규모가 큰 사업비이다.

4) 금융 시스템과 연계

① 자산유동화 관련법을 이용한 파이낸싱(Financing), 리츠(부동산투자신탁 : Real Estate Investments) 등을 통한 사업개발이 가능하다.

② 수익성에 대한 판단 못지않게 투입된 자금을 기대하는 시점에 자금회수 여부를 결정하는 현금흐름을 정확히 판단하는 능력이 중요하다(Short Term Transaction). 사업성 분석결과는 금융조달을 위한 기초자료로 활용된다.

③ IMF 이후 우리나라의 은행 등 금융기관의 금융제공방식이 기업을 상대로 제공하는 방식에서 개별 프로젝트에 대하여 제공하는 방식으로 전환됨에 따라 개발형 리모델링사업의 자금조달 여건이 개선되었다고 볼 수 있다.

④ 장기적으로 개발사업방식의 리모델링이 활성화되어 사업성 분석에 대한 기본 정보가 축적되는 경우 프로젝트 파이낸싱방식의 금융조달이 보편화될 것으로 예상된다.

5) 공동주택에 대한 법률 개정 및 완화에 따른 전략수립

① 일부 증 · 개축 허용 : 아파트단지의 기존 용적률 · 건폐율에 대하여 사전검토가 필요하다.

② 발코니 확장 허용 : 기술적 시공 및 설계 사전검토

③ 용적률 제한 : 추후 재건축은 점점 어려워지고 리모델링이 선호되는데 따른 사전준비가 필요하다.

④ 건폐율과 용적률은 토지의 가치를 실질적으로 결정하는 중요한 요소다. 일반적으로는 건폐율과 용적률이 높을수록 토지의 가치는 높다고 본다. 건폐율이란 대지면적 대비 건축면적 비율을 말한다. 건폐율이 낮을수록 전체 대지면적에서 건축물이 차지하는 비중이 작아진다. 건폐율이 낮은 단지는 동 간 거리가 멀고 조경과 녹지 조성이 용이하며 조망권과 일조권 확보에도 유리하다. 용적률은 대지면적 대비 건축물 지상의 총 면적을 말한다. 이와 같이 제1종 전용주거지역 안에 대지면적 330㎡에 1층 바닥면적 당 최대 건폐율로 165㎡(약 50평)씩 지어 쌓아 올린다고 가정할 때 용적률이 100%라면 2층까지 쌓아 올릴 수 있다. 즉 대지면적이 330㎡이므로 지상 총 면적을 최대 330㎡까지 지을 수 있는 것이다.

2.2.4 부동산개발 타당성 분석(feasibility study) 방법

1) 타당성분석의 정의 및 내용

부동산 타당성분석에는 부동산투자사업이 지니는 제 측면, 즉 경제적 · 물리적 · 법적 측면 등이 모두 포함되며 이는 결국 경제적 타당성분석의 문제로 귀착된다. 다시 말하면 경제성이 있는가에 대한 분석이다.

① 개발사업에 투자자금을 끌어들일 수 있을 정도로 충분한 수익이 있는지를 분석하는 작업이다.

② 부동산 개발사업에서 예비 타당성분석은 시장에서의 예상수익과 비용을 구체적으로 분석하는 것이다.

③ 타당성분석 시 기술적 · 경제적 · 법률적 타당성분석 등을 행하며, 이중 제일 중요한 분석은 경제적 타당성분석이다.

④ 개발사업에 대한 타당성분석 결과가 동일한 경우에도 분석된 사업안은 개발업자에 따라 채택될 수도 있고 그렇지 않을 수도 있다. 이때 순현가법이나 내부수익률법 등이 투자결정의 준거로 흔히 사용된다.

2) 부동산 개발 타당성 분석 방법

(1) 부동산개발 활동

부동산개발(Real Estate Development)이란 개발주체가 대상 부동산을 둘러싼 공간적 · 물리적 환경을 개선하여 경제성 및 편익과 쾌적성의 효과를 증진시키는 활동과정이라고 할 수 있으며,

① 타인에게 공급할 목적으로 토지를 건설공사의 수행 또는 형질변경의 방법으로 조성하는 행위나

② 타인에게 공급할 목적으로 건축물을 건축 · 대수선 · 리모델링 또는 용도변경하거나 공작물을 설치하는 행위의 어느 하나에 해당하는 행위를 하여 그 행위로 조성 · 건축 · 대수선 · 리모델링 · 용도변경 또는 설치되거나 설치예정인 부동산, 그 부동산의 우선 이용권 전부 또는 일부를 공급하는 것을 말한다.

(2) 부동산 시장분석

① 부동산분석은 지역경제분석, 시장분석, 시장성분석, 타당성분석, 투자분석의 단계별 분석과정을 거쳐 이루어지고, 부동산개발의 타당성 분석의 순서는 개발사업에 대한 시장분석을 먼저하고 다음에는 경제성 분석을 실시한다. 이러한 점에서 개발사업에 대한 타당성을 분석하기 위해서는 두 가지 작업을 순차적으로 수행해야 한다.

② 시장분석은 개발사업의 시장성분석의 기초단계이며, 특정시장지역 내의 특정 부동

산에 대한 수요와 공급을 분석하는 작업이다.

㉠ 개발사업에 대한 시장에서의 채택 가능성 분석

㉡ 개발사업에 대한 물리적, 경제적, 사회적 환경에 대한 분석

㉢ 최종적인 투자결정을 하는 데 필요한 모든 정보를 제공

표 2.6 시장분석

항 목	내 용
지역분석 및 도시분석	지역 및 도시분석의 내용은 지역의 경제활동분석, 경제기반분석, 인구분석, 소득수준 분석, 교통체계분석, 성장과 개발의 상태분석 등이 있다.
근린분석	근린분석은 지역분석을 토대로 대상이 되는 부지의 인접지역의 경제기반, 교통흐름, 근린지역 내 토지이용 등의 경쟁상태 및 동향 등에 대한 분석이 해당한다.
부지분석	근린분석보다 더 범위가 좁혀진 것으로 구체적으로 토지이용 규제, 편익시설, 접근성, 규모 및 형상, 지형 등을 분석하는 것을 의미한다.
수요분석	개발 대상 부동산에 대한 유효수요를 분석하는 것을 말하는데, 먼저 시장지역을 획정하여야 하고 경쟁력, 인구, 추세 등을 분석한다.
공급분석	개발 대상 부동산과 경쟁관계에 있는 다른 부동산의 상태를 분석하는 것으로 공실률 및 임대료의 추세, 공공편익시설의 상태, 건축착공량과 허가량, 지역의 도시계획, 건축비용 등을 분석한다.

(3) 부동산 경제성 분석

경제성 분석은 시장분석에서 확보한 자료들을 토대로 대상 개발 사업의 수익성을 평가하는 작업이다. 구체적으로 비용·편익분석을 의미하며 효율성을 달성하기 위해 고안된 여러 가지 대안 중에서 최종적인 투자결정을 하는 것이다.

① 타당성분석과 투자분석을 합하여 경제성 분석이라 한다.

② 시장가치와 투자가치에 대한 분석은 경제성 분석에 포함된다.

③ 경제성 분석 방법으로는 투자의 타당성을 분석하는 할인현금수지 모형의 순현가법(NPV : Net Present Value)이나 내부수익률법(IRR : Internal Rate of Return)이 중요한 틀을 제공한다. 즉 세전현금수지(BTCF)를 토대로 세후현금수지(ATCF)를 추계한 후 현가화하여 수익성을 분석한다.

④ 개발사업에 대한 수익성을 평가(수익과 비용을 분석하는 것을 의미한다.)하고 최종적인 투자결정을 하는 것이다.

(4) 부동산 디벨로퍼(Developer)

택지조성, 건물의 신축, 환경 부적응 건물의 용도변경, 위락단지 개발 등 사업을 기획

단계부터 처분단계까지 전 과정을 관리하는 부동산개발을 업으로 영위하는 자를 말한다.

디벨로퍼는 전문지식을 갖춘 인력이 주도하며 법, 금융, 시공, 평가, 중개 등 관련 전문가 네트워크를 잘 운영하는 개발주체를 말하고, 건설업체나 공공기관 등이 처리하지 못하는 프로젝트를 디벨로퍼만의 노하우와 능력으로 추진하여 부동산사업을 추진한다. 예를 들어 아파트 개발 예정부지에 지주의 수가 많고 관계가 복잡하여 개발이 어려운 경우에도 디벨로퍼가 참여하여 토지 매입과 인허가 획득을 성공적으로 추진하는 경우이다.

한국은 유럽 등 서양과 다르게 건설자와 디벨로퍼의 경계가 분명하게 구분되어 있지 않다. 건설업이 주력 사업인 건설자가 부동산개발 사업을 병행하는 경우가 있고, 부동산 개발을 목적 사업으로 하는 디벨로퍼가 건설업을 함께 운영하는 경우도 있으며, 건설공사는 외부의 건설업에 아웃소싱하는 디벨로퍼도 있다.

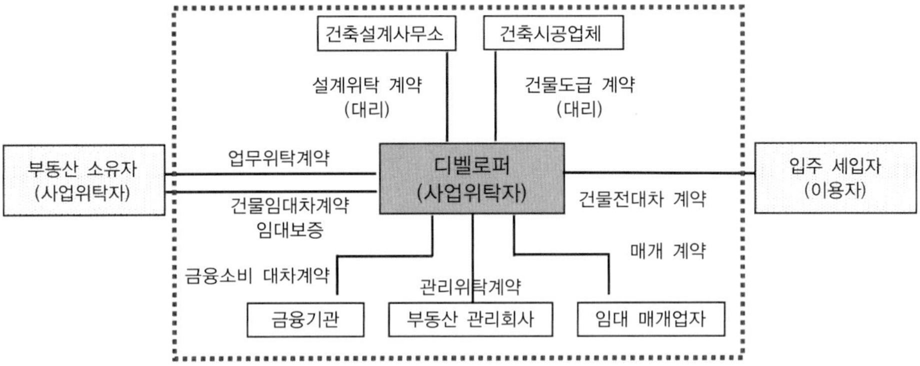

그림 2.7 사업 수탁방식

3) 개발형 리모델링 사업 추진방식과 전략

(1) 개발형 리모델링 개념과 사업방식

부동산개발형 리모델링 사업이란 기존 건물이 너무 낡아 임대가 잘되지 않을 때, 기존 건물을 용도변경하여 건물의 가치를 향상시켜 수익성을 창출하기 위한 리모델링을 말하며 그 방식으로는

① 이용가치 증대의 리모델링 방식

리모델링 사업은 부동산개발 사업의 관점에서 접근해야 하며, 건축주 입장에서 보면 건물의 이용가치를 증대시키고 수익성을 올리기 위한 것이다.

② 수익증대 목적의 리모델링 방식

건물의 성능을 향상시키고 용도를 변경함으로써 가능하다. 일반건물은 성능 향상 리모델링을 통하여, 주택이나 상업시설의 경우는 용도변경 리모델링을 통해 수익증대가 가능하다.

(2) 개발형 리모델링 사업타당성 분석

개발사업 관점에서 리모델링을 추진하기 위해서는 특정 건물을 매입한 후 리모델링을 통해 수익성을 낼 수 있는지 여부를 판단하는 사업성 분석능력과 자금조달능력이 필요하다.

개발형 리모델링 사업성 분석 시 고려사항은 다음과 같다.

① 대상 리모델링 건물의 노후도와 주변상권 변화, 경쟁 건물 등의 조사가 핵심이다.

② 잘 나가는 인근 빌딩을 벤치마킹한다.

③ 리모델링이나 용도변경 등 건물의 가치를 높일 방법과 투입비용을 계산해야 한다.

④ 임차 업종 전환이 필요한지 고민해야 한다.

⑤ 더 좋은 빌딩으로 리모델링한다면 매물과 비용을 꼼꼼히 확인해야 한다.

⑥ 리모델링할 임차 업종 구성이나 임차인 관리는 전문가의 도움을 받는 것이 좋다.

(3) 자금조달

개발형 리모델링은 사업성 분석결과를 토대로 투입한 자금을 기대하는 시점에 자금을 다시 회수할 수 있는 현금흐름을 정확히 판단하여 자금을 조달할 수 있는 능력이 필요하다. 개발형 리모델링은 사업성 분석능력과 그에 따른 자금조달능력이 사업의 성패를 결정할 수 있는 능력이라고 볼 수 있다.

(4) 안전진단기술 검토 분석

리모델링 사업은 기존 구조물의 안전진단 결과에 따라 보수, 보강비용의 차이가 많이 나므로 안전진단에 대한 기술적 검토가 중요하다. 기존 구조물의 안전진단 결과에 따라 리모델링 범위가 달라질 수 있으므로 전문적인 기술 검토가 필요하다.

4) 개발형 리모델링 사업전략과 추진방식

(1) 개발형 리모델링 사업전략

기업들이 리모델링 사업을 추진하기 위해서는 대형사업의 경우에는 대기업이 기술력과 자금력 등에서 유리할 수 있으나 중소업체들의 경우에는 보수와 부분적인 개수사업에 주력하여 리모델링 상품에 대한 특화전략이 필요하다고 본다. 리모델링 사업은 신축과 달리 사전에 공사내용이 비용을 예측하기가 어렵기 때문에 발주자들로부터 불신을 받는 경우가 적지 않으므로 합리적인 공사비 설정과 철저한 사후관리를 통해 발주자와의 신뢰를 쌓아가는 것이 중요하다.

① 리모델링 가치분석은 사전이냐 사후이냐, 비주거용 부동산이냐, 주거용 부동산이냐, 경제적 가치냐 정책적 가치냐에 따라서 분석방법을 구분할 필요가 있다. 예컨대 주거용 부동산인 분양 아파트를 리모델링하고자 할 경우 사전에 측정 가능한

가치로는 유사 사례(유사한 속성을 갖은 인근지역의 아파트)의 가격으로 가치를 가늠해 볼 수 있고, 사후적으로는 리모델링 후 실제 시장에서 형성된 아파트의 가격으로 가치를 추정해 볼 수 있다.

② 리모델링 가치분석 결과는 경제적 이익을 추구한다는 측면에서는 정량적인 비용/편익 분석을 통해 사업 전에 실시한 가치분석이라면 사업 착수 여부에 관해 의사결정 기준을 마련해 줄 수 있다. 사업 중이나 사업 후에 실시한 가치분석이라면 사업의 결과를 평가하는 지표로 활용될 수 있다. 사전 가치분석은 단순하게는 견적을 내보는 행위(비용추정)나 사업의 타당성 검토로써 이루어질 수 있다. 이를 통해 적절한 리모델링 사업의 수준이나 앞서 설명한 리모델링 외의 대안 간의 선택이 가능하다.

(2) 개발형 리모델링 사업 추진방식

① 단순도급방식

단순공사에 대한 도급방식으로 리모델링을 추진하는 방식을 말한다. 단순수주의 경우라도 시공자가 개발사업 관점에서 접근하면 수주의 기회를 확대할 수 있다.

② 개발사업방식

시공업체가 직접 사업주체가 되어 리모델링을 추진하는 방식을 말한다. 시공업체가 직접 건물을 매입하여 리모델링을 추진하고 임대 또는 매각을 통하여 수익을 확보하는 방식을 말한다.

③ 리스크 분담 사업 방식

건설업체와 건물주가 공동으로 리스크를 분담하여 리모델링을 추진하는 방식을 말한다. 리스크 분담방식은 건설업체가 20%, 사업주가 80%를 분담하는 방식도 예가 될 수 있다.

일부도급 + 일부분양도급

사례 : -일반건물 리모델링 시 : 리모델링 후 미분양시 대물로 공사비 부담
　　　-공동주택 리모델링 시 : 수직증축 리모델링 미분양시 대물공사비 부담

2.2.5 부동산 가치평가방식

부동산 가치평가 방법은 가치를 어떻게 정의하느냐에 따라 구분될 수 있다. 앞서 살펴본 가치의 정의가 다양한 만큼 가치평가도 한 가지 방법으로만 이루어질 수 없다. 전통적 부동산 가치평가를 위한 접근방법은 비용접근법(Cost approach), 매매사례 비교 접근법(Market approach), 소득환원접근법(Income approach)이 있다.

1) 매매사례 비교 접근법(Sales Comparison Approach)

시장에서 거래된 유사 또는 대체부동산의 매매 사례 및 관련 시장자료를 고려하고, 비교하는 과정에 의해 가치추계치를 설정한다. 사례부동산과 대상부동산을 직접 비교하기 위해 평가사는 비교요소의 차이점에 근거하여 가능한 수정을 고려해야 한다. 수정에 의해 각 비교부동산과 대상부동산 사이의 차이점이 좁혀질 수 있다. 비교요소에는 이전되는 부동산권, 금융조건, 매매상황, 매수 직후의 지출, 시장상황, 위치, 물리적 특성, 경제적 특성, 용도 및 비부동산요소 등이 있다. 매매 사례 비교접근법은 가치추계를 위한 가장 직접적이고 체계적인 접근법이다.

2) 소득환원 접근법(Income Capitalisation Approach)

평가대상 부동산의 소득 및 경비자료를 분석하여 자본화과정을 통해 가치를 추계하는 방법이다. 이 단계에는 대상부동산과 경쟁부동산의 이용가능한 역사적 소득과 경비 자료에 대한 연구가 포함된다. 이 과정은 직접 관계(환원율로 알려진 ; Capitalisation Rates), 수익(Yield) 또는 할인율(Discount Rates ; 투자에 대한 수익측정치를 반영) 또는 양자 모두를 고려할 수 있다.

소득환원 접근법은 가치가 미래편익(소득흐름)에 대한 기대감에 의해 창출되는 것으로 가정한다. 이 접근법은 단순히 정량적(Quantitative) 또는 수학적인 것이 아닌 정성적(Qualitative) 판단을 요한다. 소득환원법에서 비교자료에는 임대료, 소득, 경비 및 환원율과 수익률 자료가 포함된다.

3) 비용 접근법(Cost Approach)

비용 접근법은 동등한 효용을 가진 새로운 부동산을 획득하는 비용 또는 기존 부동산을 과도한 경비지출 없이 동일한 용도를 가진 부동산으로 변경시키는데 드는 비용을 추계하여 가치를 설정한다. 신규 건물인 경우 주어진 부동산에 정상적으로 지불할 상한선을 설정하는 것이다. 더 오래된 부동산에 대해서는 시장가치와 근접한 가격을 추계하기 위해 다양한 형태의 감가상각에 대한 공제가 행해진다.

감가상각 유형으로는 물리적 퇴화 및 기능적(기술적) 진부화, 외부적(경제적) 진부화가 있다.

비용 접근법에서, 비교가능자료는 건축이나 개발비용을 의미한다. 그리고 양, 질, 효용에 있어서의 차이점을 설명하는 수정이 행해진다. 그 외에 비교가능한 토지자료 및 감가상각 추계치에 대한 분석이 행해진다.

2.2.6 리모델링 프로젝트 금융제도(재원 조달방안)

1) 프로젝트 파이낸싱(Project Financing)

특정 사업을 수행할 때 자금조달의 기초를, 프로젝트를 추진하려는 사업주의 신용이나 물적 담보의 가치에 두지 않고 당해 프로젝트에서 미래에 발생하는 수익(현금흐름)을 담보로 필요한 자금을 조달하는 금융기법을 총칭하는 개념이다. 사업 종료 후 일정 기간에 발생하는 수익을 지분율에 따라 투자자들에게 나눠주는 금융기법이다.

리모델링사업에 프로젝트 파이낸싱 적용의 기대효과로는 리모델링사업의 활성화, 리모델링사업의 Risk 분산 및 Risk에 대한 심층 분석효과, 리모델링사업의 투명성과 신뢰도 향상, 사업주의 부채비율 부담 최소화, 리모델링사업의 활성화에 따른 시공능력의 발전 효과 등을 들 수 있다.

2) 부동산개발 신탁

신탁재산인 부동산에 건축물을 건설하거나 택지조성 등의 사업을 시행한 후 이를 분양 또는 임대하여 그 수익을 위탁자(토지소유자)에게 돌려주는 것이고, 신탁회사는 해당 토지에 대한 입지조사부터 기획입안, 사업집행, 자금조달, 임차인 모집, 분양, 관리운영 등 일체의 업무를 대행해주며 그 성과를 배당의 형태로 수익자에게 지급한다.

부동산개발 신탁은 크게 분양형 토지신탁과 임대형 토지신탁으로 구분된다. 분양형 토지신탁은 개발을 완료한 후 신축건물을 분양해 단기에 수익을 회수하는 방식인 반면, 임대형 토지신탁은 신축건물을 신탁회사에서 임대·관리하면서 장기적이고 고정적인 수입을 확보하는 방식이다. 신탁기간 동안 해당 토지의 소유권 명의는 수탁자인 신탁회사로 이전되지만 개발이 완료돼 신탁기간이 끝나면 토지와 건물이 모두 위탁자에게 반환된다.

3) 리츠제도(REITs : 부동산투자신탁회사)

Real Estate Investment Trusts의 약자로 소액투자자들로부터 자금을 모아 부동산이나 부동산 관련 대출에 투자하여 발생한 수익을 투자자에게 배당하는 회사나 투자신탁으로 증권의 뮤추얼펀드와 유사하다. 리츠는 소액투자자를 대신하여 부동산에 투자하는 간접투자기관이다. 따라서 일반 국민들에게도 부동산거래에 따른 복잡한 절차나 지식 없이도 소액으로 부동산에 투자할 수 있는 기회를 제공할 뿐만 아니라 개발사업에 필요한 자본을 자본시장을 통하여 일반국민 또는 기관투자자로부터 직접 조달할 수 있다.

4) 뮤추얼펀드(Mutual Fund)

유가증권 투자를 목적으로 설립된 법인회사로 주식발행을 통해 투자자를 모집하고 모집된 투자자산을 전문적인 운용회사에 맡겨 그 운용 수익을 투자자에게 배당금 형태로 되돌려주는 투자회사를 말한다. 다수의 일반인이 자금을 모아 거대한 자금을 형성하여 뮤추얼 펀드의 자본금으로 납입하여 운용회사에서 운용해준다.

5) 특별수선충당금

특별수선 충당금은 장래 건물, 기계설비, 선박 등의 대수선을 해야 할 회사가 그 부담의 균형을 도모하기 위하여 각 사업년도에 수선비를 분담시켜 장래 거액의 지급에 대비하기 위하여 준비한 경우의 충당금이다.

300세대 이상의 공동주택으로 중앙집중난방방식, 엘리베이터 등이 있으면 사용검사 후 1년이 경과한 날로부터 수리 · 보수나 조경을 하는 데 드는 비용, 도색작업 등 장기수 선계획이나 부대시설, 복리시설을 변경하는 데 필요한 돈을 충당하기 위해 한 달에 한 번씩 입주자에게 거두는 돈을 말한다. 여기서 입주자는 소유자(집주인)를 의미한다. 따라서 세입자는 납부 의무가 없다.

특별수선충당금 산정기준은 현 공동주택관리령에 의거하여 장기수선계획에 따라 부과한다. 장기수선계획이 없는 경우에는 '제15조 1항(일반관리비), 5항(승강기 유지비) 또는 8항(수선 유지비)에 정한 비목의 월별 금액을 합한 금액의 3/100~20/100 이하로 하되 특별수선충당금을 사용해 대체해야 할 시설의 내구년한을 감안해 관리규약으로 정한다.'라고 규정되어 있다.

2.2.7 리모델링사업 전략요소

1) 리모델링 시장의 변화에 따른 대처방안

① 다양한 기술과 자금력을 갖고 있는 대기업의 리모델링 시장 참여가 확대된다.
→ 중소업체의 경우 리모델링 상품에 대해 특화된 전략이 요구된다.

② 사후관리(A/S) 미비에 따른 중소업체의 신뢰가 저하할 수 있다.
→ 공사계획부터 사후관리까지 총체적으로 조정할 수 있는 업무능력이 요구된다.

③ 리모델링사업에 특화된 계약체계가 없다.
→ 리모델링 Project Manual이 요구된다.

④ 인터넷을 통한 E-Business 역할을 증대시킨다.
→ E-Business, E-Remodeling체제에 대비해야 한다.

2) 리모델링사업 수행을 위한 전략

① 리모델링사업 수행을 위한 핵심경쟁력 요소로는 공기(工期)관리능력, 조사진단능력, 사업타당성 분석능력, 시공 및 엔지니어링 기술력 등을 들 수 있다. 특히 리모델링은 기존 건축물의 골격을 토대로 새로운 기능을 부가하는 특성을 갖고 있으므로 기존

건축물에 대한 구조, 설비, 에너지효율성 등에 대한 정확한 조사 및 진단을 필요로 한다(수요 예측, 임대면적 산정 등 사전타당성 조사항목에서 오류가 발생할 경우 자금운용계획상 큰 문제를 일으킬 수 있다).

② 리모델링사업 접근전략으로는 사업기능의 종합화, 공종 및 상품의 전문화, 다양한 서비스 활동, 합리적인 공사비 설정이 요구되는데, 이는 기업의 규모 및 특성에 따라 달라질 수 있다.

3) 리모델링사업 추진을 위한 제안서 작성

리모델링사업을 제안하는 형식에서 첫 번째는 고객의 요구사항을 차별화된 기술제안으로 충족시키는 '기술제안형 리모델링'이며, 두 번째는 고객의 니즈를 먼저 파악하고 고객가치 분석을 통해 리모델링사업을 제안하는 '기획제안형 리모델링'이다. 마지막으로 사업타당성 분석을 바탕으로 자체 투자 또는 개발 파트너를 수반하는 '개발형 리모델링'이 있다.

리모델링사업 추진을 위한 제안서의 종류는 다음과 같다.

① **부동산사업계획서**(Realestate Plan) : 부동산에 관련된 지식 · 정보

② **자금조달계획서**(Financing Plan) : 자금조달, 운용에 관련된 지식 · 정보

③ **사업타당성검토서**(Consulting Plan) : 리모델링 사업, 기획에 관련된 기획력 · 정보력

④ **기술계획서**(Technical Plan) : 리모델링 수행에 필요한 기술 · 지식을 복합적으로 활용할 때 고부가가치 있는 사업추진 전략수립 가능

4) 리모델링사업 대처방안

리모델링은 21세기 건설업의 새로운 한 축으로

① 기존 건축물과 신축건물에 대한 리모델링을 고려한 설계기법

② 조사 및 진단기법

③ 리모델링과 관련된 각종 DB구축

④ 건축물 유지관리 기술 개발

⑤ 리모델링 건축기술 표준

⑥ 제도개선 및 정책마련이 절실하다.

또한 리모델링에 관한 기획, 타당성 조사, 분석, 설계, 조달, 계약, 시공관리, 감리, 평가, 사후관리에 관한 업무를 수행하는 건설사업관리방식(CM)에 의한 것이 실적이 저조하고 리스크 인자가 많이 노출되고 있는 현 리모델링사업을 효율적으로 대처할 수 있는 길이라고 생각된다.

2.2.8 리모델링 활성화 기반 구축방안

(1) 우리나라도 주택 부문을 중심으로 리모델링을 유도 · 활성화시킬 수 있는 체계적인 지원방안이 강구되어야 할 것이며, 비주택 부문의 경우 최근 정부가 도입하고 있는 자산유동화, 부동산 투자신탁제도 등의 정착과 민간금융의 활성화, 조세상의 지원대책 등이 리모델링을 활성화시키는데 기여할 것으로 판단된다.

(2) 우리나라 주택정책의 방향을 양적 공급에서 질적 개선으로 전환하고, 공동주택의 장기수선계획 수립을 지원하고, 리모델링을 위한 특별수선충당금 적립을 유도하는 등 리모델링 활성화 기반이 구축되어야 한다.

(3) 리모델링 금융 활성화, 리모델링을 염두에 둔 설계 매뉴얼 발간, 재정지원 노력 등도 주택 리모델링 활성화를 위해 필요하다.

(4) 건설기업의 핵심경쟁력을 키우고 리모델링 대상의 건설상품 시장 가능성에 접근전략을 사업기능의 고도화, 공종 및 상품의 전문화, 다양한 서비스 활동, 합리적인 공사비 등에 포커스를 맞추어야 활성화가 가능하다.

(5) 리모델링의 활성화를 위한 과제

① 주민집단의 의사결정 시스템 구축
② 자금조발방안 수립
③ 리모델링 제도 정비
④ 인 · 허가 및 법정규정 보완
⑤ 표준화된 공사금액 산정체계 구축
⑥ 보수 보강공법 개발
⑦ 구조물 손상 붕괴 방안 개발
⑧ 저생산성 대처방안 수립
⑨ 해외 리모델링 사업의 도입
⑩ 리모델링에 대비한 신축 시의 기준 설정 및 적용
⑪ 시설물 안전진단 평가시스템 개발 및 보완
⑫ 공동주택 유지관리 시스템 개선 등을 들 수 있다.

2.3 리모델링사업 마케팅

2.3.1 우리나라 리모델링 현황 및 전망

1) 공동주택 스톡현황 및 주택보급률

① 우리나라는 국민소득 3만 달러에 근접하고 있으며 주택보급률 100% 초과 시대를 맞이하여 건설산업의 성장 둔화와 새로운 수요의 요구에 부응하기 위한 건설산업 구조의 상당한 변화가 급격히 이루어질 것으로 예측한다.

② 1988년부터 1992년까지의 5년간 연간 평균 40만 호로서 200만 호를 공급한다는 정부의 정책에 따라 주택건설이 집중적으로 이루어졌고, 실제로 이 기간 동안 271.7만 호가 공급되었다.

③ 주택 200만 호 건설계획이 종료된 1990년대 중반 이후에도 주택보급률은 매년 신장을 보여 2011년에는 100.9%, 2013년 101.3%, 2015년 102.3%를 넘어섰기 때문에 주택 신축수요는 중 · 장기적으로 둔화될 것이며, 이에 따라 앞으로는 리모델링 시장이 크게 확대될 것으로 예상된다.

2) 우리나라 리모델링 대상 건물의 특징

수명이 20~40년 사이인 건물을 리모델링 대상으로 보는 미국의 경우와 비교해 본다면 우리나라의 기존 건물 중 약 22.6%가 리모델링사업의 목표가 되지만 우리나라의 경우는 지난 70~80년대 건물의 대부분이 양적 팽창 위주의 졸속개발로 인해 건축의 질적 수준이 빈약하고 건물의 유지관리가 소홀했기 때문에 성능이 크게 떨어질 뿐만 아니라 지난 10여 년 동안 이루어진 사회구조의 급속한 변화와 기술의 발달에 대응하지 못했기 때문에 건립된 지 15년 이상된 건물들을 리모델링사업의 대상으로 한다면 전체 기존 건물의 약 47.4%에 해당하는 막대한 시장규모가 될 것이다.

표 2.7 리모델링시장 전망

구 분	2000	2010	2020	2025 이후
리모델링 시장의 특징	비주택 중심의 리모델링 시장성장 주택 부문의 성장세는 느리지만 물량면에서 비주택보다 우위	주택 부문 리모델링(특히, 아파트공동 부문) 활성화 시작	주택 부문에서 리모델링이 주도적 위치 확보 전체 리모델링 시장의 성장을 주택 부문이 리드	서구국가와 비슷한 수준으로 리모델링이 건설시장에서 최대시장으로 위치 확보
전체 시장에 대한 리모델링 비중	8~10%	15~20%	25~30%	30% 이상
주택 시장에 대한 주택 리모델링 비중	12~15%	20~25%	30~35%	35% 이상

이들 여건을 고려해 볼 때 우리나라 리모델링시장은 2010년~2020년경에 주택 부문 리모델링의 활성화에 힘입어 리모델링이 건설시장의 핵심 부문이 되고, 2025년경에는 선진국 수준의 리모델링시장이 형성될 것으로 예상된다.

표 2.8 연도별 리모델링 시장규모 예측 (단위 : 천 호)

	2005~2009	2010~2014	2015~2019	2020~2024
총 대상호수	664	1,377	3,127	5,231
리모델링 예상호수	119	287	608	1,150
연평균 시장규모(천억 원)	10.5	25.2	53.5	101.3

자료 : 국내 아파트 리모델링 시장의 성장 전망과 과제, 2004. 3, 한국건설산업연구원

3) 리모델링기술의 적용 한계

마감, 설비 교체, 증축, 균열보수, 발코니의 실내화 등의 단순한 개·보수에 그치고 있다. 이로 인해 공간의 수평 확장 등 세대통합 시에는 경계벽 제거로 인한 구조적 위험성 때문에 단순한 복도연결이나 테라스 연결방식 등이 제시되고 있으며, 내부설비 및 배관 교체, 창호 교체, 화장실·욕실·주방의 개선, 단차제거, 출입문 확장, 발코니의 실내화 등이 이루어지고 있다. 그리고 단독주택에서는 용도변경이나 층고가 높은 거실을 복층화하기도 하지만 거의 대부분 단순한 내부시설물의 현대화·고급화에 그치고 있다.

4) 우리나라 리모델링 산업 수요 예측

① 1980년대 중반 이후 본격적으로 건설되어온 고층 아파트가 노후화단계에 진입하여 유지·보수 필요성이 제기되고 있다. 특히, 주택 200만 호 건설계획 이후 1990년대 들어 대량으로 신축된 고밀도·고층아파트는 용적률의 하향조정 등으로 재건축이 어렵고 부실시공 등으로 내구년한이 짧아 노후단계에 진입하면 대규모 리모델링 수요로 나타날 것으로 보인다.

② 서울시 저층단지 재건축은 이제 거의 일단락된 것으로 판단된다. 그 밖의 중층 이상 아파트는 고밀도 건축과 용적률, 건폐율 등의 하향조정으로 인해 노후화될 경우 재건축에 따른 개발이익을 기대하기는 어렵다.

③ 국내의 건축물들은 노후화됨에 따라 재건축이 대도시를 중심으로 크게 활성화되어 왔으나 한편으로는 건물 개·보수사업인 리모델링사업이 서서히 자리잡아 가고 있는 것으로 조사되고 있다. 향후 리모델링산업의 성장속도는 신축 건축물의 성장속도를 앞서게 될 것으로 예측하고 있다.

④ 신축 아파트의 높이는 1970년대 5층형, 1980년대 12~15층, 1990년대 이후 16층 이상 초고층 건설 등 고층화 경향이 뚜렷해지면서 용적률이 크게 높아졌다. 아파트의 고층화 경향도 미래 주택리모델링 잠재수요 증가의 요인이라고 할 수 있다.

2.3.2 리모델링사업 제약요인 및 역량 확보 방안

1) 리모델링사업 제약요인

① 리모델링이 고려되지 않은 설계 : 국내 공동주택은 대부분 벽식 철근콘크리트구조로 설계되어 있어 세대 사이의 벽이 대부분 내력벽으로 구성되기 때문에 구조물의 내부공간을 변경하기가 어렵다.

② 유지관리용 준공도서 미비 : 기존 주택에 대한 준공도서가 비치되어 있지 않은 경우가 많고, 비치되어 있더라도 신축과정에서의 설계관리 미비로 인해 최종 건물과 일치되지 않고 있다.

③ 철거 및 해체 기술의 낙후 : 소음, 먼지, 주민 안전에 따른 민원이 제기될 수 있어 저소음, 저진동 공사 장비의 개발과 공사관리 능력이 필요하나 철거, 해체 기술개발이 낙후되었다.

④ 전문적인 리모델링 관련 기술 부재 : 리모델링 관련 전문기술의 미개발은 국내의 주택 리모델링사업이 개보수 범위에 한정되고 있는 주요 요인이다.

⑤ 리모델링 관련 전문가 부족 : 세대 간의 병합이나 증축과 같은 리모델링 사업을 확대하기 위한 여건 조성이 미흡하며, 이러한 리모델링 관련 기술을 보유한 전문가들이 부족하다.

2) 리모델링사업 역량 확보방안

① 지속적이고 체계적인 발전을 위해 정부차원의 리모델링 Data Base구축 및 지원체계 정비도 필요하다.

② 건설사는 잠재 고객의 니즈를 정확히 파악하고 전문적인 컨설팅이 가능하도록 해당 역량을 확보해야 하며, 고객의 의사결정을 이끌어 낼 수 있는 매력적인 Biz Model개발 노력을 더해야 한다.

③ 기본적인 단계에 머물러 있는 기술 수준을 한층 끌어올려 시공 수준 및 비용 효율성을 높일 필요가 있다.

④ 입찰제도 또한 고도의 엔지니어링 역량이 필요한 리모델링 공사에서는 기업의 기술력이 제대로 평가되어 공사가 성공적으로 완료될 수 있도록 연구되어야 한다.

⑤ 리모델링사업 수행을 위한 접근전략은 사업기능의 종합화, 공종 및 상품의 전문화, 다양한 서비스 활동, 합리적인 공사비 설정 등에 있다. 사업의 성공을 위해 공기관리 능력, 조사진단 능력, 사업타당성분석 능력, 시공 및 엔지니어링 능력 등이 있어야 한다.

3) 국가적 차원의 지원정책 필요

① 리모델링은 이를 홍보하고 국민들에게 인식시키기 위해서는 정부 스스로가 사업주체로서 수많은 정부산하 건물들을 대상으로 리모델링을 적극적으로 시행해야만 활성화시킬 수 있다. 법 규정을 개선하고 각종 지원정책을 수립하고 사업주체로서 리모델링 산업을 이끌어 나아가야만 한다. 이는 건축물 리모델링의 활성화가 가져오는 파급효과가 자원절약-환경보전-건축시장의 확대-신고용창출 등과 같이 국가적 차원에서 추진해야할 정책목표이기 때문이다.

② 미국연방정부는 건물성능개선에 매년 약 80억 달러를 투자하여 50만개에 이르는 연방정부건물에 대해 연차적으로 대대적인 리모델링을 실시하고 있다. 건물성능개선에 관련되어 프로그램을 운영하고 있는 정부기관도 에너지부(DOE), 주택도시개발부(HUD), 조달청(GSA)은 물론 국방부(DOD)와 환경청(EPA)에 이르기까지 광범위하고 전문인력도 충분히 확보하고 있다. 이밖에도 주정부와 각종 지방정부를 포함하여 리모델링 수요의 상당부분을 정부가 담당하고 있다.

2.3.3 리모델링사업 마케팅 동향

1) 리모델링 사업의 특징

리모델링 시장은 범위는 넓고 다양하다. 즉 단위공사 규모는 작으나 발생건수는 많은 특징을 가지고 있다. 민간 상업용 건물이 주된 시장이며, 리모델링 수주는 소개에 의한 지명경쟁으로 이루어진다. 구체적으로는 가격경쟁입찰방식과 사업제안방식으로 분류되는데 사업제안능력이 수주의 핵심적 관건이 된다. 일반적으로 발주자는 리모델링 추진의 방향 설정과 사업 타당성 분석까지를 요구하는 경우가 많다. 따라서 사전마케팅(pre-marketing) 활동이 중요하며 종합적인 엔지니어링 능력이 수주의 핵심관건으로 등장한다. 따라서 수익성 확보와 경영의 안전성에 긍정적 효과 제공할 수 있어야 하므로 마케팅 전략은 다품종 소량생산체제로의 전환이 필요하다.

2) 리모델링 마케팅의 정의

마케팅은 기업체가 수익을 많이 내기 위해 여러 가지 서비스를 제공하여 고객을 확보하려 노력하는 행위에 초점을 맞추고 있다. 미국 마케팅학회에서는 개인과 조직의 목적을 충족시키기 위한 교환활동을 촉진하기 위하여 재화와 용역, 아이디어의 개념을 설정하고, 가격결정 및 촉진 활동, 유통과정을 계획하고 실천하는 과정이라고 정의하고 있다. 리모델링 마케팅은 리모델링 상품을 팔기 위해 마케팅적 도구를 어떻게 활용하고 전략적으로 접근할 것인가가 가장 중요한 사항이라 여겨진다. 리모델링 마케팅은 상품개발 시기에 따른 유형 중 사후 판매와 밀접하게 관련되어 있다. 즉 리모델링 마케팅은 일반 건설부동산 상품이 사전판매인 것에 비하면 상품이 만들어진 후 판매가 이루어지는 사후판매에 가깝다.

3) 리모델링 마케팅 환경

리모델링환경이란 리모델링 시장과 대내 · 외적으로 관련 있는 제반환경 변수들의 총체라고 정의할 수 있다. 이러한 환경은 리모델링 시장과 상호교류를 통해 서로의 목적달성에 기여한다. 리모델링 마케팅 환경은 자연환경, 경제환경, 정치환경, 그리고 사회환경으로 구분할 수 있다.

(1) 자연환경

대규모 시설물을 지을 때 주변에 미치는 환경적 영향을 평가하는 '환경영향평가제'도 이러한 리모델링 마케팅의 환경적 요인 중 하나인 자연환경에 속한다고 볼 수 있다. 그리고 층간소음, 새집증후군(sick house syndrom), 실내공기질 등의 주거시설 내의 환경적 문제도 리모델링 마케팅의 자연환경에 포함된다고 볼 수 있다.

(2) 정치환경

정부의 간섭과 규제가 명분을 얻을 수 있는 건설부동산 시장에 있어 정부의 정책기조에 따라 경기가 호황을 누리거나 침체의 늪에 빠뜨리거나 할 수 있다. 정치환경은 꼭 억제수단으로만 사용되는 것은 아니며 경기진작을 위해서는 부양책으로 사용되어지기도 한다. 즉 정치환경은 강력한 억제수단과 동시에 기회요인으로도 작용한다.

(3) 사회환경

최근 리모델링 상품도 소비자의 기호의 변화에 따라 그에 맞는 최적의 상품들이 출시되고 있다. 웰빙 트렌드와 함께 첨단화 트렌드도 함께 부각되고 있는데, 리모델링 사업의 경우 웰빙보다는 상대적으로 첨단화 트렌드에 초점을 맞추고 있다.

Fad(For a day, 일시적 유행), Fashion(유행), Trend(트렌드), Culture code(국민성)

4) 서비스별 전략

(1) 상류 서비스(마케팅력 향상)

① 발주자를 위해 사업을 기획한다(건물의 부가가치를 어떻게 높일 수 있는지 제안, 발주를 기다리는 것이 아닌 Proposal 영업).

② 여러 분야의 전문가를 네트워크로 통합하여 전략적 제휴를 꾀한다(PMIS, Project Management Information System : 건설사업관리 시스템).

* PMIS : 건설프로젝트에 대해 기획에서부터 시공 및 준공, 유지 · 보수에 이르기까지의 업무를 On-line상에서 체계적으로 관리하도록 지원하는 시스템이다. 특히 스마트폰 연동기능을 통해 공사현황 조회, 문서나 도면의 열람, 문서의 수 · 발신, 업무지시와 회신 등의 첨단기능도 서비스한다.

③ 마켓포인팅(Market Pointing)시장 선점과 지속적 Customer Needs 부응 상품을 개발한다.

(2) 중류 서비스

① 21세기는 전문건설업체와 CM업체로 양분화될 것이며, 또한 CMr(Construction Manager)을 통한 서비스가 강화될 것으로 예측된다.

② 정보시스템(PMIS)의 구축을 통한 효율적 관리가 요구된다.

(3) 하류 서비스(고객 만족)

① 건축물의 Life Cycle Cost는 신축 당시 비용의 약 6배 정도가 소요되는 것으로 조사되었다. 따라서 LCC를 최소화할 수 있는 설계 및 시공이 요구되고, 건물의 유지관리가 용이하도록 한다.

② FM(Facility Management)에 충실해야 한다. FM은 건물의 생애주기 동안 설계, 시공, 리모델링, 유지관리에 걸친 전 과정을 통합관리하는 것이다.

* FM : 건물, 사무기기, OA기기, 조명 등의 설비(facility)를 효율적으로 활용하고 적절하게 배분하여 생산성을 극대화하는 일종의 경영전략을 말한다.

2.3.4 아파트 상품개발 마케팅 전략

1) 아파트의 상품적 특성

(1) 입지적 고정성

① 택지의 위치가 판매 전에 결정됨으로써 이 위치를 선호하는 또는 주어진 택지의 주변 소비자들만이 관심을 가진다. → 주택시장의 지역성

② 공동 주택상품의 경우는 고객이 누구인지 명확히 알지 못하는 상태에서 계획되어 판매시장에 등장한다.

③ 매스하우징(아파트)는 소비자가 생산과정에 참여할 여지가 별로 없는 주택이나 주택시장의 경쟁심화로 소비자 만족 지향 마케팅이 필요하다.

(2) 아파트의 종합상품성

① 무수한 공사과정, 수많은 제품 투입, 품질의 표준화, 정량화의 어려움, 제품 정보의

양이 많아 정확한 제품평가 및 정보제공이 곤란하다.

② 제품정보의 제공과 유통이 활발하지 못한 특성을 지닌다. 아파트 정보는 면적, 가격, 향, 층, 평면 정도에 불과하다.

③ 특정 제품의 판매에만 제한되는 것이 아니라 향후 사업에서의 판매촉진을 위해 기업의 신뢰도 획득을 위해 항상 노력해야 한다.

(3) 범용적 기술의 적용이 어렵다. 기술의 독점 확보가 어렵다.

(4) 고관여적 상품

① 거주자의 생활수준, 경제적 신분을 대변. 고가 상품. 제품 평가 요인이 많고 소비 주체가 가구 전체, 평생 동안 거래 빈도가 적은 제품이다.

② 소비자가 거래행위에 부여하는 중요성, 관심도가 높다. 소비자가 주거선택 시 신중하게 제품을 평가하고 비교하여 의사결정을 하는 경우 소비자의 관여도, 몰입도가 높은 상품이다.

③ 아파트와 같은 고관여 상품은 제품선택에 있어서 소비자의 자아의식, 가치관과 밀접한 관련을 가지며. 판촉활동에 설득적, 이성적 접근. 구전효과가 매우 중시된다.

2) 아파트 마케팅의 전략.

(1) 지역적 한계성－인근 아파트 평형, 가족 구성원, 소득수준, 주변 시설 등이 아파트 상품의 성격에 영향을 미치며. 주거이동의 복잡으로 지역상품 성격이 강하다.

(2) 풀 전략(pull strategy)

① 아파트 상품은 규모가 크고 이동이 불가능하므로 소비자가 상품에 접근하게 된다.

② 풀 전략－소비자가 자사 상품을 찾게 하여 중간상인이 자발적으로 자사제품을 취급하게 만드는 마케팅 전략이 필요하다. 광고, 판촉 등에 많은 자금을 투입 충분한 소비수요를 만들어야 한다.

(3) 인쇄매체－고관여(High Involvement) 상품이므로 소비자가 능동적으로 신문, 잡지, 분양 팜플렛 등과 같은 인쇄 매채의 광고 효과가 크다.

(4) 구전효과－상품의 통일성이 적고 정보가 불충분하므로 기존입주자 및 거주경험자의 평가, 전문가 집단의 구전효과가 크다.

(5) 주부 대상－구매결정은 부부공동. 브랜드나 디자인 결정은 아내. 주부대상 각종 이벤트, 주부 모니터 제도 등을 통해 집중적 마케팅 활동이 필요하다.

3) 아파트분양 마케팅 프로그램

마케팅은 경제적 교환과정에서 일어나는 행위. 상품이나 서비스를 통해 거래 상대방의 만족을 창출해 나가는 일련의 과정이다. 미국 마케팅학회에서는 개인과 조직의 목적을 충족시키기 위한 교환활동을 촉진하기 위하여 재화와 용역, 아이디어의 개념을 설정하고, 가격결정 및 촉진 활동, 유통과정을 계획하고 실천하는 과정이라고 정의했다.

(1) 타깃마케팅

타깃마케팅은 저인망 지역홍보방식으로 지역밀착마케팅과 고객 개인의 특성에 맞는 서비스를 제공하는 Data Base Marketing(Tele Marketing, Social Network Service, Direct Marketing)이 있다. 지역마케팅은 방문 홍보, 사업설명회, 주요거점 홍보, 현수막(게릴라, 외벽, 지정) 홍보 등이 있다.

(2) 광역 붐업마케팅

부동산은 서비스 산업이다. 리모델링의 경우는 신축에 비해 더욱 서비스 마케팅적 요소가 크다. 이러한 서비스적 요소에 대응하는 마케팅 방법으로는 비주얼한 소프트웨어를 활용하여 리모델링 후의 조감도를 보여주는 방식 등으로 최대한 유형화시켜야 하며, 서비스가 제품과 분리되지 않는 성향은 서비스의 접점, 즉 고객과 만나는 MOT(moment of truth)를 적절히 관리하는 전략이 필요하다.

항 목	마케팅 방법
① 온라인 마케팅	홈페이지 기획, 블로그 마케팅, 카페 온라인마케팅 전략
② MASS마케팅	바이럴(Viral)마케팅, 소셜마케팅, 신문광고, 전단광고, 모바일광고

(3) 온라인과 오프라인 홍보전략과 방법

부동산 마케팅 방법에는 off-line과 on-line 방법이 있으며, 지금까지는 부동산 마케팅에서는 off-line마케팅이 많았으나 앞으로는 on-line마케팅이 증가 할 것으로 본다.

항 목	마케팅 방법
① Off-line방법	Off-line 마케팅 방법으로는 D/M방법, F/M방법, E/M방법, T/M방법, M/M방법, 현수막 부착 등이 있다. 임대설명회, 미디어작업도 Off-line마케팅 방법으로 유효하다.
② On-line방법	On-line 마케팅 방법은 인터넷을 활용하여 현재의 임차인을 발견하거나 미래 예상 임차인을 찾아내는 방법을 말한다. 임대전문 사이트를 활용하거나 자체 또는 업무제휴로 부동산 전문 사이트를 이용하는 마케팅이다.

4) 일본의 리모델링사업 마케팅 동향

(1) 대형건설업체

① 시공건물에 대한 애프터서비스 관련부서를 두고, 사내 또는 자회사 형태로 리모델링 조직을 설치하는 경우가 많다.

② 지사(프랜차이즈)가 시공한 건물에 대한 고객정보관리에도 역점을 두어 지금까지의 시공실적을 Data Base화하고 영업에 활용한다.

③ 멀티미디어를 활용한 리모델링 제안을 하며, 프레젠테이션 활동을 활발히 한다. 면진 제안의 경우 리모델링을 통해 어느 정도 완화되는가의 실험결과를 모니터를 통해 보여준다.

(2) 중소건설업체

① 자사가 건축했던 건물에 대한 리모델링 수요가 증대할 것으로 예측된다.

② 지역밀착형 영업활동에 주력하고 자사가 시공한 건물에 대한 세심한 영업노력에 집중한다. 고객의 다양한 요구에 대하여 구체적인 대응을 한다.

5) 리모델링 마케팅 기본전략

부동산은 서비스 산업이다. 리모델링의 경우는 신축에 비해 더욱 서비스 마케팅적 요소가 크다. 이러한 서비스적 요소에 대응하는 마케팅 방법으로는 비주얼한 소프트웨어를 활용하여 리모델링 후의 조감도를 보여주는 방식 등으로 최대한 유형화시켜야 하며, 서비스가 제품과 분리되지 않는 성향은 서비스의 접점, 즉 고객과 만나는 MOT(moment of truth)를 적절히 관리하는 전략이 필요하다.

(1) STP 전략

리모델링 상품의 경우에도 STP 전략은 중요하다. STP(Segmentation, Targeting, Positioning) 전략은 다양한 고객의 욕구를 발굴하여 유사한 고객집단으로 분류하고(시장 세분화, Segmentation), 자신이 보유한 역량과 자산을 고려하여 가장 적합한 시장을 찾아내고(표적시장의 선정, Targeting) 그 표적시장에서 자사의 제품을 알리는(포지셔닝, Positioning) 일련의 과정을 수행하기 위한 전략을 말한다.

① Segmentation(시장세분화) 전략

특정 리모델링 상품에 대해 효과적으로 마케팅 목표를 달성하기 위해서는 상품의 가망 고객을 분석하고, 이를 토대로 시장을 세분화시키는 일이 선행되어야 한다. 시장 세분화를 통해 기업은 첫째, 마케팅 활동 수행의 전제단계로서 리모델링 시장의 수급 동향을 예측할 수 있다. 리모델링 시장의 수급 동향을 예측하기 위해서는 시장을 최대한 세분화시켜 분석하는 것이 중요하다. 수요자의 입장에서는 신혼가구, 독신가구, 3세대 동거가구 등 가구별 특성에 따른 리모델링 상품의 수요를 예측할 수 있다. 최근 1인 가구가 급속히 증가하고 있으므로 1인 가구 수요 예측을 통해 새로운 리모델링 상품을 개발한다면 틈새시장 개척의 의미를 가질 수 있을 것이다. 궁극적으로 시장을 세분화하는 목적은 그 세분화된 시장에 맞는 상품을 개발해 내기 위해서이다.

② 표적시장(Target Market) 선정

표적시장이란 마케팅 환경 변화에 대응하여 경쟁사와의 관계에서 살펴본 자사가 보유한 역량과 자원이 최대한의 시장성과를 달성할 수 있는 최적의 시장을 찾아내는 전략을 말한다.

리모델링 사업의 표적시장을 선정하는 기준은 3단계로 나누어볼 수 있다. 먼저 입주년도가 증축 리모델링에 적합한 기준년한(15년 이상) 이상의 단지 인지를 파악하여 필요조건을 충족시켜야 한다. 2단계로는 10층 이상의 단지는 재건축 사업성이 현저히 떨어져 리모델링 사업의 경쟁력을 확보할 수 있으므로 이러한 단지를 선택하여야 한다. 마지막으로 최종적인 사업성을 살펴야 하는데, 현재 리모델링 공사비는 대략 300만 원 내외라고 볼 수 있는데, 이러한 공사비에 현재 아파트 시세를 추가했을 때 지역 내 상위 아파트 단지의 시세보다 낮은 단지를 찾는 것이 필요하다.

③ 포지셔닝(Positioning) 전략

포지셔닝이란 기업의 자사 제품이 경쟁사 제품과는 다른 차별화된 특징을 보유하고 있음을 고객에게 인지시키기 위한 과정을 포지셔닝 전략이라고 한다. 그러나 한 번 설정된 포지셔닝은 영원하지 않으며 경쟁상황과 소비자 욕구의 변화에 따라 재포지셔닝(repositioning) 하여야 한다. 당초 포지셔닝에 안주하지 말고 철저한 조사를 통해 자사 제품의 포지션을 분석하고 새로운 포지션을 개발하는 재포지셔닝 전략을 수행해야 한다.

(2) 4Ps전략(마케팅믹스)

① 마케팅 효과가 최대화될 수 있도록 구성하는 마케팅 전략을 일컫는다. 이러한 마케팅믹스의 요소로는 상품(Product), 가격(Price), 유통채널(Place), 판매촉진(Promotion) 등 4가지를 들 수 있다. 흔히 이를 영어단어의 첫 글자를 따서 4Ps라고 한다.

② STP전략은 상품개발단계에서의 기획이고 4Ps전략은 상품개발 후의 판매기획이라고 할 수 있다. STP전략으로 개발할 상품의 위치를 파악하고 4Ps전략을 섞어서 상품판매 전략을 짜는 것이라고 이해할 수 있다.

③ 최근 부동산 상품의 트렌드는 첨단화, 웰빙화, 복합화, 브랜드화, 조망화라고 정

의할 수 있는데, 리모델링 시장에도 이와 유사한 트렌드가 적용되고 있다고 볼 수 있다. 특히 리모델링 시장에서는 사업의 특성으로 인해 웰빙화보다는 첨단화가 조금 더 강세이다. 이러한 트렌드를 마케팅믹스를 통해 최고의 상품판매 전략을 짜는 것이 성공의 지름길이다.

(3) 가격(Price)전략

① 일반 상품에 있어 가장 쉽게 쓸 수 있는 가격전략은 가격할인 정책이다. 그러나 건설부동산 상품은 구매단위 가격이 큰 고관여 상품이므로 가격할인을 적극적으로 추진하는 것이 어렵다.

② 리모델링 사업은 가격정책의 주도권이 발주자에게 있으며 수주를 하기 위해서는 발주자가 원하는 가격대(최저가격)를 제시할 수밖에 없어 가격정책 사용 여지가 더욱 줄어들 수밖에 없다.

③ 리모델링은 건설부동산 가격전략으로 널리 활용되는 금융지원이 신규 상품에 비해 적은 것이 현실이다. 이를 극복하기 위해 '에너지절약 시설에 대한 자금지원'과 '주택단열개수사업에 대한 자금지원', 그리고 국민주택기금의 '리모델링 자금지원' 등 정책금융을 활용할 수 있다.

(4) 입지 전략(Place Strategy)

사업 대상 지역 선정, 토지 확보하는 것은 사업의 성패와 관련되는 것. 입지선정은 부동산 거래에서 중요한 역할

① 부동산의 자연적 특성인 지리적 위치의 고정성

② 인문적 특성인 용도의 다양성, 사회적 / 경제적 위치의 가변성

③ 설문조사를 통한 소비자의 선호도 분석 ; 입지 할 지역 특성에 맞는 단지 설계, 마케팅 기획

(5) 촉진 전략(Promotion Strategy)

차별화 전략을 소비자에게 효과적으로 전달할 수 있는 것으로 이는 곧 아파트의 이미지, 기업의 이미지화→투자 가치적 상품으로서의 자리매김

① 자사의 입주자들을 대상으로 한 설문조사 결과 분석→소비자 주거 만족도 및 선호도 측면 분석→자사에 대한 이미지 개선, 차별화된 고객 만족 아이템 개발

② 홍보를 위한 대중 매체와의 전용 채널, 전담 조직 필요

③ 성향의 변화 ; 단순 분양 사실 광고에서→소비자(주부) 감성에 호소(이미지형 광고)

표 2.9 아파트분양율 제고방안

판촉 방안	방법 및 효과
사전 예약제	분양전 예약, 계약할 경우 옵션 품목 무료제공
리콜제	입주후 일정기간 내 하자보상
셀프 코디제	계약자 마감자재 자유선택
이자 환불 보장제	입주시 주촉법상 해당되는 해약사유 발생할 경우 일정금리 포함 환불
중도금 이자 후불제	중도금 부담을 덜기 위해 업체에서 선납
지주 청약 유도	지역 연고자 유도
직장 조합 영업	지역조합대상 홍보 및 청약 유도
협력 업체 판매	자재 및 외주 관련 협력업체 대물 시공
어드바이저	디자인, 평형, 희망지역, 자금조달 파악
층별 가격 차등제	1층, 2층 분양가 할인폭 확대
향별 가격 차등제	남/동향 가격차등 적용
부분 옵션제	일정기간 1~2층 계약자 샤시 무료 설치
분양가 시차 할인제	일정기한 계약시 할인
청약 통장 프리미엄제	통장순위별 프리미엄 확정
무이자 융자	중도금 융자금액 이자
대출 이자 부담제	대출금리 파격적 인하(7%)/ 사업기간 중 차액금리 부담(3%)
계약금 인하	20%에서 10%로 낮추고 납부기간 유예
선납 할인율 인상	투자목적 수요 촉발
시가 보장제	입주후 시세차액 발생시 잔금에서 차액공제
맞춤 판매	중도금 납부를 고객자금 계획에 따라 조정
방문 판매	내집마련 이동상담 차량 운행
사내 APT 판매	직원 및 직원 친인척 대상 판매시 판매직원 인센티브 부여
대리점제 운영	사업지 인근에 분양전담 대리점 지정
기존 고객 우대	자사 APT 기분양자 대상
계약자 부대 비용 제공	평생교육비, 건강체크비용 제공
투자 설명회	전시회 개최, 전문가 초빙, 재테크 특강, 인테리어 소품 전시 판매
주요지점(POST) 영업	사업장 인근 주요지점(산업체, 정부기간 등)에서의 상품설명회 개최 및 계약접수
텔레마케팅 및 주부 모니터링제	견본주택 내방객 확대 및 수요계층의 관심 유도

2.3.5 아파트 차별화 전략과 마케팅전략

1) 주택시장의 수요와 공급

주택수요(housing demand)란 일정시점 주택 원하는 가구, 개인의 욕구, 자금지불능력에 따라 주택재고 또는 주거 서비스를 구매하려는 욕구를 말한다.

항 목	내 용
주택수요의 구분	수요 동기(動機), 경제적 능력, 주 요구의 충족도에 따라.
수요동기	신규수요, 이동수요, 교체수요, 개량수요, 임대수요로 구분
현재수요, 유효수요	경제적 능력이 있고 구매의사가 있어 주택시장에 참여하고 있는 수요.
잠재적 수요	경제능력 등 구매상황이 결여되어 구매력을 수반하지 못하는 경우. 소득수준이 향상되거나 재화가 낮아지면 유효수요화함
실수요	주 욕구를 충족시키기 위하여 주택으로 소유하거나 임대하여 주거 서비스를 획득하려고 시장에 참여하는 수요
유발수요	재산증식의 보유를 위한 투자수요와 사회 경제적 유발 요인에 의해 주택시장에 참여하는 경우

2) 주택상품개발 프로세스

성공적 주택상품의 지속적 개발을 위해서는 정형화된 프로세스 확립이 필요하며 피드백 시스템을 구축하는 것이 매우 중요하다.

(1) 기획단계

분양률을 높이고 회사의 인지도를 확보할 수 있는 주택상품기획의 아이디어를 모색. 사전 시장조사의 실시와 품평회 등을 통한 지속적인 분양성 검토와 제고 방안의 도출, 인테리어 아웃소싱, 별도 프로젝트 팀의 운영 등이다.

① 시장조사

항 목	내 용
사업성 분석조사 (후보대상지 선정관련)	• 목표시장의 선정, 고객의 행동과 태도, 시장 측정 및 예측 • 수요와 공급의 현황 파악 중점
	• 주변 아파트 상품의 분포, 평형의 구성 파악, 가구특성, 소득 수준을 근거로 개발평형과 평형배분 비율, 아파트 적정 분양가격등을 결정
소비자 분석조사 (거주 예정자 대상으로 주거 욕구 조사)	• 소비자 분석을 통한 다양한 욕구파악 및 대응전략 수립, 상품개발방향 설정, 특화 요소 선정하여 최적의 상품 공급
	• 방법－주부모니터, 모델하우스 방문자 대상으로 한 설문조사, 전화조사, 직접 방문조사, 인터넷 활용 등

② 상품개발목표 설정

개발목표는 아파트 상품의 전략, 소비자를 설득하기 위한 구체적인 키워드로 정리한 후 광고와 홍보물에 삽입하여 신문, 광고지, 인쇄물, 방송 등을 통해 적극적으로 전파한다.

(2) 설계단계

① 기획의 내용을 반영, 상품을 실현화. 조망권, 보행자 전용도로, 지하주차장, 단지의 구성, 단위 동의 배치, 평형에 따른 평면 디자인, 인테리어 등의 아파트 상품에 있어서의 주요한 구성요소들이 확정되는 단계. 건설사들이 매우 큰 비중을 둔다.

② 최근 진행되는 아파트의 설계 전략

㉠ 아파트 내부평면의 다양화와 내장재 및 마감재의 고급화

㉡ 수경시설, 테마공원 조성을 통한 외부공간의 다양화

㉢ 주거안전과 주거편의 증진을 위한 첨단 시설의 설치

(3) 홍보 및 분양단계

① 시공 20% 진행되면 분양 시작. 분양은 구입을 원하는 소비자를 상품으로 끌어들이는 작업으로 시작

② 모델하우스를 통하여 완성될 상품을 검토하므로 소비자 접촉 기회를 다양화 하고 분양 아파트에 대한 대외적 광고 등이 주된 전략

③ 기업의 전사적 노력이 집중되는 단계임

(4) 시공 및 사후관리 단계

① 기업은 사후관리를 통한 차별화된 서비스로 소비자의 신뢰를 얻을 수 있는 방안을 강구함. A/S 경쟁이 치열해지는 양상

② 인터넷 이용한 하자보수신청, 별도의 A/S사이트, A/S기동대, 고객만족센터 운영, 건설업체가 직접 마감재 교체, 인터리어 개보수 작업 제공

3) 아파트 상품 차별화 전략(Product Strategy) ; 소비자 위주의 시장

(1) 건물 입면의 차별화 계획

획일적 Box Type에서 다양한 입면의 새로운 변화를 모색한다.

① 발코니의 선택적 설치 방안 고려 ; 단일 Type Unit → 개폐 방식, 저/중/고층에 따른 다양한 Type의 조합, 또는 적층하는 방식을 채용한다. → 아파트 전체 스케일에서의 입면 계획으로 진행

② 재료의 변화로 입면의 다양화 ; 재료의 물성에 따른 시각적 편안함을 고려한다.

정면/배면/측면, 저/중/고층, 발코니 난간 재료의 변화를 통한 입면의 다양화

③ 주/야경의 특성화 ; 색채학을 적용한 북측 입면의 활성화, 야간 내부 공간의 빛 활용하여 변화성, 인지성 확보한다.

④ 매스의 변화 ; 측면의 단조로운 벽면을 디자인적으로 처리 → 건축적 분절을 통해 서로 다른 매스간의 다양한 관계를 표출할 수 있도록 유도한다. 코어의 투명화하여 매스의 중량감을 감소시킨다.

⑤ 옥탑 구조물 이용 ; 수직적 이미지에서 → 수평적 이미지로 변화(가로 철재 Bar 설치), 만곡 프레임 부착하여 부드러움 표현 등.

(2) 옥외 공간 차별화를 위한 조경 설계 방안

주제형 옥외 공간 조성, 주거 환경 amenity의 적용

① 연령 / 기호 / 지역 특성 / 역사적 의미에 맞는 테마 아파트

② 최첨단과 전통미, 동서양 문화를 가미한 아파트 ; 무인시스템 개발, 단지 내 전통 문화 복원

③ 설계 및 시공 단계에서의 주민 의견 수렴 ; 단지 내 조경, 호텔식 프런트 및 경비실

④ 환경 친화형 단지 조성 ; 가로변과 휴식공간 조성, 자연의 푸르름, 보차 분리

⑤ 진입 공간 ; 환경 조형물/구조물(입구 영역, 이정표의 역할), 진입로 광장(기다림과 대화의 공간), 수경 시설 or 대형 수목(입구 영역성 강조)

⑥ 수목 및 녹지 공간의 향상 ; 전통수목 위주 식재, 진입 통로를 수목 터널화(체험적 접근)

⑦ 옥외 시설물 디자인의 세련화 ; 단순 / 획일적 형태(파고라, 벤치)에서
→ 색채 / 형태 디자인 연구, 이미지 통합 계획에 의한 디자인 연구
(안내판, 이정표, 시계탑, 문주, 볼라드, 조형물 등)
→ 예술적 분위기 연출, 산뜻한 분위기 조성

⑧ 산책로 및 운동 공간의 변화 ; 다양한 운동 시설, 다양한 연령층에 대한 맞춤 시설

⑨ 휴게 공간의 변화 ; 단순한 휴식 기능 → 이웃과의 대화, 단지의 축제, 장터, 모임을 위한 공간

⑩ 어린이 놀이터 시설 및 공간의 변화 ; 놀이 시설의 고급화 및 다양화, 개방적 공간화, 기하학적인 형태의 부지, 바닥 포장 재료의 변화, 놀이 시설 재료의 첨단화

⑪ 보행자 위주 동선 배치 및 시설 도입
보차 혼용 → 완전한 보차 분리를 위한 연구

⑫ 1층부 공간의 변화 ; 주민 공동의 관혼상제 시설, 주민 공용 공간, 전용 정원화, 필로티 조성

⑬ 건물 외형 및 색채의 다양화 ; 외형 디자인 연구(형태, 스카이라인, 색채), 건물 측면에 슈퍼 그래픽을 도입

(3) 다양한 평면 개발

차별화 효과를 극대화하는 공간 디자인

① 가변형 벽체의 채택－다양한 평면의 연출, 소비자 생애주기(life cycle)등에 대응

② 인접 2면 개방이나 3면 개방 등 연속된 개방면을 확보한 단위실이 등장
거실(52%) > 안방(30%) > 식당(17%)

③ 남향 배치에 의한 3~5Bay의 디럭스 스타일 평면구조 개발, 최근에는 4bay (33%)~4.5bay(20%) 이상이 많음

④ 발코니의 기능성 확대(수납공간의 확대, 정원 / 헬스룸 / 휴게공간 등의 테마형으로 개발)

⑤ 문의 위치나 종류 선택, 최상층 / 최하층 특화(다락방, 전용 정원 및 골프장 설치)

⑥ 자녀 공간내의 실구성 분화(영역 2분할(P.P분할), 영역 3분할, 영역 4분할

⑦ 복층형 또는 가족실을 구성하여 3세대 동거 등에 적합한 평면

⑧ Terrace House의 활용 : 경사지 지형을 이용 개인정원을 가질 수 있는 효과

(4) 마감재

견본 주택의 내부 공간을 통해 구매 결정하는 경우가 많음

특히 주방 Marketing 중요 : 구매 시 가장 결정적인 역할은 주부임

① 주부 전용 공간인 주방 공간에 대한 고급화 및 아이디어 창출이 필수

② 주방 가전의 제공－식기세척기, 김치냉장고, 가스오븐, 렌지후드, 세탁기. 냉장고 등

(5) 건설회사 브랜드 전략

① 판매자의 상품 및 서비스를 다른 경쟁자의 제품과 구별해서 표시할 수 있도록 하기 위해 사용되는 문자, 기호, 디자인 혹은 이들의 조합

② 무형이지만 회사의 이미지를 상징하는 중요 구성요소, 고객과의 일련의 약속, 신뢰와 일관성을 포함한 소비자의 기대를 대표하는 것

③ 브랜드 효과－신뢰도, 제품가격, 인지도, 선호도, 충성도에 영향. 소비자 조사를 통해 계량화하여 관리. 기업가치의 척도

4) 아파트 상품 가격 전략(Price Strategy) 요소

(1) 같은 건설회사의 동일 단지 내 아파트일지라도 향/층/개방감 등에 따라 가격 차이가 크게 발생한다(ex, 한강 조망권).

(2) 최근 1, 2층 / 최상층, 타 층 차별화 추첨 분양→같은 분양가이면서 추첨에 따라 많은 가격 차이 발생→계약 포기, 분양 신청율과 실제 계약률 상이→미분양 발생 등의 부작용 초래한다.

(3) 기존 아파트 시세를 통한 가격 차이 분석 사례

① 규모(전용면적)가 2배(3배) 증가→단위 규모 당 가격은 1.5배(1.8배) 증가

② 남향 아파트 가격 100→동향 95.2, 서향 86.4로 추산

③ 로얄층 아파트의 가격 100→준로얄층 97.6, 끝층 92.5로 추산

④ 소음이 없는 아파트 가격 100→보통인 경우 97.6, 소음이 심한 경우 96.0

⑤ 개방감이 있는 아파트 가격 100→개방감이 없는 아파트 98.3으로 추산

⑥ 남향, 로얄층, 소음 없고 개방감 있는 아파트 가격 100→서향, 끝층, 소음 심하고, 개방감이 없는 아파트 가격은 75.4로 추정

2.3.6 아파트상품 개발 전략

1) 아파트상품개발 프로세스

성공적 아파트상품의 지속적 개발을 위해서는 정형화된 프로세스 확립이 필요하며 피드백 시스템을 구축하는 것이 매우 중요하다. 분양률을 높이고 회사의 인지도를 확보할 수 있는 아파트상품기획의 아이디어를 모색하고, 사전 시장조사의 실시와 품평회 등을 통한 지속적인 분양성 검토와 제고 방안의 도출이 필요하다. 또한 인테리어 아웃소싱, 별도 프로젝트 팀의 운영 등도 요구된다.

(1) 시장조사

① 사업성 분석조사(사업 후보대상지 선정과 관련)

㉠ 목표시장의 선정, 고객의 행동과 태도, 시장 측정 및 예측. 수요와 공급의 현황 파악에 중점을 둔다.

㉡ 주변 아파트 상품의 분포, 평형의 구성 파악, 가구특성, 소득 수준을 근거로 개발평형과 평형배분 비율, 아파트 적정 분양가격등을 결정한다.

② 소비자 분석조사(거주 예정자 대상의 주거 양식과 주거 욕구 조사)

㉠ 소비자 분석을 통한 다양한 욕구 파악 및 대응전략 수립, 상품개발방향 설정, 특화 요소 선정하여 최적의 상품 공급할 수 있도록 한다.

㉡ 방법－주부모니터, 모델하우스 방문자 대상으로 한 설문조사, 전화조사, 직접 방문조사, 인터넷 활용 등

③ 상품개발목표 설정－개발목표는 아파트 상품의 전략. 소비자를 설득하기 위한 구체

적인 키워드로 정리한 후 광고와 홍보물에 삽입하여 신문, 광고지, 인쇄물, 방송 등을 통해 적극적으로 전파시킨다.

(2) 설계

① 기획의 내용을 반영하여 상품을 실현 시킨다.

조망권, 보행자 전용도로, 지하주차장, 단지의 구성, 단위 동의 배치, 평형에 따른 평면 디자인, 인테리어 등의 아파트 상품에 있어서의 주요한 구성요소들이 확정되는 단계. 건설사들이 매우 큰 비중을 둔다.

② 최근 진행되는 아파트의 설계 전략.

㉠ 아파트 내부평면의 다양화와 내장재 및 마감재의 고급화

㉡ 수경시설, 테마공원 조성을 통한 외부공간의 다양화

㉢ 주거안전과 주거편의 증진을 위한 첨단 시설의 설치.

(3) 홍보 및 분양

지금까지 대량공급시대를 경험하면서 획일적인 공급에 익숙해져 있었지만, 주택보급률이 총괄적으로 103%를 넘어 섰고, 시대가 변하고 국민소득이 3만 달러를 넘어섰으며, 국민의 의식수준이 향상됨에 따라 이제는 획일적인 공급방식에서 벗어날 때가 됐다. 공급자 주도에서 소비자의 선택권 보장과 개성발현을 위한 주택공급방식도 다양화돼야 할 때가 왔다. 이제는 주택의 품질이 중요한 시대라고 말한다. 양적인 공급이 끝나면 품질향상에 대한 요구 다양화가 뒤따른다. 국토교통부에서도 2019년 주거종합계획을 보면 후분양 활성화와 더불어 소비자 선택강화형 시범사업 등으로 소비자 선택권 보장을 세부과제의 하나로 제시하고 있다. 이를 계기로 공급방식의 선진화와 발전을 기대해본다.

① 일반적으로 시공 20% 진행되면 분양 시작. 분양은 구입을 원하는 소비자를 상품으로 끌어들이는 작업으로 시작한다.

② 모델하우스를 통하여 완성될 상품을 검토하므로 소비자 접촉 기회를 다양화 하고 분양 아파트에 대한 대외적 광고 등이 주된 전략이다.

③ 플러스옵션과 마이너스 옵션

아파트 평면은 기본형과 확장형이 있다. 기본형은 말 그대로 기본적인 생활을 할 수 있는 형태여야 한다. 기본형평면은 확장해야 비로소 사용할 수 있는 주택이 될 수 있도록 구성돼 있고 평면자체도 기형적인 형태로 이뤄져 있는 것이 일반적이다. 이것은 입주자 모집공고에 제시되는 선택품목이고 발코니 확장은 분양가격에 포함되지 않는 '추가선택품목'으로서 소위 '플러스 옵션'으로 돼 있다. 또한 '기본 선택 품목'으로 입주자가 직접 선택해 시공 · 설치할 수 있는 품목인 벽지, 바닥

재, 주방용구, 조명기구 등 '분양가상한제 적용주택의 기본형 건축비 및 가산비용'에서 구체적으로 정하고 있지만 건설업체에서 일괄 시공하는 경우가 대부분이다. 이 '기본선택품목'은 소위 '마이너스 옵션'으로 알려져 있는 것으로 업체에서 시공하지 않고 입주자 개인이 할 수 있는 것이다. 소비자 입장에서는 비용에 맞춰 자기가 원하는 마감재를 사용해 공간을 꾸밀 수 있다는 점이 가장 큰 장점이다. 소비자(입주자)의 선택권을 보장하고, 쓰레기 발생과 자원낭비를 억제하자는 취지에서 시작됐지만, 공급자의 입장에서는 일괄 시공하지 못하는 것에 따른 수익감소나 일의 번거로움 등에서 환영하지 않는 입장이다.

④ 기업의 전사적 노력이 집중되는 단계이다.

(4) 시공 및 사후관리

① 기업은 사후관리를 통한 차별화된 서비스로 소비자의 신뢰를 얻을 수 있는 방안을 강구한다. A/S 경쟁이 치열해지는 양상을 보인다.

② 인터넷 이용한 하자보수 신청, 별도의 A/S사이트, A/S기동대, 고객만족센터 운영, 건설업체가 직접 마감재 교체, 인터리어 개보수 작업을 제공한다.

2) 주택상품개발의 실제

(1) 아파트건설회사의 마케팅 관련 부서의 현황.

① 마케팅팀, 아파트상품개발팀, 아파트기획팀이라는 명칭을 많이 사용한다.

② 프로젝트 기획 단계부터 원스톱 시스템으로 평면설계, 인테리어, 익스테리어, 조경, 색채, 환경 디자인 등 관련 부서와 병행 설계를 진행시켜 시공에서 입주까지 설계와 시공의 오류를 최소화하는 통합적인 관리를 책임진다.

(2) 건설회사의 브랜드 전략

① 판매자의 상품 및 서비스를 다른 경쟁자의 제품과 구별해서 표시할 수 있도록 하기 위해 사용되는 문자, 기호, 디자인 혹은 이들의 조합.

② 무형이지만 회사의 이미지를 상징하는 중요 구성요소, 고객과의 일련의 약속, 신뢰와 일관성을 포함한 소비자의 기대를 대표하는 것.

③ 브랜드 효과－신뢰도, 제품가격, 인지도, 선호도, 충성도에 영향. 소비자 조사를 통해 계량화하여 관리. 기업가치의 척도.

(3) 국내 아파트 상품개발의 현황과 문제점

① 국내 아파트 상품시장은 최근 아파트 브랜드의 홍수 속에서 브랜드 정보에 대한 피로를 느끼기 시작할 정도로 경쟁이 날로 심각해지고 있다.

② 현 아파트 상품들은 아이디어들이 매우 제한적이고 회사마다 대동소이하여 소비자의 주거선택 행위가 날로 어려워지고 있다.

③ 최근 국가고객만족도(NCSI)에 우위를 차지하는 주택건설회사의 마케팅 전략은 고객중심으로 변화하고 있다, 즉 주택을 디자인하고 판다.

2.3.7 리모델링 사업의 성공전략

1) 경쟁력 확보 방안

① **조직의 슬림화** : 향후 건설기업이 경쟁력을 확보하기 위해서는 핵심능력 중심의 조직 슬림화와 비용절감은 필수적이며, 현행 시공 및 매출 확대 중심의 방만한 구조를 탈피하여야 한다.

② **기획 · 설계능력 보유** : 일반 건설업체의 경우 리모델링사업 분야의 핵심인력은 조사 · 진단과 타당성 분석 능력을 확보한 자이어야 한다.

③ **전략적 제휴 또는 아웃소싱(Outsourcing) 활용** : 핵심 분야를 제외한 시공 및 부문별 전문 분야는 전략적 제휴 또는 아웃소싱을 통한 활용전략을 추구하며, 전문 건설업체는 주력 분야의 시공기술 능력을 확보한 인력이 핵심요원이 된다.

④ 리모델링 관련 DB구축부터 잠재고객 발굴, 사업성 분석 및 PF(Project Financing) 컨설팅 역량 개발 등 마케팅역량 또한 강화할 필요가 있다.

2) 건설프로젝트 웹의 활용

① 건축물을 기획에서 설계, 그에 부수된 작업 및 건설 시공단계를 거쳐 하나의 건축물을 완성하기까지의 전 과정을 건설프로젝트라고 한다면, 이 프로젝트를 수행하는 전 과정은 정보의 양이 방대하고 매우 복합적이다. 그러므로 다양한 구성원이 참여하여 서로 협업을 통해 프로젝트를 완성해가는 협동화작업(Collaboration)이 요구된다.

② 협동화작업은 다양한 구성원 각자가 가지고 있는 의견과 정보를 손쉽게 교환하고 단계별 결정에 모든 구성원의 협력적 정보가 공유되어야 성공할 수 있다. 이러한 열린 정보의 광장과 데이터 축적을 위해 인터넷에 가상공간을 설정한 후 인터넷 관리기술을 이용하여 프로젝트를 성공적으로 이끌어가는 방법이다.

③ 디지털 디자인은 가상현실을 가능하게 하여 실제 건축될 모습과 비용을 한눈에 체험할 수 있게 해 주면서 조감도나 모형을 대신하는 도구로 활용되고 있다. 실제 설계작업이 같은 작업실에서 일어나더라도 다수가 각기 자신의 화면을 이용하여 작업과 정보를 교환하면서 지향하는 설계목표를 완성해 나갈 수 있다.

3) 리모델링시장의 확대 방안

(1) 건물주는 리모델링 사업성에 대한 확신이 서고, 리스크가 적을 때, 그리고 금융 서비스가 제공될 수 있을 때 리모델링 사업추진 가능성이 높아진다.

(2) 최근 은행 등 제도금융권의 리모델링에 대한 자금대출 확대와 ESCO(Energy Service Company)사업 분야 등에 대한 정부의 공적 금융이 확대되는 추세에 있으며, 건설업체는 이러한 금융에 대한 정보를 제공하고, 연결시켜 주는 역할을 해야 한다.

(3) 향후 자산유동화와 부동산 투자신탁 관련 입법화의 추진으로 리모델링사업 활성화를 위한 금융조성 여건이 크게 제고되고 있으므로 건설업체들은 이와 연계한 리모델링 사업 추진 전략을 모색할 필요가 있다.

① 리모델링사업의 주체가 건물주와 건설회사 등으로부터 디벨로퍼(Developer)와 투자기업 등으로 다양화된다.

② 모기지(Mortgage)의 유동화 등을 통한 부동산 담보 대출이 확대된다.

③ 리츠(Reits), 수익증권 등 불특정다수를 대상으로 한 자금조달이 용이해진다.

④ 기타 자금조달 수단이 다양화될 것으로 예상된다.

(4) 건설업체들은 이러한 금융조달의 매개역할을 수행하거나 직·간접으로 디벨로퍼(Developer)와 연계하여 리모델링 시장의 물량을 확보하는 전략을 적극적으로 추진한다. 건설업체와 개발 전문업체 및 금융 전문업체 간의 결합을 통한 리모델링사업성 제고를 위한 전문회사 설립이 요구된다.

2.4 리모델링 기획 및 사업타당성 분석

2.4.1 리모델링 기획과정

1) 사업타당성 분석자료 수집

① 사업대상을 선정하는 데 있어서 사업환경 분석을 통해 건물입지 특성 및 주변 여건을 조사하고 업무의 기능과 건물의 특성, 주변환경 등을 고려하는 것이 필수적인 요건이다.

② 리모델링사업 타당성 분석결과가 좋다고 하더라도 리모델링 전과 시행 후의 빌딩 자본환원율(Capitalization Rate), 빌딩의 등급변화에 따른 임대료 상승, 시장 내에서의 건물가치 제고 등의 구체적인 자료는 주변 시장 여건에서 수집된다.

③ 리모델링대상 건물의 개발 컨셉에 따라 무엇을 어떻게 리모델링할 것이며, 이에 대한 공사비 산출과 공사기간 동안의 임대 기회 손실을 반영하여 리모델링 이후에 임대료 수준과 건물의 가치를 추정할 수 있다.

④ 사업기획단계 시 검토사항은 다음과 같다.

구 분	검토사항
1. 사업계획 수립	동기의 적합성 사업의 투자 타당성 분석
2. 발주자 의도 파악	발주자 의도와 현재여건 분석 발주자의 경제적 규모
3. 투자가치 효율성 분석	투자의 타당성 분석 대안별 투자비 분석
4. 리모델링 범위 설정	내부 인테리어 수준 외장, 내장 및 전기설비공사 수준 내 · 외장과 구조변경 및 증축수반 수준
5. 리모델링 방식 설정	리모델링 단계에 맞는 방식 결정 리모델링 유형과 규모에 맞는 방식 설정
6. 현장조사	입지분석 건물현황조사 관련법규 검토

2) 리모델링개발 방안 수립

주변시장 여건과 대상건물의 리모델링 전 · 후의 가치평가를 위해 건물의 어느 부분을 어떻게 리모델링할 것인가를 결정해야 한다. 이를 위해 개발 방향을 수립하여 업태와 업종의 최적 혼합으로 수입 및 건물의 가치를 최대로 할 수 있는 방안을 찾아야 한다.

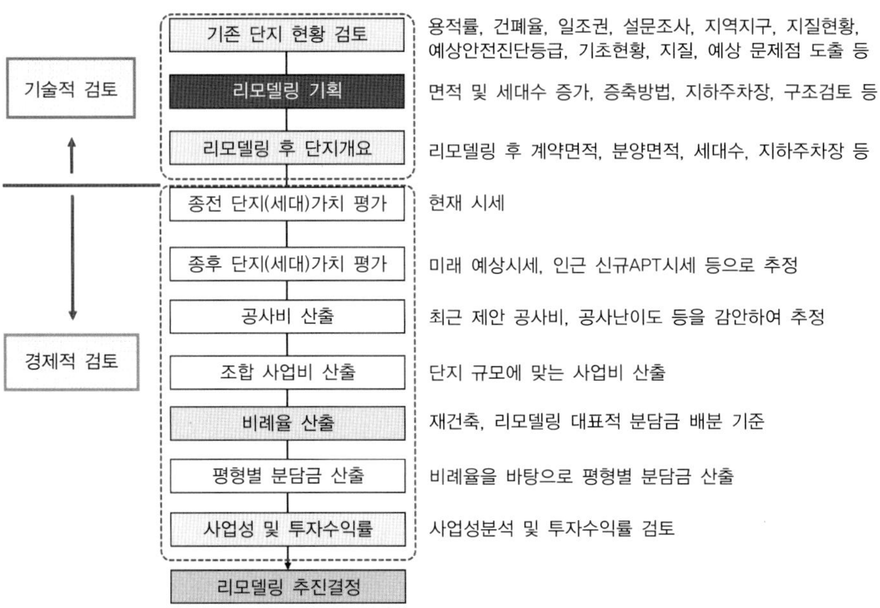

그림 2.8 사업타당성 검토항목(분류)

대상건물에 대한 자료와 원하는 공사항목을 정리하고 상권, 사업성 분석, 공사기간과 시기 등을 파악해보고 리모델링의 목적, 범위, 예산을 계획하여 투자이익이 뚜렷한 경우에 시도한다. 개발 컨셉은 개발범위를 구조만 남겨 놓은 상태로 전체적인 리모델링을 할 것인지, 부분적인 리모델링을 할 것인지와 대상건물의 업그레이드인지 용도변경을 할 것인지를 주변 여건과 용도별 수익성을 고려하여 결정하게 된다.

3) 리모델링 프로세스 요약

부동산시장에서 대상건물 매입 시 리모델링사업의 필요 여부를 결정하여 매입가격과 임대수입을 평가한다. 실제 리모델링 프로세스는 건물의 가치평가, 구조안전진단을 포함한 건물실사, 사업타당성 검토, 프로그래밍을 통한 기능별 공간 및 규모와 상관관계 분석으로 어느 부분을 어떻게 리모델링할 것인지 범위 결정, 프로그래밍에 따른 디자인과 승인, 설계에 따른 시공, 입주 및 건물의 운영, 그리고 유지관리로 이어진다.

4) 구조리모델링 설계시 고려사항

리모델링 프로젝트는 기존 구조체의 상태가 매우 불량하면 리모델링 자체가 불가능하게 되고, 구조체의 노후화가 심하게 진행되었으면 이를 보완하기 위한 공사비가 많이 들어 사업성이 떨어질 수도 있으며, 증축되는 부분의 구조공법과 접합부 설계를 어떻게 해야 하느냐에 따라 건축물의 품질이 좌우되기도 한다. 따라서 리모델링 프로젝트를 추진 시 초기에 다음과 같은 구조적 사항이 반드시 고려되어야 한다.

① 리모델링 사업 초기에 건축구조기술사에 의해 구조상태를 파악하여 그 결과에 따라 사업타당성을 분석해야 한다.

② 기존 건물의 내진설계 여부를 확인하여 내진설계 방향을 정해야 한다.

③ 리모델링을 위한 기존 내력벽체의 일부 철거, 수직·수평증축 및 지하주차장 신설 등이 가능한지 계획 초기부터 건축구조기술사에 의해 검토되어야 한다.

④ 기존 건물의 기초보강, 구조보강 및 내구성 보완 등이 어느 정도 요구되는 것인지 사전에 구조진단을 하여 검토되어야 한다.

⑤ 증축되는 신설 구조체의 구조공법과 기존 구조체와의 접합공법을 어떻게 해야 하는지 검토되어야 한다.

5) 리모델링 사업성평가 고려사항

① 리모델링 사업타당성 검토 작업에서는 건축물 리모델링 전 단계의 기획과정을 결정하며, 또한 대상건축물의 시설적 특성에 따라 달라진다.

단순히 건물 내부의 설비부분만을 리모델링할 것인지, 건축물의 외관 디자인만을 리모델링할 것인지, 이 모든 요소를 시행할 것인지 등의 리모델링 성격에 따라 그 방법 및 기획과정은 달라질 수 있다.

② 사업성 평가는 건물성능을 최대화하는 것이 궁극의 목적이지만 소요비용을 최소화하는 문제와 결부되어야 한다. 초기투자비용, 유지관리비용 등을 고려할 때 건물성능과 소요비용의 최적화를 이룰 수 있어야 한다.

2.4.2 기획단계별 세부요소

1) 초기결정단계

① **목표설정단계** : 리모델링 사업타당성 검토 작업의 첫 단계인 초기 결정단계에서 의사결정자그룹의 목표는 개발목표, 운영목표, 재정목표 등으로 범위를 정할 수 있으며, 사용자그룹의 경우는 개발의 질이나 사용비, 운영비용 등을 목표로 가진다. 또한 의사결정자들의 건축목표와 의도, 동기, 철학, 이념 등이 첫 번째 단계부터 실행된다.

② **자료수집단계** : 모든 건축계획의 과정은 두 단계, 즉 분석과정과 이의 종합과정으로 이루어진다. 자료수집은 분석과정의 일부로서 건축물의 리모델링 목표가 설정되면 목표에 대하여 필요한 자료 수집 및 분석과정이 이루어진다.

2) 현황분석 결정단계

리모델링 사업타당성 검토작업의 다음 단계는 현황분석 결정단계인데, 분석되어야 할 항목은 건축적 요소로서 기존 건축물 및 대지분석, 주위환경 분석, 사회 · 문화적 분석 등으로 정리할 수 있다.

표 2.10 기획 단계별 세부요소

항목	수선형	1인 가구형	장애인 단독 가구형	노인 거주형	효도형	최저 주거기준 해소형
평면계획	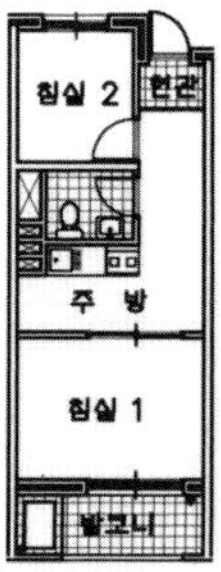	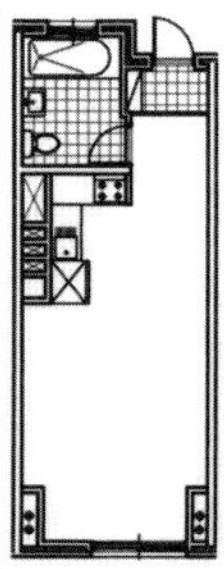	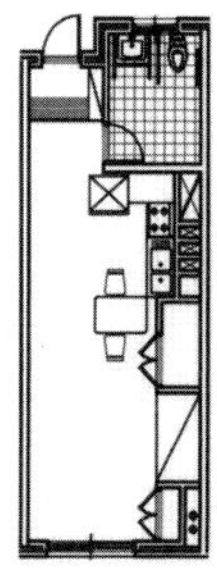	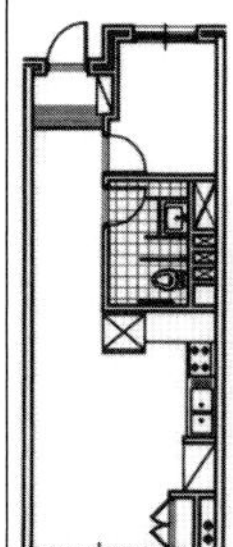	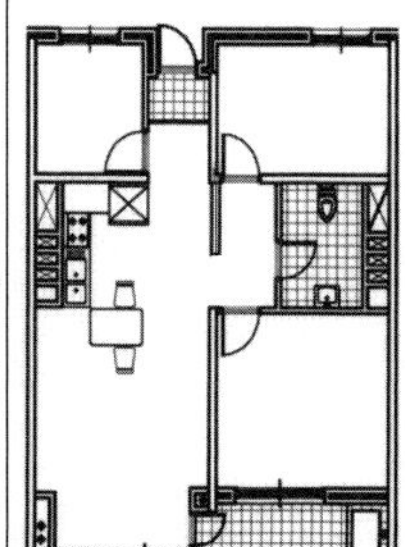	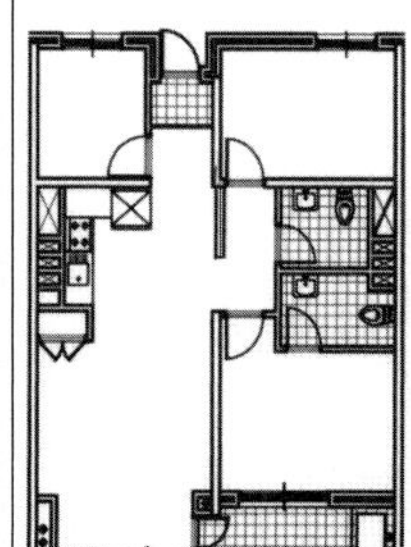

표 2.10 기획 단계별 세부요소(계속)

항목		수선형	1인 가구형	장애인 단독 가구형	노인 거주형	효도형	최저 주거기준 해소형
계획요소			LDK 신혼부부 또는 1인 대학생	LDK 장애인 포함 부부 및 장애인 단독세대	2LDK 노인+부부	3LDK 노인+부부+자녀	3LDK 부부+성이 다른 자녀
면적 (m²)	전용	26.37	26.37	26.37	26.37	52.74	52.74
	서비스	4.95	4.95	4.95	4.95	9.90	9.90
	계	31.32	31.32	31.32	31.32	62.64	62.64
세대당 공사비		17,918,828원	18,164,483원	20,272,364원	21,123,471원	41,972,084원	33,085,677원
3.3m²당 공사비		1,891,317원	1,917,246원	2,139,731원	2,229,565원	2,215,059원	1,746,083원

* 면적 : 현행 안목치수가 아닌 공급당시 중심선치수로 산정, 현행 법규에 따라 중심선치수로 할 경우 3.3m² 당 공사비가 작아질 수 있음.

* 경제성 분석 결과는 고사 발주시 작성된 직접공사비에 대해 분석한 결과이며 TES BED 시공에 해당하므로 실제와는 차이가 발생할 수 있음.

경제적 요소로는 사업타당성 검토 부분에서 ①운영조직계획(사업집행체계, 운영관리체계, 운영계획), ②자금운용계획(사업수지계획, Funding 계획, 자금지출계획, 부채상환계획), ③마케팅계획(가격전략, Targeting)이 있다.

이러한 분석과정을 거치면 대상건축물의 리모델링 행위에 대한 잠재력과 제약조건들이 추출되며, 이것을 기준으로 개략적인 윤곽을 결정할 수 있는데, 여기까지의 단계가 리모델링의 일반적인 현황을 정리하여 개념을 설정하는 단계이다.

3) 평가단계

① **진단 및 평가단계** : 계획에 따른 평가는 리모델링계획 내용, 공사계획, 시공방법, 공사기간, 공사비용 등을 복합적·세부적으로 평가·검토되어야 한다. 이때 평가항목은 공사제약 여부 및 운전비용, 보수성, 내구성 등의 경제성을 고려한 평가가 필요하다. 평가항목은 종류별, 사용조건에 따라 다르며 중요성 등도 변화하기 때문에 대안을 함께 검토해 나가는 것이 바람직하다.

② **성능평가단계** : 건축물의 리모델링을 위한 물리적 성능평가단계는 건축공간진단, 구조노후화진단, 설비진단, 환경에너지진단으로 구분된다. 자료수집단계에서 수집되어야 할 세부요소는 건축물, 대지, 자연환경, 인문환경, 사회환경으로 나누어진다.

이러한 기존 데이터의 수집과 기존 건축물의 리모델링을 위한 건축물의 물리적 성능 진단평가에서 도출된 데이터의 종합분석으로 건축물의 적합한 리모델링의 범위와 리모델링 방법을 설정하며, 대지의 현황을 조사 · 분석하고, 다음으로 대지 내의 자연환경과 대지 주변의 인문환경요소에 대해 조사 · 분석하며, 끝으로 사회적 환경인자들에 관해서 조사하고 분석하는 순서로 진행해 나간다.

4) 분석 및 종합단계

건축적 개념의 가능성 검증과 경제적 개념의 가능성 부분으로 나누어지는데, 가능성 분석과정은 지금까지의 과정상에서 결정된 결정사항들을 정리하고 누락된 문제점들을 귀환시키는 단계이다. 귀환의 단계는 문제점의 상황과 비중, 성격에 따라 달라질 수 있다.

① 건축적 분석단계 : 행태적 · 공간적 · 용도적 특성 등의 분석과정에서 나타나는 개념적 특성상의 문제점 발생과 초기 설정목표에 적합하지 않은 의도를 바로 잡기 위한 과정이다. 또한 경제성 분석단계는 개념설계 과정에서의 대략적인 비용 산정이 건물주와의 협의과정상에서 당위성을 인정받을 수 있는 데이터 제시과정이라 할 수 있다.

② 경제성 분석과정 : 경제성 분석과정은 건물주에게 총 예상비용과 완공 후의 예상수익을 정리하여 비용이익을 정확하게 제시하여 리모델링사업의 적합성과 효율성을 보여줌으로써 건물주에서 리모델링의 합리적 당위성을 제시하는 것이다.

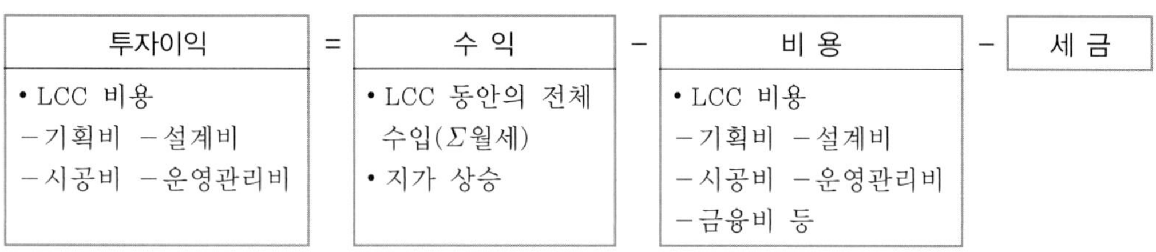

그림 2.9 경제적 분석의 기본개념과 구성항목

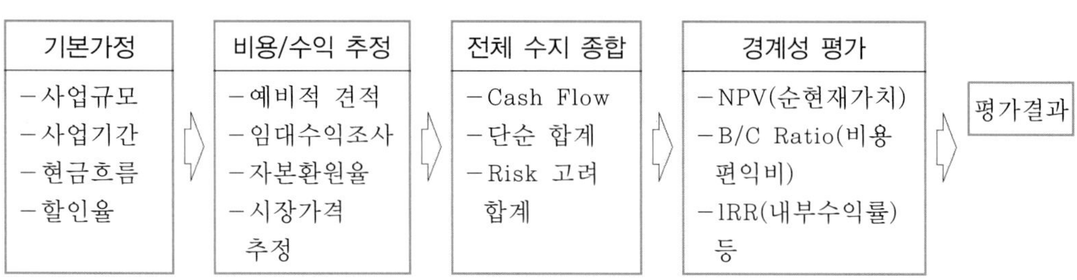

그림 2.10 경제적 분석의 수행절차

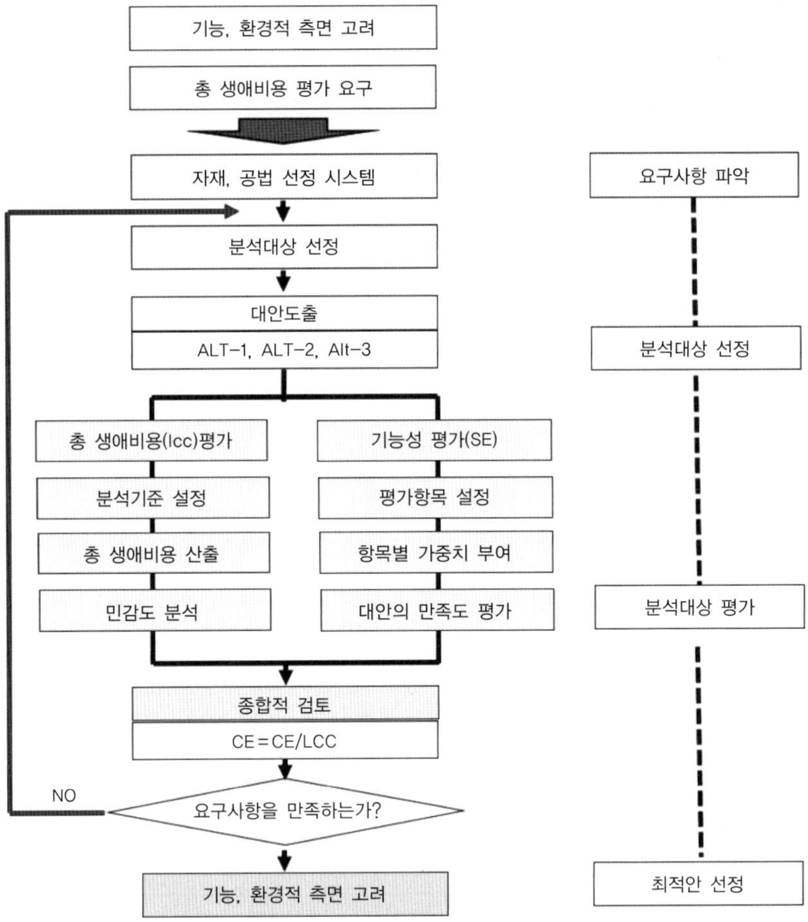

그림 2.11 자재, 공법 선정 과정

5) 리모델링 단계별 대안설정단계

리모델링 대안 설정은 지금까지의 모든 과정상에서 도출된 대안들을 비교 · 분석 · 평가하여 최적의 대안을 선택하는 단계이다. 대안의 분류 및 결정은 의사결정 사용자 그룹의 종합적 판단능력과 건축물의 특성, 대지의 상황, 사회, 환경적 영향 등에 따라 결정될 수 있다.

① 적정 용도 및 규모의 대안설정단계에서는 설정된 리모델링 개념에 기초하여 기본 구상을 통한 공간규모 및 시설배치 등의 대안을 제안한다.

② 적정 용도 및 규모의 대안이 설정되면 그것을 근거로 물리적 형상의 실체를 만들어 나가야 하므로 건축디자인 개념을 수립하여야 한다.

③ 개념설계단계에는 개념스케치, 마스터플랜과 같은 초기디자인 작업이 이루어지는 과정이다.

④ 건축물 리모델링을 위한 스키매틱(Schemetic) 디자인단계는 용도배분계획, 건축계획,

교통처리계획, 보행동선계획, 공간계획, 모듈(Module)계획 등을 포함하며, 재료나 디테일, 입면, 평면 등 구체적인 사실에 대한 개요가 결정된다.

⑤ 용도의 배분계획과정에서는 사업의 시장성 분석 과정이 포함된다. 또한 개념설계과정에서 개략적인 공사비용이 추출될 수 있으며, 이에 따른 건축주와 비용의 협의가 이루어져야 할 부분이다.

6) 개발대안 작성의 의사결정단계

이 단계의 작업은 위 단계에서 분석되었던 자료들을 종합하는 과정이라 할 수 있다. 이 과정을 거치면서 건축적 제한요소들이 더 구체화되고, 세부요소들이 다듬어지면서 재정모델에 영향을 미치는 상호연관성이 이루어진다.

2.4.3 건축 리모델링공사의 리스크

리스크는 모든 기획, 설계 및 건설사업에 불가피한 요소이다. 건설과정에서 리스크가 생기면 공기연장, 건축기능의 성취부족, 품질저하, 비용증가, 인명피해 등이 생기며, 이 영향은 사용기능 미비, 쾌적성 저하, 관계 악화로 결국 분쟁과 소송이 생긴다. 리스크관리는 사업목표의 성공적인 달성을 위해 사업수행 전 과정에 존재하는 리스크 요소들을 사전에 분류·분석하여 위험도를 정하고 계약, 보험, 사전관리 등을 통해 사업목표를 달성하는 것이다.

1) 유형별 리스크 인자

리스크 인자	내　용
① 재정 및 경제성	인플레이션, 의뢰자의 재정능력, 환율변동, 하도급자의 의무불이행, 보험가입의 적정성, 자금유통을 위한 준비의 적정성, 세금 등
② 설계	설계범위 결정의 불완전, 설계결함 및 생략, 부적합한 시방서, 현장조건의 상이, 신기술의 발전 및 적용, 조사 및 분석상의 결함, 설계와 시공간의 부적합한 의사소통 등
③ 인력, 자재운송	자재, 장비의 운반손실 및 손상, 전문가, 설계자, 도급자, 자재공급자, 장비 및 자재 등의 가용 여부 등
④ 건설단계	기상 여건으로 인한 공기지연, 노사분규 및 파업, 노동생산성, 설계조건과 현장여건의 상이, 불완전한 시공, 설계변경, 장비의 부족, 시공방법의 타당성, 건설안전, 타 산업과의 관계, 공사관리 및 감독의 질 등
⑤ 건물운영관리	제품 및 서비스에 대한 시장여건의 불규칙적 변동, 유지관리의 필요성, 안전운영, 운영목적에 대한 적합성 등
⑥ 정치, 법, 환경	법, 규정, 정책의 변경, 전쟁 및 내란의 발생, 공해 및 안전문제, 생태적 손상, 폐기물 처리, 대중의 이해관계, 수출(통상)규제, 토지수용 또는 몰수 등
⑦ 물리적	구조물의 손상, 장비의 손상, 화재, 도난, 산업재해 등
⑧ 천재지변	홍수, 지진, 태풍, 산사태, 낙뢰 등

2) 리스크 관리의 요점

첫째, 현장조사와 진단 시에는 ①구조물 노후화 상태, ②각종 설비류 노후화 상태, ③건물의 외관, ④에너지 성능, ⑤방재시설 등 물리적 실사와 진단뿐만 아니라 건물의 입지적 특성과 주변여건 등을 고려하여 경제적 가치 향상도 검토한다.

둘째, 사업계획의 적정성 검토이다. ①투자가치의 정확한 분석, ②리모델링공사의 범위, ③리모델링을 통한 건축물의 경제적 가치 향상 등을 반영한다.

셋째, 예정사업비의 정확한 분석이다. 초기단계의 사업비 추정은 유사 실적의 DB를 활용하여 사업비 가이드라인이 결정된 상태에서 이루어져야 한다.

넷째, 특별히 추가될 수 있는 원가요소, 우발비용 등에 대해서도 다양한 프로젝트의 벤치마킹을 통해 사업비 증가요인을 사전에 분석하고 원가관리계획을 검토한다.

2.4.4 건축 리모델링 사업타당성 분석방법

1) 리스크(Risk) 검토

건축 리모델링 사업은 공사에 따른 불편함, 불확실한 비용부담, 건물임대가치 변화에 대한 정량적 분석, 불확실한 위험요소가 산재되어 있다. 현재, 리모델링시장 내에서 건물주와 투자자를 위한 최적대안 제시 능력과 리모델링 투자평가기준 및 건물의 리모델링 사업타당성을 평가하는 방법이 제대로 개발되지 않은 상황이기 때문에 건물주와 투자자들에게 리모델링사업에 대한 확신을 줄 수 없는 요소로 작용하고 있다. 따라서 건물주와 투자자를 설득하여 리모델링사업의 수익성을 보여줄 수 있는 시장분석에 근거한 객관적 자료와 사업타당성 분석방법이 보다 체계화되어야 한다.

2) 사업타당성 조사

제한된 재원을 효율적으로 사용하기 위하여 사업환경, 사업컨셉, 적정 규모, 경제적 타당성, 재원 조달방안, 사업 추진방안 등을 검토하여 사업 시행의 최적 대안을 모색하는 연구과정으로 사업계획을 수립하기 전에 행한다.

사업의 방향과 시행방안 등 사업의 전반에 걸친 검토를 수행하여 사업시행자 및 투자자가 합리적인 의사결정을 할 수 있는 유용한 정보를 제공하고 시행착오를 최소화하여 효율성과 효과성을 증대시키는 데 목적을 두고 있다. 사업타당성 조사는 충분한 정보를 수집, 종합 분석하는 창조적이고 목표지향적인 합리화 과정이고, 사업타당성 평가의 최종 목표는 재무분석을 통하여 투자 수익성을 파악하고, 계속하여 그 사업을 추진할 것인가를 결정하는 것이다. 사업타당성 평가는 객관적이고 독립적인 평가를 함으로써 투자의 위험성을 줄이기 위한 시설투자 전의 과정이며, 사업운영 결과를 예상, 평가하는 구조적 방법이다.

3) 타당성 검토(Feasibility study)

리모델링 프로젝트의 첫 단계로 프로젝트의 타당성을 평가하기 위한 과정으로서 Planning과 Design 단계로 이어지며, 사업비 관리(Cost Management)와 밀접한 관계를 가진다. 타당성 검토는 보다 나은 미래의 경영성과를 거두기 위한 투자결정 · 투자효과를 극대화하기 위한 효과적 자금조달에 대한 재무적 기획 및 의사결정 과정이다. 사업성 검토의 핵심은 최종 사업추정 손익, 분양률에 따른 손익분석, 예상매출액과 투자비 등의 분석을 통해 사업의 적합성 여부를 판단하는 데 있다. 이를 통해 기술적인 타당성을 포함하여 건설비 대비 채산성 등을 미리 파악할 수 있다. 요구수익률은 투하자본에 대한 기회비용을 의미한다. 수익과 비용분석을 통해 현금의 유 출입을 산정한 후 경제성 평가를 통해 수익성이 있다고 판단되면 자금조달계획을 수립하고 사업을 추진하는 순서로 일이 진행된다. 이 중 경제성 분석은 민간기업에서 추진하는 비즈니스모델의 수익성 분석에 대응할 수 있는데, 손익분기점(Break even point)이나 목표이자율, 수익 등을 구하는 것처럼 비용-편익분석(Cost-Benefit Analysis)을 수행한다. B/C비율이 1모다 클 때 경제적 타당성을 확보한다고 판단한다.

4) 사업타당성 검토서 작성

사업타당성 검토서에는 사업개요, 제품 및 서비스 개요, 구현기술, 시장 환경, 비즈니스 모델, 마케팅 및 영업전략, 재무예측 등 검토 항목과 내용에 대한 종합적인 의견을 상세하게 기술하도록 한다. 또한 사업을 전개하는데 필요한 자금과 이에 대한 방안도 함께 기획되어야 한다. 추가적으로 현재 건설시장 동향을 분석한 자료를 바탕으로 건축사업의 내용 및 계획을 작성하는 것이 일반적이다. 사업기획이란 수립된 사업전략의 실행을 위해 여러 가지 활동들을 누가, 언제, 어떻게 하겠다는 것을 천명한 것이며, 건축사업 기획서를 작성함으로써 추진하고자 하는 건설사업의 전체적인 사항을 확인할 수 있고 이를 바탕으로 건설사업의 추진방향 및 추진 유무를 결정할 수 있다.

5) 사업타당성 검토 고려사항

① **효율적 목표 지향** : 사업타당성 검토는 리모델링 시행 전 프로젝트의 타당성 및 실현 가능성을 평가하는 의사결정작업이다. 즉 리모델링 행위에 대한 건축적 · 경제적 · 관련 효과와 타당성 또는 다른 요인에 의한 감응도를 분석 · 종합 · 평가하여 리모델링을 결정함으로써 그 결과가 보다 효율적인 목표에 이르게 하는 방법이다.

② **해결할 문제 요약** : 리모델링 사업타당성 검토 작업과정에는 계획을 달성하고자 하는 목표와 기존 건축물의 상황과 주변 환경, 그리고 기술적 · 법적 계획상의 용도와 규모, 생태, 환경적 기술이 포함되어야 한다. 또한 의사결정자 그룹과 총체적인 개념을

조절할 수 있는 역할 또한 의사결정자 그룹이 해결해야 할 문제이다.

③ **최종 대안의 결정 사항** : 건축물 수명주기의 한계에 의하여 건축물에 문제가 발생하였을 때 그 건축물의 리모델링 결정 환경은, 리모델링의 발생 동기, 주변환경 및 대지의 상황, 사회적 · 경제적 · 문화적 · 역사적 · 건축적 가치의 정도 및 상호 연관성을 검토 · 분석하여 최종 결정 대안을 결정해야 하는 세부적이고 복합적인 결정사항이다.

④ **리스크 검토 및 최소화 작업** : 프로젝트의 초기 기획단계에서 최종완료단계까지의 여러 단계를 거치는 과정에서 위험은 건축프로젝트 전과정에 산재되어 있다. 위험이란 행위의 특별한 과정을 수행하는데 있어서 불확실성의 결과로 경제적 · 재정적인 손실, 물리적인 손해나 훼손, 지연의 가능성에 접하는 것을 의미한다.

건축물 리모델링 행위에 따른 위험을 완전히 제거하기는 불가능하지만, 미래상황에 대한 예측과 실제적 Feasibility(타당성 조사) 작업은 건축물 리모델링 행위에서 위험을 최소화하는 작업이다.

동의률 확보	• 조합설립 동의율 : 67% • 사전 설문조사를 통해 동의를 추정 • 사업계획승인/리모델링 허가 동의율 : 75%
기존 설계도서	• 구조도면은 수직증축 리모델링의 경우 필수 없으면 수평, 별동 증축가능 • 각종 정보 획득
설문조사 등기부등본	• 조합원의 Needs 파악 • 부채현황 파악 : 분담금 가능한 분담액 추정 • 실제 거주 여부 • 토지소유권
구조체 육안검사	• 사업착수 전 검토 • 중대결함 여부 확인 • 공용부위 위주로
설계 및 시공상 문제점	• 증축에 따른 간섭 –수직, 수평, 별동 증축에 따른 간섭 여부 –베이 증가 여부 • 기존 지하주차장 상태 –구조적 안전성, 크랙, 진입방식, 주차면적, 재활용 여부

그림 2.12 사업타당성 검토항목–기술적 검토

6) 사업타당성 검토의 5단계

사업타당성 검토는 리모델링 시행 전 프로젝트의 타당성 및 실현가능성을 평가하는 의사결정작업이다. 즉 리모델링 행위에 대한 건축적 · 경제적인 관련 효과와 타당성 또는 다른 요인에 의한 감응도를 분석 · 종합 · 평가하여 리모델링 여부를 결정함으로써 그 결과가 보다 효율적인 목표에 이르게 하는 방법이다.

① **기본적인 전제조건 및 요소(Assumption Factors) 설정** : 사업계획의 제반 전제조건을 이해하기 쉽게 정리하는 단계로서 가급적 세부단계로 분류하여 요소(Factors)들을 정리한다.

② **주요 항목별 참고자료 수집, 작성** : 설정된 요소를 기초로 하여 총투자비 내역, 일정별 자금조달, 원리금 상환계획 등 주요 부문별로 자료를 정리한다.

③ **추정재무제표 작성** : 프로젝트 생애(Project Life) 동안의 손익계산서, 현금흐름표, 대차대조표 등을 작성한다.

④ **사업성 검토용 현금흐름표 작성 및 분석** : 추정재무제표를 바탕으로 작성된 기간별 현금유출과 현금 유입을 각각 자본비용으로 할인하여 할인현금 유출과 할인현금 유입을 구하여 사업성 검토용 현금흐름표를 작성하고 분석한다.

⑤ **민감도(Sensitivity) 분석** : Assumption Factors(가정 요인)들에 대한 분석결과는 100% 확신할 수 있는 것은 아니므로 각 항목별로 증감 변화에 따른 결과치의 증감을 알아보고 요소별로 사업의 성패에 영향을 미치는 민감도를 알아보는 단계이다.

2.4.5 리모델링 사업타당성 평가

1) 사업타당성 검토 프로세스

① 타당성 분석(feasibility analysis)에서 요구수익률(required rate of return)이란 투자자가 다른 대안에 투자하더라도 얻을 수 있는 수익률로 최소한의 기대수익을 의미한다. 예를 들어 요구수익률이 12%인 투자자가 A라는 투자 안에 투자를 고려하고 있다면 이 투자자는 다른 곳에 투자하더라도 최소한 12%의 수익은 보장받을 수 있기 때문에 투자안 A의 수익률이 12%를 상회하지 않으면 투자를 하지 않을 것이다. 반면 여러 가지 분석방법에 의해 분석한 결과 투자자의 요구수익률을 충족시킬 수 있는 경우에 그 투자사업은 타당성이 있다고 말한다.

② 리모델링 사업타당성 검토 작업은 계속되는 피드백 단계라고 할 수 있다. 이러한 과정을 거치면서 리모델링 개념 자체가 어느 정도 선에서 수정될 수 있으며, 사전에 설정했던 목표도 현실에 맞게 수정 가능해진다. 이 단계에서는 상황과 위치, 대지의 크기와 같은 많은 변수가 작용하므로 의사결정자 그룹의 의사결정과정이 중요하다.

③ 적합성 분석단계는 지금까지의 단계에서 이루어진 자료수집, 분석에 따른 개발대안의 진행과정을 돌아보고 과정상의 문제점과 해결 방안을 찾아 진행할 수 있도록 분석한다.

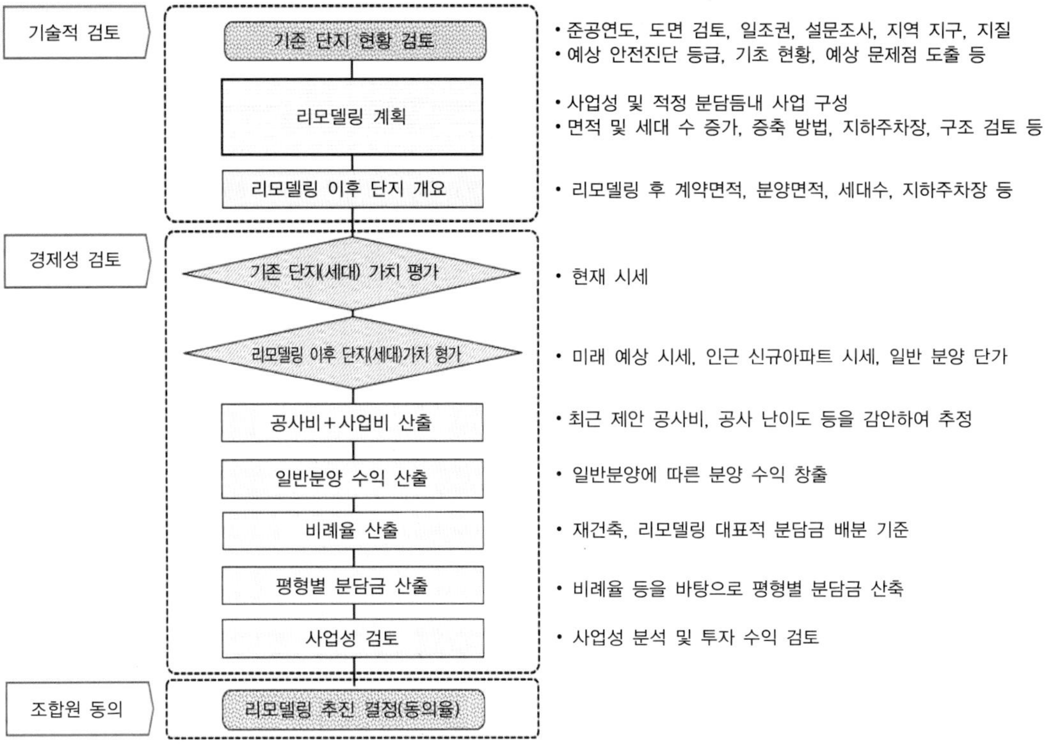

그림 2.13 리모델링 사업 타당성 프로세스

2) 경제적 타당성 제시방법

(1) 사업의 기대이익을 설득할 수 있는 분석 및 정보 제공능력 확보

① 부분별 개·보수 사업 시에는 해당 활동에 따른 투자 대비 기대이익을 수치로 제시한다.

② 용도변경 등 종합적 리모델링을 추진할 때에는 부문별 개선 효과와 총괄적인 리모델링의 기대이익을 동시에 제시하여 건물주로 하여금 분명한 판단이 가능하도록 유도한다.

(2) 대안 제시를 통한 장·단점 비교가 가능하도록 제시

① 리모델링이 경제적인 면에서 신축보다는 이익이 되는 경우가 많다. 그러나 이러한 이익을 구체적이고 분석적으로 제시하기 위한 논리가 요구된다.

② 건축물에 투입되는 전체 비용과 투자금액에 대하여 각 분야에서 제시되는 기대이익에 관한 산출방법이 필요하다.

(3) 사업 손익의 체크포인트

사업의 손익=매출액－(매출원가＋영업이익＋영업 외 비용)의 식으로 산출된다.

추정항목	체크포인트	
매출액	• 분양(판매)수입(분양가격×수량), 임대수입(임대가격×수량) • 운영수입(운영에 따른 시기별 수입 추정) • 기타 매출로부터 발생되는 이자와 기타 이자 등으로 구성된다.	
매출원가	• 토지비	• 토지의 직접 매입대금, 중개용역비
	• 기초공사비	• 지질조사비, 측량용역비, 설계용역비, 철거 및 토목공사비
	• 건축공사비	• 직접공사비, 인입 제비용(상하수도, 전기, 가스 등)
	• 공사지원비	• 교통영향평가료, 환경영향평가료, 지구단위계획수립 용역비 • 예술품 장식비 등
	• 사업실행비	• 인 · 허가비, 각종 채권 매입 할인손실비 등
영업비용	• 영업장 직접경비	• 모델하우스 설치 운영비, 사무실 운영비, 소모품비 등
	• 판매관리비	• 광고비, 일반관리비, 금융비용 등
영업외 비용	• 제세공과비	• 취득세, 보유세, 보존등기비, 개발비, 부담금, 특별부가세, 법인세 등
	• 예비비	• 사업을 위한 예비비

(4) 리모델링의 부문별 투자 대비 기대이익 제시방법

리모델링으로 인한 이익을 구체적이고 분석적으로 제시하기 위하여 건축물에 투입되는 전체 비용과 투자금액 측면에서 볼 때 각 분야에서 제시되는 기대이익에 관한 산출방법이 필요하며, 사무용 건축물의 경우 다음과 같은 방법이 있다.

① 대형 재해 예방 : 건물재산가치 상승, 개 · 보수 후의 재해 감소율
② 사무실 환경개선 : 재실자 인건비 및 생산성 향상 비율 증가(7~17%)
③ 에너지절감 : 개선 전 · 후의 에너지 절약액을 금액으로 표시
④ 건강관련시설 개선 : 사무실환경 개선에 따른 효과를 생산성 향상에 포함시켜 제시
⑤ 편의성 및 건물 이미지 제고 : 기대이익을 계수화하여 생산성 향상에 포함
⑥ 유효공간 창출 : 유효공간 발생에 따른 임대 및 기타 수입 증가, 추가유효면적에 대한 단위면적당 임대가 적용
⑦ 유지관리비 절감 : 개선 전 · 후의 유지관리비 비교

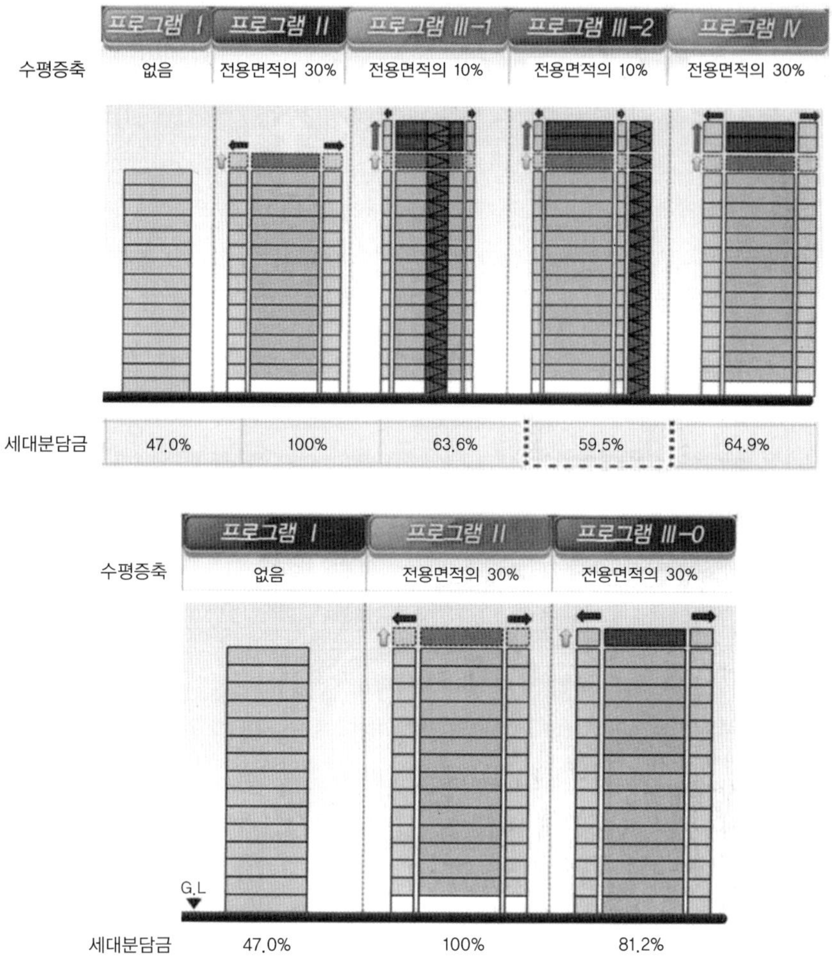

그림 2.14 아파트 리모델링 프로그램별 세대분담금 비교(2010.5. 현재기준)

3) 리모델링 사업성 평가

(1) 평가방법

① 리모델링 공사비 및 운영비를 산정하여 예산을 설정하고 매출 및 자금계획을 수립하여 연차별 매출을 추정하여 사업의 타당성을 분석한다. 일반적으로 현금흐름을 투자자가 기대하는 수익률과 비교하여 건물리모델링 후 보유기간을 가정하여 수익을 추정한다. 이때 리모델링 투자 대비 리모델링 전·후의 건물임대수입 차이를 현가로 할인하여 현금흐름확인법(Discounted Cash Flow)을 기준으로 사업성 여부를 판단한다.

② 건축물 리모델링의 경제성 분석에서 어느 분석방법을 선택하느냐는 건축주 입장과 이해관계에 따라 변수가 많으므로 각 방법의 내용과 특성에 대해 충분히 이해하여 가장 적합한 방법을 제시하는 것이 중요하다.

2.4.7 부동산 가치평가 방법

1) 평가방법의 종류

부동산의 가치평가는 평가대상 목적물의 특성에 맞는 평가방법에 따라 결정되어야 한다. 각각 어느 하나로 절대적인 기준으로 생각하는 것 보다는, 종합적이고, 상호 보완적인 것으로 이해하고, 잠정적인 일련의 가치평가를 내리기 위한 여러 방법들로 이해하는 것이 가장 맞을 것이다. 원가법(cost approach)을 통해서 투자를 계획하는 대상 건물의 물리적인 가치를, 거래사례비교법(market approach)을 통해서, 해당 건물의 시세를, 마지막으로 수익환원법(income approach)을 통해서 유동적 가치를 파악하기 위한 사전 준비의 일환으로 보는 것이 가장 무난하다. 그러나 부동산의 사업가치를 평가하기 위해서는 세 가지 방법 중 수익환원법을 채택하는 것이 합리적이며, 원가법이나 거래사례비교법은 별로 도움이 되지 않는다. 수익환원법 자체가 부동산을 활용하여 얻을 수 있는 수익의 개념을 기초로 한 평가법이기 때문이다.

① 원가법(Cost Approach) : 시장 참가자는 가치를 원가(Cost)와 관련시켜 생각한다는 점에 착안한 방식으로 건물처럼 재생산이 가능한 부동산에 주로 적용된다. 건물을 건축하는 비용을 기준으로 현재의 건물 가치를 파악하는 것이다. 부동산을 매수하려는 사람은 가장 바람직한 상태라고 생각되는 건물의 물리적 상태 및 기능적인 효용을 지닌 상태로 현재 상태의 건물을 리모델링하기 위해서는 어느 정도의 비용이 소요될 것인지 산정할 것이고, 이 비용은 신축비용과 현재 건물에 대해 매수인이 지불하려는 금액과의 차액이 될 것이다.

- 원가법 예 : 신축 후 3년이 지난 어떤 건물의 경우, 유사한 입지특성을 가진 토지를 구입하는데 30억, 유사한 규모/질을 지닌 건물을 짓는 건축비 50억원, 제반경비/공과금/세금 등이 15억원 예상된다면 그 건물의 재조달 원가는 95억원이 되며, 3년간 8억원 정도가 감가되었다면 해당건물의 가치는 87억원 정도로 평가할 수 있다.

② 거래사례비교법(Market Sale Approach) : 시장에서 실제 거래된 가격을 기준으로 부동산의 가치를 판단하는 방법으로 설득력이 높고 실증적인 방법이다. 그러나 거래가 빈번히 발생하지 않은 부동산에는 사실상 적용이 곤란하다. 그리고 대형 부동산의 경우에 비교 기준이 되는 거래 사례 부동산의 평가대상 부동산 간의 가격 차이를 낳는 비교 요인을 모두 추출하여 적절히 비교하는 데는 한계가 있다.

- 거래사례비교법 예 : 100평 규모의 유사한 건물이 6개월 전 10억원에 거래되었고, 평가대상 건물은 120평, 그후 6개월간 주변 부동산 가격이 5%정도 상승하였으며, 평가대상 건물은 3층 점포인데 유사 건물은 4층에 위치한 경우라면 아래와 같이 평가될 것이다.

항 목	내 용
유사 건물	=10억원
규모 보정	=10억원×(120-10/100)=+2억원
시점 보정	=(10+2)×5%=0.6억원,
잠정 보정치	=12.6억원
층고보정 후 평가액	=12.6억원의 108%인 13.6억원

③ 수익환원법(Income Approach) : 수익환원법은 장래수익을 산출할 수 있는 부동산의 능력을 분석하고 수익흐름을 자본화하여 현금가치를 구성하는 방법이다. 수익환원법은 장래 부동산수익의 구성요소로서 가능 총수입, 유효 총수입, 순영업수입, 세전현금흐름, 세후현금흐름 및 재판매가격 등을 고려한다. 투자자의 총기대수익률은 투자회수율, 원금이 회수될 때까지 자본의 사용에 대한 보상인 투자보수율로 구성된다.

– 수익환원법 예 : 연리 7%, 부채자금을 차입할 수 있는 사람의 입장에서 매년 일천만원의 순임대료를 창출할 수 있는 건물의 현재가치는?

NPV=1,000+1,000×1/1.07+1,000×1/1.07제곱+1,000×1/1.07세제곱+……

=1.07/0.07×1,000만원=1.53억원

따라서 투자자는 해당건물을 1.53억원 이하로 구입할 수 있다면 이득을 보는 것이 된다.

④ 회수기간법 : 투자금액의 회수기간을 구해 몇 년 만에 투자금이 이익으로 회수되는지 계산하고, 투자된 자본금에서 회수되는 이익만큼 매년 차감함으로써 기간을 산정한다. 제한된 기간에 투자금의 회수 여부, 빠른 자금회수가 요구되는 경우와 자산의 예상수명이 불확실한 경우에 유리하다.

⑤ 투자수익률법 : 전체 투자한 비용에 대해 1년에 회수되는 비율로 산정한다. 계산하기 쉽고 사업상 거론되기에 익숙한 개념을 사용하는 것이 장점이다. 수익이 장부가치에 기초하고 있어서 회사 회계방식에 따라 달라지며 일반적으로 모든 비용요소들을 포함하지 못하는 것이 단점이다.

⑥ 현가법 : 전체 건물 사용기간 중의 총비용을 현재의 가치로 환산한 후, 이익의 현재 총 가치와 투자되는 총 비용의 차이를 비교하는 방법이다. 생애기간에 걸쳐 자본의 기회비용을 고려하므로 투자의 총 효용과 투자안의 효율적인 규모·크기를 결정하는 데 유용하다.

⑦ 내부수익률법 : 미리 결정된 회수율로 투자의 총 가치를 계산하는 현가법, 원가법과 달리 예상되는 투자회수의 비율을 산정하는 방법이다. 각 투자 대안에 할인된 전제

이익이 할인된 총 비용과 같아지는 이자율이 예상되는 수익률을 적용한다. 일반적으로 회수되는 정도를 이자율의 관점에서 표현한 것으로, 적정 이자율을 통해 비교하기가 편리하다.

2) 평가에 사용되는 용어

① 할인율(Present Value) : 사업기획 시 투자비용은 사업초기에 소요되고 그 편익은 장기간에 걸쳐 발생하는데 할인율이 적정수준보다 낮으면 편익의 현재가치가 과대평가되어 투자가 경제성이 있는 것으로 평가될 가능성이 있고, 반면 할인율이 적정수준보다 높다면 편익의 현재가치가 과소평가되어 경제성이 있는 투자안을 기각할 가능성이 있다. 비용-편익분석의 결과는 할인율에 따라서 크게 달라질 가능성이 있으므로 합리적인 할인율 결정을 위해 현시점의 이자율이나 인플레이션만을 고려한 것은 비합리적이다. 수명주기비용평가를 위해서는 물가상승으로 인한 돈의 가치하락을 반영한 것으로서 실제 투자비에 대한 회수액을 나타낼 수 있는 순할인율(Net Discount Rate)이 사용되어야 한다. 조사자료에 의하면 순할인율은 일반적으로 4%를 적용한다.

② 잔존가치(Residual Value) : 분석기간 종료시점의 재산가치이며, 건물(시설)의 가치를 일정한 금액 또는 비율로 저감시켜 나가는 감가상각법이다. 그 계산방법에는 주로 정액법으로 계산되는데, 정액법은 특정재산의 활용을 통해 제공되는 서비스가 수명주기에 걸쳐 일정한 것으로 고려될 때 바람직한 계산법으로 건물, 플랜트, 자동차 등에 주로 사용된다.

감가상각(원/년) = 투자비 - 잔존가액/예상수명주기

③ NPV(Net Present Value) : 순현재가치는 미래의 편익에서 비용을 제외한 일정 금액에 대해 물가상승률 등의 이자율을 고려하여 현재의 가치로 할인한 금액을 의미하며, 사업의 수행에 따른 가치측정 및 부가가치를 측정하는 것으로 순현재가치가 양의 값이면 투자에 대해 긍정적으로 평가할 수 있다.

④ 자본회수율(Return on Investment) : 자본회수율은 초기투자에 대한 연평균 이익을 백분율로 나타낸 것으로 계산이 편리하고 사업 전체에 대한 현금흐름을 고려할 수 있다. 사업의 타당성을 쉽게 이해할 수 있는 지표로 활용된다.

⑤ 비용편익비율(Benefit/Cost Ratio) : 비용이란 사업의 실행에 의해 경제로부터 취하는 재화와 서비스이며, 편익이란 사업이 실행되므로써 제공될 추가적인 재화와 서비스이다. 어떠한 목적을 달성하기 위해 각종 대체안에 관해서 각각의 필요한 비용과 그것에 의해서 얻어진 편익을 비교평가해서 채택여부 또는 우선 순위 등을 검토하기

위한 방법을 말한다. 이 방법에서는 소비된 자원의 실제비용과 그 편익으로서는 가치평균을 금액에 환산한 값을 이용해서 비교평가를 행한다. 비용편익 분석법은 한 사회 내에서 자원이 효율적으로 이용되는지 여부를 판단하기 위한 적절한 도구가 될 수 있다. 이 비율이 1 이상이면 사업의 타당성이 있다고 인정된다. 그러나 단순하게 비용편익비율 한 가지만을 판단근거로 사용한다면 무리가 따를 수 있다.

⑥ 내부수익률(Internal Rate of Return) : 내부수익률은 순 현재가치가 0이 되는 할인계수의 값을 의미하는데, 이 분석은 투자회수의 측정이므로 가장 높은 내부수익률을 내는 사업을 선택하는 것이 바람직하다. 그러기 위해서는 분석시점의 할인율보다 내부수익률이 커야 한다.

⑦ 총 부채상환비율(DTI : Debt to Income) : 총 소득에서 부채의 연간 원리금 상환액이 차지하는 비율을 말하며, 금융부채상환 능력을 소득으로 따져 대출한도를 정하는 계산비율이다. 금융기관들이 대출금액을 산정할 때 활용하는 일종의 신용평가시스템과 비슷하다.

⑧ 주택담보대출 비율(LTV : Loan to Value Ratio) : 금융기관들이 주택을 담보로 대출해 줄 때 적용하는 담보가치 대비 최대 대출 가능 한도를 말한다.

4) 사업성 평가방법 선정기준

① 리모델링 사업대상 건물이 선정되면 구체적인 건물의 가치를 평가하여 리모델링 여부를 결정하게 되는데, 국제적으로 활용되는 부동산가격 산정 방법으로는 일반적으로 원가법, 거래사례비교법, 수익환원법을 종합하여 자산가치를 결정하게 된다. 이러한 3가지 방법을 서로 보완해 주는 Check & Balance에 의거하여 대상 부동산의 가격이 종합적으로 검토되어 의견이 제시되는 것이 가치산정의 기본이다.

② 건물의 경제성을 평가하기 위해서는 시간의 흐름에 따른 화폐의 가치변화를 반영해야 하고 복수의 대안들을 비교하기 위해서는 동일 시점의 가치로 환산해야 한다. 또한 성능 수준에 따라 비용이 변하므로 각각의 성능 수준을 어느 정도로 설정하는가가 중요하다.

③ 각각의 경제성 평가방법은 자금의 할인과 자금의 시간적 흐름, 투자의 전기간에 걸친 전체 비용과 이익을 어떻게 고려하는가가 가장 큰 차이점이다. 그러므로 건물성능 개선을 위한 경제성 평가에서는 이러한 장단점에 따라 적절한 방법으로 선정하여 평가하여야 한다.

5) 리모델링 의사결정 변수

① **리모델링 전 · 후 임대수입 변화 분석** : 리모델링 실행 시점에 주변 지역의 상권 특성과 임대료, 관리비, 공실률 등을 조사하여 비용 대비 임대수입과 빌딩가치가 리모델링 전 · 후로 얼마나 증가할 수 있는가 비교하는 것이 의사결정의 가장 중요한 기준이 된다.

② **리모델링 전 · 후 비용절감에 대한 분석** : 설비나 창호공사 등의 개선으로 얻을 수 있는 비용절감과 유지관리비용의 절감효과를 비교한다. 그 결과를 통해 비용회수 기간도 예측할 수 있다.

③ **리모델링 전 · 후 빌딩가치의 향상 효과 분석** : 리모델링은 단순히 물리적 개선을 넘어 빌딩의 가치 향상이라는 큰 효과가 있다. 건물 리모델링으로 수익률이 개선됨으로써 매각가격을 높일 수 있는 효과가 생긴다.

6) 사업성 평가 프레젠테이션 내용

건물 소유주의 주요 관심사항은 리모델링 후 건물 임대 수입이 어느 정도 증가할지, 그리고 리모델링 이후에 임대가 순조롭게 이루어지는 것 등이다. 따라서 건물 소유주에게 리모델링 사업성이 높다는 점을 설득하기 위해서는 리모델링 전 · 후의 건물 자본환원율, 건물 등급의 변화, 건물 시장가치의 변화 등에 대한 구체적 데이터를 근거로 과학적으로 분석된 결과를 보여주어야 한다.

① 리모델링 비용은 리모델링 후 건물가치에서 리모델링 전 건물가치를 삭감한 건물의 경제적 가치의 증가분 이하이어야 하는데, 이의 판단기준은 NPV(Net Present Value)에 있다. 즉 리모델링 비용과 순수익 증가분을 비교함으로써 사업타당성을 분석할 수 있다.

② 기존 시설의 철거, 보수 및 신규시설 추가를 위한 비용과 기존시설 중 소멸된 잔존가치를 합산하면 리모델링비용 총액을 구할 수 있다.

③ 리모델링함으로써 얻어진 순영업소득의 증가가능액과 유지관리비의 증감을 합산하면 순이익 증가액을 계산할 수 있다.

④ 최종적으로 순이익의 증가액을 건물의 자본환원율로 자본환원한 값이 리모델링 비용 이상이면 사업타당성이 있는 것으로 판단할 수 있다.

구분	기존	리모델링 후	비고
건물높이	41.1M	45.0M	+3.0M
건축면적	1,419.92㎡ (429.53평)	3,824.54㎡ (1,156.92평)	+2,404.62㎡ (727.40평)
연면적	19,758.64㎡ (5,976.99평)	36,357.65㎡ (10,998.19평)	+16,599.01 ㎡ (5,021.20평)
건폐율	21.74%	58.56%	+36.62%
용적률	258.35%	370.71%	+112.36%
세대수	177세대		
주차대수	총 116대 [세대당 0.65대] (지상 66대, 지하 50대)	총 216대 [세대당 1.22대] (지상 54대, 지하 162대)	100대 증가
전용면적	84.77~84.93㎡ (25.6평)	110.20㎡ (33.34평)	전용면적 29.99% 증축
분양면적	94.57~94.74㎡ (28.6평)	136.11㎡ (41.17평)	약 12.5평 증가
계약면적	111.45~111.65㎡ (33.7평)	205.41㎡ (62.14평)	약 28.4평 증가
건축규모	지하 2층, 지상 12~15층	지상 2층, 데크 1개층, 지상 13~16층 (1층 피로티 적용)	1개층 수직증축

그림 2.15 래미안 청담 로이뷰(구 청담 두산아파트) 리모델링 개요

표 2.11 청담아파트 사례

구 분		평당가격 (천원)	금액(백만원)		비 고
			총금액	세대별	
건설비용	도급 공사비	3,860	24,260		계약면적 6,285평 기준
	추가 공사비	310	2,000		
	조합 사업비	400	2,500		
건설비용 계		4,570	28,760		
금융비용	이주비			30	
	중도금			13	
금융비용 계				43	
세대별 분담금				309	
사 업 성	리모델링 전시세		평균 6.5억		리모델링 착수시점 6.0~7.0억
	리모델링 전시세+세대분담금		평균 9.3억		
	준공 후 시세		18~21억		최소 8억이상 수익

2.4.8 리모델링공사비 관리

1) 공사관리 요소

표 2.12 리모델링 사업비 분석 단계별 흐름

(1) 기획단계	① 대상건물 파악	• 개발이용 목적 • 개발 가능성 여부
	② 예비조사	• 주변 입지여건 파악 • 대상건물 상태조사
	③ 사전조사 및 진단	• 구조물 상태에 따른 보수 · 보강범위 설정 • 각종 전기 · 설비류의 노후도 조사
	④ 리모델링 규모 및 기본방향 결정	• 발주자의 의도 수렴 • 사업규모 및 방향 결정
(2) 설계 및 사업비 분석단계	⑤ 기본설계 및 기본사업비 예상	• 인 · 허가 및 관련 법규 검토 • 기존 도면 유무 검토 • 예산규모 예상
	⑥ 실시설계 및 리모델링 견적	• 외장 및 구조물 보수 · 보강 규모 • 실행 사업비 견적
(3) 공사 실행단계	⑦ 공사계약 체결	• 공사계약 체결(설계변경 등) • 세부설계서와 공정표 작성 • 적격업체 선정 계약
	⑧ 건축신고 및 허가	• 허가도면 및 준비서류 • 신고 및 허가 유무
	⑨ 공사착공 및 준공	• 공사기간(설계변경 등) • 사후처리(하자보수 등)

리모델링공사관리는 원가관리, 공정관리, 자재관리, 품질관리, 안전관리, 환경관리, 정보관리 등을 말하는데, 이 중 원가관리의 첫단계인 공사비 예측은 리모델링의 수익과 직접적으로 관련된 중요한 관리요소를 포함한다.

리모델링 사업비 분석을 위해서는 리모델링 사업비 분석 단계별 흐름은 다음 표와 같다.

2) 정확한 공기와 공사비 산정의 어려움

리모델링공사는 그 공사의 성격과 범위, 단지의 특성에 따라 공사비와 공사기간이 달라지므로 리모델링을 실시함에 있어서 정확한 공사비와 공사기간을 산정하기가 어렵다.

리모델링 시 공사기간과 공사비를 측정하기 위한 기술적인 방법이 현재까지 체계화되어 있지 않아 전문가의 판단에 따라 비용이 다르고, 리모델링공사의 유형에 따라 소요되는 공사비용이 다르다. 소요되는 공사비를 공동주택 각 주거 소유자들이 공평한 기준에 의해 사업비를 분담한다는 것도 매우 어려운 실정이다. 리모델링사업을 통해 얻는 입주민들의 비용 투입 대비 경제적 가치 상승효과의 객관적 분석이 어렵기 때문에 입주자들 입장에서 보면 명확한 투가가치 기준에 대한 판단 근거가 부족하여 리모델링사업을 주저하게 된다.

3) 리모델링공사비 예측

리모델링공사는 골조공사금액이 투입되지 않으나 신축공사에 들어가지 않는 철거공사비 및 구조 보수·보강공사비가 포함된다. 리모델링공사비는 계획단계에서의 예산에 비해 시공과정에서 예상치 못한 원가투입 요소가 많이 발생되어 초기예산보다 돌발적인 추가 투입이 많아진다.

리모델링공사비를 예측할 때는 다음 사항을 포함해야 한다.

① FM(Facility Management) 컨설턴트 비용, 열화 및 노후화에 대한 조사 및 진단비용, 부분적으로 임시 이전하는 공간의 설치비용이 포함된다.

② 건물 규격과 법적 규제의 관계(방화, 배연, 구획, 방재, 배리어프리 대응, 빌딩관리법의 대응 등)를 고려한다.

③ 작업환경에 의한 인건비 단가(초과근무, 심야, 휴일근무 등)의 상승을 고려한다.

④ 작업효율의 저하, 가설(양중시설, 안전대책, 임시칸막이, 임시작업장 등)공사의 추가를 고려한다.

⑤ 배관, 간선동력의 교체 등은 공사비 예측을 어렵게 하는 요소들이다.

⑥ 자재와 하도급공사비 예측은 자재수급자 또는 하도급자 선정에 유의하면 공사비 측면에서의 변동폭이 작아진다.

⑦ 하도급공사비 예측은 공사비 이외에 작업수행의 상태를 나타내는 품질, 안전, 능률 등에 대한 별도의 예측이 필요하다.

⑧ 노무비, 장비비 등은 불확실성이 많은 요소이므로 공사비 예측과정에 많은 변동이 예상된다.

4) 리모델링공사비 영향 요소

① 공사시간대의 규제

② 공사 작업장소에 대한 제한사항

③ 소음, 냄새, 정전, 단수, 분진 등의 대책비용

④ 공사 중의 방범, 방재대책 비용

⑤ 공사용 전력, 용수의 사용료

⑥ 현장사무소, 작업소의 설치 조건

⑦ 폐자재 처리방법, 석면이나 PCB(폴리염화비페닐 : 유독성폐기물)를 포함한 형광등 안정기의 처리, 보관방법

⑧ 특수한 양생처리, 제조업체, 보수 및 관리업체 지정

5) 리모델링 공사비 제시방법

표 2.13 리모델링 타입별 공사내용 및 단가 예시 (단위 : 호당, 만원, 85㎡ 기준)

유 형	구 분	내 용	단가 (단원/세대)
Type 1 (일반형)	설비 · 내장재 교체	급 · 배수 및 소방 · 전기설비 교체, 도배 · 장판 교체, 위생도기(세면기 등) 및 부엌가구 교체 등	1,600
	냉 · 난방 성능향상 층간소음 저감	고단열 창호 설치, 냉 · 난방설비 교체, 바닥 완충재 설치 등	1,200
	주차장 · 복리시설	주차장 신설(유휴지/지하), 녹지 · 운동공간 등 재구성, 부대 · 복리시설 개선	2,500
	합계		5,300
Type 2 (중대형 세대구분형)	Type 1+세대 구분	Type 1 공사비	5,300
		새로운 출입문 설치, 창호 교체, 실내공간 재구성, 화장실 설치 등	2,200
	합계		7,500
Type 3 (중소형 일부증축형)	Type 1+코어변경, 평면개선	Type 1 공사비	5,300
		승강기 신설(복도→계단식), 실내 공간 재구성 (방 · 화장실 확장) 등	3,000
	합계		8,300

* 추정공사비는 LH단가를 활용하여 자재단가를 포함한 직접공사비만 산정한 것으로, 자재의 종류 변경 및 간접비 추가시 실제 공사금액은 일부 변동이 가능

건축계획 초기단계에서 건축주가 직면하는 최대 불확실성은 자금조달 및 기대이익 등과 관련된 투자 리스크이다. 초기단계에서 예산은 두 가지 방법으로 제시된다.

첫째는 건축주가 건축을 위해 투자할 수 있는 최대 예산을 제시하는 경우이고,

둘째는 건축주가 특정 규모의 건물을 건축하기 위해 어느 정도 예산이 소요되는가를 파악하는 경우이다. 이때 컨설턴트는 제한된 예산으로 건물의 라이프사이클에 걸쳐 기대이익을 최대화시킬 수 있는 조건을 제시해야 한다.

소요예산은 단일값으로 주어지기 보다는 미래의 불확실성을 고려하여 보다 현실적인 방법으로 최대예상치와 최소예상치를 함께 제시하고, 그 범위 안에서 확률이 가장 높은 단일값을 제시하는 것이다.

6) 가상현실기법 활용 시뮬레이션(Simulation)

건축가는 여러 설계대안을 마련하고 비교하기 위해 각 대안의 시공에 필요한 공기와 공사비, 운영비와 보수비, 철거비용까지 실시간으로 산정할 수 있어야 한다. 여기서 건축가는 웹상에서 건축물의 내부와 외부를 3차원으로 탐색하면서 여러 가지 설계안을 보거나 사용자가 원하는 실내구성을 할 수 있는 가상현실(Virtual Reality)기법을 활용하여 프로젝트 관련자들과의 Communication을 할 수 있어야 한다.

설계정보화는 설계단계에서 시공방법을 가상의 공간에서 시뮬레이션(Simulation)해 볼 수 있도록 해주기 때문에 시공단계에서 발생되는 재(再)시공 부문을 상당히 감소시킬 수 있도록 해준다.

7) 건물정보모델링, BIM(Building Information Modeling)

최근 건축물이나 건설관련 프로젝트가 대형화되고 비정형화됨에 따라 건설, 유지 · 보수, 생산성, 효율화, 안전성 제고, 건설공사의 설계 및 시공 등을 3차원으로 시뮬레이션 하여 설계변경, 시공 오류 등을 최소화할 수 있는 3차원 정보모델을 적용하는 경우가 많아졌다.

설계 시 설계오류 파악, 공사물량과 공사비 오차의 발생, 시공오류의 예측 부재, 기둥, 보, 기계설비 배관 등의 부재 간의 충돌 등 문제점을 개선할 수 있고, 각 과정을 시뮬레이션으로 보여 주기 때문에 시설 공사에 이를 도입하면 설계과정부터 잘못된 부분을 수정할 수 있다. 결과적으로 설계변경 요인이 줄어 공기가 단축되고 비용절감 효과도 크다.

(1) 건물정보 모델링은 어느 장소의 물리적, 기능적 특징들의 디지털 표현들을 생성, 관리하는 프로세스이다. BIMs(Building information models)는 건물이나 기타 건축 자산과 관련한 의사 결정을 지원하기 위해 추출, 교환, 네트워크화할 수 있는 파일들이다. 현재의 BIM 소프트웨어는 물, 전기, 가스, 통신 시설, 도로, 다리, 터널 등의 다양한 하부구조들을 계획, 설계, 건축, 운영, 관리하는 개인, 사업체, 정부 기관이 사용한다.

(2) BIM의 근본적인 목적은 디자인 정보를 명확하게 하여 설계의도와 프로그램을 빠른 시간 내에 이해하고 평가함으로써 신속한 의사결정을 유도하도록 하는 것이다. BIM은 현재 건축계획, 설계, 엔지니어링, 시공, 유지 · 관리, 에너지 등 건설 산업의 전 분야에 걸쳐 광범위하게 적용되어 가고 있다.

(3) BIM이란 건축정보모델링으로 2D 캐드에서 구현된 정보를 3D의 입체설계로 전환하고 건축과 관련된 모든 정보를 data base화해서 연계하는 시스템이다.

2.4.9 리모델링공사의 공사비 견적

공사비 견적에서 리모델링의 범위를 명확히 결정하는 것이 중요하다. 어느 부위를 어느 정도까지, 얼마의 공사비를 투입하여 어떻게 공사할 것인가에 대해 면밀히 검토함으로써 공사 중 발생할 수 있는 설계변경에 대비하고 주어진 공기와 비용범위 내에서 공사를 수행할 수 있게 한다.

표 2.14 리모델링 공사비 추정 사례 (단위 : 천 원)

구분	대안 1 (커튼월 : 신설)	대안 2 (커튼월 : 이중외피)	비고
건축공사	45,324,000	49,411,000	내진보강 제외
01. 외장공사	10,370,000	14,457,000	
02. 사무실공사	16,389.000	16,389,000	
03. 코어공사	6,583,000	6,583,000	
04. 로비공사	2,867,000	2,867,000	
05. 지하층공사	4,202,000	4,202,000	
06. 기타 건축공사	4,913,000	4,913,000	
설비공사	49,873,000	49,873,000	
01. 장비설치공사	11,815,000	11,815,000	
02. 공조설비공사	14,202,000	14,202,000	
03. 위생배관공사	3,925,000	3,925,000	
04. 소화설비공사	5,928,000	5,928,000	
05. 자동제어공사	4,631,000	4,631,000	
06. 가스설비공사	617,000	617,000	
07. TAB공사	441,000	441,000	
08. 지열설비공사	1,417,000	1,417,000	
09. 기타 설비공사	6,897,000	6,897,000	
전기공사	32,108,000	32,108,000	
01. 전기공사	10,761,000	10,761,000	
02. 정보통신공사	14,729,000	14,729,000	
03. E/V공사	4,217,000	4,217,000	
04. 태양광공사	2,401,000	2,401,000	
합계	127,305,000	131,392,000	VAT 포함

1) 공사비 견적방법

(1) 개산견적 : 기획단계나 기본설계단계에서 설계도서가 불명확하거나 정밀 산출할 시간이 부족할 때 또는 긴급예산을 편성할 경우 공사비를 추정할 때 사용한다. 그러나 일단 제출된 뒤에는 그 가격에 대하여 책임을 지는 것으로 요구되는 정확도를 충분히 헤아려 신중히 하고 그 산출근거를 명확히 해 개산견적은 다음의 방법으로 한다.

① 비용수지법은 새로운 시설물의 공사비 견적에 참고하기 위하여 과거에 수행된 시설물의 공사비용을 현재 가치에 맞도록 환산한다.

② 비용용량법은 유사한 프로젝트의 형태, 크기, 범위, 프로젝트 규모의 변화를 기준으로 산정하며 규모-비용 증가의 비선형을 반영한 방법이다.

③ 계수견적법은 설치장비의 크기와 형태가 결정되면 이를 바탕으로 사업비를 추정한다. 장비구입비에 실적자료를 통해 얻어진 장비의 운반, 설치 노무비, 기타 경비를 고려하여 계산된 계수를 곱하여 계산한다.

④ 변수견적법은 공사비용을 공사 규모와 범위를 나타내는 몇 개의 물리적 측정 단위 또는 매개변수와 연관하여 산정하는 방법이다.

(2) 약산견적 : 상세설계도서를 기초로 하며, 견적 데이터베이스를 사용하여 공사비를 계산 · 보정하는 것을 말하며, 자본이자 및 물가변동률에 의한 영향을 고려하여 현가계수 및 자본회수 계수 등을 사용하여 현가 누계 및 연등가격 등을 산정한다. 특히 표준치와의 차이를 보정계수를 이용하여 보정한다.

(3) 상세견적 : 완비된 설계도서와 현장설명서를 바탕으로 각종 공사내용을 세분하여 각 부분의 수량을 산출하고 합산하여 각 공사별로 금액을 산출한다. 설계의 최종단계 또는 시공입찰이나 시공계획단계에서 작성된다. 상세견적의 순서는 수량조서 작성→단가 산정→일위대가 작성→내역명세서 작성→내역서 작성→공사원가계산서 작성 순이다.

2) 리모델링 견적 시 검토사항

(1) 리모델링 단계별 사업비 규모

표 2.15 리모델링 단계별 사업비 예상

구분	리모델링 유형(수준)	사업비 예상	비고
제1단계 리모델링	내부 인테리어 수준	신축비용의 20~30%	철거비 5~7%
제2단계 리모델링	외장, 내장 및 전기설비공사	신축비용의 40~60%	
제3단계 리모델링	내 · 외장과 구조변경 및 증축 수반 수준	신축비용 • 일반건물 : 60~80% • 공동주택 : 80~110%	

(2) 사업기획단계 시 검토사항

① 사업계획 수립 : 동기의 적합성, 사업의 투자타당성 분석

② 발주자 의도 파악 : 발주자 의도와 현재여건 분석, 발주자의 경제적 규모

③ 투자가치 효율성 분석 : 투자의 타당성 분석, 대안별 투자비 분석

④ 리모델링 범위 설정 : 내부 인테리어 수준, 외장 내장 및 전기설비공사 수준, 내·외장과 구조변경 및 증축수반 수준

⑤ 리모델링 방식 설정 : 리모델링 단계에 맞는 방식 결정, 리모델링 유형과 규모에 맞는 방식 설정

⑥ 현장 조사 : 입지 분석, 건물현황조사, 관련법규 검토

(3) 현장조사 및 진단 시 견적 검토사항

표 2.16 현장조사 내용

구 분	내 용
현장 기본조사	리모델링은 현장 기본조사가 가장 중요 현장의 입지여건, 구조물의 노후도 상태 파악
기존 도면 확보 여부	기존 도면이 있는 경우 : 기존 도면 보완 후 사용 기존 도면이 없는 경우 : 구조체의 치수, 철근의 치수, 배근상황, 재료강도 등을 조사 설계도서 작성 후 진단 및 견적
구조물의 상태조사	보수, 보강 여부 판단 후 견적
전기 및 설비 노후화 상태조사	노후화 정도에 따란 견적기준이 다름 각 부문별 설비기능의 노후상태조사 후 견적

(4) 설계단계 시 견적 검토사항

① 리모델링의 인·허가는 신축과 달리 비교적 간단하다.

② 기존 구조물의 불법 증·개축 부분이 있는지 확인이 필요하다.

③ 증축하거나 건물의 용도를 바꾸는 경우에는 세심한 검토가 필요하다.

-주차장법 적용 검토 : 주차대수 증가에 따른 증설문제

-정화조법 적용 검토 : 용량 증가에 따른 증설문제

④ 외부공사 시 벽체두께 변화 : 건물 면적 산정은 중심선을 기준으로 하므로 건축물의 면적이 증가될 경우에는 증축으로 보는 경우가 있으므로 주의해야 한다.

3) 리모델링 견적 시 리스크 검토사항

① 저층 또는 고층에 따른 공사비 리스크 검토

-저층형 : 가설비와 자재운반비가 상대적으로 적게 든다.

-고층형 : 가설비가 상대적으로 많이 든다.

-10층 이상의 경우 자재운반 및 콘크리트 장비 등의 가설비용에 따른 금액이 많이 든다.

② 기존 시설 이용 시에는 임대자와의 분쟁이 공사에 큰 변수가 된다.
임대자가 있는 상태에서 공사 시 공기중단 및 지연 등의 문제가 발생하므로 공사비도 증가된다.

③ 구조물의 현지실사 결과 철거 후 구조보강비 증가 및 기존 구조설계와 실제 구조와의 차이에서 공사비 증가요인이 발생할 수 있다.

④ 공사도중 건축주의 잦은 설계변경에 따른 공사비 · 공사기간 증가 문제가 있다.

⑤ 기존 자료가 부실한 상태의 견적에 따른 추가공사비 증가 문제가 있다.

⑥ 리모델링설계의 경우 경험자가 적고, 견적서 제출 후 실제공사 시 도면이 많이 바뀌는 문제 등을 들 수 있다.

⑦ 기타 외벽공사비는 재료에 따른 금액편차가 크고, 설비공사는 기존 냉 · 난방이 있는지 여부, 전기공사비는 전기용량 변경이 있는지 여부에 따라 금액편차가 있다.

4) 리모델링견적 시 영향을 미치는 변수

(1) 건축공사비에 영향을 미치는 변수

① 건축공사비에 미치는 변수는 공사비, 설계비, 감리비, 철거비, 조합운영비, 금융비(매도청구와 현금청산, 이주비, 사업비 등 대여금에 대한 금융비용 등), 협력업체 수수료법무, 세무회계, 감정평가, 정비사업 전문관리 등), 각종 분담금(전기, 상하수도, 가스, 지역난방 등 인입시설), 각종 조사와 평가비(환경영향, 교통영향, 지질조사, 측량, 안전진단 등), 기타 폐기물처리비, 재산세, 법인세, 광고선전비, 분양대행수수료, 예비비 등이 있다.

② 건축계획 초기단계에서는 건물형태, 공간배치, 구조유형 등을 먼저 확정지어야 한다. 가장 큰 변수는 건물(시설)의 건축위치인데, 이를 고정시킬 경우 건축공사비, 유지관리비, 임대수익 등에 간접적으로 영향을 주는 변수는 연면적과 층수가 될 것이다. 연면적은 공사비에 대하여 가장 강력한 영향력을 갖는 변수이기 때문에 공사비 분석에서 우선적으로 고려되어야 한다. 또한 임대료의 경우 임대료 분석도 임대 가능한 면적에 근거하여 결정되기 때문에 연면적은 임대소득과도 많은 상관성이 있다.

③ 건축계획 초기단계에서 계획되는 투자규모는 단위면적당 공사비에 근거하는 경우가 많으므로 이 단계에서 건물의 층수와 평면 형태를 개략적으로 결정함으로써 여러 가지 유형의 변수와 연면적과의 상관관계를 예비평가할 수 있어야 한다.

(2) 설비공사비에 영향을 미치는 변수

설비공사비는 사무실의 경우 전체공사비의 20~40%에 이른다. 건축계획시 건물외피의 구조유형에 따라 설비시스템의 질적 · 기능적 수준이 달라지기 때문에 설비공사비를 전체 건물공사비와 구분하여 생각하기 어렵다. 설비시스템의 성능과 용량은 열원의 종류, 습도, 냉난방 부하, 덕트의 규모에 따라 크게 달라진다. 예를 들어 사무실 건물에 공조시스템을 도입할 경우 다음과 같은 이유로 공사비가 상승한다.

① 공조시스템 운용을 위한 전기설비가 추가된다.

② 공조실 설치를 위해 연면적이 3~4% 증가된다(중앙난방식은 6~11% 증가).

③ 덕트설치 시 그 하부에 천장의 설치가 필요해 층고의 증가가 불가피해진다.

(3) 철거공사비에 영향을 미치는 변수

① 부분 철거 시 기존 구조물의 손상을 최소한으로 줄이기 위해 인력철거를 함으로써 기계로 하는 것보다 비용이 더 많이 든다.

② 기존 골조에 미치는 영향을 최소화할 수 있게 철거한다.

③ 보수 및 보강공사와 연계하여 철거 부분의 범위를 결정한다.

④ 해체 공사와 보수, 보강공사의 견적은 구체적인 견적자료가 없으므로 반드시 실사를 통한 견적기준 마련이 필요하다.

⑤ 철거공사 시에는 반드시 폐기물처리에 대한 범위와 한계를 규정해야 한다. 철거 사용 장비의 무소음, 무진동공법에 대한 검토 또한 중요한 사항이다.

(4) 보강공사비에 영향을 미치는 변수

① 골조, 바닥 보강 : 부재의 신설, 증 · 타설, 강판 및 섬유판 보강, 외부 프리스트레싱

② 내력 증가 : 하중 증가, 설계기법, 해석기법

③ 내진, 수평하중 보강 : 설계기준의 강화, 수평내력벽 설치, 가대 설치, 바닥 격막 설치

④ 증축 또는 중간층 설치 : 기둥 설치, 기초 설치, 증타설 기법

⑤ 엘리베이터 추가 : 바닥개구부 공사, ELV Pit공사, 굴토 및 기초공사, 말뚝공사

⑥ 기초 또는 지정 보강 : 기초 내하력 검토, 벽체 균열침하 등

⑦ 보수 · 보강공법은 신기술이 많으므로 자재비는 물가자료 금액을 100% 적용하고, 노무비와 경비는 미장, 도장 등의 유사 품셈을 적용하여 일위대가를 작성하여야 한다. 보수공법에 따른 구체적인 수량과 단가는 정산방식으로 별도로 계약내용에 포함시키는 것이 좋다.

2.4.10 공동주택 리모델링 사업 검토사항

1) 리모델링 결의요건

① 주택단지 전체를 리모델링하고자 하는 경우에는 주택단지 전체구분 소유자 및 의결권의 각 3/4 이상의 동의와 각 동별 구분소유자 및 의결권의 각 1/2 이상의 동의를 얻어야 한다. (다만, 리모델링을 하지 않는 별동의 입주자 공유가 아닌 복리시설 등의 소유자는 권리변동이 없는 경우에 한하여 동의비율 산정에서 제외)

② 동(棟)을 리모델링하고자 하는 경우에는 그 동의 구분소유자 및 의결권의 각3/4 이상이 동의를 얻어야 가능하다고 주택법에 규정하고 있다.

2) 리모델링 결의 내용

(1) 리모델링 결의가 있으면

① 리모델링에 찬성하는 구분 소유자 리모델링 주택조합설립의 동의

② 리모델링 찬성하지 않은 구분 소유자 소유주택을 매도해야하는 법적의무를 지게 된다.

(2) 리모델링을 추진하고자 하는 경우에 결의서는 다음의 사항을 기재(주택법시행령 제75조)

① 리모델링 설계의 개요

② 공사비

③ 조합원의 비용분담내역

3) 리모델링 조합설립 인가신청서류 목록

① 주택조합 설립인가 신청서(주택법 시행규칙 별지 제9호 서식)

② 창립총회 회의록

③ 조합 규약

④ 조합원 명부 : 동의율 집계현황, 소유자 명부, 조합원(동의자)명부

⑤ 사업계획서 : 건설예정세대수, 지번 지목 등기 명의자, 도시계획상 용도, 대지 및 주변현황 등

⑥ 리모델링사업 결의서 : 리모델링 설계개요, 공사비, 조합원의 비용분담 명세.

⑦ 건축물 대장 : 사용검사 또는 사용승인일로부터 15년이 지났음을 증명하는 서류.

⑧ 집합건물 등기사항전부증명서 : 구분소유자 및 의결권을 확인할 수 있는 서류

⑨ 조합 임원 및 대의원 명단 : 구분소유자 및 의결권을 확인할 수 있는 서류

⑩ 조합 창립총회 책자 : 조합규약 승인, 조합장 및 임 대의원 선정, 사업계획 승인, 예산 의결, 자금차입 결의 등

4) 가구별 분담금 산정

조합원 전체가 부담하는 총 분담금은 사업비 총액에서 조합원외 분양수입(일반분양 수입, 임대주택 분양수입)을 공제한 금액이 된다. 그리고 조합원 개인의 분담금은 총 분담금을 권리정산 절차에 따라 배분하게 되는데, 그 금액은 조합원이 분양받은 종후자산의 평가액에서 권리가액을 공제한 금액이 된다. 조합원 개인의 권리가액은 종전자산 평가액에 비례율을 곱한 금액이 된다. 그리고 종후자산 전체 평가액은 원가정산방식에 따라 종전자산평가액과 사업비 총액을 합산한 금액이 되고, 세대별 종후자산 평가액은 종후자산 전체 평가액을 층 · 향 · 일조 · 조망 · 소음 · 사생활 침해 확률 · 기타의 효용격차 지수를 고려하여 배분된 금액으로 평가된다.

표 2.17 권리계획변동등에 따른 개별분담금 산정을 위한 리모델링 가치평가

세대수 증가형 공동주택 리모델링의 경우	리모델링 전후타입 내 면적(건물 및 대지지분)격차, 평면변화, 층/향 변화, 신축 동 / 라인 / 층에 따른 간섭, 주거환경영향용인 등 차이가 적으면 이를 감안하여 비례율 방식 적용가능
개별분담금 산정의 경우	개별부담금 산정을 위하여 필요한 사업기여도 및 감정평가액 결정하는 주요 요인 검토 및 분석 검토요인 : 사업기여도 → 면적(건물 및 대지지분)변화 검토요인 : 감정평가액의 적정성 → 면적변화, 평면타입, 층 / 향별 변화 신축 동 / 라인 / 층의 간섭발생, 주거환경영향분석 요인 변화 등

(1) 균등분담방식

조합원 분양면적에 따른 분담금 산출방식이며, 단순평형으로 구성된 소형단지. 리모델링 후 기대수익 차이가 없을 경우, 일반분양 수익을 제외하고 균등분담하는 경우에 적용된다.

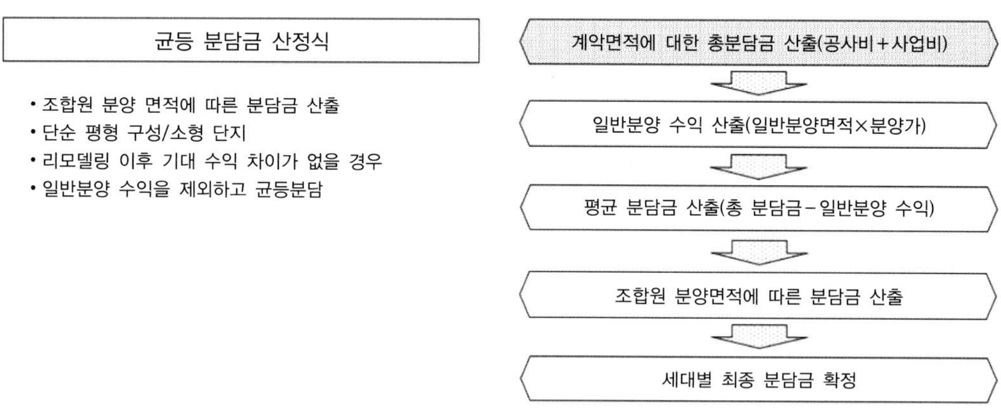

(2) 차등분담(비례율)방식

다양한 평면으로 구성된 대단지의 경우, 리모델링 후 기대수익 편차가 심할 경우, 종전, 종후평가자산 평가 시, 층수, 조망 등에 따라 차등 분담의 경우에 적용된다.

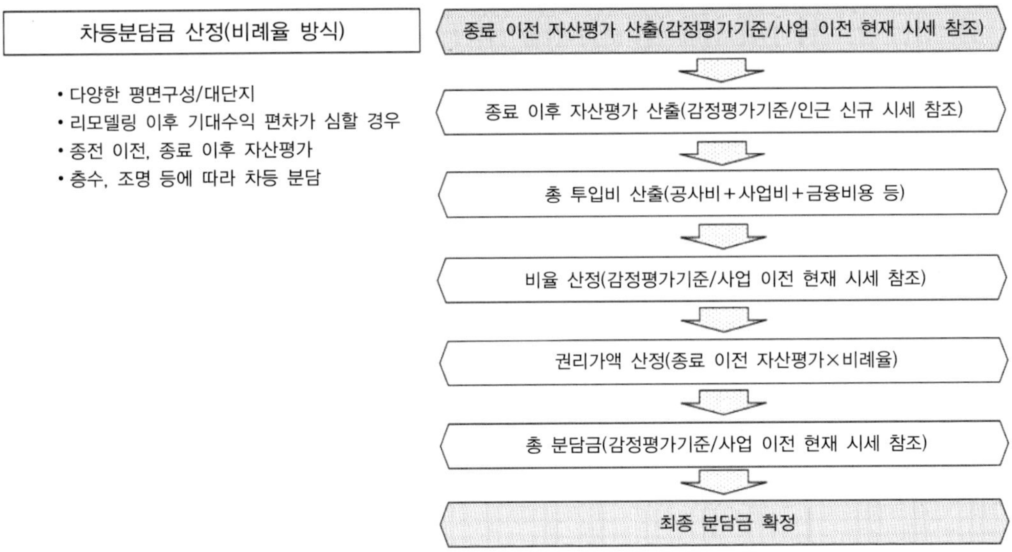

(3) 일반적 분담금 산정방식

항 목		산정방식
지출내역	도급공사비	계약면적×평당공사비(400-700만원)
	사업비	계약면적×평당 사업비(70-150만원)
	금융비용	이주비 이자, 중도금 이자 등
수입내역	일반분양수익	증가세대수의 공급면적×평당 분양가
총 분담금	지출-수입	세대당 분담금 산출

다음 설명과 아파트 리모델링시 계약면적은 전용면적+증축면적+공유면적으로 계산한다.

전용면적 109m^2, 40m^2 증축의 경우, 공유면적이 33m^2(10평)정도라면
계약면적은 149m^2(전용+증축면적)+33m^2(공유면적)=182m^2가 된다.

공사비는 182m^2×0.3025×300만원=1억6,500만원

여기에 조합비와 취득세·등록세 등 부대비용과 리모델링할 기간 동안의 이주비, 이자 등을 감안하여 리모델링 사업비를 상정한다.

▌리모델링 수익성 분석 난이도(예상분담금 대략계산)

- 계약면적 = 공급면적[주거전용 + 주거공용(복도, 계단, 엘리베이터 등)] + 공용면적(커뮤니티, 관리사무소, 주차장, 노인정 등)
  - 25평, 34평 등 흔히 우리가 말하는 평수는 공급면적이고 평당 공사비는 계약면적 기준임
  - 계약면적은 세대당 주차대수가 많고 커뮤니티 시설이 큰 강남권에서는 공급면적의 1.6배
    주차대수 이유가 없고 커뮤니티도 작은 주변지 재개발의 경우 공급면적의 1.4배

- 계약면적당 건축비 = 계약면적 당 공사비 + 계약면적 당 (조합)사업비
  - 리모델링 계약면적 평당 공사비 : 강남권 580만원 수준 / 강남권 520만원 수준
  - (조합)사업비 : 공사비×15%(재개발 50%, 재건축 33%, 리모델링은 12%에서 높아지는 추세)

- (나의)부담금 = (내집)건축비 − (나의)일반분양수익
  - 건축비 = 리모델링 후 평형(공급면적)×1.4배×계약면적 당 건축비
  - 일반분양수익 = [(일반분양세대수(기존세대수×13.54%)×일반분양평형×일반분양가) / 세대수]

(4) 분담금 산정 개념 정리

① 조합원 건축원가＝순수건축비＋기타사업비

② 순수건축비＝평당시공비×계약면적

③ 기타사업비＝기준평형 순수건축비×33%

※ 총사업비＝공사비(75%)＋기타사업비(25%)

④ 일반분양가＝주변시세와 비교하여 판단

⑤ 순수건축비＝평당시공비×계약면적

⑥ 일반분양수익＝일반분양가－순수건축비

⑦ 필요 대지지분＝용적률별로 필요한 대지지분

※ 용적률 250%/25평형9.74/34평형13.25평

※ 용적률 275%/25평형8.5/34평형12.0평

※ 용적률 300%/25평형7.25/34평형10.75평

⑧ 대지지분 1평당 일반분양수익＝일반분양수익 / 필요대지지분

⑨ 기여대지지분＝대지지분－기부체납면적－조합원분양 필요 대지지분

⑩ 일반분양 기여금액＝대지지분 1평당 일반분양 수익×기여대지지분

⑪ 분담금＝조합원 건축원가－일반분양 기여금액

(5) 분담금 산정 사례(조합원 홍길동씨 예시)

① 보유 대지지분 : 22평

② 기부체납비율 : 12.5%

③ 희망 분양평형 : 34평형

④ 34평형 계약면적 : 55평

⑤ 34평형 필요대지지분 : 용적률 250%시 13.25평

⑥ 평당공사비 : 420만원

⑦ 34평형 일반분양예상가 : 6억 8천만(평당 2000만원)

(6) 조합원 건축원가 구하기

① 순수건축비＝평당공사비×계약면적＝420만×55평＝2억3100만

② 기타사업비＝기준평형순수건축비×33%＝2억3100만×33%＝7623만

③ 조합원 건축원가＝순수건축비＋기타 사업비＝2억3100만＋7623만＝3억723만

(7) 일반분양 기여 대지지분 구하기

① 기부체납 면적＝보유대지지분×기부체납비율＝22평×12.5%＝2.75평

② 일반분양 기여대지지분＝보유대지지분-기부체납면적-조합원분양 필요 대지지분
＝22평－2.75평－13.25평＝6평

(8) 일반분양 기여금액 구하기

① 일반분양 수익＝일반분양가－순수건축비
＝6억8000만－2억3100만＝4억 4900만

② 대지지분 1평당 일반분양수익＝일반분양수익/필요대지지분
＝4억4900만/13.25＝3388만

③ 일반분양 기여금액＝대지지분 1평당 수익×일반분양 기여 대지지분
＝3388만×6평＝2억 328만원

(9) 분담금 구하기

분담금＝조합원 건축원가－일반분양 기여금액
＝3억723만－2억328만＝1억395만원

5) 비례율 분담금 산출방식

(1) 비례율

재건축사업에서 수익과 분담금 산정시 세대 간의 불균형 방지를 위해 사용하며, 사업 추진에 따른 개발 이익을 사업성에 비례해서 되돌려 주거나 부담시키는 의미를 가진다.

① 예상 분양 총수입에서 사업비 총액을 공제한 금액을 종전자산 평가액으로 나눈 비율이다. 그리고 예상 분양 총수입은 조합원 분양 수입과 일반분양 수입 및 임대주택 분양수입을 모두 합산한 금액이 된다.

② 비례율은 해당 사업의 수익성을 판단하는 지표로서 일반적으로 종전자산의 평가액이 크면 종후자산의 평가액도 비례하여 증가하는 경향이 있다.

③ 비례율이 너무 높게 되면, 재개발사업의 이익이 많이 발생하여, 조합에서는 사업 종료 시 세금(법인세)을 많이 내어야 하므로 일반적으로 조합에서 적정 수준에서 비례율이 나오도록 조정을 한다. 비례율이 100%보다 높을수록 사업성이 좋아 조합원에게 돌아가는 혜택이 크다.

(2) 비례율 산출방식

비례율 산출방식	비례율산출방식 $= \dfrac{\text{종후자산평가액} - \text{총투입비용}}{\text{종전자산평가액}} \times 100\%$	
	총투입비용	공사비, 사업비 등 각종 비용의 합계
	사업완료 후 대지 및 건축물의 총평가액	종후자산평가 (리모델링 후 미래 예측시세)
	종전대지 및 건축물의 총 평가액	종전자산평가(리모델링 현재 시세)

(3) 종전자산인 개별 토지, 건물 평가액에 비례율을 곱하면 조합원의 권리가액이 나오게 되며 조합원의 종후자산 평가액(분양예정가격)에서 권리가액을 공제하면 조합원 분담금이 된다.

(4) 결국 조합원의 분담금은 종전자산과 종후자산의 크기 및 비례율에 따라 달라지며 이는 투자자의 투자수익율에 영향을 미치는 요인이 된다.

(5) 비례율 분담금 산출방식 사례 : 리모델링 전 시세 5억인 30평형 100세대 아파트단지를 리모델링 후 8억인 36평형 100세대와 일반분양가 9억인 15세대로 사업을 추진하고자 한다. 총공사비 250억과 총 조합사업비 50억으로 리모델링을 추진할 경우 분담금을 비례율로 산출한다.

항 목	산정방식	
종전 자산평가	5억×100세대	=500억
종후 자산평가	(8억×100세대)+(9억×15세대)=800억+135억	=935억
총 투입비용	250억+50억	=300억
비례율	935억−300억/500억×100%	=127%
	비례율=종후 자산평가액-총 투입비용 / 종전 자산평가액×100%	

6) 종전자산과 종후자산 평가

① 〈종전자산〉이란 사업시행인가의 고시가 있은 날을 기준으로 종전의 토지 및 건물을 말하며 〈종후자산〉은 분양예정인 대지나 건물을 말한다. 종전자산은 사업시행인가 고시일을 기준으로 토지는 공시지가 기준법, 건물은 원가법으로 평가하며 종후자산은 분양신청기간 만료일이나 의뢰인의 제시하는 날을 기준으로 거래사례비교법으로 평가한다.

② 구분소유건물의 가치형성 요인은 단지 전체에 대한 외부요인과 건물전체에 대한 건물요인, 그리고 각각의 개별소유권에 대한 개별요인으로 분류한다.

③ 구분소유권의 외부요인으로서 가로조건(가로의 폭, 구조 등의 상태), 접근조건(도심과의 거리, 상가의 배치상태, 공공 및 편익시설의 배치상태 등), 환경조건(자연환경, 사회환경, 공급 및 처리시설의 상태, 위험 및 편의시설, 재해발생의 위험성, 공해발생 정도 등), 획지조건(획지상태), 행정조건(행정상의 규제 정도, 용도지역, 지구, 지역 등).

④ 구분소유권의 건물요인으로서 시공상태(방음, 방습, 단열 등), 설계 및 설비(구조의 양부, 각종설비 유무 등), 노후도(경과년수 및 잔존내용년수), 공용시설(주민편의를 위한 커뮤니티시설), 규모 및 구성비(건물 층수, 총세대수, 각 평형별 구성비), 건물 용도(아파트, 주상복합, 다세대 등)

⑤ 구분소유건물의 개별 요인으로서 평형별(방의 수와 배치, 구조 및 규모), 층별 위치별 효용(일조, 채광, 조망, 소음, 난방 및 단열, 프라이버시 보호, 재해시 안전), 향별 효용(일조, 채광의 정도), 공공부분의 전용사용권 유무(주차장 등에 대한 전용사용권), 부지에 대한 지분 면적(대지권의 종류 및 크기), 관리상태(배관, 내부마감재 수선유지상태)

7) 관리처분계획

(1) 종전에 토지 등 소유자가 가지는 토지 및 건축물에 대한 권리를 정비사업 시행으로 새로이 조성되는 대지 및 건축물에 대한 권리로 전환시키는 계획을 말한다. 따라서 관리처분계획의 수립을 위한 종후아파트의 감정평가는 토지 등 소유자가 자신이 취득하여야할 건축물과 대지지분, 그리고 그 가액이 얼마인지를 알 수 있는 중요한 기준이 된다.

(2) 재개발사업은 한정된 이익을 조합원끼리 나누는 구조이므로, 종전자산을 높이는 것은 의미가 없으며, 조합원들이 더 나누어 먹을 수 있는 재개발 사업의 이익 규모를 키우는 것, 즉 전체 사업성을 높이는 것이 가장 중요하다. 종전자산을 높게 평가 받는 것 보다는 재개발의 사업성을 높이는 것이 더 중요하다. 재건축 시 아파트 종후자산 평가는 사업 시행인가일 기준. 관리처분전에 예상하고, 이를 토대로 수입과 비용을 추정하고 관리처분 총회를 개최한다.

(3) 관리처분계획 절차

① 비례율(%)=(총수입-총비용)/종전자산 감정평가 총액 ×100

② 종전자산평가 시 감정평가액은 대지 지분 및 건축면적 등을 반영한다.

③ 권리가액은=비례율×감정가

④ 동호수 결정은 관리처분결정 이후 총회 의결 절차를 거친다.

⑤ 일반분양 결과에 따라 추가 분담금 혹은 환급금이 결정된다.

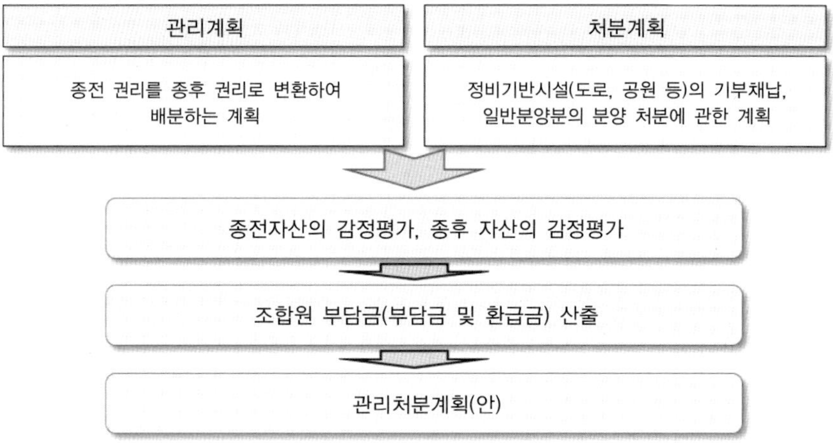

그림 2.16 관리처분계획도

8) 리모델링 조합설립 인가신청서류 목록

① 주택조합 설립인가 신청서(주택법 시행규칙 별지 제9호 서식)
② 창립총회 회의록
③ 조합 규약
④ 조합원 명부 : 동의율 집계현황, 소유자 명부, 조합원(동의자)명부
⑤ 사업계획서 : 건설예정세대수, 지번 지목 등기 명의자, 도시계획상 용도, 대지 및 주변현황 등
⑥ 리모델링사업 결의서 : 리모델링 설계개요, 공사비, 조합원의 비용분담 명세
⑦ 건축물 대장 : 사용검사 또는 사용승인일로부터 15년이 지났음을 증명하는 서류
⑧ 집합건물 등기사항전부증명서 : 구분소유자 및 의결권을 확인할 수 있는 서류
⑨ 조합 임원 및 대의원 명단 : 구분소유자 및 의결권을 확인할 수 있는 서류
⑩ 조합 창립총회 책자 : 조합규약 승인, 조합장 및 임 대의원 선정, 사업계획 승인, 예산 의결, 자금차입 결의 등

9) 사업추진 시 유의사항

(1) 신탁등기 의의와 필요성

① 신탁이라 함은 신탁을 설정하는 자(위탁자)와 신탁을 인수하는 자(수탁자) 간의 신임관계에 기하여 위탁자가 수탁자에게 특정의 재산을 이정하거나 담보권 설정 또는 그 밖의 처분을 하고, 수탁자로 하여금 일정한 자(수익자)의 이익 또는 특정의 목적을 위하여 그 재산의 관리, 처분, 운용, 개발, 그 밖의 신탁 목적의 달성을 위하여 필요한 행위를 하게 하는 법률관계를 말한다.

② 세대수 증가형 리모델링의 경우 30세대 이상이 증가되면 사업계획 승인을 받아야 한다. 이 경우 주택법은 주택건설사업계획 승인을 받으려는 경우 사업시행자에게 주택건설사업부지의 소유권을 확보하도록 법 제16조 제4항에서 정하고 있어 리모델링조합 명의로 신탁등기를 해야 한다.

③ 신탁등기를 하면 조합원의 채권자에 대한 채권보전 조치나 강제집행이 금지되며, 신탁기간 동안 조합원의 처분행위가 금지되므로 사업진행의 원활함을 담보할 수 있다.

(2) 매도청구권의 의의와 필요성

① 매도청구권이란 리모델링 결의에 불참한 구분소유자에 대하여 리모델링주택조합이 일정한 절차에 따라 정당한 보상을 함으로써 주택 및 토지를 매각하도록 청구하는 것을 말한다.

② 공동주택 소유는 단독주택과 달리 소유권의 사회적 한계와 내재적 제약 범위가 다르기 때문에 공동주택의 구분소유자는 그 소유와 권리에 있어 다수의 의사결정을 존중할 의무가 있다.

③ 주택법에서 규정하고 있는 매도청구권은 구분소유자 중 한 사람이라도 리모델링을 반대할 경우에 리모델링이 불가능했던 점을 개선하여 리모델링 미동의자의 구분소유권을 매수하여 리모델링사업을 추진할 수 있도록 한 제도적 장치이다.

(3) 행위허가(사업계획승인) : 주택법 제15조

주택법 제16조에 대통령으로 정하는 호수 이상의 주택 건설사업을 시행하려는 자는 서류를 첨부하여 조합 또는 입주자대표회의가 시장 · 군수의 허가를 받아 시행되어야 한다.

① 전체 : 단지 전체 구분소유자 및 의결권의 각 3/4 이상 동의 및 각 동별 구분소유자 및 의결권의 각 1/2 이상 동의

② 동별 : 동별 구분소유자 및 의결권의 각 3/4 이상 동의(리모델링을 하지 않는 별동의 복리시설소유자는 동의 대상이 아님)

☞ 30세대 이상 증가 시에는 별도 사업계획승인절차 이행

(4) 권리변동계획

① 권리변동계획의 수립(주택법 제67조) : 세대수가 증가되는 리모델링을 하는 경우에는 기존 주택의 권리변동, 비용분담 등의 계획을 수립하여 사업계획 승인 또는 행위허가를 받아야 한다.

② 권리변동계획의 내용(주택법 시행령 제77조) : ⓐ리모델링 전 · 후의 대지 및 건축물의 권리변동 명세, ⓑ조합원의 비용분담, ⓒ사업비, ⓓ조합원 외의 자에 대한 분양계획, ⓔ그밖에 리모델링과 관련한 권리 등에 대하여 해당 시 · 도 또는 시 · 군의 조례로 정하는 사항

③ 대지 및 건축물의 권리변동 명세를 작성하거나 조합원의 비용분담 금액을 산정하는 경우에는 「부동산 가격 공시 및 감정평가에 관한 법률」에 따른 감정평가업자가 리모델링 전후의 재산 또는 권리에 대하여 평가한 금액을 기준으로 할 수 있다.

(5) 사업성 검토

표 2.18 사업성검토-1

문제 1	리모델링 전 시세 5억원인 30평형 100세대 아파트 단지를 리모델링 후 8억인 36평형 100세대와 일반 분약가 9억인 15세대로 사업을 추진하고자 한다. 총 공사비 250억과 총 조합 사업비 50억으로 리모델링을 추진할 경우 비례율과 사업성 분석 및 투자 수익률을 산출하시오.(단 금융비용은 제외함.)
풀이	• 종전자산평가 : 5억×100세대=500억 • 종전자산평가 : 8억×100세대+9억×15세대=800억+135억= 935억 • 총투입비용 : 250억+50억=300억 $\frac{\text{종후자산평가액} - \text{총투입비용}}{\text{종전자산평가액}} \times 100\%$
	• 비례율 $= 935억 - \frac{300억}{500억} \times 100\% = 127\%$

표 2.19 사업성검토-2

문제 2	• 권리가액=종전자산평가×비례율	• 5억×127%=6.37억
	• 분담금=종후자산평가−권리가액	• 8억-6.37억=1.65억
풀이	• 사업성 분석	$= \frac{\text{(종후)자산평가액}}{\text{(종전)자산평가액} + \text{총투입비용}} \times 100\%$
		$= \frac{935억}{500억} + 300억 \times 100\% = 116\%$
	• 투자수익률	$= \frac{\text{(종후)자산평가액} - [\text{(종전)자산평가} + \text{분담금}]}{\text{(종전)자산평가액}} \times 100\%$
		• 분담금 1.65억 ×100세대 =165억 • 935억−(500억+165억)
		• $935억 - \frac{500억 + 165억}{500억} \times 100\% = 54\%$

표 2.20 사업성검토-3(최대 증축 사업성)

문제 3	• 종전자산평가	• 13억×240세대=3,120억
	• 종후자산평가	• 조합원 20억×240세대=4,800억
		• 일반분양 1,160평×5,000만원=580억
		합 계 5,380억
풀이	• 총 투입비용	=공사비+조합사업비=934억
	• 비례율 산출	$=5{,}380억 - \frac{943억}{3{,}120억} = 142\%$
	• 권리가액	=13억×142%=18.46억
	• 분담금 산출	• 20억-18.46억=1.54억
	• 사업성 분석	• $\frac{(종후)자산평가액}{(종전)자산평가액+총투입비용} \times 100\%$ $= \frac{5{,}380억}{3{,}120억} \times 934억 \times 100\% = 132\%$
	• 투자수익률	$= \frac{(종후)자산평가액-[(종전)자산평가+분담금]}{(종전)자산평가액} \times 100\%$
		$= 20억 - \frac{13억+1.54억}{13억} = 5.46억$ (42% 수익)

표 2.21 사업성검토-4(최소 증축 사업성)

문제 4	• 종전자산평가	• 13억×240세대=3,120억
	• 종후자산평가	• 조합원 15억×240세대=3,600억
		• 일반분양 899평×4,800만원=431억
		합 계 4,031억
풀이	• 총 투입비용	=공사비+조합사업비=583억
	• 비례율 산출	$=4{,}031억 - \frac{583억}{3{,}120억} = 110\%$
	• 권리가액	=13억×110%=14.3억
	• 분담금 산출	• 15억-14.3억=0.7억
	• 사업성 분석	• $\frac{(종후)자산평가액}{(종전)자산평가액+총투입비용} \times 100\%$ $= \frac{4{,}031억}{3{,}120억} \times 583억 \times 100\% = 109\%$
	• 투자수익률	$= \frac{(종후)자산평가액-[(종전)자산평가+분담금]}{(종전)자산평가액} \times 100\%$
		$= 15억 - \frac{13억+0.7억}{13억} = 1.3억$ (10% 수익)

표 2.22 사업성검토-5(실제입찰 사업성 검토)

문제 5	• 종전자산평가	• 13억×240세대=3,120억
	• 종후자산평가	• 조합원 18억×240세대=4,320억
		• 일반분양 18억× 29세대= 522억
		합 계 4,842억
풀이	• 총 투입비용	=공사비+조합사업비=1,120억
	• 비례율 산출	$=4{,}842\text{억} - \dfrac{1{,}125\text{억}}{3{,}120\text{억}} = 119\%$
	• 권리가액	=13억×119%=15.4억
	• 분담금 산출	• 18억-15.4억=206억
	• 사업성 분석	• $\dfrac{(\text{종후})\text{자산평가액}}{(\text{종전})\text{자산평가액}+\text{총투입비용}} \times 100\%$ $= \dfrac{4{,}842\text{억}}{3{,}120\text{억}+1{,}125\text{억}} \times 100\% = 114\%$
	• 투자수익률	$= \dfrac{(\text{종후})\text{자산평가액} - [(\text{종전})\text{자산평가} + \text{분담금}]}{(\text{종전})\text{자산평가액}} \times 100\%$
		$= 18\text{억} - \dfrac{13\text{억}+2.6\text{억}}{13\text{억}} = 2.4\text{억}(18\%\ \text{수익})$

표 2.23 사업성검토 비교

구 분	사업타당성 검토 단계		실제입찰
	최대증축	최소증축	
사업방식	기존 자원 최대 활용	기존면적 유지	철거 후 신축
용적률	574%	440%	554%
단위세대 평형	40평형	31평형	36평형
공사비 단가	계약면적 530만/평	계약면적 400만/평	계약면적 687만/평
사업비 단가	계약면적 100만/평	계약면적 70만/평	계약면적 100만/평
분양가	분양면적 5,000만/평	분양면적 4,800만/평	분양면적 5,000만/평
총사업비	943억	583억	1,125억
분양수익	580억	431억	522억
비례율	142%	110%	119%
세대 평균 분담금	1.54억	0.7억	2.6억
사업성	132%	109%	114%
투자수익률	42%	10%	18%
인허가	실현 불투명(고 용적률)	실현 가능	실현 불투명(고 용적률)

2.4.11 리모델링 사업타당성 분석 사례

1) 대안별 리모델링 총 공사비내역

표 2.24 대안별 리모델링 총 공사비내역 사례

구 분			기본리모델링안		주호분할모델		주호통합모델		비 고
			구성비	평당가	구성비	평당가	구성비	평당가	
직접공사비	철거공사		2.0%	32,525	4.1%	69,152	4.8%	86,183	
직접공사비	공통가설공사		4.0%	63,369	3.8%	64,501	3.5%	62,230	
직접공사비	건축공사[1]		51.2%	819,763	52.3%	887,454	57.9%	1,036,958	
직접공사비	공종별 구분	마감공사	38.0%	607.456	38.0%	643,903	38.0%	680,351	
직접공사비	공종별 구분	PC공사	10.4%	165,968	11.3%	192,230	17.6%	315,544	통합안은 1개 동에 계단실 1개소 신설
직접공사비	공종별 구분	외장공사	2.9%	46,339	3.0%	51,321	2.3%	41,063	
직접공사비	세대/공용구분	세대공사	40.7%	651,712	41.3%	701,089	39.9%	715,501	
직접공사비	세대/공용구분	공용부위	10.5%	168,051	11.0%	186,365	17.9%	321,457	
직접공사비	부대토목공사		2.4%	39,133	2.3%	39,133	2.2%	39,133	
직접공사비	설비공사		11.3%	180,270	11.3%	191,086	8.9%	158,638	
직접공사비	전기공사		11.6%	185,095	11.6%	196,201	9.1%	162,884	
직접공사비	조경공사		2.4%	39,079	2.3%	39,079	2.7%	48,052	
소 계			84.9%	1,359,234	85.9%	1,486,606	86.3%	1,594,078	
간접공사비	현장관리비		3.8%	60,456	3.5%	60,456	3.3%	60,456	
간접공사비	산재보험료		0.7%	10,962	0.6%	10,962	0.6%	10,962	
간접공사비	고용보험료		0.2%	3,366	0.2%	3,366	0.2%	3,366	
간접공사비	안전관리비		1.2%	19,604	1.1%	19,604	1.4%	25,067	
간접공사비	설계비[2]		3.1%	50,000	2.9%	50,000	2.7%	50,000	평당 50,000
간접공사비	감리비[3]		2.2%	35,000	2.0%	35,000	1.9%	35,000	평당 35,000
간접공사비	보존등기비		2.0%	31,667	2.0%	34,036	2.1%	39,269	1)+2)+3)+의 3.5%
간접공사비	업무대행비		1.9%	30,000	1.7%	30,000	1.6%	30,000	평당 30,000
소 계			15.1%	241,055	14.1%	243,424	13.7%	254,120	
합 계			100.0%	1,600,289	100.0%	1,730,030	100.0%	1,848,197	

2) 리모델링 사업 수지 분석표

표 2.25 리모델링 사업수지 분석표 : 주호통합 후 분양 사례

구 분			금 액(원)	백분율
수입	분양	아파트	608,333,333	
	합 계		608,333,333	100%
지출	주택현가	기존 주택 매매가	400,000,000	
		소 계	400,000,000	80.9%
	직접공사비	가설 및 철거공사	7,222,766	
		건축공사비[1]	50,465,289	
		부대토목공사	1,904,473	
		설비/전기/조경	17,985,935	
		소 계	77,578,463	15.7%
	간접공사비	설계비[2]	2,433,333	
		감리비[3]	1,703,333	
		측량비	16,667	
		현장관리비	2,942,192	
		안전관리비	1,219,927	
		산재보험료	533,484	
		보존등기비	1,911,068	
		이주비	2,000,000	
		안전진단비	833,333	
		조합운영비	600,000	
		소 계	14,193,338	2.9%
	분양사업비	광고선전비	0	
		민원처리비	0	
		분양대행수수료	0	
		예비비	1,468,349	
		업무대행비	1,460,000	
		소 계	2,928,349	0.6%
	합 계		494,700,150	100%

구 분			금 액	비 율	비 고
수입	분양이익	신규분양가(세대)	608,333,333		48평형(A)40세대, 50평형(B)20세대 평균
		단위동 전체	36,500,000,000		48평형(A)40세대, 50평형(B)20세대 합
지출	주택현가	세대당 매매가 평균	400,000,000		20평형×2세대
		단위동 전체	24,000,000,000		20평형×120세대
	사업비	세대당 사업비	94,700,150		기존주택 2세대 매매가 대비 23.7%
		단위동 전체	5,682,008,997		
	지출소계	세대	494,700,150		
		단위동	29,682,008,997		
경상이익	세대당 경상이익		113,633,183		기존주택 2세대 매매가 대비 28.4%
	단위동 경상이익		6,817,991,003		

표 2.26 리모델링 사업수지 분석표 : 주호분할 후 분양 사례

구 분			금 액(원)	산 출 근 거	
수입	분 양	아파트	126,500,000		
	합 계		126,500,000	100%	
지출	주택현가	기존 주택 매매가	100,000,000		주택의 현재 가격(기존1세대 당 2세대)
		소 계	100,000,000	82.9%	
	직접공사비	가설 및 철거공사	1,470,183		
		건축공사비[1]	9,761,994		
		부대토목공사	430,463		
		설비/전기/조경	4,690,026		
		소 계	16,352,666	13.6%	
	간접공사비	설계비[2]	550,000		평당 50,000
		감리비[3]	385,000		평당 35,000
		측량비	4,167		1식 1,000,000/240세대
		현장관리비	665,016		
		안전관리비	215,644		
		산재보험료	120,582		
		보존등기비	374,395		건축비(1+2+3)×3.5%
		이주비	1,000,000		1,000,000(세대당 1회)
		안전진단비	208,333		1식 50,000,000/240세대
		조합운영비	150,000		
		소 계	3,673,137	3.0%	도급공사비 포함
	분양사업비	광고선전비	0		도급공사비 포함
		민원처리비	0		도급공사비 포함
		분양대행수수료	0		직 · 간접 공사비의 1.6%
		예비비	320,413		평당 30,000
		업무대행비	330,000		
		소 계	650,413	0.5%	
	합계		120,676,216	100%	

구 분			금 액	비 율	비 고
수입	분양이익	신규분양가(세대)	126,500,000		11평형 단위세대
		단위동 전체	30,360,000,000		11평형×240세대
지출	주택현가	세대당 매매가 평균	100,000,000		20평형 단위세대의 1/2
		단위동 전체	24,000,000,000		20평형×120세대
	사업비	세대당 사업비	20,676,216		기존주택 매매가 대비 25.4%
		단위동 전체	4,962,291,752		
	지출소계	세대	120,676,216		
		단위동	28,962,291,752		
경상이익	세대당 경상이익		5,823,784		기존주택 매매가 대비 1.1%
	단위동 경상이익		1,397,708,248		

3) 사업성 분석결과

사업성 분석단계에서는 리모델링 이전의 건물현황과 지역 부동산시장을 분석한 후 리모델링을 위한 개발컨셉을 정하게 된다. 그리고 이러한 개발컨셉을 기초로 공사비 등을 산출하고 공사기간 동안의 기회손실 등을 반영하여 리모델링 이후의 건물가치를 추정하는 것이다.

리모델링 전후의 순영업이익(영업수익－영업비용)의 증감분을 자본환원율(Cap. Rate)을 이용하여 건물가치를 구한 후 공사투입비와 운영손실액을 비교한 결과 공사비와 운영손실액을 제외하고 약 420억 원 정도의 건물가치 상승을 가지는 것으로 나타난 사례 분석이다.

표 2.27 자본환원율(Capitalization Rate) 비교를 통한 건물가치 사례 (단위 : 천 원)

구 분		리모델링 이전(C)	리모델링 이후(D)	(D-C)
리모델링 후 건물가치(A)	임대료 수입	12,489,000	17,234,820	
	관리비 수입	6,554,000	6,554,000	
	주차료 수입	234,000	234,000	
	사내대체(당사사용분)	14,163,000	19,544,940	
	임대보증금 운용이익	1,101,000	1,519,518	
	소계 (수입)	33,440,000	45,087,278	11,647,278
	관리용역비	8,535,325	8,535,325	
	수도광열비	2,456,744	2,456,744	
	수선/소모품 등	413,046	413,046	
	제세공과금	1,750,139	1,750,139	
	화재보험	41,958	41,958	
	소계 (지출)	13,197,212	13,197,212	
	영업수익	20,242,788	31,890,066	11,647,278
	CAP. RATE (9.0%)			129,414,200
운영손실액(B)	리모델링 공사비			66,719,975
	운영손실액(2년간)			20,242,788
	소계			86,962,763
(A－B)				42,451,437

제 3 장

리모델링계획 및 설계

Remodeling

3.1 일반사항

3.1.1 리모델링 준비단계 고려사항

1) 요구발생, NEEDS 파악

사전에 건물 소유자, 이용자, 관리자 등 이해 관계자로부터 리모델링의 요구사항을 청취하고 조사 작업을 시행한다. 각 이해관계자들의 다양하고 상충된 요구에 대해 체계적인 분류 및 분석 작업을 시행하고 지속적인 피드백(Feed Back)으로 리모델링의 요구를 명확히 파악해 나아가는 것이 필요하다.

표 3.1 리모델링 유형별 Needs 발생

유형	리모델링 NEEDS	사업 분야
① 사무실 빌딩	정보화 · OA화 대응, 에너지 절감, 업무환경 개선, 입주자 요구에 대한 부응	• 일반사무실 • 공공사무실
② 상업용 빌딩	이미지 · 디자인 개선, 고객접근도 및 동선 개선, 재고물품의 관리 및 이동 편리, 고객 계층별 주거환경 개선(공용 부분)	• 백화점 • 쇼핑센터
③ 주거시설	방 및 거주공간의 위치 및 크기 변경, 내부 거주 및 시설환경의 변화, 증축 및 전용 부분의 확대, 주거환경 개선(공용 부분)	• 단독주택 • 제1기 신도시 공공주택
④ 호텔 및 숙박시설	• 외관 이미지 현대화 • 내부기능 및 설비 쾌적화, 관리 개선	• 호텔 • 유스호스텔 등
⑤ 의료시설	환자에 대한 서비스 향상, 신기능 부가, 환경개선, 에너지 절감	• 중소의원 • 대학병원
⑥ 교육 및 연구시설	학생수 증감에 대한 대응(증 · 개축, 여유시설의 용도변경), 정보화 대응, 안전성 강화	• 초중등교 • 대학교
⑦ 스포츠시설	법적 규제에 대한 대응, 여성 이용자 증대에 대한 대응, 서비스 수준의 제고	• 체육관 • 스포츠센터
⑧ 생산설비	작업환경 개선, 물류시스템 개선, R&D 대응	• 플랜트설비 등

2) 조사 및 진단

기존 건물의 형상을 실측화하여 상태를 객관적으로 기록하는 작업으로써 리모델링의 핵심적 절차 중 하나이다. 조사 · 진단의 결과를 근거로 리모델링의 지침을 부여하게 되는데, 이는 의사가 진찰한 후 처방을 내리는 것과 같은 원리이다.

조사방법으로는 1차적으로 목측(目測), 타진 등에 의한 간이실측, 설계도의 검토와 확인, 관리자로부터의 정보수집 등이 있으며, 2차적으로 간단한 기구를 이용하거나 비파괴시험에 의한 방법이 있다. 3차적으로는 시험체를 채취하여 파괴시험 등을 통해 종합적으로 평가한다.

① 건축물 구조안전진단 : 주요 구조부 진단

② 건축설비 노후화 진단 : 전력설비 진단, 정보통신설비 진단, 방재설비 진단, 공기조화설비 진단, 급배수 및 위생설비 진단, 승강기설비 진단

③ 단열 및 에너지 진단

④ 실내환경 진단

3) 계획설계 단계별 고려사항

리모델링을 위한 설계지침의 설정과정

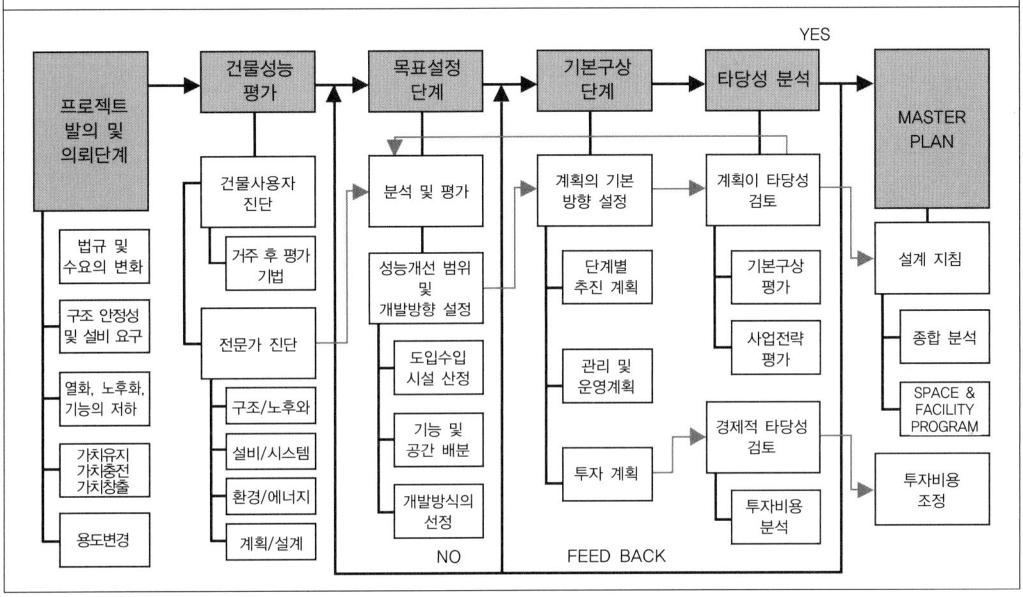

(1) 리모델링 방향 설정 : 건물 이해관계자의 요구와 조사 · 진단 결과를 기초로 구체적인 리모델링계획으로 연결하는 작업이 기획단계이다. 다양한 요구에 대한 개선방법, 시급성에 따른 우선순위, 법규 및 공사시의 제약 등에 대해 검토하여 리모델링의 방향을 설정한다.

(2) 리모델링 시 거주자 개선 요구사항

① 일조권 및 외부조망	② 단열개선(외벽, 창호 등)	③ 발코니 확장
④ 화장실 개수 추가	⑤ 주방구조 변경	⑥ 침실 개수 확보
⑦ 수납공간 확보	⑧ 실내구조 변경 및 개선	⑨ 세대별 전용면적 증가
⑩ 건물외관 개선	⑪ 계단실 및 엘리베이터	⑫ 세대 간 층간소음 해결

(3) **구체적 리모델링계획** : 기획설계단계에서는 임대 수요자(입주자)의 업무 및 이용 특성을 고려하여 구체적인 리모델링계획을 수립해야 한다. 또한 구체화된 리모델링 내용을 공사비로 정리하여 그 실현가능성에 대해 판단한다.

(4) **기획설계 재평가** : 기획단계의 리모델링 내용이 공사예산에 준하고 있는지, 예산초과의 경우 어떤 항목을 삭감해야 하는지 등에 대해 기획의 재평가 등을 거쳐 결정한다.

(5) **공사관리방법 결정** : 설계단계에서는 입주자를 철수시킨 이후에 시공할 것인지, 입주자가 근무하는 상황에서 단계적 시공을 실시할 것인지에 대한 판단이 필요하다. 특히, 입주자가 근무할 경우 안전에 대한 철저한 대비는 무엇보다 중요하다.

4) 계획설계 주요 검토항목

항 목	내 용
① 건물 인텔리전트화	• 정보통신 회선 설치 • OA(Office Automation) 또는 HA(Home Automation)화 • 전력 및 조명설비 • 각종 설비의 중앙감시장치 • 방재 · 방범 설비
② 쾌적화	• 화장실 · 욕실 등 설비배관 개선 • 공기환경 · 빛 · 열 및 음환경 개선 • 층간 및 외부소음 차음성능 향상
③ 방재 · 안전화	• 방재 · 방범설비 설치 • 외벽, 내장재 불연화
④ 에너지 절약화	• 기기 자체의 효율 및 운전의 고효율화 • 단열재의 설치 및 증설 • 자연에너지의 이용
⑤ 이미지 향상	• 외관 이미지 향상 • 실내 인테리어 개선
⑥ 공간의 유효 활용	• 레이아웃(Lay Out) 변경 • 옥외형 기기 설치
⑦ 편의시설 설치	• 계단 · 승강기 설치 • 고령자 편의시설 설치
⑧ 환경친화 설계	• 단지차원에서는 가족농원, 개인정원, 주동 옥상녹화의 도입, 패시브솔라시스템 도입, 친환경 생태적 자재 사용, 발코니 녹화, 단지특성에 맞는 조경수 조성으로 단지경관 향상, 공용공간의 정원화 및 녹지 재구성, 외벽 녹화, 친수공간 형성, 휴게 및 조형성이 가미된 스트리트퍼니쳐 배치 등.

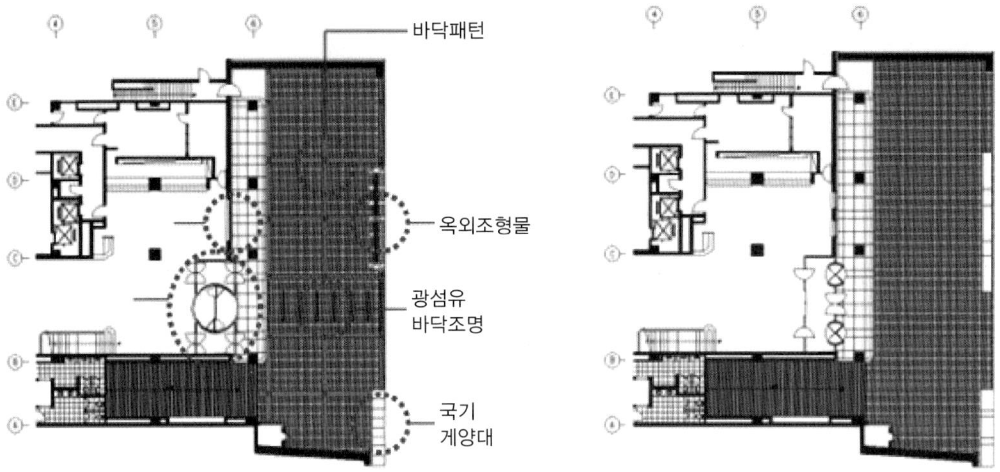

그림 3.1 호텔현관 및 로비 리모델링 사례

3.1.2 리모델링계획 및 설계과정

리모델링 설계방법은 LC설계(Life Cycle설계, 수명설계)이론과 오픈빌딩(Open Building) 이론 등이 서로 연관성을 가지고 있다. 또한 차세대 주거방식에 대응하기 위해서는 주호면적 축소 및 확장대응 기술, 레이아웃 변경 용이성 기술, 공간 유효이용 기술, 용도변경대응 기술 등이 설계 단계에서 검토되어야 한다.

1) 리모델링 대상 건물의 주요 문제점 조사

검토시기	내 용
① 입주자의 불만 요소	• 실내 위치에 따른 온도차 불만 • 천장 형광등의 배치체계 변경 요청 • 전화선, LAN선 등의 배선 불량
② 건물의 문제점	• 어둡고 권위적인 외관 이미지 • 건물모서리 콘크리트 탈락 위험임, 전기설비 증설 등 • 실내 마감재의 노후, 미관 불량
③ 설비의 문제점	• 내구연한 도래로 기기의 열화 발생 • 전반적인 설비시설의 노후화 • 소음, 진동 및 잦은 고장 발생
④ 실내 쾌적환경 요구	• 인체에 해로운 석면 제거 필요 • 지하주차장의 환기상태 불량 • 사무실 내 적정 온·습도 공급 필요
⑤ 법적 기준	• 주차장 높이, 차로폭의 규정 준수 필요 • 구조 취약부위에 대한 정밀진단 필요
⑥ 사용자의 거주성 및 생활편의성 증진	• 시설물 추가·개선 및 교체에 의한 거주성 향상 • 칸막이벽 해체 및 세대통합에 의한 면적 확장
⑦ 단지 외부환경 및 미관 개선	• 동선 개선에 따른 편의성 증진 및 공간 활용 • 단지 내·외부공간의 질적 향상 및 편의성 제고 • 주거동의 외관개선 및 미관 증진

2) 설계조건 및 목표설정

① 노후설비 교체	② 건물 외관의 새 단장
③ 옥상방수 및 단열	④ 상권변화에 따른 적응적 리모델링
⑤ 임차인 변경으로 인한 리모델링	⑥ 건축면적을 늘리기 위한 것
⑦ 일조권 확장을 위한 것	⑧ 소방관계의 원활을 위한 것
⑨ 건물의 안전사고 방지를 위한 것	⑩ 인테리어 업그레이드를 위한 것
⑪ 냉방과 난방의 효율을 높이기 위한 것	⑫ 건물 내 환기의 효율을 높이기 위한 것
⑬ 건물의 LCC(생애비용) 절감을 위한 것	⑭ 누수방지를 위한 것

3) 일반적인 리모델링사업 대상

(1) 2호 1호 개조사업

세대통합

그림 3.2 공공부문의 리모델링 적용 사례 유형

세대간 경계벽을 철거하고 인접한 세대 2호를 1호로 개조하는 '벽 트기 공법', 바닥슬래브를 철거하고 개조하는 '바닥 트기 공법', 단순하게 발코니의 칸막이를 헐어내어 인접한 세대를 개조하는 '발코니 연속 공법' 등의 3가지 공법에 의하여 대형화를 실시한다.

(2) 단위주택 내 설비 개선

기존 재고 공동주택의 주택성능 중에서도 설비기기의 성능이 가장 진부화가 심해지므로 노후주택 내의 설비에 대해 수준 향상을 도모하는 '라이프 업(Life-Up)'을 실시한다. 부엌에 고기능의 키친시스템을 비롯하여 천장수납 유닛, 레인지후드형 급탕기를 설치하는 것과 욕실에 샤워부스가 부착된 욕실용 보일러와 대형욕조를 설치하며, 원적외선 찜질방을 설치하기도 한다.

(리모델링 전) (리모델링 후)

그림 3.3 건물리모델링 전·후 비교

(3) 고령자를 위한 단위주택 개선

고령자 세대를 대상으로 욕실바닥과 욕조와의 단차를 완화시키거나 손잡이 설치, Dining Kitchen 또는 주침실에 인터폰 기능을 갖춘 전화기(긴급통화시스템)를 설치하는 등의 단위주택 내 설비 개선을 도모하며, 계단실의 난간설치나 고령자들의 친목·휴식을 위한 라운지 확보나 게이트볼 운동이 가능한 다목적 광장 정비 등 옥외환경을 포함하여 종합적인 개선을 실시한다.

(4) 종합적 단지환경 정비사업

녹지공간이 풍부한 단지환경을 형성하고, 미관의 유지보전과 고령화 사회에 요구되는 옥외환경 조성에 대응하기 위해 슬로프(Slope) 설치 등에 의한 단차 해소, 주차장 확충, 놀이터 정비 등 옥외환경의 리모델링에 대처한다.

3.1.3 리모델링 계획서 작성시 고려사항

건축물의 생애기간 중 리모델링이 어떠한 위치를 차지하고 있는지 파악·명시하는 것이 중요하다. 리모델링 계획시 건축물의 사용경위, 현재 상황, 리모델링을 통해 얻을 수 있는 효과, 건축물의 유지관리방법, 전래의 리모델링계획까지 범위가 확장되어야 한다.

(1) 리모델링 계획의 기본방침

① 건물의 수명 설정 : 리모델링에 의한 향후 수명을 10년, 20년 그 이상 책정할지 설정

② 리모델링 목적의 명료화 : 방재성능설비 갱신 또는 성능 향상, 내장재 갱신 등

(2) 리모델링 항목 확인

① 리모델링의 요구파악을 통한 항목 확인 : 리모델링의 범위, 정도의 확인

② 리모델링 항목에 따른 범위, 정도 파악 : 공사계획 및 개요 확인

③ 공사방법, 가설계획 수립 : 리모델링 비용 확인

④ 리모델링 우선 순위에 따른 항목별 비용 산출 : 리모델링 항목, 범위, 정도 결정

⑤ 리모델링 항목, 범위, 정도, 공사방법에 대한 피드백 과정 확인

(3) 리모델링 계획서 구성

① 구조 문제 : 구조변경, 적재하중 검토, 손상 부위 등

② 층고 문제 : O·A Floor 설치, 공조 대응 천장높이 등

③ 공간 확보 : 용량 증설에 따른 기계실, 전기실 공간 등

④ 건물의 장기보전계획

⑤ 장기보전에서의 리모델링 위치

(4) 리모델링공사 개요

① 공사기간, 공사범위, 공사 중의 사용규제 등 세세한 조건 등을 정비해 공사중 담당자, 건물 이용자들이 참고하며, 책임 구분의 명료화에 중점을 두어야 한다.

② 공사방법, 가설계획 등의 수립

(5) 리모델링 설계비용 영향인자

① 프로세스와 절차의 승인

② 기존 건축시스템과 조건에 대한 진단

③ 철거 범위

④ 세부적인 조사 및 대책

⑤ 제안된 내용의 적합성

⑥ 기존 구조시스템과 전기 및 설비시스템의 조건

⑦ 외부공간의 조건과 적합성

⑧ 라이프 사이클 코스트(LCC)

(6) 리모델링 공사비용 영향인자

① 외장(옥상, 외장, 출입구)을 주체로 한 리모델링인가?

② 내장(바닥, 벽, 천장, 칸막이, 개구부)과 전기, 위생, 공조, 승강기 등 설비 전반을 주체로 한 리모델링인가?

③ 기존 건축물의 골격에 대한 전반적인 리모델링인가?

④ 리모델링 건축물의 상태는 어떠한가?

⑤ 건물이 빈 상태인가?

⑥ 부분적으로 임시 이전 공간을 마련한 리모델링인가?, 거주상태에서의 리모델링인가?

3.1.4 리모델링사업 추진단계별 고려사항

1) 설계관리단계 고려사항

(1) 정확한 설계도서의 작성 및 검증

리모델링사업은 신축과 달리 공사범위와 관련된 설계변경 요인이 많이 존재하며, 시공사와의 공사비 분쟁이 빈번하게 발생한다. 따라서 ①구조체 시스템, ②구조체 보수보강, ③외관형태, ④에너지 절약을 위한 첨단설비시스템 적용, ⑤각종 자재 선정 등 설계도서의 정확성이 담보되어야 한다.

(2) 예정사업비와 연계된 설계 진행

건축주의 예산에 맞게 설계가 진행되고 있는지 여부를 계획설계, 기본설계, 실시설계 단계별로 사업비 검증단계에서 점검해야 한다.

(3) 시공사 선정을 위한 최적의 기준과 방법 선정

시공사 선정을 위한 현장설명서에는 추후 분쟁을 차단하기 위해 ①해당공사의 특수성,

②공사범위, ③설계변경기준, ④공사일정, ⑤책임소재의 구분 등에 대하여 명확히 표기되어 있어야 한다.

(4) 인 · 허가사항 검토

검토시기	내 용
착공 전	기초 보강공사 신고, 설비 이전공사 신고, 교통영향평가, 환경성 검토, 예술장식품 설치 심의 등
시공 중	가설전력 사용신청, 가스공급 중지신청, 특정가스시설 폐기 통지, 방화관리자 선임, 전기설비 증설 등
준공 시	가스완성 검사, 소방검사, 승강기 사용 검사신청, 검사대행기기 검사, 통신준공검사, 건물준공 신청 등

2) 리모델링 설계 및 공사단계 고려사항

작업 단계	고 려 사 항
① 리모델링설계	• 평면구성이 제한적이고, 층고의 제한을 크게 받음 • 층간 소음대책이 반드시 고려되어야 함 • 도면 보존상태 부실, 시공오차를 고려한 설계가 필요 • 지하매설물 조사, 구조체 불확실성에 대한 확인 및 진단이 필요
② 구조설계	• 내진성능 확보를 위한 보강설계 • 확장부 하중 증가에 따른 기초 보강공법 선정
③ 토목공사	• 지하주차장 신설에 따른 근접 굴착 시 안정성 확보
④ 골조공사	• 기존 구조체의 시공오차 흡수 방안 • 신 · 구 골조 접합부의 강도 · 강성 확보 • 부동침하에 대한 대비
⑤ 철거공사	• 철거공사 중 구조물의 안전성 확보 • 철거 시 기존 구조체의 진동 및 충격, 소음 및 분진 등 최소화
⑥ 보수 · 보강공사	• 추가 조사정밀진단을 통한 기존 구조물의 현황 파악 • 공기단축 가능성, 품질관리 용이성, 유지관리 용이성, 경제성 측면에서 공법 적용
⑦ 발코니 증축공사	• 증축에 따른 기초 및 골조의 안정성 확보 • 신 · 구콘크리트 접합부의 구조안정성 및 사용성(방수 등) 확보
⑧ 욕실 UBR공사	• 기존 구조물의 이용에 따른 공기단축 가능성 및 사용성 확보 • 하중 경감방안
⑨ 바닥난방 반건식공사	• 층간소음 최소화 방안 • 하중경감 방안 모색

3) 공사실시 단계 고려사항

리모델링 실시는 전문기술과 경험을 보유한 업체를 활용하여야 하며, 다양한 요소기술과 경험이 필요하므로 시공업체는 아웃소싱(Out-Sourcing) 체계가 잘 갖추어져 있어야 한다. 또한 건축물 유효활용 증대, 유지관리 효율의 극대화 등을 전제로 해야만 투자이익을 극대화할 수 있다.

공사 실시단계에서 주로 발생하는 리스크는 다양한 공사조건, 복잡한 작업공정, 예상치 못한 추가공사비, 빈번한 설계변경, 불명확한 책임소재의 구분 등이다.

시공 및 시공관리단계에서 고려할 사항은 다음과 같다.

① 기존 건물에 대한 각종 자료의 복원
② 공사기간 중 입주자의 이주관리
③ 패스트 트랙(Fast Track)에 의한 공정관리
④ 정전 최소화 공법계획
⑤ 통신 및 방재설비의 사용중지기간 최소화 공법
⑥ 위생 · 냉난방 설비의 사용중지기간 최소화 공법
⑦ 무진동, 무소음 철거공법 계획
⑧ 가연성 물질에 대한 화재방지 대책
⑨ 밀폐 공간 내 작업에 대한 안전상의 대책
⑩ 철야작업 및 휴일근무에 대한 작업자의 건강 및 안전대책

4) 시공 이후단계 고려사항

(1) 시공계획의 사전검토를 통한 문제점 사전 도출

철거공사 및 구조물 보수 · 보강공사는 리모델링공사에서 큰 비중을 차지한다.

① 건축물의 구조안전성 검토
② 적절한 철거공법 선정
③ 폐기물 반출동선 검토
④ 보수 · 보강공법의 장단점 검토
⑤ 방음 · 방진계획
⑥ 가설계획 적절성
⑦ 양중장비계획 검토
⑧ 안전 시설물계획 검토

(2) 설계변경 절차 및 기준에 대한 명확한 관리

시공단계의 설계변경 대부분은 발주자 요구가 아닌 부실한 현장조사에서 기인한 설계

누락 및 설계오류에 의한 것이 더 많다.

(3) 발주자 입장에서 현장관리 전문업체 투입

① 시공계획 검토

② 설계변경절차 관리

③ 기성검사 및 기성금액 지급방법

④ 준공정산 등에 대한 조언

5) 유지관리 단계 고려사항

준공 후 기존 및 신규 사용자의 평가, 공실률 및 분양률, 에너지절약 정도, 외관의 이미지 향상 등 최초 리모델링 시행 시의 목적과 비교하여 효과에 대한 검증을 해 본다. 그리고 증대된 자산가치 유지를 위한 효율적인 건축물 유지관리수법에 대한 추가 컨설팅이 필요하고 차후의 리모델링에 대비한 일상의 유지관리가 필요하다.

사후 유지관리단계에서의 고려사항은 다음과 같다.

① 각종 성능 검사

② 개별 시운전

③ 종합 시운전

④ 최소운전비용을 위한 시뮬레이션(Simulation)

⑤ 사업전반 평가 및 개선 전 · 후 성과 비교분석

3.2 리모델링 설계방법론

3.2.1 Modular Coordination 적용 설계

1) 모듈러공법 의의

모듈러 공법이란 미리 공장에서 제작된 박스형 단위 유닛 모듈을 건설현장으로 옮겨서 조립하는 방식으로 프리패브(Pre-fab, Pre-fabrication의 약자) 공법이라고도 불린다. 노동집약적이고 가변적이던 기존의 건설현장에 모듈러 공법을 적용하면 안전성 제고, 생산성 향상, 공기 단축 등 효과를 기대할 수 있으며, 주로 산업플랜트 현장이나 물류 창고 건축에 적용돼 왔지만 점차 다양한 분야로 범위가 확대되고 있는 추세다. 공동주택에서 단위 유닛 모듈을 추가하거나 기존 구조에 삽입함으로서 다양한 평면구성이 가능하며 불합리한 평면을 확장 및 개선하는데 매우 용이하다.

2) 리모델링을 고려한 구법계획 원칙

리모델링을 고려한 구법계획은 궁극적으로 리모델링의 대상 부분이 다른 부위나 부재, 부품에 영향을 미치지 않도록 하는 데 있다. 건축물을 구성하는 부재와 부품의 구체적인 내용년수를 구분하여 이에 따른 구조체와 내·외장 및 설비의 명확한 구분으로 용이하게 해체 가능하도록 하고 MC설계에 근간을 둔 부품의 사용과 이 부품들이 질서정연하게 배치될 수 있도록 구성방법 및 조합방법, 접합방법이 결정되어 구체적인 디테일이 만들어져야 하는 원칙이 성립되어야 한다.

3) 모듈정합의 적용범위 및 목적

건축모듈정합원칙은 건축물의 구성 기본단위를 정합(整合)하여 모든 종류의 건축물을 설계하고, 모든 종류의 건축구성재(부자재, 부품, 집성품)를 설계·생산하고 또한 건축물의 구성치수를 결정하는 데 적용하는 일반원칙에 대하여 규정한다.

4) 부자재의 규격화

건축산업과 관련 산업을 지원하기 위하여 부자재 상호간 또는 다른 종류의 부자재와 더불어 현장조립 및 시공에 적합할 수 있도록 모듈로 규격화함으로써 건축물의 경제성을 높이는 데 그 목적이 있다.

① 건축설계자, 건축부재 생산자와 공급자, 시공자 및 감리자 등의 협조를 촉진시킨다.
② 규격화된 부자재로 건축을 구성할 수 있게 한다.
③ 규격화된 여러 건축부재를 가장 효과적으로 활용하게 한다.

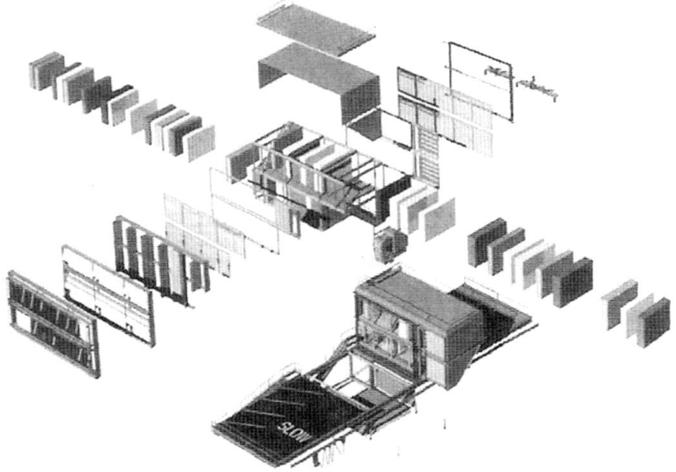

그림 3.4 공동주택 리모델링 규격화 · 부품화 · 시스템화의 한 예

④ 건축부재의 재료, 형태 또는 생산방법에 있어 서로 호환성을 촉진시킨다.
⑤ 건축부재의 합리적인 설계, 위치 설정 및 조립 등으로 현장시공을 단순화시킨다.
⑥ 설치비품(수납장, 설비품, 붙박이장 등) 상호간에 구성치 정합을 확실하게 한다.

5) 호환성 확보에 입각한 Modular Coordination 설계

(1) 평면계획상 융통성 확보

가변형 주택에서 중요한 것은 위치 호환성이며, 주택의 다양성을 확보할 수 있는 평면계획상의 융통성을 확보하는 가장 기본적인 것이다. 건축공간 내에서 조적벽체, 옹벽 등 고정적인 요소를 사용하는 것이 아니라 경량 칸막이 벽이나 수납벽체와 같은 가동 칸막이 벽(movable partition)을 사용하며 공간기능의 변화나 건축기능면에 다각적으로 대응하기 위한 방법으로써 공간의 치수를 모듈화하고 공간구획을 패턴화 함으로써 주어진 범위 내에서의 위치 호환성을 보장할 수 있다.

(2) 설계의 표준화와 호환성 추구

주택의 구성재 간의 호환성에는 아래와 같은 몇 가지 개념이 존재한다.

첫째, 라이프 사이클에 대응한 호환성이다. 주택의 구성재 및 부품은 경과 년수에 따라 교체가 불가피하다. 부품교체 시에 관건이 되는 것은 부품들 간의 규격 통일이다. 특정의 규격이 결정되고 그것에 따라 부품이 생산된다면 기능이 저하되거나 낡은 부품을 교체할 수 있기 때문에 전체 건축물의 내구년수가 늘어나는 효과가 있다.

둘째, 오픈부품 활용을 위한 호환성이다. 부품의 조합으로 건물을 구성하거나 서로 다른 시스템 간의 부품의 교환 또는 복합을 가능하게 하기 위해 규격의 통일이 요구된다. 오픈부품화가 이뤄짐으로써 부품 교환에 대한 융통성이 향상되며 궁극적으로는 건축물의 부품화가 촉진되고 다양성이 확보되어 주택의 성능이 향상된다.

셋째, 거주성 향상을 위한 호환성이다. 다양한 건축물에도 공통적으로 사용할 수 있는 부품을 개발함으로써 생산자 측에서의 대량생산에 따른 품질보증과 원가절감이 기대되며 수요자 측에서는 부품화된 자재를 사용함으로써 가격, 디자인, 용도 등을 고려한 선택의 기회가 보장된다.

넷째, 위치 호환성이다. 위치상의 호환성은 주택의 다양성을 확보할 수 있는 평면계획상의 융통성을 확보하는 가장 기본적인 것이다. 건축공간 내에서 조적벽체, 옹벽 등 고정적인 요소를 사용하는 것이 아니라 경량 칸막이 벽이나 수납벽체와 같은 가동 칸막이벽(movable partition)을 사용하며 공간기능의 변화나 건축기능면에 다각적으로 대응하기 위한 방법으로써 공간의 치수를 모듈화하고 공간구획을 패턴화 함으로써 주어진 범위 내에서의 위치 호환성을 보장할 수 있다.

6) 분리설계의 의미

① 수명설계를 고려하여 수명이 긴 구조체와 수명이 상대적으로 짧은 설비, 내·외장 부재 등을 분리하여 설계하는 것이다.

② 분리설계한다는 것은 현재 일반적으로 이루어지고 있는 구조체 내에 설비를 매입하거나 내·외장 부재의 일부가 구조체 속에 묻히거나 구조체와 내·외장재가 용접 등으로 일체화하는 설계를 하지 않는 것을 의미한다.

③ 설비배관은 노출시키거나 구조체를 통과해야 할 경우에는 슬리브를 묻어 두는 등의 설계를 하고 내·외장은 볼트접합이나 해체·교체가 용이한 접합방법을 고안하여 활용하는 것을 의미한다.

7) 재사용 가능한 모듈러 주택시스템(설계, 구조, 설비, 시공)

1~2인 가구 수요 증가, 임대주택의 절대적 부족 등 시장수요에 신속히 대응하기 위해서는 재사용 모듈러 주택기술이 요구된다. 이를 위해서는 공장제작률 향상, 이동형 모듈러 주택 재사용률 향상, 현장공사기간 단축, 기밀성, 차음성, 에너지성능 등 주택성능을 확보하는데 초점이 맞춰야 한다.

모듈 전체 재사용 및 부품단위 재사용, 해체 및 재설치를 위해서는 다음과 같은 설계기술이 개발되어야 한다.

① 재사용을 고려한 기초 및 주각시스템 및 모듈간 접합구조시스템

② 설비배관 일체화 모듈 및 설비자립형 모듈

③ 부재별 열관류율 만족 및 접합부 결로제어 기술

8) 모듈화 공법(Module)의 확대

모듈화는 공장이나 지상에서 일정 규격으로 재단 및 조립을 하여 현장 운반 후 건물 상부로 들어 올리는 시간을 최소화(양중부하의 감소) 함으로서 공기를 단축하는 방법을 말한다.

① 계단의 모듈화

철골시스템 공법으로 계단을 공장에서 동일 제작하여 현장에서 조립시공

② 파이프의 모듈화(PFP공법)

파이프 샤프트 내의 많은 파이프를 공장에서 재단 및 조립하여 현장에서 시공

③ 커튼월의 모듈화

외벽 커튼월을 공장에서 만들어 현장에서 조립시공

④ 철근의 선조립

철근배근을 공장에서 절단 및 조립하여 현장에 반입 후 조립시공

위와 같은 기술이 초고층건축물에 적용이 되며 앞으로 많은 기술과 재료들이 개발되어 사용될 것이다.

9) 설계 표준화 필요성

① 주택 설계로부터 시공, 자재, 유지관리, 해체의 생애주기에 걸친 기준의 표준을 개발하고, 주택기술 발전에 따른 새로운 주택기준(패시브, 스마트 등)과 보급을 뒷받침할 수 있는 기반을 구축하기 위해 필요하다.

② 표준화는 대량생산을 달성하기 위하여 제품이나 부품의 규격을 통일하는 것이다. 제품을 단일 품종으로 표준화함과 동시에 부품들의 규격을 통일시켜 부품의 호환성(互換性)을 확보함으로써 대량생산 체계를 확립하고, 부품의 대량생산을 가능케 하는 것이다.

③ 오늘날 표준화는 대량생산과 대량구매를 가능케 하고 과학적 품질관리를 가능케 함으로써 소비자에 대한 품질보증을 목적으로 한다. 또한 제품, 부품, 품질, 작업방법, 공구, 설비에서부터 경영전략, 방법, 의사결정 절차에 이르기까지 최선의 기준이나 규격을 마련하고 이를 통일시키는 것을 의미한다.

④ 우리나라는 현재 시공사별 주택건설기술(설계, 자재, 성능, 시공 등)의 표준화 미비로 성능만족도가 불투명하고, 산업 비효율성이 증가하고 있다. 따라서 신개념, 고성능, 고품질의 주택발전을 위한 인프라로서 주택의 설계로부터 시공, 자재, 유지관리, 해체에 이르는 전생애 주기에 걸친 설계표준이 확립되어야 한다.

⑤ 다변화된 주택수요 및 기능요구를 포괄한 설계, 자재, 시공 등의 주택건설 표준기술의 확립이 요구되며, 기능 · 목적성(패시브, 스마트 등)별로 표준설계도와 자재, 시공절차 등의 표준주택기술 보급이 필요하다.

⑥ 다양한 주거 수요에 대응하기 위한 다양한 주택모델이 개발 · 보급 · 추진되고 있는 상황에서(한옥, 패시브하우스, 청정건강주택, 스마트주택 등) 설계단계로부터 시공 · 유지관리 등 전단계에 걸쳐 효과적인 추진이 가능하도록 건축인프라 제공이 필요하다.

⑦ 주택기술의 표준화는 다양한 유형의 주택설계, 시공, 자재, 유지관리 표준화를 통하여 주택건설 전반에 기술인프라를 제공하고 이를 통하여 효과적인 주택 공급과 공사비 절감에 기여하는 것이 가능하였다.

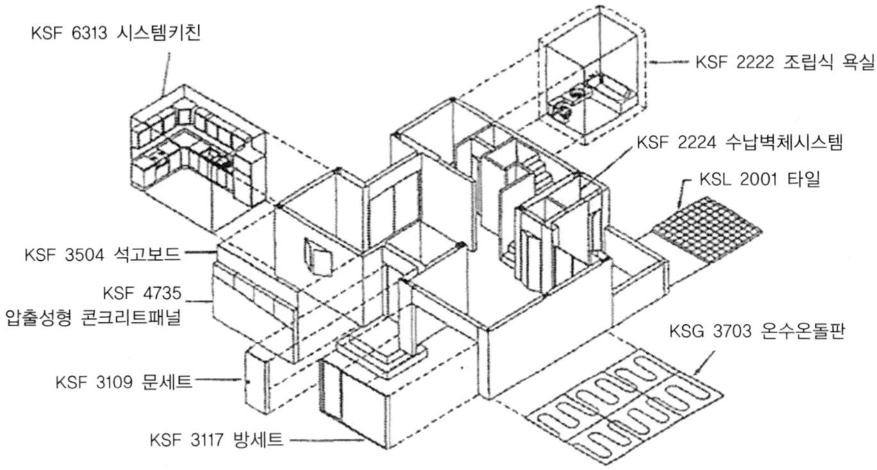

그림 3.5 가변적 평면구성 및 유닛화에 따른 프로토타입 개발 사례

10) 모듈러공법을 활용한 평면확장 및 개선

모듈러공법을 적용하여 아파트의 옥상에 단위 유닛 모듈을 조합하여 평면을 새롭게 구성하는 수직증축을 하거나, 기존 아파트 골조에 모듈러를 결합하여 평면을 새롭게 구성하는 수평증축을 통해 노후화된 아파트 평면 개선이 가능하다. 화장실이나 수납공간은 물론 발코니 모듈을 활용하여 거실이나 방 확장이 가능하다. 또한 복도형에서 계단형으로 공용공간의 구조 변경도 가능하다. 모듈러 건축은 경량이면서 단기간 내 공사가 가능하여 도심지 기존 건물의 증축에 유리하다.

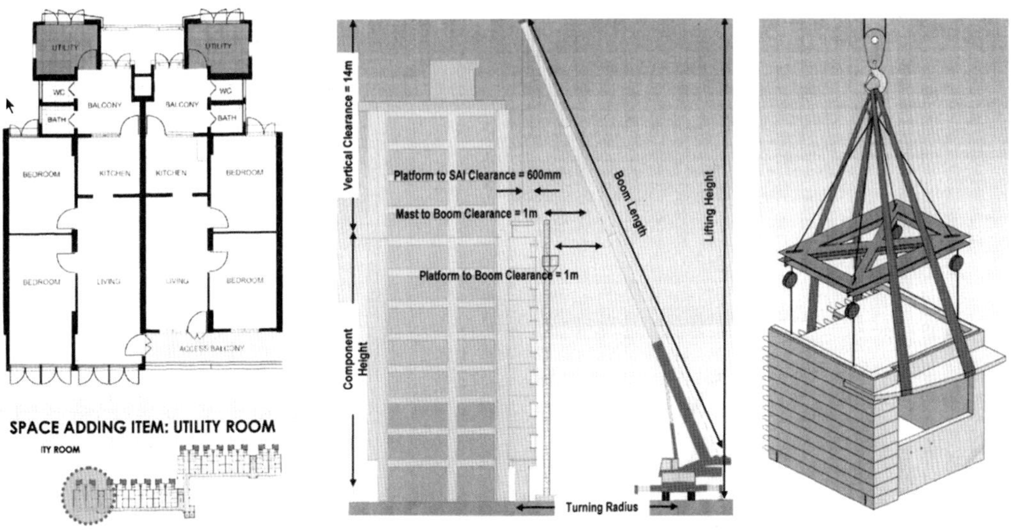

그림 3.6 모듈러 공법 시공 이미지

3.2.2 순환형 건축시스템 도입 필요성

1) 순환형 건축시스템의 정의

순환형 건축시스템은 건축물이 자연생태계의 일부로서 자연조건을 최대한 효율적으로 활용할 뿐만 아니라 지구생태계(자연계)의 구성요소인 토양, 물, 태양, 공기와 같은 자연순환체계를 건축에 통합시키고 건축물의 구성시스템과 자재의 재활용이 가능한 순환체계를 확립시키도록 하는 것이다.

순환형 건축시스템은 건축물의 장수명화와 조립 · 해체 및 재사용이 용이한 구법과 시스템 등으로 구성하여 발생억제(Reduce), 재사용(Reuse), 재활용(Material recycle), 열회수(Thermal Recycle), 적정처분이 이루어지도록 하는 것이다.

2) 순환형 건축시스템 구축의 필요성

건축산업이 지구환경에 미치는 영향을 보면 광물 원재료의 40%, 원목사용의 66%, 에너지 사용의 45%, 폐기물 발생량의 40%, 물사용의 16% 상당을 건축산업에서 소모하고 있다. 따라서 건축물의 설계에서 해체 · 폐기에 이르는 전 과정에서 환경부하를 줄일 수 있도록 순환체계를 구축하지 않으면 안 된다.

우리나라는 리모델링을 고려한 설계가 아직 이루어지지 않고 있을 뿐만 아니라 사용상에서 양호한 유지관리가 이루어지지 못하여 조기 노후화하는 소비형 사회의 전형적인 구조를 취해 왔다. 이러한 문제점을 없애기 위해 건축물을 사용하면서 기능과 성능을 향상시켜 양호한 재고를 유지하고, 나아가 건축물의 수명이 다하여 해체했을 때에도 자재를 재사용 또는 재활용하여 폐기물을 최소화할 수 있는 건축물을 건설하여 자원순환형 사회를 구축할 필요성이 절실하다.

3) 3R(Reduce, Reuse, Recycle)을 위한 건설프로세스 검토사항

(1) 기획, 계획단계

개발대상 대지 내 철거건축물 및 구조물 재사용계획 수립, 개발대상 대지의 자원순환성 검토

(2) 설계단계

① 장수명 건축물 설계 시 검토사항 : 내구성이 높은 구조체의 재료 검토, 가변 용이한 구조시스템 및 공간설계, 리모델링 · 유지관리가 용이한 공간설계

② 해체의 용이성을 고려한 구법 설계 : 해체 용이성 및 자재 분별 용이성

③ 자원절약 및 합리화 설계 : Modular Coordination 설계

④ 리모델링 및 해체 시 재사용 가능한 구법설계 : Skeleton과 Infill(내장 · 외장 · 설비) 분리 설계

(3) 자재 생산단계

① 내구성이 높은 자재 생산

② 환경친화적인 재료 사용 : 환경부하 저감 자재, 재활용 용이형 소재, 재료 활용

③ 경량 건식화된 자재 및 표준화된 부품생산

④ 건설폐자재 활용 자재

(4) 시공단계

① 폐기물이 적게 발생하는 자재 적용, 재활용 · 재사용 자재 적용 시공

② 리모델링 용이형 시공법 : Skeleton, Infill 분리 시공, 수명 차이를 고려한 시공 순서와 접합부 설계를 통한 재사용 시공공법 확립

③ 유지관리 및 해체 용이형 시공법

④ 표준화된 부품, 공장생산 자재 사용

(5) 사용 및 관리단계

① 건축물, 구축물의 유지 · 보수의 용이성

② 주기적인 리모델링 및 유지관리

③ 교체 · 해체부품 및 자재의 재사용, 재활용 방안

④ 사용이력 관리

(6) 해체단계

① 해체 시 폐기물 감소방안 : 용이한 해체, 분별방안, 재사용 · 재활용 용이한 해체방안

② 해체자재의 재활용 방안

3.2.3 오픈빌딩(Open Building) 설계방법

1) 오픈빌딩의 개념

① 신축 건축물을 장수명화하기 위해 건축물의 변화 대응성은 필수적이기 때문에 건축물의 구조체 부분은 내구성을 높이고 나머지 부분은 변화에 용이하게 대응할 수 있도록 리모델링이 용이한 구법과 공법 채택은 필수적이다.

② 오픈빌딩 이론이 리모델링과 관련을 갖는 것은 S/I의 분리(구분), Support의 기본성능 설정(장수명화), 장래의 변화를 대비한 Support를 갖추도록 한 점과 유지관리 용이성 등의 요소를 갖추고 있다는 점이다.

③ 오픈빌딩은 장수명 건축물의 가능성과 양호한 재고를 형성하는데 기본이 되기 때문에 21세기의 중요한 건축물 유형으로 자리 잡게 될 것이다. 자원과 에너지 낭비 및 사회비용 절감을 유도하고 어떤 수용자가 사용하더라도 라이프 스타일과 라이프

사이클 맞춤형 주택으로 사용할 수 있게 된다.

④ Lifetime Open House는 수요자의 주택수요의 다양화와 변화 요구, 시대적 주거패턴 및 생활양식의 변화, 인구구조 및 가족구성 변화에 대응하는 주택 유형 요구 변화에 대응할 수 있도록 공간구성 변경, 설비 시스템 교체 등이 자유롭도록 개방되면서 건설비 측면에서 저비용이 가능한 주택시스템이다.

2) Support와 Infill의 개념 및 정의

① S · I란 거주자의 라이프스타일과 라이프사이클의 변화에 유연하게 대응할 수 있도록 시공 및 부품의 교환 등이 용이하고 재활용이 가능한 주택공급시스템을 말한다.

② S는 Skeleton, Support, Structure라는 의미가 있으며, I는 Infill의 머리글자를 사용하여 S · I주택이라고도 한다. 우선 Skeleton은 영어의 골조로 번역되는데, 건축물에서는 기둥이나 내력벽, 보, 슬래브 등 장기간에 걸쳐 구조물을 지지하는 부위(뼈대)를 지칭한다.

③ Infill이란 거주자에 의한 교체나 라이프스타일 등의 변화 혹은 요구 수준 향상 등에 유연하게 대응하면서 교환이나 배치를 쉽게 변경할 수 있는 가변성을 중시하는 부분을 지칭한다.

④ SI를 분리함으로써 가변성이나 갱신성이 용이해지며, 거주자의 요구변화나 시대의 변화에 대응하여 Infill을 쉽게 바꿀 수 있어 신축주택뿐만 아니라 리모델링에 대한 대응성도 높아지게 된다.

⑤ Infill은 가변인필, 고정인필, Cladding(피복, 수장)으로 구분하며 가동수납가구와 가변칸막이 패널 등을 채용하여 실배치를 변경할 수 있도록 한다.

⑥ 이러한 S · I주택은 일본의 경우 스켈톤주택 → 2단계 공급방식 → 구조체 및 주호분리방식 → S · I주택(통상산업성, 주택도시정비공단) → Open Housing 등으로 발전되어 오고 있다.

3) Support와 Infil의 적용기술

(1) 건축계획 분야

① 비고정적 요소(Infill)의 내구수명(Service Life)을 각각 설정한다.

② Infill과의 호환성 확보를 고려하여 고정적 요소(Support)의 수평 · 수직방향에 대한 기준치수를 각각 정한다.

수직방향 : 층고 2,600mm, 천장고 2,400mm 등

수평방향 : Support 사이 공간은 3M, 1M(1M=100mm)의 증분치수 등

③ Support와의 호환성 확보를 고려하여 Infill의 수평 · 수직방향 기준치를 설정한다.

수직방향 : 높이 2,100mm 이상, 1M의 증분치수 등

수평방향 : 너비 600mm 기준, 3M, 1M의 증분치수, M/2의 보조모듈 증분치수 등

④ 제반 요구성능을 설계에 반영한다.

건축공간의 가변성(Flexibility) 등

공간구성재의 재사용(Re-use), 재활용성(Re-utilization) 등

(2) 구조계획 분야

① Support 요소 중에서 내력벽, 슬래브, 보, 기둥 등의 내구수명을 각각 설정한다.

② 구조체에 설정된 내구수명과의 접합성을 고려하여 구조설계기준을 작성하여 설계에 반영한다. 구조체 내구수명(100년), 하중 선정, 구조시스템 선정, 구조재료 선택(콘크리트 강도, 철근 종류 및 배근방법)

③ 제안 요구성능을 설계에 반영한다. 안전성, 차음성, 충격성, 시공성 등

(3) 기계설비 분야

① 공용공간, 공용+전용공간, 전용공간별 유형으로 구분하여 설계한다.

② 설비시스템은 내구수명이 짧기 때문에 계획 초기단계부터 유지·관리·교체 등을 위해 점검구 또는 작업공간을 미리 확보한다.

4) Infill의 요소기술

가장 중요한 것은 기개발 Infill의 접합부 및 시스템을 개선하는 기술과 제작공정의 단순화, 표준화 등이다. 이와 함께 바닥과 내벽체(세대간 경계벽, 세대내 가변벽), 천장, 외벽, 화장실 및 부엌, 가변대응 온돌설비 시스템 등에 대한 시공표준을 확립하는 것이다. 또한 마이너스옵션방식, 최저마감 및 공간설치방식(Plus You, You make) 등이 요구된다.

항 목	내 용
외벽	건식외벽, 새시 일체형 외벽패널, ALC패널, 아코텍패널, 외벽 철판패널
내벽	이동식 칸막이벽체, 가변수납벽체 시스템, 이동식 상자형 벽체, 경량벽체 시스템, 한변 선행 칸막이벽
바닥	이중바닥, 마루선행공법, 탈부착가능 플로어링 시스템, 바닥마감재 변경, 바닥하부 수납 시스템, 온돌패널
천장	이중천장, 천장수납 시스템, 천장 내부 집중배선 시스템
위생	이중바닥 배선시스템, 덕트 환기시스템, 이중관 공법, 욕실 건식배관, 가스관 노출배관
난방	건식온돌, 간이시공 바닥난방, Energy System Controller, 연료전지 Cogeneration
전기 통신	바닥하부 배선 Pit, 걸레받이 배선시스템, 구체분리 배선방법

5) Infill의 도입과 공급방식 변화

신축 공동주택에서는 S · I방식이 새로운 공급방식으로 확산되기 시작했다. 프리플랜 분양, 스켈레톤 임대 등도 S · I방식의 변종이며, 신축 시 거주자의 요구에 맞춰 집합주택의 내장을 설계 · 시공하는 구조로 이루어지고 있다. 또한 오픈플랜 주택을 공급할 수 있다면 시스템화된 인필을 거주자 요구에 맞춰 수시로 교체할 수 있으며, 이용가치를 계속 높일 수 있다.

인필 구성요소가 시스템화되어 공업생산품이 되면 공장에서 부재 단위의 완성품이 되어 배합(인터페이스)방식도 미리 가공할 수 있다.

현장에서 특수가공을 최대한 피할 수 있으며 조립순서와 납입시기를 맞춤으로써 현장에서의 부재 조립은 전문직 공사가 아닌 모든 조립을 책임지는 다기능공화를 추진할 수 있다. 설비배선이나 배관의 자동화, 공장화 등으로 전문직을 필요로 하는 공사가 없어짐에 따라 해체 후의 내장공사는 다기능공이 시공할 수 있게 된다.

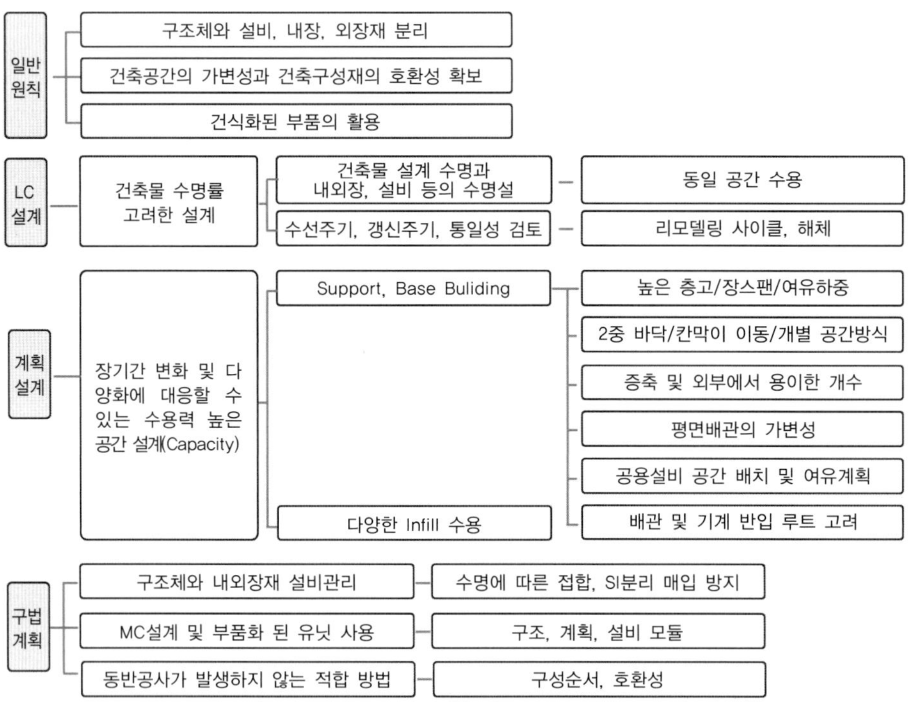

그림 3.7 리모델링을 고려한 계획 설계방안

6) 오픈시스템 구축 선결문제

(1) 자재 및 부재, 부품의 생산 분야는 치수의 표준화와 성능의 표준화가 선행될 필요가 있다. 공업화생산이 기본적인 방향이 되며, 소품종 대량생산에서 다품종 소량생산이

경쟁력을 좌우하게 될 것이다.

(2) 중요 부재나 부품의 개발 생산과 더불어 각 부품의 접합·조립을 위하여 필요한 Joint부품 개발도 중요하다. 공장생산의 부품은 건식화를 지향하기 때문에 시공조립 시의 상황과 교체, 호환 시의 상황을 염두에 둔 부품생산이 중요하다.

(3) 사용자의 다양한 요구를 컴퓨터 지원에 의한 대화설계시스템으로 받아들여 생산시스템과 연결된 주문시스템(Order entry system)이 중요한 요소로 설정될 필요가 있다.

(4) 치수는 일정한 체계를 갖추되 성능과 디자인은 다양하고 개별화된 부품을 생산함으로써 다양한 건축물에 장애없이 사용할 수 있도록 오픈시스템(Open system)을 구축한다.

3.2.4 가변형 주택 설계방안

1) 가변형 주택의 개념

(1) 가변형 주택은 거주자의 생애주기와 기호에 맞추어 주택의 내부공간을 자유롭게 바꾸려는 개인적 욕구에 대응하는 주택으로 주택의 규모뿐만 아니라 형태 및 기능의 변화도 추구할 수 있다. 환경보존의 개념과 미래 가족변화 및 사회변화에 적극 대응할 수 있는 개념이라 할 수 있다.

(2) 백년주택이나 융통성주택 개념의 가변형 주택은 규모·형태·기능의 변화 및 교체 가능하도록 주택계획단계에서부터 이에 대한 배려를 해야 한다. 그리고 재료와 설비의 모듈화 및 규격화가 선행되어야 하며 재료 자체의 변화와 설비의 융통성이 있어야 한다.

(3) 융통성 또는 가변형 주택은 건축구조적 변경 없이 공간의 변경이 이루어질 수 있도록 계획된 주택을 말한다.

① 용도교환 및 용도 변경형	각 실의 기능 변화 시 다른 공간으로 공간의 배치와 규모 계획 간이벽체, 이동식 가구 등으로 공간 구분
② 공간 병합형	인접한 두 공간을 통합하거나 분리하는 방법. 공간의 크기를 변경
③ 오픈 시스템	주택 공급 시 거주자 요구에 맞게 공간 구획 개방적 평면(외벽, 화장실, 부엌 등 배관설비 부분은 제외) 구조체(고정적, 변경 불가능한 1차적 요소)와 내장재(가변요소, 2차적 요소)를 분리해서 제공함

(4) 가변형 주택은 가족의 성장이나 생활의 변화에 맞추어 주택 내부를 변화시킬 수 있으며 이런 주택 내부의 변화는 다시 주생활 양식의 커다란 변화를 줄 수 있으므로 특히 획일적으로 건축되는 집합주택에서 다방면으로 도입하는 것이 바람직하다.

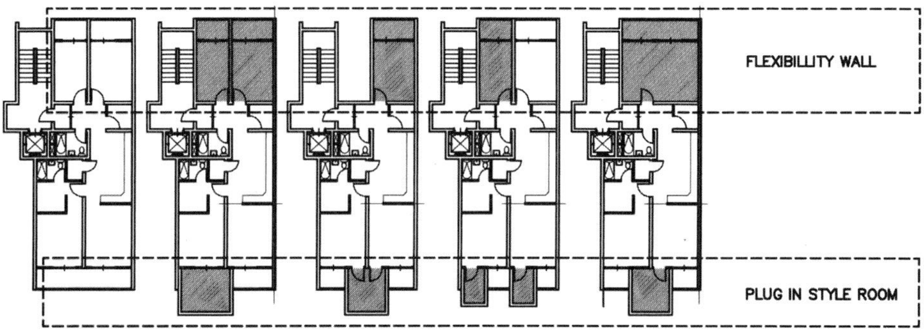

그림 3.8 가변적 평면구성 방식의 한 예

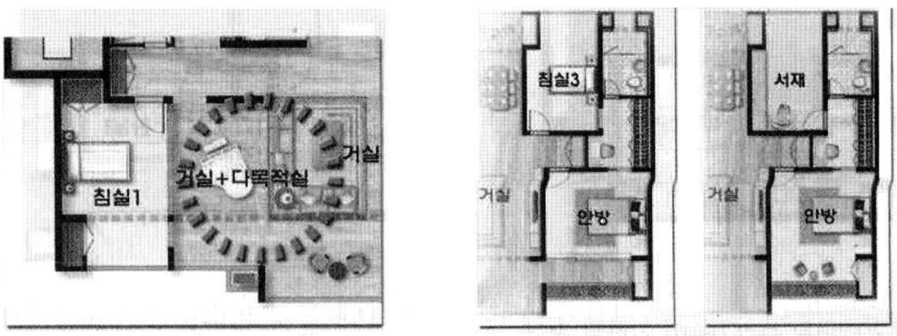

그림 3.9 침실 2+거실 가변형 평면, 안방의 가변형 평면

2) 가변형, 가구형 벽체

(1) 기존에 고정된 내력벽을 대신할만한 다양한 가변형 벽체들이 적용되고, 수납이 가능한 가구형 칸막이벽체가 대신 하도록 한다.

(2) 한쪽 면은 벽체가 되고 한쪽 면은 수납가구가 되어 공간활용도를 높이는 벽체로 수납장 하부에는 바퀴를 장착하고, 수직으로 높이를 조절할 수 있으며 무게 또한 가볍게 하여 일반인도 벽체를 이동하고 고정시킬 수 있는 벽체는 활용성이 매우 높다.

(3) 패널형으로 만들어진 벽체도 마찬가지로 상부에 장착된 하드웨어를 움직여 바닥, 천장에 수직으로 밀착시키는 시스템으로 되어, 이들은 미리 전기배선을 내장하여 별도의 설비공사가 필요 없도록 개발된 문짝과 함께 조립되어 벽체를 완성하게 된다.

(4) 여닫이 · 미닫이를 들어올려 열개창은 여러 기능을 하는 복합문으로 되어 있는데, 거실과 주방 사이에 설치할 경우 필요에 따라 공간을 가변적으로 사용할 수 있다.

(5) 가변형 벽체들은 바닥 · 천장과 분리되어 이동이 가능하다는 점에서 최근 아파트에 적용되고 있는 바닥 · 천장에 삽입되는 형식으로 고정 설치되는 가변형 벽체와는 그 개념부터가 다르다.

(6) 벽체와 바닥을 제외하고 공동주택 내부를 채우는 또 다른 가변요소 중 대표적인 공간은 물을 사용하는 욕실과 부엌이다.

(7) 조립식 욕실(UBR)과 이동 가능한 부엌시스템은 모듈화된 욕실부품을 현장에서 조립 · 설치하며, 1개 배관 내에 냉수관과 온수관을 별도로 배관한 2중 배관시스템을 적용한다.

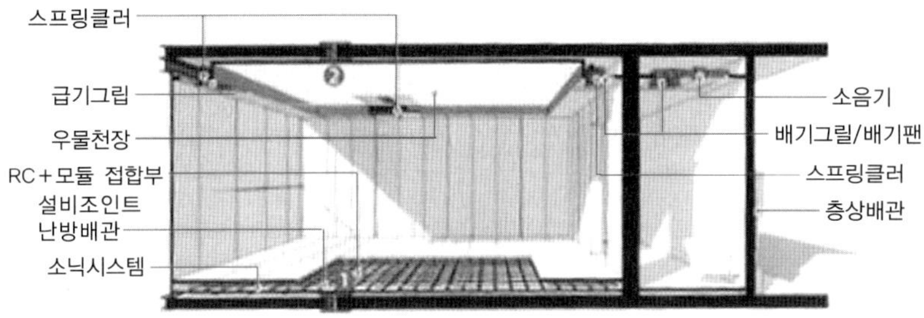

그림 3.10 노후공동주택 리모델링 시 가변성 및 수리가 용이한 SCI 기반 거주자중심의 공동주택 유지 관리 모델

3.2.5 장수명 공동주택 설계

1) 장수명 공동주택의 개념과 개발 동향

① 공동주택이 끊임없이 발전하고 진화되어가는 주거요구에 적절히 대응할 수 있도록 실내공간의 변경과 확장 그리고 설비기기의 교체를 통한 리모델링이 가능한 주택으로 개발되어 주택의 수명을 원하는 만큼 연장할 수 있다. 일본에서는 '백년주택(Century Housing System)'이라는 장수명 주택이 실용화 단계에 들어서 있다.

② 20~30년에 불과한 우리나라 공동주택 수명을 50년, 100년까지 연장시키기 위해서는 고정요소(Support)인 구조체의 내구성을 전제로, 가족의 라이프사이클이나 라이프스타일에 따라 리모델링이 용이한 가변요소(Infil)로 이루어진 주택이 지어져야 한다. 인필 요소기술의 비용이 습식에 비하여 비싸고 종합 인필시스템으로 전환하기에 한계가 있으므로 성능개선과 비용절감기술이 요구된다.

③ 공동주택은 구조체의 물리적인 내구성은 문제가 없으나 기능적 · 사회적인 내구성(유지관리, 리모델링, 가변성 등)의 한계로 조기 전면철거 재건축됨으로써 쓰레기 발생, 자원낭비, 사회비용낭비 등 사회 문제화 되고 있다.

④ 공동주택의 수명을 늘리기 위해서는 내장부품을 도입하는 데 앞서 장수명의 구조시스템을 갖추어야 한다. 지금과 같은 콘크리트 벽식구조의 아파트는 다양하고 변화하는 사용자 요구에 대응할 수 없을 뿐만 아니라 설비가 노후화되어도 대책이 없다.

⑥ 장수명 공동주택의 성공은 부재 · 부품의 호환성(재활용성, 개조보수 용이성, 공간

활용성 등) 확보를 위한 기반을 구축하는데 달려 있다. 초기 건축비를 저감할 수 있는 시공 및 공급기술과 정책이 도입되어야 한다.

⑦ 오늘날에 있어 제품과 부품의 표준화는 대량생산과 대량구매를 가능케 하고 과학적 품질관리를 가능케 함으로써 소비자에 대한 품질보증을 목적으로 한다. 또한 제품, 부품, 품질, 작업방법, 공구, 설비에서부터 경영전략, 방법, 의사결정 절차에 이르기까지 최선의 기준이나 규격을 발견하고 이를 통일시키는 것을 의미한다.

2) 장수명 아파트 건설정책

① 장수명 아파트는 일반 벽식구조 공동주택에 비하여 10~20%의 초기건축비가 상승하므로 민간업체에서 건설기피로 인하여 보급이 저조한 상태이다. 하지만 100년의 수명을 고려하면 총비용은 3분의 2 수준으로 절감할 수 있다.

② 기존 아파트는 100년 동안에 2번 건물을 철거하고, 3번 신축을 하는데 대해 장수명 아파트는 100년 동안 2번의 리모델링만 하게 되므로 경제적으로 유리하다.

③ 2015년부터 아파트의 장수명화를 위해 500가구 이상의 아파트를 지을 때 장수명 인증제를 시행하기로 했는데, 장수명 설계기준에 의하면 가변성 50점, 유지보수 용이성 40점, 내구성 30점, 등 총 120점으로 점수화해 4등급으로 구분하는 것이다.

④ 장수명 아파트 건설에 따른 초기비용 상승을 보전하기 위해 내구성, 가변성, 수리용이성을 평가한 종합점수를 기준으로 최우수, 우수 등급을 부여하고 건설업체에는 용적률 완화를 해주고, 수분양자에게는 취득세, 재산세 등을 감면해 주는 혜택을 준다.

⑤ 가변성 확보를 위해 아파트 내부 내력벽의 비중을 줄이고, 내부 벽면적 중 건식벽체의 비율을 높여 사용자가 쉽게 이동이 가능하도록 하거나 변형이 용이하도록 하고, 2중 바닥 설치 및 욕실, 화장실, 주방 등도 쉽게 변경이 되도록 미리 계획함으로써 사용자의 필요에 따라 편리하고 시대적 상황에 따라 대응이 가능하도록 한다.

⑥ 수리 용이성을 위하여 사용 중에 개 · 보수 및 점검이 쉽도록 공용배관과 전용설비공간의 독립성을 유지하고 배관 · 배선의 수선교체가 용이하게 계획되도록 하였다.

3) 장수명 주택에 대한 인증제도

① 사업주체가 주택건설사업계획의 승인을 얻어 1,000세대 이상의 공동주택을 건설하고자 하는 경우 사업계획승인신청 전에 인증기관(11개)에 장수명주택 인증 등급 중 일반등급 이상을 의무적으로 취득하도록 하였다.

② 우수등급 이상 취득하는 경우에는 건폐율, 용적률을 해당 용도지역의 기준 110/100 범위 내에서 완화받을 수 있게 했다.

③ 인증에 요구되는 배점항목들은 소음(바닥충격음, 화장실소음 차단 등), 구조(가변성 및 수리 용이성 등), 환경(조경, 실내공기질, 에너지절약 등), 생활환경(커뮤니티, 방범 안전 등), 기타 화재, 소방 등이다.

④ 내구성 강화를 위해 설계기준강도 최저기준을 '녹색건축 인증기준'에서 정한 18메가파스칼(MPa)보다 높여 21MPa로 규정하여 구조물의 내구성을 강화하였다.

4) 장수명 공동주택 구조시스템

① 장수명 주택과 연계한 다양한 비용절감형 공급방식, 즉 마이너스옵션 분양방식, 최저마감 및 공간설치방식(Plus You, You make) 등을 도입하여 다양하고 변화하는 사용자 요구 수용과 초기건축비를 절감할 수 있는 시공 및 공급기술·제도를 개발한다.

② 공동주택의 수명을 늘리기 위해서는 내장부품을 도입하는 데 앞서서 장수명의 구조시스템을 갖춰야 한다. 지금과 같은 콘크리트벽식구조의 아파트는 좀처럼 다양해지는 라이프스타일에 대응할 수 없을 뿐만 아니라 설비가 노후화되어도 대책이 없다.

③ 장수명 주택의 슬래브 다운+화장실 층상배관 시스템으로 시공성과 사용 단계에서 가변의 한계가 있으므로 슬래브의 다운이 없는 구조체+화장실 시스템을 통한 화장실 등 물 사용 공간 가변기술 개발이 필요하다.

④ 획일적인 완전마감형의 아파트는 사용자 변화와 사용자의 상황 변화에 대응할 수 없는 한계가 있고, 초기 건축비 상승 및 수요자의 입주전 개조 등 자원낭비와 고비용 입주비용의 문제점을 극복할 필요가 있다. 따라서 단순한 평면형태, Single Frame, 표준화된 상하부 모듈, 슬래브 다운 없는 층상배관으로 물 사용 공간(화장실, 부엌 등) 시스템 및 각종 설비의 유지관리 용이형 설계를 할 필요가 있다.

5) 장수명 공동주택 적용 기술

(1) 건식 바닥난방시스템

장수명 공동주택은 벽체뿐만 아니라 바닥도 자유자재로 움직이는 것이 가능하다. 최근 개발된 '건식공법의 저온복사난방시스템'은 슬래브 위에 방진지지대를 세우고 이중 복합구조의 고강성 상판을 조립하는 방식으로 설치된다.

바닥재 하부공간을 설비시스템 공간으로 활용할 수 있어 간단한 해체만으로 배선·배수시설의 유지관리 및 보수가 가능해진다. 이로써 공동주택의 설비 노후화로 인해 재건축의 필요성이 없어지고 바닥충격음 차단성을 확보할 수 있다. 또한 건식화 공정의 도입으로 습식공법보다 난방에너지절감 효과가 가능하다. 또 이중바닥으로 해도 층고는 높아지지 않기 때문에 건축비 상승 요인도 최소화할 수 있다.

(2) 경량벽체시스템

① 경량벽체시스템은 건축구성재의 부품화, 건식화, 건축DB화 등 오픈 부품화를 추구하기 때문에 설계에서는 불필요한 도면작업을 줄이고, 설계도면의 단순화와 자동화를 가능하게 해준다. 시공측면에서는 건축물의 고내구성 유지, 공기단축의 효과가 있으며, 배선 및 배관 시 가변성이 확보되어 개 · 보수가 용이할 뿐 아니라 공간활용에 있어서도 유리하다.

② 경량벽체시스템은 수평유닛류, 수직유닛류, 벽체류, 기타 요소로 구성된다. 수평유닛류는 내부벽체의 상부 및 하부에 수평적으로 몰드형식으로 조립되는 유닛으로서 벽체를 상 · 하부에 고정하는 기능뿐만 아니라 구조체(슬래브와 온돌층)에서 발생하는 천장고의 수직방향의 시공오차를 흡수하는 역할을 한다.

③ 경량벽체시스템에 전기배선을 노출배선으로 하면 이 수평유닛류가 설비배선의 경로공간을 제공하게 되어 벽체이동에 따른 가변성을 실질적으로 확보하게 된다. 수직유닛류는 벽체와 벽체 사이에 수직으로 조립되는 유닛으로써 너비(W)가 좁은 벽체 역할을 하는 동시에 스위치와 전기콘센트 등이 수직으로 연결되는 세대 내 설비덕트 역할을 한다.

④ 벽체류는 경량벽체 외에 기능성 벽체와 수납벽체 등이 있는데, 이들은 벽체기능만 하는 일반형과 전기설비재가 매입된 매입형으로 다시 구분되며, 수납벽체는 가구형과 벽체형으로 구분된다. 그밖에도 경량벽체시스템에는 구성재로써 호환성이 확보된 창호, 수평유닛의 몰딩, 벽체 표면에 붙여 기능성 및 의장성을 높인 스페이스월 같은 마무리 유닛도 있다.

(3) 보이드데크(Void Deck) 중공슬래브시스템

보이드데크 중공슬래브시스템은 슬래브의 중간을 비우고 경량소재를 적용함으로써 슬래브의 두께와 처짐의 문제를 해결하고, 자중 감소와 함께 전체적인 콘크리트 물량의 감소로 인한 CO_2 배출량 절감뿐 아니라 기존의 합판 대신 데크플레이트를 사용함으로써 친환경적 효과도 기대할 수 있다.

보이드데크 슬래브시스템은 장수명주택 구조에 유연한 적용이 가능하고, 층고 절감과 자중 감소, 공기단축과 우수한 원가절감, 장스팬 등의 많은 장점과 경쟁력을 확보하고 있다.

3.3 공동주택 리모델링

3.3.1 공동주택 리모델링 개요

1) 공동주택 리모델링 일반사항

(1) 공동주택 리모델링 지향점

공동주택 리모델링은 건축물의 내용년수와 관련하여 노후화 및 성능저하에 따른 유지관리 및 보수, 교체의 의미와 더불어 사회적 요구의 변화와 건물의 가치향상 요구의 증대에 따른 용도변경, 개수, 성능향상 등을 통한 주민의 삶의 질 향상의 의미도 포함한다. 더불어 공공성의 제고로서 친환경시설 도입, 개방적 단지조성 등의 부분도 지향함으로서 도시주거 환경개선 행위가 포함된 개념으로 이해된다.

(2) 제도개선 요구사항

공동주택 리모델링은 주요 골격은 유지하되 '구조', '기능', '미관' 및 '거주 환경'의 개선을 위해 건축물을 개량하거나 새로운 성능을 추가 또는 변경하는 식으로 진행된다. 주택을 허물지 않고 재수선해 사용함으로써, 국가 정책적으로는 재고 주택을 양호한 국가의 자산으로 유지 관리하고 질적 향상된 환경으로 개선할 수 있는 방안이다. 그럼에도 불구하고 '공동주택 리모델링'은 다수의 소유주에 의한 '복잡한 의사결정'과 '소유주와 실거주자의 문제', '자금조달 문제', '현행 법규상의 제한', '구조 형식', '기술기준 정비문제' 등을 비롯하여 해결해야 할 과제가 많아 아직은 활성화시기를 가늠하기가 어려운 실정이다.

(3) 제도적 장치 마련방안

현재 아파트 세대 내부의 전용 부분에 대해서는 개별 소유주에 의한 인테리어 개선 등이 이루어져 상대적으로 문제가 적었지만, 공용 부분의 동과 단지의 경우 개보수가 원활하게 추진되지 않는 문제가 발생한다. 따라서 아파트 단지의 공용 부분을 개선하기 위해서는 아파트 경과 연수에 따른 장기수선계획을 체계적으로 제시하고 추진될 수 있는 가이드라인의 제시가 필요하다. 또한 주민이 필요로 하는 공용부분의 개 · 보수를 원활하게 추진하기 위하여 일정 주민이 동의하는 경우(예: 80%) 실시할 수 있게 하는 등 제도적 장치 마련이 필요하다

2) 리모델링 허용범위

주택법에서 규정하는 공동주택의 리모델링 허용 범위는 세대주의 주거 전용 면적이 85㎡ 이상이면 주거전용면적의 30% 이내, 85㎡ 미만이면 주거전용면적의 40% 이내로 증축이

가능하다. 세대 수 역시 기존보다 최대 15%까지 늘릴 수 있다. 수직 증축의 경우, 안전진단에서 B등급 판정을 받으면 사업 추진이 가능하도록 완화되었다. 수직 증축은 재건축처럼 전면철거 대신 기존 아파트 위로 2~3개 층을 더 올리거나 일부 구조를 변경하는 방식으로, 최대 3층까지 올릴 수 있으며, 수평 · 별동 증축도 안전진단에서 C등급 이상을 받으면 리모델링 사업을 진행할 수 있다.

3) 공동주택 리모델링 기대 효과

(1) 새로운 디자인과 건축마감재로 리모델링함으로써 건물 홍보효과를 최대화할 수 있는 재테크 수단으로 활용되고 있다. 특히 건축물의 뼈대를 전혀 건드리지 않고 시공하므로 신축건물에 비해 공사비가 훨씬 적게 드는 장점이 있다

(2) '공사비 절감', '공사기간 단축', '고밀도화 방지', '폐기물 감소' 등을 꼽을 수 있으며, 우선, 신축 공사비의 30~60%의 저비용으로 건물을 재완성할 수 있는 높은 경제성을 가지며, 입주자를 일부 혹은 전부 수용한 상태에서 공사가 가능해 이주 비용 및 영업손실을 막을 수 있고, 공사 후 재입주가 가능한 장점이 있다.

(3) 또한 상하 또는 수평의 증축, 인접 건물과의 통합, 기계설비 용량의 증설 및 신설 등을 통해 공간 규모의 확대와 공간 이용 방법과 기능, 효율을 증대시킬 수 있고, 현대인의 변화된 취향과 새로운 건축 조류를 반영하여 건축물의 가치를 상승시킬 수 있다. 더불어 조기 재건축에 따른 자원 낭비 및 폐기물 발생을 억제하고 경제적 비용 절감(환경보호, 에너지 절약) 등의 효과를 볼 수 있다.

3.3.2 공동주택 리모델링 유형

노후공동주택의 요구성능에 따라 교체(유지, 관리), 수선(성능유지), 대수선(성능향상 확보), 확장형 개조, 수평 및 수직증축, 별동 증축+세대수 증가 등의 선택적 성능요소들의 포함 정도에 따라 공동주택 리모델링 유형을 구분할 수 있다.

1) 장기수선형

① 준공 당시의 요구성능 유지를 목표로 한다.

② 입주 후 생애주기에 따른 체계적인 유지관리 과정이다.

2) 맞춤형

① 건물의 가치를 향상시키는 사업이다. 주택성능인정등급 등 사회적 요구성능 만족을 목표로 한다.

② 재건축이 불가, 세대수 증가형 리모델링사업의 시행도 어려운 15년 이상 경과한 노후 공동주택을 대상으로 한다.
③ 기초보강이나 증축 없이 비용을 최소화한다.
④ 이주기간을 최단기로 단축하고, 주차장 등 기반시설 문제를 개선하고, 관리비를 절감하는 그린 리모델링 등 실질적으로 꼭 필요한 항목을 시행한다.

3) 세대수 증가형

① 15년 이상 경과한 노후공동주택을 대상으로 법적으로 허용된 요구사항 범위 내에서 사업성을 극대화시킨다.
② 단위세대 면적 증가를 위한 수직증축, 층수 증가를 위한 수직증축, 세대수 증가, 별동 증축 등을 실시한다.
③ 필요에 따라 토지소유자들이 조합을 구성하여 시행하는 사업이다.

4) 대수선형

법정 면적을 증가시키지 않고 주거성능을 개선하는 방법이다. 전 후면에 발코니를 신설하여 실제 사용면적은 늘리고 공간을 효율적으로 재배치하여 신축수준의 성능으로 리모델링한다. 면적 증가의 필요가 적은 중 대형 평형의 경우에 적합하며 공사비가 가장 적고 공기가 빠른 장점이 있다.

5) 증축형

기존 리모델링에서 대부분 적용했던 방식이나 법정 최대치가 아닌 적정 면적을 증축하는 것으로 보완하면 된다. 소형평형에서 선호하고 특히 복도식 아파트를 계단실형으로 전환하는 경우에 유용하다.

6) 베이(Bay) 증가형

주동의 배치가 좌 우 측면으로 공간의 여유가 있을 때 좌 우로 증축하여 베이를 늘리는 방법이다. 베이가 증가하면 발코니 면적도 커지고 채광과 통풍에도 유리해진다. 공사비가 많아지고 공기가 길어진다.

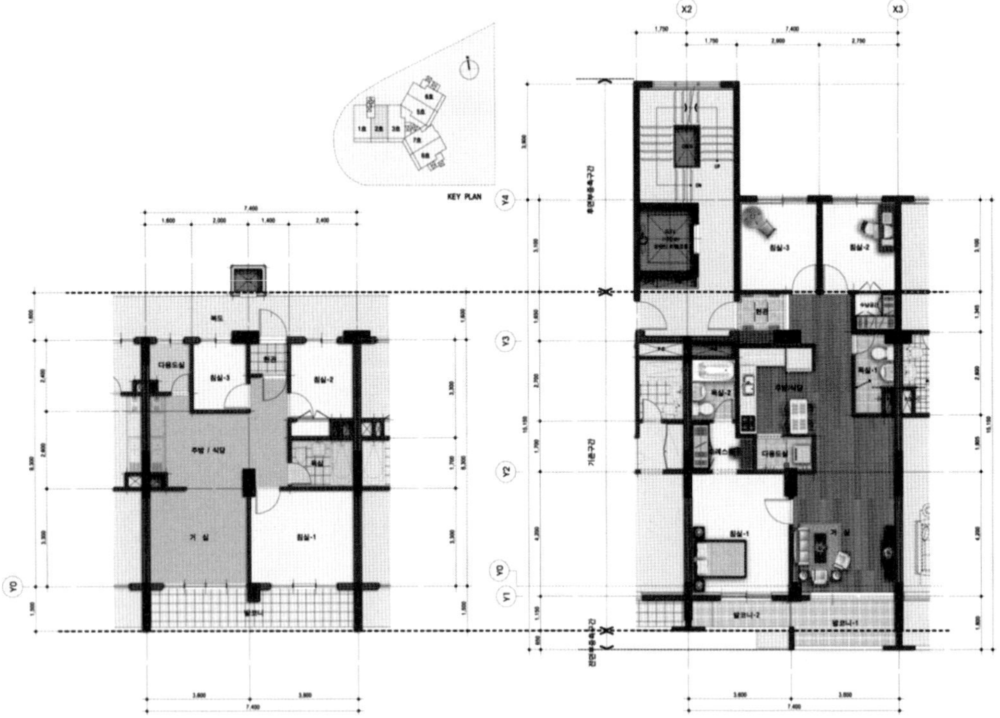

그림 3.11 리모델링 사업유형(증축형)

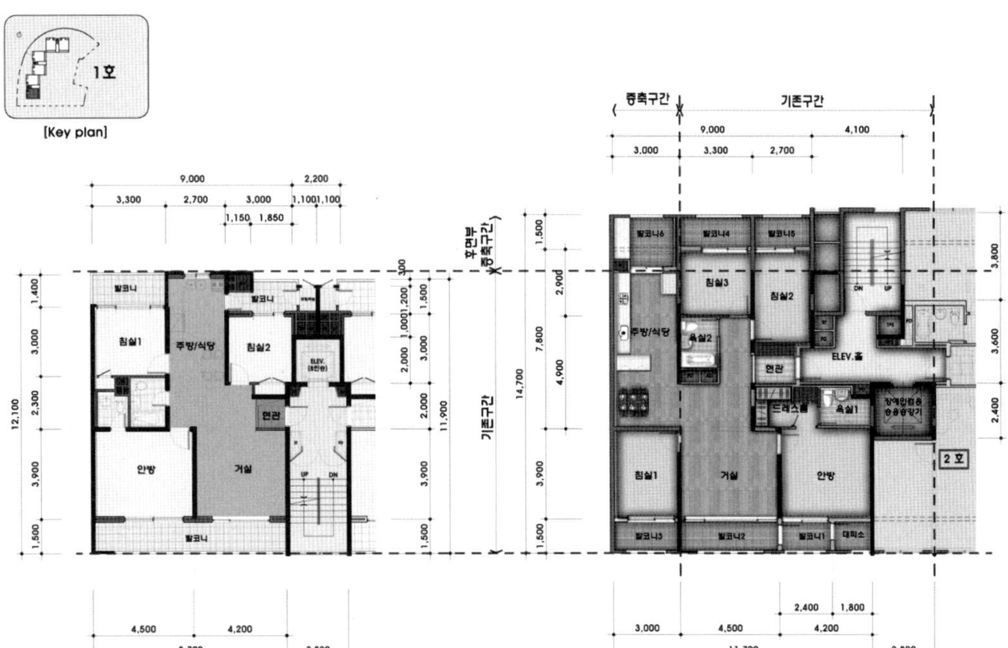

그림 3.12 리모델링 사업유형(Bay증가형)

7) 세대구분형

세대 내의 공간을 분할하여 실질적으로 2세대가 거주할 수 있게 하는 방법이다. 구분세대는 별도의 출입구가 설치되고 독립된 생활이 보장되므로 1~2인 가구의 주거로 적당하다. 구분된 세대는 매매할 수 없으나 임대를 통해 수익을 올릴 수 있다. 대형평형의 경우 가치하락을 방지하고 수익발생할 수 있어 유리한 방식이다.

표 3.2 공동주택 리모델링 사업유형별 방안

구분	리모델링 설계방법	리모델링 변경내용	적용 평형	장 · 단점
대수선형	전용면적 증가 없이 설비교체, 내부마감 변경, 부대복리시설 및 주차장 설치	• 내부구조 변경 • 추가 발코니 설치 • 설비교체 • 내진구조 보강	30평형대 (계단형)	• 주거만족도 부족 • 저렴한 공사비 • 공사기간 단축 • 전용면적 미흡
증축형	전용면적 증가와 설비 교체, 내부마감 변경, 부대복리시설 및 주차장 신설 • 전용면적 85㎡ 이상 : 30% 증축 • 전용면적 85㎡ 미만 : 40% 증축	• 전용면적 증가 • 복도식 → 계단실형 • 설비교체 • 내진구조 보강	20~30평형대 (복도형)	• 주거만족도 높음 • 내진보강 용이 • 높은 공사비 부담
멀티홈형	전용면적 증가와 임대세대 증설, 설비교체, 내부마감 변경, 부대복리시설 및 주차장 신설	• 전용면적 증가 • 세대구분형 • 설비교체 • 내진구조 보강	40평형대 (멀티형)	• 1인 가구 임대가능 • 대형 평형 유리 • 수익창출 가능 • 주차문제 발생

리모델링 전	리모델링 후
전용면적 : 25.6평 / 공급면적 : 30평	전용면적 : 25.6평 / 공급면적 : 33평
기존전용면적 유지안	면적산정방식 변경을 통한 실제사용면적 증가 2평
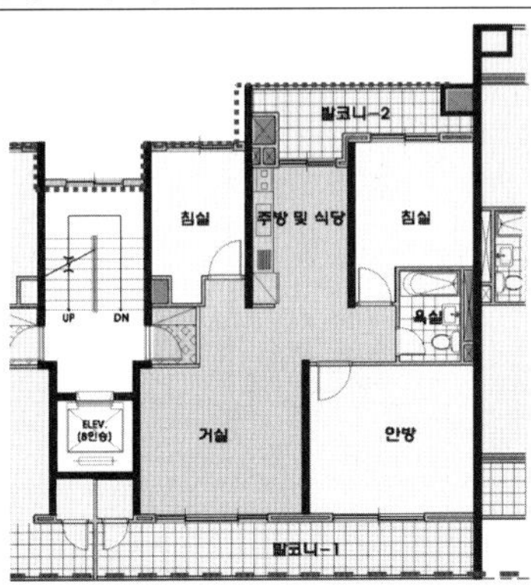	
	• 욕실 1개 추가설치 • 주부동선을 최소화한 주방 • 수납공간 및 드레스룸 확장 • 보조주방 설치 • 서비스 면적 추가 설치 • 엘리베이터 교체

그림 3.13 리모델링 사업유형(대수선형/일부증축)

<table>
<tr><th colspan="3">리모델링 전</th><th>리모델링 후</th></tr>
<tr><td colspan="3">전용면적 : 40.5평 / 공급면적 : 43평</td><td>전용면적 : 40.5평 / 공급면적 : 49평</td></tr>
<tr><td colspan="3">기존전용면적 유지안</td><td>면적산정방식 변경을 통한 실제사용면적 증가 3.4평</td></tr>
<tr><td colspan="3">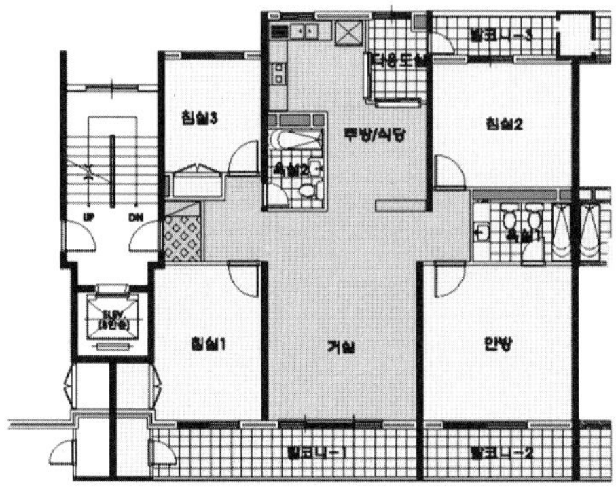</td><td>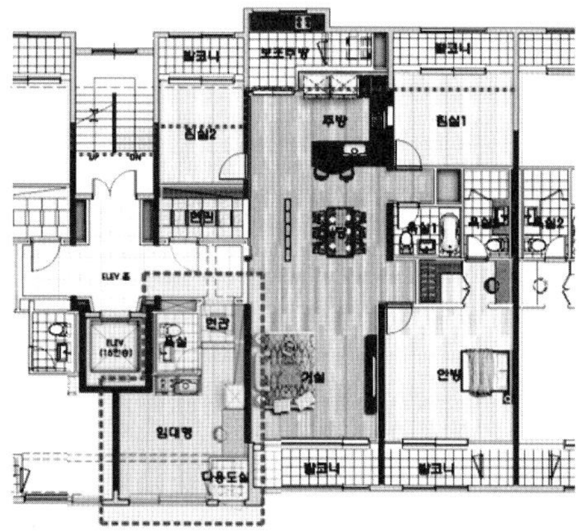</td></tr>
<tr><td colspan="3">임대면적</td><td rowspan="4">• 욕실 1개 추가설치
• 보조주방 설치
• 주부동선을 최소화한 주방
• 서비스 면적 추가 설치
• 엘리베이터 교체</td></tr>
<tr><td>구분</td><td>전용면적</td><td>공급면적</td></tr>
<tr><td>주인세대</td><td>35.3평</td><td>41.5평</td></tr>
<tr><td>임대세대</td><td>5.2평</td><td>6.5평</td></tr>
</table>

그림 3.14 리모델링 사업유형(대수선형/일부증축)

<table>
<tr><th colspan="3">리모델링 전</th><th>리모델링 후</th></tr>
<tr><td colspan="3">전용면적 : 47.4평 / 공급면적 : 50평</td><td>전용면적 : 47.4평 / 공급면적 : 58평</td></tr>
<tr><td colspan="3">기존전용면적 유지안</td><td>면적산정방식 변경을 통한 실제사용면적 증가 4.5평</td></tr>
<tr><td colspan="3"></td><td></td></tr>
<tr><td colspan="3">임대면적</td><td rowspan="4">• 욕실 1개 추가설치 • 보조주방 설치
• 주부동선을 최소화한 주방 • 수납공간 및 드레스룸 확장
• 서비스 면적 추가 설치 • 엘리베이터 교체</td></tr>
<tr><td>구분</td><td>전용면적</td><td>공급면적</td></tr>
<tr><td>주인세대</td><td>33.1평</td><td>40.1평</td></tr>
<tr><td>임대세대</td><td>14.3평</td><td>17.9평</td></tr>
</table>

그림 3.15 리모델링 사업유형(세대구분형)

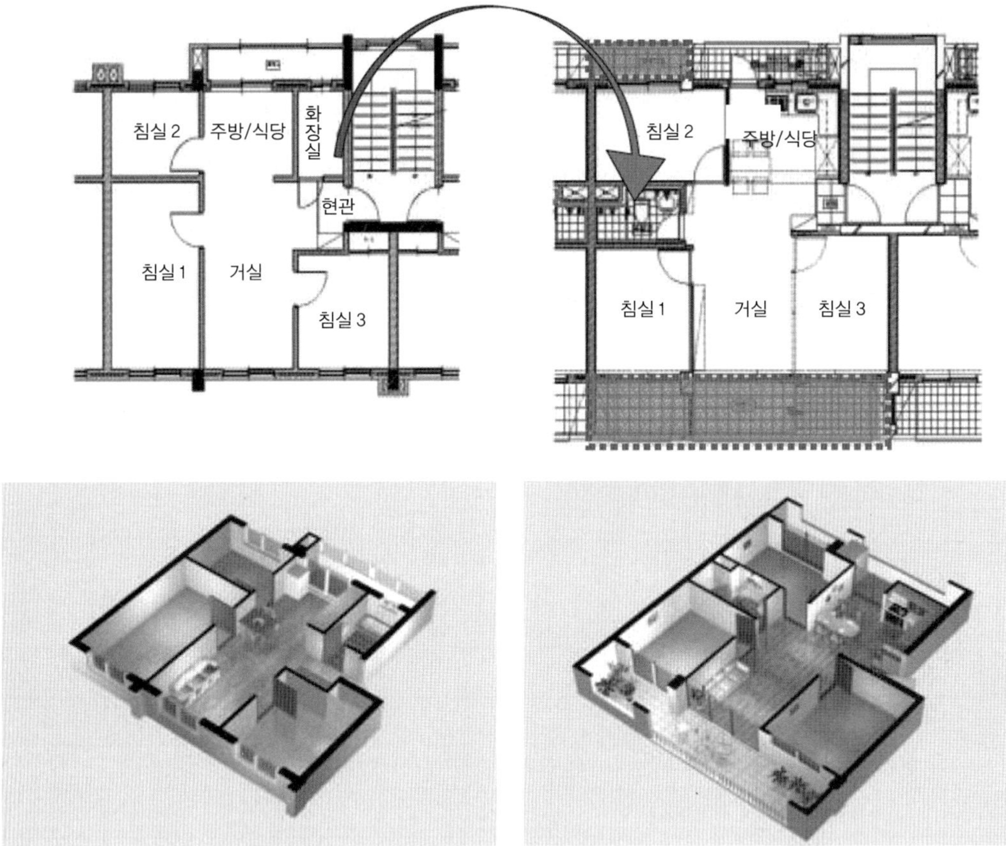

리모델링 전 리모델링 후

그림 3.16 리모델링 사업유형(대수선형)

3.3.3 우리나라 공동주택 리모델링의 특수성

1) 공동주택 리모델링 성능확립기술

개별 거주자의 개별성 증진과 함께 살아가는 모듬살이의 터전을 만들어 주는 것이 중요하다. 이를 위하여 주호 내부공간의 다양성과 가변성 확립, 단지의 커뮤니티를 증진시킬 수 있는 공간을 정착시키는 설계기술 확립이 기반을 이루어야 한다.

개별성 존중과 환경 중시, 건강요구 증대 등에 따라 가변형 주택, 주문형 주택, 오픈하우징, 생태주택(환경공생주택, 친환경주택), 건강주택 등이 더욱 활발하게 전개되고 있으며, 장수명화, 리모델링의 용이성, 각종 성능확립 기술 등이 중요한 주제가 되고 있다.

① 공동주택의 리모델링은 각각의 구분 소유자들에게 있어 생활의 본거지인 주거공간의 안녕을 파괴하지 않고 리모델링을 진행해야 한다.

② 공동주택의 리모델링은 발주의 주체가 복수의 전체 거주자(소유자)라는데 있어 단독주택과는 전혀 다른 복잡한 요소가 맞물려 있다.

③ 각각의 가구가 겹겹이 쌓아 올린 상자와 같은 공동주택에서는 구체에 영향을 미치는 리모델링공사는 임의로 진행시킬 수 없다.

④ 시스템키친으로의 리모델링을 살펴보면 디자인은 취향에 맞게 선택할 수 있지만 수도나 싱크대의 배수 위치는 기존의 것과 어느 정도는 맞춰야 한다는 제약을 받는다.

⑤ 급탕설비를 신설할 때는 급탕기의 설치 위치, 배기방법, 경우에 따라 벽에 구멍을 뚫어 가스나 급탕 · 급수의 배관을 설치하는 작업이 간단하지 않다.

⑥ 공동주택 전용 부분의 리모델링을 고려할 때는 전용 부분과 공용 부분의 관련성, 즉 공동집합주택으로서 특유의 요소를 배려하며 진행해 나아가야 한다.

⑦ 전용면적은 방+거실+주방+화장실, 주거공용면적은 전실+계단+ELEV+복도를 의미하며, 이에 따라 공급면적은 전용면적+주거공용면적으로 산출된다.
기타 공용면적은 지하층(지하주차장 포함)+관리사무소, 노인정 등을 포함한다.
분양면적(계약면적)은 공급면적+기타 공용면적이며, 이밖에 전 후면 발코니는 서비스면적으로 제공된다.

표 3.3 전용면적 산출방법

전용면적	84.75㎡
공용면적	벽체공용(7.92㎡)+계단실 등(24.36㎡)+지하대피소(7.91㎡)
기타 공용면적	3.88㎡
지하주차장	27.89㎡
계약면적	=155.99㎡(전용면적+공용면적+지하주차장)

⑧ 엘리베이터의 유지보수나 옥상지붕의 방수리모델링 등에 대해 아래층 거주자들이 비용부담을 거부하는 경우 또는 건물 외부의 도장공사를 주민동의 없이 관리조합 임의로 결정하는 경우 등 공용 부분 리모델링으로 인한 분쟁 사례를 흔히 접하게 된다.

⑨ 공동주택 리모델링은 단순한 내 · 외장재 교체 및 구조부재의 보강에 머물지 않고 단위세대 및 아파트 전체의 평면 및 입면을 변경하고 지하주차장 및 엘리베이터 코어 등을 신설하여 공동주택의 가치를 높이는 데 주력하고 있다.

2) 우리나라 공동주택 특징

우리나라 공동주택단지의 성격이 외국과 다른 특성을 가지며, 이에 따른 리모델링의 문제점과 한계점이 존재한다.

① 공동주택이 전체 주거건축에서 차지하는 비율이 높다.

② 공동주택의 구조가 80년 이후 대부분 벽식철근콘크리트구조로 되어 있다.

③ 공동주택의 건설이 주로 단지형태로 공급되어 있다.
④ 바닥온수난방시스템으로 설계되어 있다.
⑤ 공동주택의 점유형태가 임대주택보다는 각 호별 개인 소유가 많으며 개별적인 임대차계약에 따른 전세제도가 일반화되어 있다.
⑥ 80년에서 90년 중반까지에 공급된 아파트가 전체 공동주택 스톡(Stock)의 대부분을 차지하고 있다.
⑦ 공동주택단지의 외부공간과 조경공간의 미활용으로 휴게시설 등 기본적인 조경시설의 재계획이 필요해졌다.
⑧ 주민 커뮤니티공간 결여, 건강과 문화적 주거생활 곤란 등 부대복리시설이 크게 미흡하다.
⑨ 주차공간 부족으로 단지 내 생활여건이 불편하므로 동선체계의 재계획이 필요하다.

3) 국내 공동주택 리모델링 문제점

① 매립배관 교체 시 훼손된 화장실, 주방의 벽, 바닥, 천장재 작업이 병행되어야 한다.
② 미관지구나 도시설계지구의 경우 경사지붕 설치, 외단열공사를 위해서는 미관심의가 필요하며, 허가사항이다.
③ 난방배관 교체 시 충격으로 인한 구조안전 및 소음방지대책이 필요하다.
④ 내부 비내력벽 제거는 동주민 2/3의 동의와 허가가 필요하다.
⑤ 복리시설의 용도변경은 주택건설기준 등에 관한 규정에 적합한 경우 입주자 대표회의의 동의와 시도지사의 행위 허가이다.
⑥ 배리어프리를 위한 리모델링은 각 호별로 시행 가능하지만 벽체 손상이 필요한 경우는 동별 주민의 동의절차가 필요하다.
⑦ 난방방식의 변경은 수반되는 공사가 많으므로 경제적 효용성에 대한 사전검토가 필요하며, 입주자 동의와 시도지사의 행위 허가사항이다.
⑧ 놀이터 및 주차장은 10% 이상 확장할 경우 주민동의 및 시 · 도지사 허가사항이며, 10% 미만은 입주자대표회의 동의와 신고로서 가능하지만 주택건설기준 등에 관한 규정상의 조건(조경면적 등)에 적합한 범위 내에서 가능하다.
⑨ 수평통합의 방법에는 발코니 연결, 복도연결, 경계벽 제거 등이 있지만 벽식구조인 경우 구체보강이 필요하므로 현실적으로 어려움이 있다.
⑩ 발코니 난간, 외벽에 돌출물을 설치하는 행위는 관리주체의 동의를 얻어야 한다.
⑪ 지하주차장 설치는 공법 및 시공관리방법에 대한 연구가 필요하며, 구조안전에 대한 확인이 필요하다.
⑫ 증축으로 인한 세대수가 늘어날 경우 단지 인입시설의 용량에 대한 검토가 필요

(수도, 전기, 가스 등)하다.

⑬ 임의적으로 공동주택의 증축은 불가능하다. 공간 확장이나 부가에 의한 연면적 증가 시 용적률, 건폐율, 여유량, 인동간격에 대한 검토가 필요하며, 사업승인을 득해야 한다.

3.3.4 공동주택 공간의 변화요구

1) 생활양식 구조요소의 변화

① 공동주택은 개별성의 존중과 환경의 중시, 건강의 요구 증대 등에 대한 해결방안이 모색되어야 한다. 20년 이상된 공동주택은 불필요하게 안방이 크며, 주방은 상대적으로 협소하고 불편하다. 거실 또한 좁고 답답한 공간으로 이루어져 있어 보다 쾌적하고 편리한 공간배치와 생활환경 조성이 필요하다.

② 침대와 각종 가전제품 배치의 어려움과 생활 동선구조가 불편하다. 또한 전체적으로 어두운 색의 마감재와 조명으로 인해 주택으로서의 편안함을 주지 못한다.

2) 내부의 전기와 설비요소의 업그레이드

① 적합한 전기시스템과 최신 정보통신시설 미비로 인해 시대적 요구사항을 적절히 수용하지 못하고 있으므로 이를 수용할 수 있는 통신설비 보완이 필요하다.

② 배관의 부식으로 인한 녹물이 발생 또는 막힘현상이 자주 발생하거나 라디에이터형 난방방식으로 인한 불편과 과다한 에너지사용 비용 등의 문제가 발생하고 있으므로 위생적인 수돗물 공급과 에너지 절약, 삶의 쾌적성과 건강을 위한 설비시설 교체가 필요하다.

3) 리모델링설계와 시공방법의 방향 전환

① 공동주택은 수요자의 요구변화 및 생활변화, 건축기술변화, 자재변화 등으로 트렌드의 변화가 가장 빨리 진행된다.

② 자원과 에너지 절약 측면에서 볼 때 리모델링을 통한 수명연장과 성능 향상은 필수적인 과정이다.

③ 지금까지의 공동주택 설계와 시공방법은 탈피해야 하며 유지관리와 리모델링을 용이하게 해 요구변화와 성능을 향상시킬 수 있는 설계와 시공방법으로 방향을 전환하지 않으면 안 된다.

4) 일조권과 조망권 확보에 관한 규정

인구밀집도가 높은 도시에서 고층 아파트 건립이 잇따르는 상황에서 주민의 일조권과 조망권 침해에 관한 분쟁이 많아지고 있다. 수인한도의 기준은 우리나라 국토의 특수성과 협소성, 대도시 인구의 과밀화 및 토지의 효율적 이용을 위한 건물의 고층화 경향, 일조 등의 확보를 위한 건축물 높이 제한에 관한 건축 관계 법령상의 규정 등을 고려할 때 동짓날을 기준으로 8시부터 16시까지 사이의 8시간 중 일조시간이 통틀어서 4시간 이상 확보되는 경우 또는 9시부터 15시까지 사이의 6시간 중 일조시간이 연속해서 2시간 이상 확보되는 경우에는 일단 수인한도를 넘지 않는 것으로 위 두 가지 중 어느 것에도 속하지 않는 일조방해의 경우를 수인한도를 넘는 것으로 간주한다.

조망권에 대해서는 아파트 건축으로 천공조망률(거실 등 창문으로 외부를 봤을 때 창문 전체 면적에서 하늘이나 외부 조망이 보이는 면적 비율)이 20% 이하로 낮아진 경우 개방감 상실 등 피해를 본 것으로 인정하고 손해배상을 하게 한 사례가 있다.

5) 공동주택 주거성능 Upgrade방안

항 목	내 용
① 최첨단 정보통신시스템	ITV(Industrial Television : 폐회로텔레비전), Card Reader, 디지털통합 보안시스템
② 안전시스템	방범센서 설치, 세대통합검침시스템, 경비기계 설치, 원격검침스마트시스템
③ 층간, 세대간 소음저감시스템	바닥충격음저감재, 화장실소음저감용 주철배관, 차음도어 및 도어개스킷 설치
④ 환경친화, 건강관리시스템	음식물쓰레기처리시스템, 스마트기기 설치
⑤ 에너지절감시스템	디지털멀티온도조절시스템, 최대전력수요감시장치(Peak Demand Control)-설정된 목표전력 초과시 경보가 발생하는데, 이를 일시 차단하여 전력부하를 억제한다.
⑥ 수납만족시스템	기능성 가구, 맞춤형 주방시스템, 이동선반, 개수대와 높이를 맞춘 식기거치대
⑦ 쾌적한 주거환경 향상기술	주택 내 생활소음·화장실 등 설비소음 및 층간소음, 진동 저감기술, 주택 실내공기질 개선 기술, 주택 결로저감 성능 향상 기술, 주거건축물 누수현상으로 인한 곰팡이 발생 및 구조/내장재 파손 예방, 성능복원을 위한 기술 등

3.3.5 기존 공동주택 문제점 및 주요 리모델링개선 요구사항

1) 기존 단위세대의 문제점 및 요구사항

기존 단위세대 평면을 검토하면, 그 시대의 생활패턴과 단위세대의 요구사항을 파악할 수 있으며, 대부분의 기존 단위세대들은 다음과 같은 문제점이 있다.

문 제 점	대 책
• 복도형 아파트는 단위세대 프라이버시 침해	• 계단실형으로 구조변경
• 협소한 진입공간과 수납공간 부족	• 현관확장과 충분한 수납장, 창고장 설치
• 부부 전용 욕실과 드레스룸이 없음	• 디럭스한 욕실공간 확보, 마스터룸 확장
• 욕실이 협소하고 수납공간 부족	
• 주부동선을 고려하지 않은 주방/식당 배치	• 가변형 평면배치, 신개념 주부 만족형
• 발코니 공간 부족	• 전용면적 증가

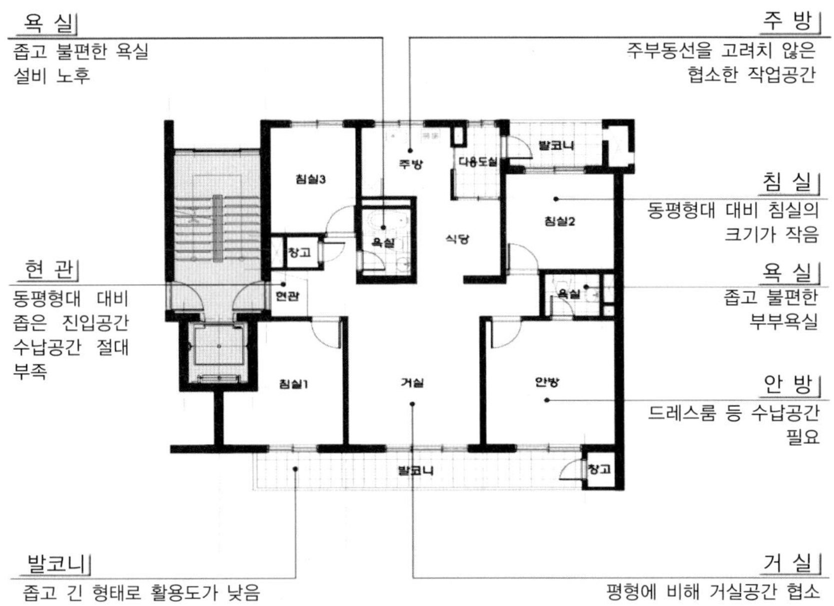

그림 3.17 단위세대 요구사항

2) 공용 부문 개선 요구사항

① 주변 환경과 어우러진 단지 진입부 정비 및 무장애출입구 구현

② 보행자 우선의 단지 내 가로환경 조성 및 안전보행망 구축

③ 단지 내 구획 재정비를 통한 주차공간 확충

④ 수목 및 조경수 조성으로 단지경관 향상

⑤ 노후된 운동 및 놀이공간의 재정비 및 시설 교체

⑥ 자전거, 전동휠체어 보관소 확충

⑦ CCTV, 가로등 설치로 범죄 예방

⑧ 노후화된 부대복리시설 정비 및 무장애화

⑨ 통합경비시스템 구축을 통한 안전망 강화
⑩ 입면디자인 개선 및 주변 환경 고려한 주동색채계획

3) 전용 부문 개선 요구사항
① 무장애 현관 구현 및 안전보호장치 설치
② 세대 내 단차 제거 및 실 입구 유효공간 확보
③ 세대 간 소음 저감 확보
④ 욕실의 무장애화, 안전성, 편의시설 설치
⑤ 기존 수납가구를 수납효율성 높은 시스템 가구로 교체
⑥ 노후설비의 교체, 비상용 응급설비시스템 구축
⑦ 에너지효율을 개선한 단열성능 확보

3.3.6 맞춤형 리모델링

1) 맞춤형 리모델링 가이드라인

맞춤형은 주택성능인정등급 등 사회적 요구성능 만족을 목표로 재건축이 불가능하고 세대수 증가형 리모델링 사업도 시행이 어려운 15년 이상 경과한 노후공동주택을 대상으로 하는 사업으로 주민 불편 사례를 선택적으로 개선하는 방식이다. 다양한 리모델링 시행항목에 대한 메뉴판을 제시하고, 기초보강이나 증축없이 비용을 최소화 시키며, 이주기간을 최단기로 단축하고, 주차장 등 기반시설의 문제를 개선하고 관리비를 절감하는 그린 리모델링 등 실질적으로 꼭 필요한 시행항목들을 선정 시행하여 가치를 향상시키는 형태로 토지소유자들이 조합을 구성하여 추진하는 사업이다.

국토교통부의 수직증축리모델링 허용 등을 포함한 공동주택 리모델링 제도개선 방안의 후속조치로 맞춤형 리모델링 활성화를 위해 가이드라인을 제작 발표하였는데, 맞춤형 리모델링 가이드라인에는 주차장 부족, 배관 노후화 등 노후 공동주택 거주 주민들의 주요 불편사항을 효과적으로 해소할 수 있도록 단지 · 동 · 세대 내에서 각각 시행할 수 있는 총 39가지의 리모델링 아이템에 대한 소개와 공사비 등의 정보가 포함되어 있다. 맞춤형 리모델링 가이드라인을 요약하면 다음 표와 같다.

2) 맞춤형 리모델링 공사비 가이드라인

유형	구 분	내 용	단가 (만원/세대)
유형 Ⅰ (일반형)	설비·내장재 교체	급·배수 및 소방·전기설비 교체, 도배·장판 교체, 위생도기(세면기 등) 및 부엌가구 교체 등	1,600
	냉·난방 성능 향상 층간소음 저감	고단열 창호 설치, 냉·난방설비 교체, 바닥 완충재 설치 등	1,200
	주차장·복리시설	주차장 신설(유휴지/지하), 녹지·운동공간 등 재구성, 부대·복리시설 개선	2,500
	합 계		5,300
유형 Ⅱ (중대형 세대 구분형)	유형Ⅰ+세대 구분	유형Ⅰ 공사비	5,300
		새로운 출입문 설치, 창호 교체, 실내공간 재구성, 화장실 설치 등	2,200
	합 계		7,500
유형 Ⅲ (중소형 일부 증축형)	유형Ⅰ+코어변경, 평면개선	유형Ⅰ 공사비	5,300
		승강기 신설(복도→계단식), 실내공간 재구성 (방·화장실 확장) 등	3,000
	합 계		8,300

자료 : 국토교통부, 맞춤형 리모델링 가이드라인(2013.7)

3.3.7 공동주택 리모델링 개선 요구사항

1) 주호공간의 리모델링 아이템

① 문, 창호, 복도의 새시 설치-에너지 절약, 단열효과, 우수로 인한 결빙문제 해결

② 노후화된 내장재, 위생도기, 부엌가구 등 교체 및 개선-곰팡이, 습기 등으로 비위생적인 세대 내부환경을 쾌적하게 바꾼다.

③ 기존 벽체의 단열성능 확보-고효율 단열재로 교체하여 관리비 절감, 내화성, 친환경성, 결로방지. 흡음 등에 대한 성능 개선

④ 바닥 완충재 설치로 층간소음 저감-주요 소음발생부분과 바닥 및 측벽에 소음차단 마감재로 교체하여 세대간 분쟁, 프라이버시 침해 해결

⑤ 노후 급 배수 냉 난방설비 등 노후설비의 개선 및 교체-관리비 절감, 절전형 등으로 교체하여 삶의 질 향상

⑥ 효율적인 실내공간 재구성을 통한 평면 개선-주방의 위치변경, 각 실의 위치 및 크기 변경, 취미실 및 수납공간 추가, 추가 유닛 부착 등 요구가 많아짐,

⑦ 세대통합을 통한 주거면적 확장-사회적 트랜드 반영(세대통합 효도형) 2호1호 개조(수직 혹은 수평)

⑧ 중 대형세대 구분을 통한 세대수 증가-여러 세대 공유형 주택, 다른 용도 공유형 주택으로 전환, 비교적 저가형 리모델링 방법

⑨ 모듈러공법을 활용한 평면확장 및 개선-미리 제작된 박스형 단위 유닛모듈을 설치하여 면적을 확장하거나 공간을 재구성할 수 있다.

⑩ 주동의 수평증축 및 상부의 수직증축-수평증축은 기존의 주동에 새로운 라인을 추가하여 주동을 부착하거나 주동의 좌우에 세대를 추가하는 경우이며, 수직증축은 늘어나는 세대를 분양으로 전환할 수 있으므로 기존 세대의 분담금 부담 줄일 수 있다.

2) 주동공간 리모델링 아이템

(1) 주동의 설비/시설 요구사항

요 구 사 항	대 책
• 공동 설비(급 · 배수, 소방 등) 개선	• 에너지 절약기술 적용 • 태양광 및 고효율 LED 조명적용
• 미관 향상을 위한 주동의 이미지 개선	• 컬러아이텐티티 확립 • 입면의 차별화
• 장수명 주택모델(SI주택) 구성요소를 내장	
• 건축 제 요소(내 · 외부 벽체, 바닥, 천장 등)기술 중 적용 가능한 항목 검토 후 실행	

(2) 주동 공용공간 요구사항

요 구 사 항	대 책
• 주동의 공용공간을 개조 및 재구성	• 주민상호간 커뮤니티 활성화 • 무장애 공간 실현
• 필로티 미활용 공간을 개조	• 적절한 휴게시설 및 문화공간으로 재구성 • 물품보관함 설치
• 무장애공간 실현을 위한 주동의 시설을 개선	• 경사로 유효폭 확보 • 미끄럼 방지 바닥재 등
• 범죄예방을 위한 설비 및 출입구를 개선	• 출입통제시스템 설치 • 통합경비시스템 구축
• 현행 내진설계기준에 준한 내진보강	• 내진, 면진, 제진기술 적용, 댐퍼 설치
• 주동 내 녹지공간 추가하고 옥상, 벽면, 지붕, 옹벽 등을 녹화 및 옥상공원 신설	

(3) 주동의 필로티 공간 활용

기존의 필로티 하부공간은 공용으로 활용하기 좋은 공간임에도 불구하고 방치되는 경우가 많다. 이 공간에 놀이시설이나 운동기구 설치, 물품 보관함, 자전거 보관장소, 또는 적절한 휴게시설 및 문화공간으로 재구성하면 주민의 커뮤니티가 활성화 된다. 이러한 공간을 카페나 모임공간으로 전환하거나 관계법령을 개선해 새로운 세대를 삽입하면 공사비를 줄일 수 있다. 구조상의 문제는 건식공법을 통한 유닛 삽입을 통해 기존의 구조체와 분리하는 것이 합리적이다.

3.3.8 플러스옵션과 마이너스 옵션방식

① 지금까지 대량공급시대를 경험하면서 획일적인 공급에 익숙해져 있었지만, 국민의 의식수준이 향상됨에 따라 이제는 획일적인 공급방식에서 벗어날 때가 됐다. 공급자 주도에서 소비자의 선택권 보장과 개성발현을 위한 주택공급방식도 다양화돼야 할 때가 왔다.

② 이제는 주택의 품질이 중요한 시대라고 말한다. 국토교통부에서도 2019년 주거종합계획을 보면 후 분양 활성화와 더불어 소비자 선택 강화형 시범사업 등으로 소비자 선택권 보장을 세부과제의 하나로 제시하고 있다. 이를 계기로 공급방식의 선진화와 발전을 기대해본다.

③ 아파트 평면은 기본형과 확장형이 있다. 기본형은 말 그대로 기본적인 생활을 할 수 있는 형태여야 한다. 기본형 평면은 확장해야 비로소 사용할 수 있는 주택이 될 수 있도록 구성돼 있고 평면 자체도 기형적인 형태(?)로 이뤄져 있는 것이 일반적이다. 이것은 입주자 모집공고에 제시되는 선택 품목이고 발코니 확장은 분양가격에 포함되지 않는 '추가선택품목'으로서 소위 '플러스 옵션'으로 돼 있다.

④ 확장형은 '기본선택품목'으로 입주자가 직접 선택해 시공 · 설치할 수 있는 품목인 벽지, 바닥재, 주방용구, 조명기구 등 '분양가 상한제 적용주택의 기본형 건축비 및 가산비용'에서 구체적으로 정하고 있지만 건설업체에서 일괄 시공하는 경우가 대부분이다. 이 '기본선택품목'은 소위 '마이너스 옵션'으로 알려져 있는 것으로 업체에서 시공하지 않고 입주자 개인이 할 수 있는 것이다. 소비자 입장에서는 비용에 맞춰 자기가 원하는 마감재를 사용해 공간을 꾸밀 수 있다는 점이 가장 큰 장점이다. 소비자(입주자)의 선택권을 보장하자는 취지에서 시작됐지만, 공급자의 입장에서는 일괄 시공하지 못하는 것에 따른 수익감소나 일의 번거로움 등에서 환영하지 않는 입장이다.

3.4 공동주택 리모델링 설계방법

공동주택 리모델링은 최근 다양하게 진화되고 있다. 앞 뒤로 늘어나는 일반적인 증축방법 이외에도 중정형 평면, 베이증가형 평면이 보편화 되고 주차장도 지하주차장뿐 아니라 데크형 주차장도 단지 여건에 따라 적용되고 있다. 커뮤니티공간 확보와 차별화 된 디자인 개발 등 많은 발전을 하고 있다.

3.4.1 공동주택 리모델링 주요 관심 항목

공동주택 리모델링은 최근 다양하게 진화되고 있다. 앞 뒤로 늘어나는 일반적인 증축방법 이외에도 중정형 평면, 베이증가형 평면이 보편화 되고 주차장도 지하주차장뿐 아니라 데크형 주차장도 단지 여건에 따라 적용되고 있다. 커뮤니티공간 확보와 차별화 된 디자인 개발 등 많은 발전을 하고 있다. 공동주택 리모델링에 관한 연구논문의 거주민 설문조사에 의하면 다음과 같다.

항 목	내 용
① 거주하면서 가장 불편한 점	주차장(84.5%), 주민편의시설(17.5%)
② 외부공간에 가장 중요한 시설	주차장(60.6%), 조경시설(40.5%)
③ 단위세대 내 불편한 점	수납공간(64.5%), 낙후된 설비(50.5%), 거실크기(20.5%),방의 크기와 화장실 개수(20.3%), 정보통신 시설 , 건물의 구조적 불안정성(5.7%)
④ 리모델링을 통해 가장 기대하는 것	노후화 개선(61.5%), 건물가치 상승(40.8%)
⑤ 리모델링하면서 원하는 외부 디자인	주상복합 형태의 하부 석재와 상부 페인트
⑥ 시공자 선정 시 가장 고려할 사항	아파트 브랜드와 기술력, 시공능력과 사업실적

1) 주차장 개선 검토사항

(1) 기존 아파트 주차장법 적용

1979년 주차장법에는 공동주택 연면적 1대/400m²(상업지역 1대/200m²), 1991년에는 주택건설기준 등에 관한 규정에 전용 60m² 이하는 1대/115m²(서울), 전용 60m² 초과 85m² 이하 1대/100m²(서울), 전용 85m² 초과 135m² 이하는 1대/185m²(서울)로 규정되어 현실적으로 크게 부족하였다.

주차장 개선기술은 다음과 같다.

① 주호당 자동차 보유량 증가에 따른 소요 주차대수 증설 및 주차동선의 개선

② 지하주차장 신설 시 주동과 연관된 구조안전성, 시공성 검토 및 기초보강

③ 채광 및 환기계획(자연채광 및 자연환기시설의 최대한 도입, 천창, 선큰공간 계획)
④ 진출입 램프 특화계획(보행동선 불간섭, 안전성, 외관특화 등)
⑤ 지상주차를 최소화하고 보차분리, 지상 녹지공간 최대 확보
⑥ 지하주차장과 주동과의 동선연계, 수직 동선을 고려

(2) 주차장 확장방식 결정시 검토사항

리모델링 대상 건축물의 대부분이 주차장 부족으로 어려움을 겪고 있기 때문에 리모델링의 중요한 아이템 중 하나가 되었다. 건물의 신축은 지하 몇 층을 내려가도 별 문제가 안 된다. 그러나 기존 건물을 리모델링하면서 지하주차장을 만들려면 구조와 시공문제로 인해 아래로 내려갈수록 비용이 증가한다.

기존 노후공동주택의 주차장 확장방식은 대상단지의 대지 및 주동의 배치형태, 주민편의시설 위치, 경제성, 주차공간 확보 요구량에 따라 주차장 확장방식이 결정된다.

표 3.4 공동주택 주차장 장 · 단점

구 분	지하주차장	지상주차장	
		데 크	별 동
내 용	동과 동 사이의 공간을 지하주차장으로 계획	지상 1층에 주차장을 만들고 녹지공간 등의 확보를 위한 데크 설치	공지에 기계식 주차장 또는 철골주차장계획
장 점	기존 구조에 영향을 최소화하며 계획 가능	토목공사 비용이 절감되고, 시공 간편	좁은 대지를 효율적으로 사용 가능 공기 및 비용절감
단 점	중/소규모 단지의 경우 공지가 좁아 적용 제한 공기/공사비 증가	데크 하부 및 1층 공간의 환기 및 채광문제 발생 우려	주차장으로 인한 주거의 일조권 침해 및 소음발생 우려

(3) 지하주차장 계획시 검토사항

주동 간의 옥외주차장, 지하주차장, 필로티를 이용한 주차장, 지상 데크주차장 설치방법 등이 있다. 주차장계획 시 기존 아파트 구조물과 가능한 거리를 두어 기존 아파트 기초에 주차장 설치로 인한 영향이 적도록 하여야 한다.

대부분의 아파트단지들은 지하주차장을 설치함으로써 지상의 여유공간을 녹지공간화 하여 쾌적한 단지환경 조성을 유도한다.

지하주차장은 대부분 아파트 동 사이에 위치하므로 기존 아파트 동의 기초에 대한 정확한 정보가 있어야 한다. 따라서 구조진단을 통해 기존 아파트 동의 하부 구조를 정확히 파악

하는 것은 매우 중요하다. 이는 공사비에 큰 영향을 미치기 때문에 진단이 이루어진 후에 지하주차장 공법이 결정될 수 있다.

지하주차장 구조시스템은 공기를 단축할 수 있도록 P · C구조 및 R.C+Hollow−Core Slab 등 여러 가지 구조시스템에 대한 연구가 필요하다.

(4) 지하주차장 환경 검토사항

① 채광 및 조명시설 : 자연채광을 최대한 확보하고 조도를 균일하게 한다.

② 보행자 통로 부분에는 바닥면의 마감을 달리하거나 조도를 밝게 하여 명확히 구분할 수 있게 한다.

③ 가능한 천창이나 환기창, Dry Area 등을 많이 확보하여 자연환기가 되도록 하며, 환기가 어려운 곳은 강제환기장치를 설치한다.

(5) 주차장의 구조, 시공, 설비 검토사항

주차장 확대방식이 결정되면 구조 분야의 구조안전성 검토와 보강, 환기시설 등 필요설비의 유형에 따라 시공방식의 결정이 이루어져야 한다. 또한 구획을 나누어 주차장 확장시공, 임시 주차공간 확보를 통해 주민거주 중 주차장 확대방안을 마련하여 주민이주에 따른 비용 및 불편을 줄일 수 있는 방안이 마련되어야 한다. 무엇보다도 구조, 시공, 설비 등 각 분야의 공동의 노력에 의해 주어진 조건에 적합한 최적대안을 선정하는 것이 중요하다.

(6) 주차장의 특화계획

리모델링 설계에서 주차장계획 시 고려해야 할 점을 정리하면 다음과 같다.

① 지상주차를 최소화하여 자연스런 보차분리 및 지상에 녹지공간을 최대한 확보한다. 부득이한 경우 데크시설을 설치하여 녹지공간을 확보한다.

② 지하주차장을 신설할 경우 주동과의 시공성을 검토하여 주차장을 계획한다.

③ 지하주차장과 주동과의 동선연계 및 수직동선을 고려한다.

④ 지하주차장의 채광과 환기를 고려하여 천창 설치 또는 선큰공간을 계획한다.

⑤ 지하주차장에서의 수직동선을 고려한다.

⑥ 지상의 주차장 설치는 프로그램 주차장을 도입한다.

⑦ 진 · 출입 램프 위치는 보행동선과 간섭되지 않는 위치에 계획하고, 외관 특화계획을 고려한다.

그림 3.18 지상주차장(deck방식)

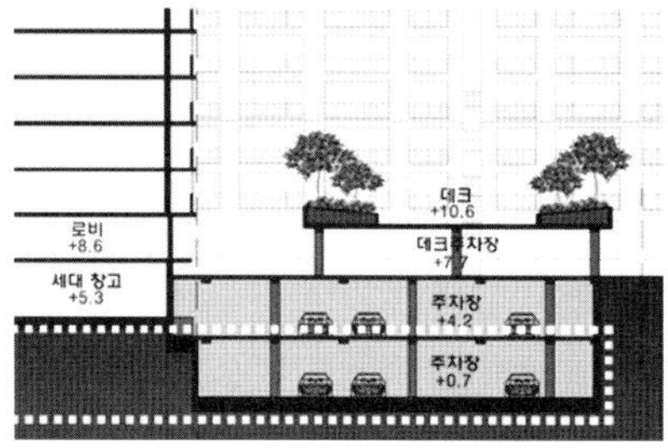

그림 3.19 지상주차장(deck방식)+지하주차장

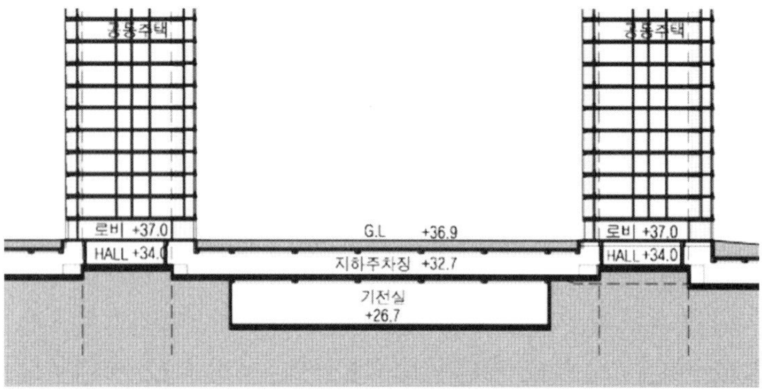

그림 3.20 지하주차장

스트럿 공법

스트럿 공법의 붕괴사고 현장

어스앵커 공법

어스앵커 공법의 붕괴사고 현장

- 탑다운 방식으로 빠른 지하 1층 공간의 확보로 주동 및 지하주차장 작업이 동시에 가능
- 자재야적 및 작업 동선확보
- 주변 구조물의 안전성 확보
- 공사기간 단축

그림 3.21 리모델링 공사(Top-Down 방식)

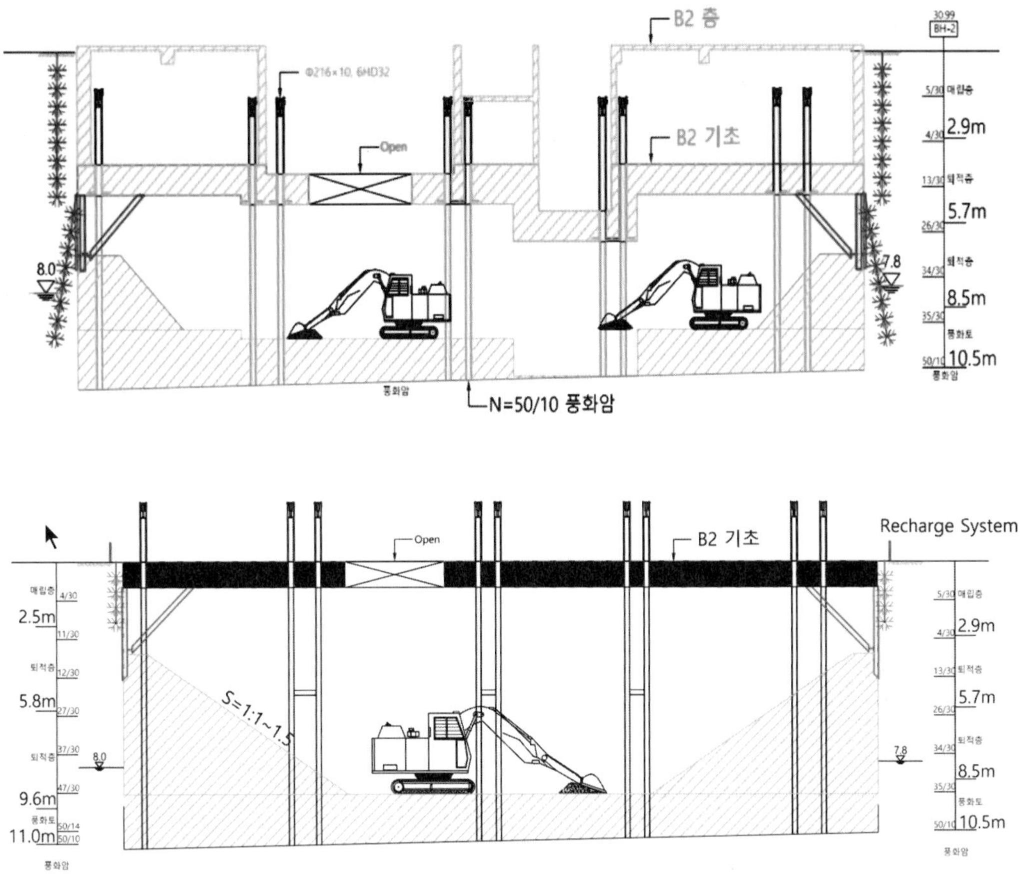

- 탑다운 방식으로 빠른 지하 1층 공간의 확보로 주동 및 지하주차장 작업이 동시에 가능
- 자재야적 및 작업 동선확보
- 주변 구조물의 안전성 확보
- 공사기간 단축

출처 : http://www.krenc.co.kr/ 2020(사)대한건축학회 논문집 Vol36. No01

그림 3.22 리모델링 공사(지상타설 지하인하 공법 적용)

2) 평면설계 검토사항

요즘의 아파트는 전면에 방이나 거실이 될 수 있는 대로 많이 배치되는 추세다. 즉 거실이나 방 2개가 햇볕을 보는 전면에 배치되면 2-베이(bay), 3개가 배치되면 3-베이다. 과거에는 2-베이가 주류였지만 요즘은 3-베이 또는 4-베이가 대세이다.

리모델링을 할 경우 대부분 2-베이 상태에서 앞뒤로 평면이 길어지는 형태를 취하거나, 계단실을 기존 아파트 몸체 밖으로 빼거나, 가장자리에 있는 세대를 옆으로 길게 확장하는 방법 등 여러 가지가 있다. 새로운 코어계획 및 층간소음·소방시설의 보완, 아파트 각동 지하층과 주차장 연결부 진입 동선과 기초보강 검토에 대한 요구가 많다.

또 TV가 안방에서 거실로 이동하는 한편, 닫혀 있던 주방공간이 고급화되고 보조주방

개념도 생겼다. 거실은 피아노와 그림, 조각 등이 들어서면서 문화공간으로 변함에 따라 거실은 넓어지고 방은 좁아지는 추세이다.

3) 발코니 확장 검토사항

① 발코니 확장은 2005년 12월 2일자로 개정된 건축법 시행령에서 발코니의 정의가 도입되면서 시작됐다. 발코니의 정의에서 주택에 한해 발코니를 거실 · 침실 · 창고 등의 용도로 사용할 수 있다는 내용이 발코니 확장을 법적으로 허용하는 근거가 됐다. 이를 위해 발코니의 설치기준을 구체화 해 구조적인 안전, 단열기준, 사용을 위한 안전기준, 피난, 비용 등 관련 사항을 정비했다.

② 공간적인 측면에서 발코니 확장의 법적인 허용이 가져온 가장 큰 변화는 평면변화다. 초기에는 기존 공간 구성을 그대로 두고 확장 여부의 선택을 가능하게 한 것이었으나 시간이 경과하면서 확장을 전제로 한 평면계획으로 변화했다. 즉 확장을 하지 않으면 방, 거실, 부엌 및 식당 등의 공간을 효율적으로 사용할 수 없거나 최소의 공간 크기가 되는 것이 일반적인 상황이다. 이러한 상황으로 분양 시에 기본형 혹은 비확장형과 확장형으로 나눠 세대평면을 제공하고 있으며, 모델하우스는 대부분 확장형을 기준으로 해 꾸며져 있다.

③ 발코니 확장은 결과적으로 면적의 증가를 가져온 것과 동일한 효과를 가져왔으며 면적의 증가분만큼의 평면변화를 가져오는 결정적인 계기가 된 것이나 마찬가지다. 면적 증가분을 활용할 수 있는 가능성으로 인해 평면의 칸수(베이수)가 증가됐다. 예를 들어 전용면적 60㎡에서도 전면 3칸의 일반화와 4~5칸까지 나타나고 있으며, 전용면적 85㎡에서 4칸은 기본이고 4.5~5칸까지 가능해진다.

④ 또한 확장 이전의 평면에 비해 최소 방 1개 정도는 더 증가된 넓은 공간구성이 가능해졌다. 이것은 곧바로 확장의 다양성을 가져왔고 알파룸으로 불리는 다용도로 활용할 수 있는 공간 등 기존의 일률적인 공간구성에서 탈피한 공간구성의 풍부함을 가져온 긍정적인 면과 동시에 기존의 잡다한 생활용품의 수납공간, 빨래 · 건조 등의 가사작업 공간, 외기와 내부공간의 완충공간 등의 보조적인 역할을 하는 공간이 축소됐다.

4) 내진설계 검토사항

우리나라에서 내진설계를 하도록 법제화된 것은 1989년이다. 이때부터 6층 이상 신축 건물은 모두 내진설계를 하도록 했다. 정부는 2000년부터 더욱 강화된 내진설계 규정을 적용하도록 했다. 지금 지어지는 아파트들은 내진설계 대상인 경우 건축구조설계 기준에 따라 설계하면 리히터 규모 7.0 이상에 견딜 수 있다.

정부는 2000년부터 더욱 강화된 내진설계 규정을 적용, 2005년에는 3층 이상 또는

1,000㎡ 이상의 건물은 모두 내진설계가 의무화되어 있다. 따라서 1988년 이전에 지어진 아파트를 리모델링한다면 10분의 1 이상을 증축할 때 반드시 현행 내진규정을 반영해야 한다.

3.4.2 공동주택 영역별 리모델링 특화계획

공동주택 리모델링은 도시재생의 일부분으로써 인간의 주 생활터전에 대한 기능적·심리적 환경을 새롭게 구성하는 것이며 다음과 같이 분류할 수 있다.

첫 번째 공동주택 리모델링은 주민들의 삶의 질을 향상시키는 것을 목표로 하며 단위주호뿐만 아니라 옥외공간을 포함한 단지 전체로 이루어지는 경우가 많다. 삶의 질을 향상시키는 들은 주거면적 확장, 방범 안전, 에너지 절감, 무장애주택 실현, 복지 및 Social Mix신설, 커뮤니티 강화, Green & Image향상, 성능향상을 위한 수선 등이다.

두 번째 노후 공동주택의 요구 성능에 따라 교체(유지 관리). 수선(성능 유지). 대수선(성능향상), 확장형 개조, 수평 및 수직증축, 별동 증축+세대수 증가 등의 선택적 성능요소들을 포함한다.

공동주택 단지요소별 주거만족영향요인 설문조사결과는 다음과 같이 집계되었다.

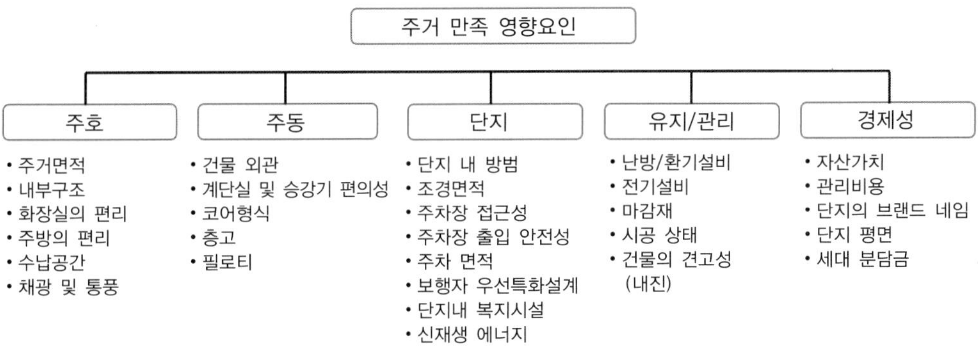

1) 단지의 특화계획

① 기존 단지의 단점을 보완하여 보행동선과 주차동선을 분리하고 동선이 간섭받지 않도록 계획한다.

② 친환경적 외부공간 조성 및 입체적인 조경계획, 주차 동선계획을 세운다.

③ 외부공간을 테마공원화하고 이를 에워싼 각동의 보행자 조닝계획을 반영한다.

④ 주·부출입구 결정 후 가로에서의 접근성과 단지의 특화를 고려한 주진입로를 계획한다.

⑤ 커뮤니티 활성화공간과 서비스공간을 조성하고 주민편의시설을 확충한다.

⑥ 단지내 부대·복지시설을 개설한다.

⑦ 에너지 절약 설비로 교체한다.

⑧ 단지내 주차공간 확보 및 주차장 시설을 확충한다.
⑨ 옥상전망대 및 옥상 조망공원 설치
⑩ 지하공간의 세대별 전용창고 및 다목적실 설치

2) 주동의 특화계획

① 미래형 도심 주거이미지 창출(브랜드 가치 중요)
② 고급스러운 외장재로 격조 있는 외관디자인(주민의 자존심, 자부심 고취)
③ 저층부, 중층부, 고층부 매스변화로 주동의 아이덴티티 추구(단지 전체의 특화, 도시 디자인 요소)
④ 1층 세대의 특화계획, 필로티 계획 및 1층의 전용 개인정원계획
⑤ 수직증축(내력벽철거공법, 안전성 및 시공성 확보방안),
⑥ 엘리베이터 증축, 외벽, 계단, 지붕의 개선, 파사드(Facade) · 출입구 개선, 공용공간의 자연광 도입 등
⑦ 에너지절약기술 적용(태양광 등), 무장애공간 실현을 위한 주동의 시설개선, 범죄 예방을 위한 설비 및 출입구 개선, 미관 향상을 위한 주동의 이미지 개선, 주동 내 녹지공간 추가 및 옥상정원 신설, 주동의 공용공간 개조 및 재구성 등
⑧ 필로티 미활용 공간의 개조, 현행 내진설계 기준에 준한 내진보강, 주동의 코어 증축 또는 코어형식 변경, 주동의 엘리베이터 설치 등

3) 주호의 특화계획

① 주거환경 변화에 대응하고 새로운 주거문화에 따른 내부공간 조닝이 요구된다.
② 증축에 따른 실내환경 악화에 대하여 특히 채광 및 환기계획을 보강한다.
③ Master Zone의 확보와 Deluxe한 부부욕실, 드레스룸 계획
④ 주호 거주자의 변경, 거주자의 생활환경 변화에 대응한 가변성 계획이 필요하다.
⑤ 수평증축(Bay확장, 최상부 및 저층부의 Duplex(복층), Skip Floor형 맞춤형 설계기술)
⑥ 고효율 주호(전용설비 교체 : 건식온돌, 층상배관, 모듈정합)
⑦ 유지관리 용이성(장수명주택설계, 가변성 및 수리용이성)
⑧ 넓은 주방, 합리적 작업공간, 충분한 수납공간 확보
⑨ 발코니확장, 배리어프리화, 난방시스템 정비보완, 문, 창호, 복도의 새시설치
⑩ 노후화된 내장재, 위생도기, 부엌가구 등 교체, 기존 벽체의 단열성능 확보, 바닥 층간소음 저감, 노후급 · 배수관 등 노후설비 교체
⑪ 세대통합을 위한 주거면적 확장, 중 · 대형세대 구분을 통한 세대수 증가, 모듈러공법을 활용한 평면확장 및 개선

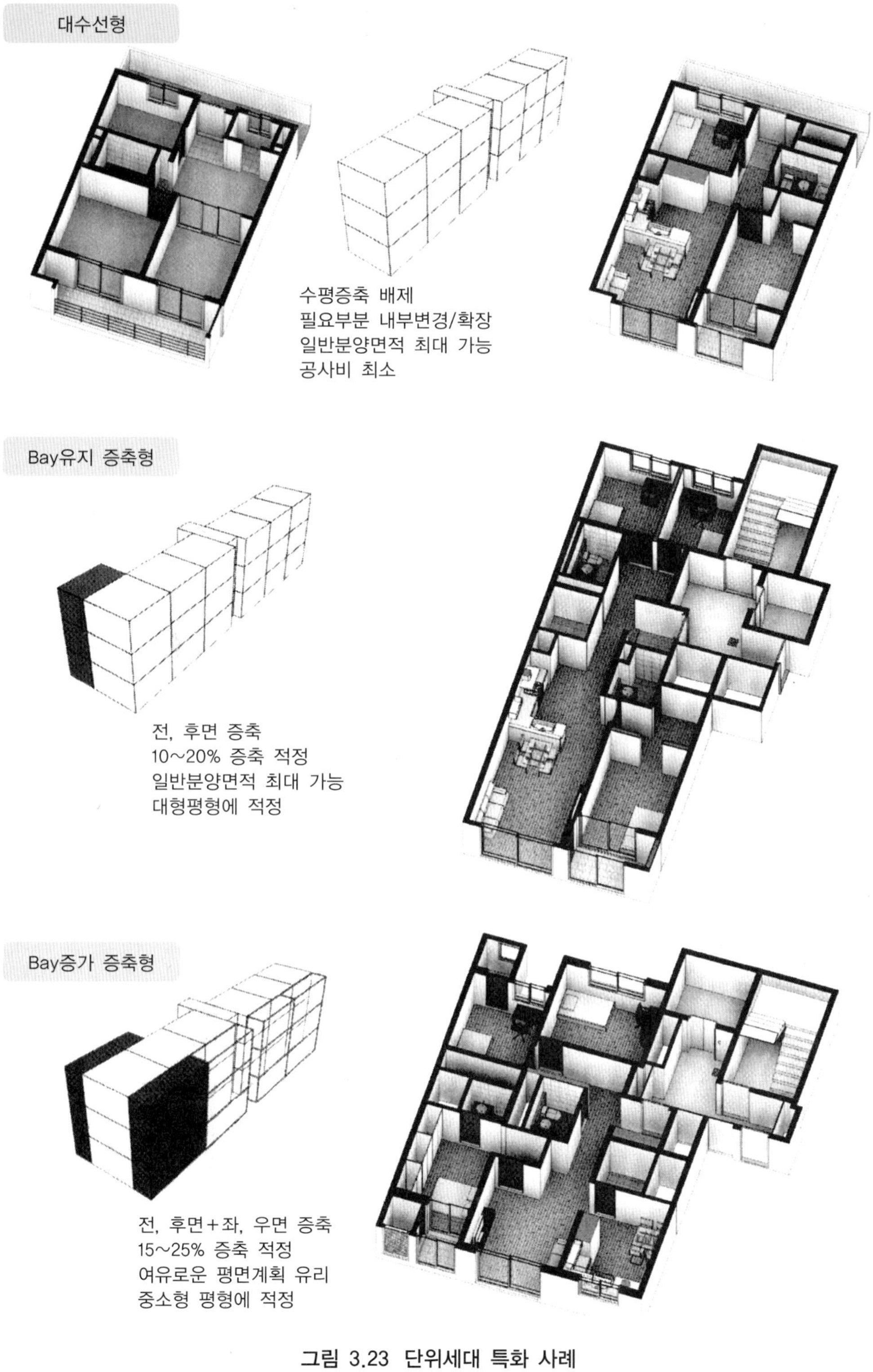

그림 3.23 단위세대 특화 사례

4) 주민편의시설 특화계획

주민편의시설은 주민의 건강과 문화생활을 영위하는 커뮤니티공간일 뿐만 아니라 단지의 부가가치를 높이는 요소 중 하나이다. 공동주택 리모델링 단지계획에서 결정된 동선계획과 연계하여 부대편의시설의 위치를 선정하고, 부대시설과 외부공간의 활성화 방안을 강구한다. 공동주택 리모델링 단지에서 주민편의시설 계획은 위치에 따라 지하에 설치한 경우, 데크 하부에 설치한 경우, 동과 동 사이의 공간에 설치한 경우, 지상에 별동으로 설치한 경우로 분류가 가능하다.

① 시대변화와 생활트렌드 변화에 따른 편의시설(Fitness Center, 실내골프연습장, 세대별 라커, 택배보관실, 게스트룸, 취미실 등)을 확장 및 용도 변경한다.

② 이용자의 편리성 및 쾌적성(고급화 · 차별화 · 친환경적 요소 도입)을 높인다.

③ 단지의 고급화와 이미지 개선을 도모하는 조경요소들을 특화시킨다.

공동주택 리모델링 단지에서 주민편의시설의 계획은 위치에 따라 지하에 설치한 경우, 데크 하부에 설치한 경우, 동과 동 사이의 공간에 설치한 경우, 지상에 별동으로 설치한 경우로 분류가 가능할 것이다.

표 3.5 주민편의시설 배치 계획

구분	내용	장점	단점
지하 설치	지하의 구조물(기계실, 전기실, 대피소) 등을 주민복리시설로 활용	• 기존 구조체를 활용하므로 공사비용 절감 • 좁은 단지에 효율적으로 이용 가능	• 환기 및 채광 문제로 시설계획이 제한적이며, 선큰공간 등의 계획 필요
데크 하부 설치	데크주차장 계획시 주차장 일부를 주민복리시설로 계획	• 협소한 대지에서 효율적 이용 가능 • 주민복리시설의 지상계획으로 쾌적한 실내환경계획 가능	• 데크 하부에 있으므로 인지도를 높일 수 있는 계획 필요
타워형 설치 (동과 동 사이)	동과 동 사이의 공간을 수직적으로 건물을 증축하여 주민복리시설로 계획	• 비교적 좁은 단지에 효율적으로 이용 가능 • 시야 및 개방감 확보로 주민복리시설의 고급화 계획 가능	• 과대한 구조물 계획으로 공사비 증가 요인
지상 별동 설치	공지에 별동으로 주민 복리시설계획	• 넓은 단지에 효율적으로 사용 가능 • 공기 및 비용 절감	• 기존 단지에 별도의 기능이 추가된 건물이 생기므로, 주위 주민들에게 불편 요인이 될 수 있음

 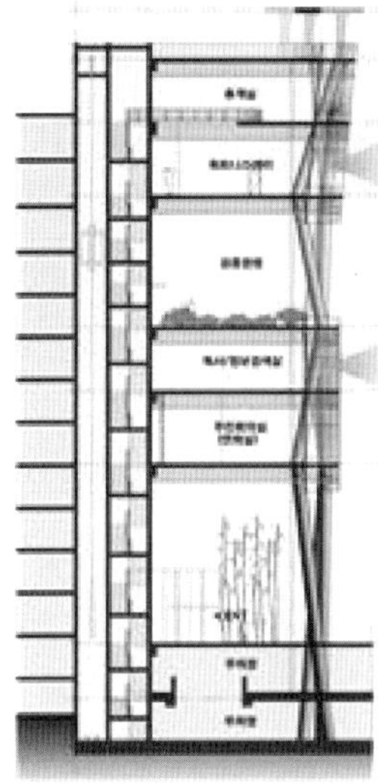

그림 3.24 조경요소 특화계획 사례

타워형 계획 사례(오금동 S 아파트 리모델링) : 기존 코어를 활용하여 주동과 주동 사이에 주민복리시설을 신설하여 단지의 외관이미지를 차별화한 좋은 예이다. 다이내믹한 입면 구성과 커튼월 마감으로 미래형 도시주거 이미지를 창출하였다.

3.4.3 골조 및 공용설비 설계방안

1) 규모계획

건축물의 면적 및 층고 등이 향후의 변화에 대응할 수 있도록 검토한다. 특히 공동주택의 경우에는 기본적인 면적 설정과 향후 통합 및 분할 가능성을 검토할 필요가 있다. 층고는 설비 채용과 관련성이 있지만 용도변경이 이루어질 경우 정보화 및 실내환경 개선 요구에 대응할 수 있도록 한다. 평면계획시 MC설계 적용으로 공간의 가변성과 자재 및 부품간의 치수 연계성을 고려한다.

2) 공간계획

다양한 기능을 가정한 구조계획 및 스팬(span) 결정, 하중 설정 등이 기본적으로 이루어져야 용도변경, 실의 배치변경이 용이하다. 특히 국내 공동주택은 내력벽식 구조로서 가변성과 용도변화 대응성이 극히 낮기 때문에 기둥과 보로 구성된 프레임방식, 벽식 기둥과 플랫 슬래브방식 등 공간의 가변성과 용도변화에 대한 대응성이 높은 구조방식의 고안이 필요하다.

기존의 공간을 계속 사용하는 것은 효율성 중심으로 판단할 필요가 있다. 규모와 형태에 따라 달라지겠지만 중앙코어 형태보다 외부코어 형태나 분산코어, 독립코어 등으로 전환되어가는 사례를 많이 볼 수 있다.

3) 구법계획

① 쉽게 접근하고 유지관리 및 교환이 용이한 구조와 해체 및 교환이 용이한 상세(Detail)를 지향한다.
② 용접 및 매입, 습식시공은 피하고 건식화, 부품화, 볼트와 나사접합을 지향한다.
③ 해체를 고려한 접합방법 및 부품 · 부재의 사용, 리모델링 예상부분을 집중 배치한다.
④ 내구년수 차이에 의한 접합 또는 시공의 선 · 후관계를 유지한다.

4) 공용설비공간의 배치와 유지관리가 용이한 설계

수명이 짧고 빈번한 교체 및 교환이 이루어져야 하는 설비부분은 구조체에 매입하지 않고 외주벽에 설치하거나 공용복도 및 계단 등의 공용부분에 설치하여 쉽게 접근할 수 있도록 한다. 공용배관공간(shaft)은 공용부분에 설치하는 것이 바람직하지만 불가능한 경우 발코니에 설치하여 외부에서 접근이 가능하도록 배치한다. 동시에 공용배관공간의 유지관리와 교체 · 교환이 용이하도록 건식화 · 부품화하거나 점검이 용이한 형태 또는 교체가 용이한 형태가 되도록 한다.

3.4.4 내장 및 설비 설계방안

1) 내부공간의 배치변경

① 내부공간의 배치변경은 장기간 거주자의 요구변화에 따른 변경과 거주자가 바뀜으로써 생기는 배치변경으로 구분된다. 배치변경에는 설비를 고정시키고 타 공간만을 변경시키는 경우와 물을 사용하는 공간도 자유롭게 변경할 수 있도록 하는 경우로 나눌 수 있다.
② 내부공간의 배치는 구조방식과 설비방식, 공용설비배관의 위치 등에 따라 영향을 받지만 이 부분이 확정된 이후에는 내부공간의 배치변경을 용이하게 하기 위해 장애가 되는 물을 사용하는 공간을 집중하여 외주부에 배치한다.
③ 구조체는 장스팬이나 기둥 및 벽이 공간변화에 영향을 미치지 않도록 계획할 필요가 있다. 내부벽체는 경량건식화 혹은 부품을 사용하여 가동하기 쉽도록 하는 것이 좋으며, 자립하여 지지할 수 있는 구조가 천장과 바닥의 손상을 최소화할 수 있기 때문에 바람직하다.

④ 물을 사용하는 공간까지 이동할 수 있게 하기 위해서는 사전에 공용배관의 위치와 예비배관 설치 등을 동시에 고려하는 것이 바람직하다.

2) 설비의 가변성

설비의 가변성을 위해서는 구조체와 설비를 분리하는 것이 가장 중요하다. 급배수 설비, 전기 · 통신설비 등을 구조체 안에 매입하지 않고 설치할 수 있도록 2중천장이나 2중바닥, 2중벽 등을 활용하거나 걸레받이형 배선공간 혹은 caseway 등을 설치하여 벽체의 하부나 벽의 코너 부분, 천장 부분 등에 설치하는 방법, 별도의 배선패널을 설치하는 방법 등 다양한 방법을 고려해 볼 수 있으며, 내장벽체 속에 매입하지 않는 것이 바람직하다.

리모델링 적용을 위한 설계요소는 다음과 같다.

① 노출전기배선 및 전기설비 매입형 경량벽체 적용

② 세대 내 노출배선 적용을 통한 공간의 실질적인 가변성 확보

③ 전화계통의 주배선반 : 세대수, 필요 회선 증가에 따른 공간의 사전 확보

④ 소화입상배관 : pipe duct의 개 · 보수가 용이하도록 해체 · 조립이 가능한 구조의 적용

⑤ 기둥과 외벽 사이를 수납벽체로 활용

⑥ 공용부분 중 계단실 추가를 고려하여 접합구조체를 디테일하게 설계

3) 증축 · 감축의 가능성 및 외벽의 이동 가능성

현 시점에서는 전용면적 확장이 중요한 요구이지만 미래에는 유럽의 사례처럼 경우에 따라 감축이 발생할 가능성도 배체할 수 없기 때문에 수평 및 수직증축이나 일부 철거 후 타용도로 사용하는 경우를 검토할 필요가 있다.

공동주택의 외벽을 이동시키는 것은 경제성과 기술적인 문제가 많기 때문에 현재 상태에서는 많지 않고 서비스공간으로 설정된 발코니에 새시를 설치하여 전용공간으로 확장하여 실내화하는 것이 일반적인 상황이므로 가능성이 낮다고 볼 수 있으나 미래에는 커튼월 같은 외벽 설치와 더불어 내부공간 변화에 따른 외벽 변경의 경우도 가능해질 것으로 판단된다.

3.5 공동주택 리모델링 설계기법

3.5.1 공동주택의 리모델링 수법 및 구법

1) 증축리모델링

(1) 공동주택의 경우 유럽에서는 단지의 전체적인 측면을 고려하여 특성에 맞게 몇 개동을 철거하거나 부분증축하거나 감축 혹은 부분철거, 공공시설의 추가 등 새로운 단지로 리모델링하는 경우를 흔히 볼 수 있다.

(2) 증축의 경우는 수직방향의 증축과 수평방향의 증축으로 구분할 수 있는데, 주동의 수직방향의 증축은 최상층의 증축과 지붕의 증축 등이 있다.

(3) 수평방향 증축은 동 전체를 공동으로 증축하는 경우와 개별 증축의 경우가 있다. 공동증축은 방, 화장실, 기존 발코니의 실내화와 발코니 증축 등의 주호 전용면적 확장과 계단실, 엘리베이터 등 공용시설이나 설비 증축이 있다.

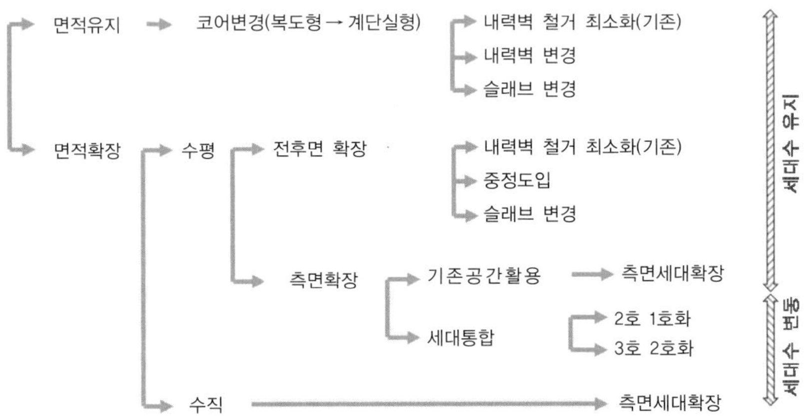

주거환경 개선을 위한 리모델링〈UNIT 유형〉

(4) 세대당 증축면적은 85평방미터 이하는 40%이내, 85평방미터 초과는 30% 이내로 하고, 수직증축은 안전진단을 강화하여 건축심의와 사업계획 승인 시 구조안전성 검토 2회 실시, 또한 구조도면 확보(수직증축 여부 판단)하는 것으로 하였다. 그리고 14층 이하는 최대 2개층, 15층 이상은 최대 3개층 증축을 허용하는 것으로 완화되었다. 단, 세대 수 및 층수 증가는 증축면적범위 내에서 가능하다.

(5) 선진 외국은 공동주택의 증축형 리모델링 시장이 형성되어 있지 않으며, 오히려 인구감소, 주거공간의 친환경성 제고 및 도시재생을 위하여 층수 감축형 리모델링 정책 및 사업이 대부분 진행되고 있다.

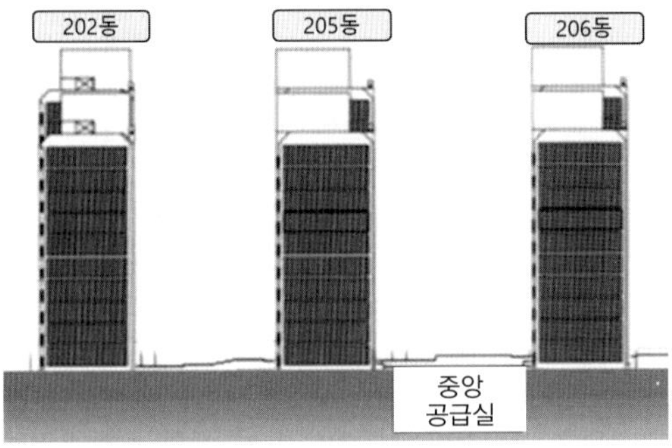

그림 3.25 리모델링 수평증축 전

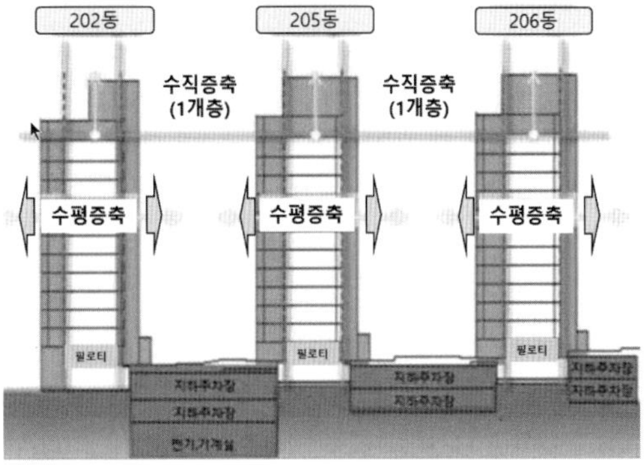

그림 3.26 리모델링 수평증축 후

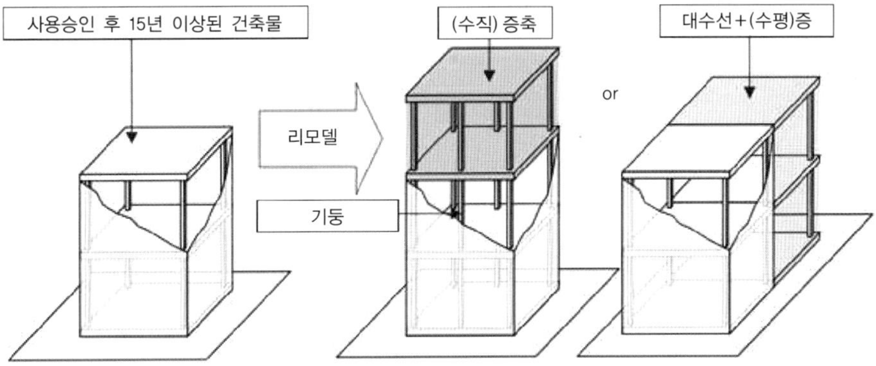

그림 3.27 리모델링 증축형태

표 3.6 방배 경남아파트

	변경 전	변경 후
방배동 경남아파트 (32평형)	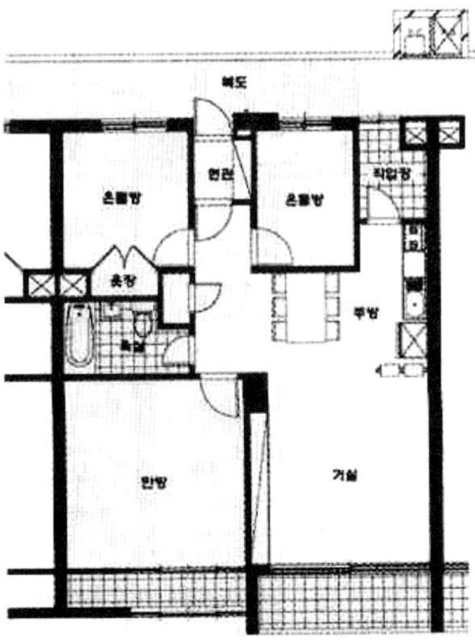	

그림 3.28 확장 전 평면

그림 3.29 확장 후 평면

2) 공동주택 리모델링 수법 및 구법

주동의 규모를 그대로 유지한 채 다양한 개수, 갱신 수법으로 2호를 3호로 하는 등의 세대분할, 외벽의 디자인 변경과 단열, 차음, 기밀강화를 위한 개수 및 재료 교체, 옥상방수 및 옥상녹화, 내부공간의 재구성과 설비 교체, 환경친화적 요소의 부가 및 Barrier Free를 위한 개수 등 세대 내의 다양한 개수 및 갱신 등 다양하고 복합적인 수법으로 나타나고 있으며, 이에 따른 다양한 구법이 적용되고 있다.

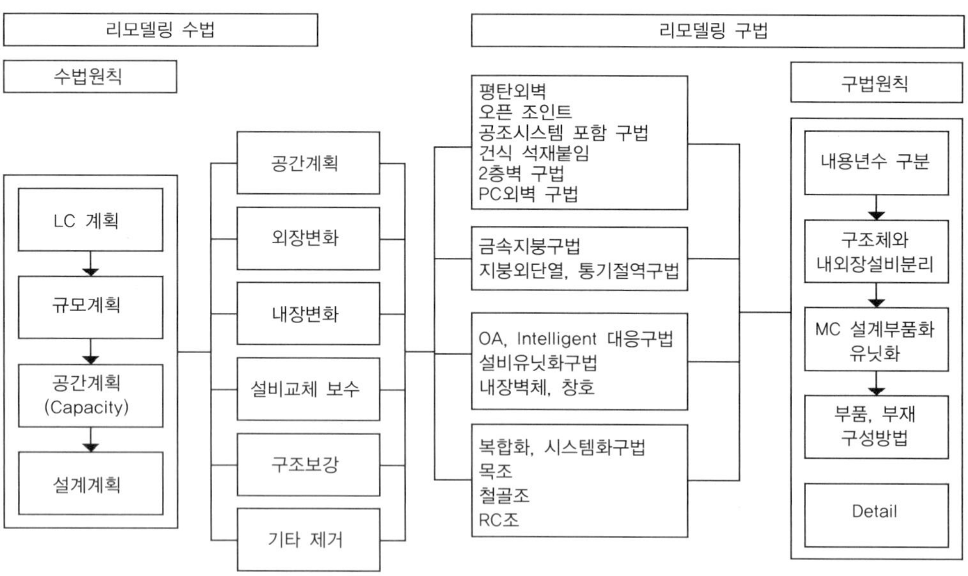

그림 3.30 리모델링 수법과 구법의 대응관계

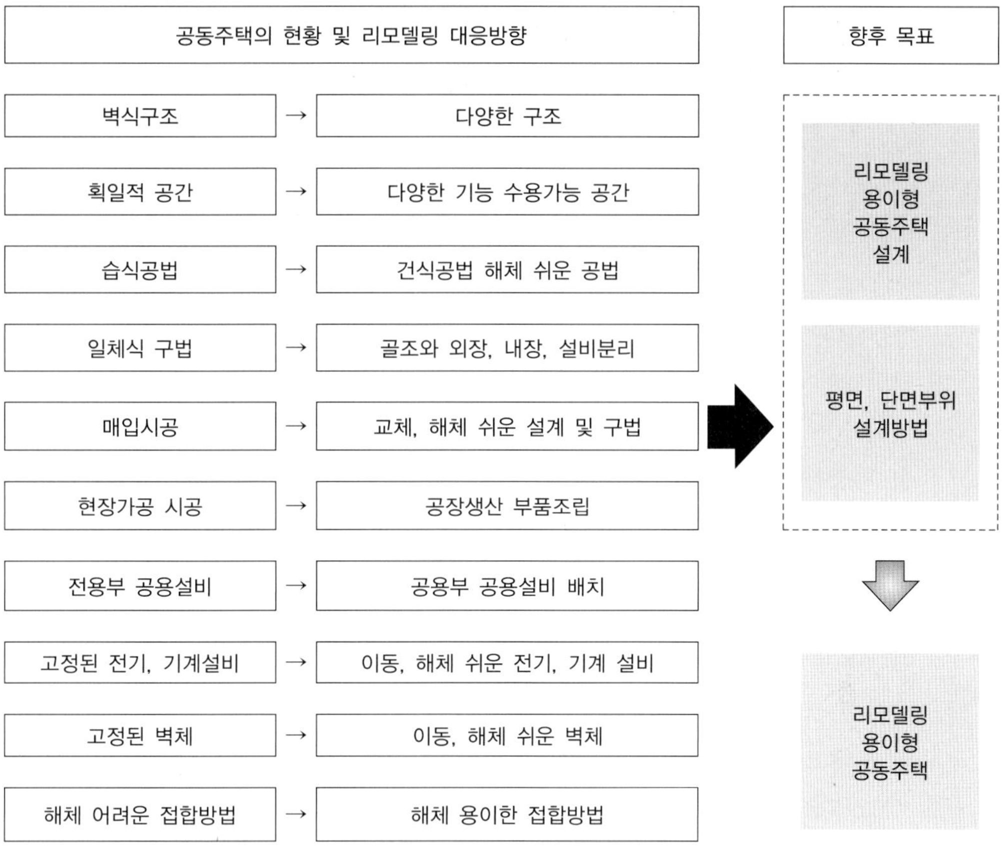

그림 3.31 공동주택의 현황 및 리모델링 대응방향

3) 건식 습식공법의 특징

(1) 건식공법의 특징

① 공업화에 의한 대량생산과 원가절감이 가능하다.

② 현장작업의 간소화가 가능하고 기계화 시공에 의한 인력 의존도를 낮출 수 있다.

③ 장마, 동절기 등 계절적 영향을 받지 않는다.

④ 건축물의 자중을 낮출 수 있다.

⑤ 구조적으로는 접합부의 강성이 습식공법에 비해 상대적으로 낮다.

⑥ M.C 적용 시 외관이 획일적일 수 있다.

(2) 습식공법의 특징

① 합부의 강성이 비교적 크다.

② 전통적으로 오래전부터 사용되어 기술축적이 되어 있다.

③ 다양한 외관의 표현이 가능하다.

④ 숙련공이 필요하며 인력 의존도가 높다.

⑤ 현장작업이 복잡하고 공기가 길어진다.

⑥ 건축물의 자중이 커지고 계절적 영향을 받는다.

4) 외관 리모델링

(1) 공동주택 외관의 리모델링은 기존의 골조를 그대로 이용하므로 판상형을 탑상형으로 변신시키는 것은 불가능하지만 일부 층수를 변경시키고, 외관 이미지를 개선하는 것이 가능하다.

(2) 리모델링을 통하여 공동주택 외관의 변신을 유도하기 위해서는 보다 적극적인 규제 완화가 요구된다. 현재도 주택법에서는 지상층의 필로티화를 통하여 부대복리시설을 확충하는 한편, 수직증축을 가능하도록 하고 있다. 만약 지상층 범위를 2~3개층 정도로 확대한다면 수직으로 증축할 수 있는 층수가 그만큼 높아지므로 외관의 다양화에 크게 도움이 될 것이다.

(3) 외관의 특화계획

① 고전적 스타일-중후하고 고급스러운 이미지 추구, 아치, 페디먼트, 몰딩 등 고전적 요소 차용, 경사지붕으로 조형성 표현

② 현대적 스타일-경쾌하고 세련된 이미지 추구, 기하학적 패턴을 통한 입면 분할. 고층부 구조물 설치로 조형적 아이덴티티 표현

③ 현재 전후면으로만 증축을 허용하고 있는 것을 좌우 측면으로도 확장이 가능하도록 허용한다면 실내 평면구성의 다양화를 유도함과 동시에 외관 개선에도 큰 도움을 줄 것이다.

3.5.2 공동주택 리모델링 설계기술

1) 공동주택 리모델링의 공간구성 기법

리모델링을 위한 다양한 공간구성에 대한 선행연구에서 공간구성기법을 15개로 분류하고 있다.

① 평면 분리 : 동선, 조닝, 평면스케일 축소에 효율적 공간성 유지가 용이하고 친밀감 창출

② 평면 통합 : 동선의 변경, 평면스케일 확대에 효율적인 새로운 공간성 부가, 공간성 유지 어려움, 빛의 투과

③ 평면 확장 : 공간성 유지 용이, 새로운 공간성 창출 가능성

④ 평면 축소 : 실 전체나 불필요한 공간 제거, 새로운 공간성 부가도 가능

⑤ 중정 실내화 : 개방감과 중심성을 유지, 친밀감 형성(사례가 많지 않음)

⑥ 벽체 이동 : 평면스케일 확대 및 축소 유도, 공간성 유지 용이
⑦ 단면 분리 : 단면스케일의 축소, 친밀감 형성(사례가 많지 않음)
⑧ 단면 통합 : 동선의 변경 및 평면스케일 확대에 효율적, 새로운 공간성 부가
⑨ 단면 확장 : 옥상 또는 지하에 새로운 공간형성(사례가 많지 않음)
⑩ 공간 삽입 : 특별한 성능을 요구하는 작은 실에 효과적, 친밀감을 형성하며 공간성 유지 용이
⑪ 보이드(Void) : 빛 투과, 단면스케일 확대에 효과적, 개방감
⑫ 연결 : 평면 및 단면스케일 확대, 새로운 공간성 창출, 공간성 유지 어려움
⑬ 차단 : 공간연결 및 동선 변경, 공간성 유지 용이
⑭ 단차(段差) : 벽 없이 조닝 평단면스케일 축소 유도, 친밀감, 유동감 창출, 공간성 유지 용이
⑮ 중층화 : 동선의 변경, 새로운 공간성 창출

2) 향후 리모델링을 위한 공동주택 설계방안(세대확장 및 세대통합)

① 좌 · 우 통합형 : 세대 간 벽체 일부를 비내력벽으로 설계
② 상 · 하 통합형 : 세대 내 상 · 하 층별 이동이 가능하도록 향후 계단 설치를 위한 슬래브 개구부 부위에 대한 보강 필요
③ 발코니 확장형 : 코어 형태, 전용면적, 층수별로 상관 없이 모두 적용 가능. 확장된 부분의 난방코일, 급배수시설 등 추가설치를 고려해야 한다.
④ 세대 통합형 : 주동 입면의 다양성을 적극 제고할 수 있어야 한다.
⑤ 각각의 리모델링공사 후 기계설비시설의 운영방법상 문제를 설계에 반영해야 한다.
⑥ 전기설비는 사전에 벽체 주위에 설치해 두어야 한다. 또한 계단 주위에 추가로 세대 분전함 및 단자함 등을 위한 필요공간을 미리 확보해야 한다.

3) 리모델링 설계기술 개발 단계

① 1단계 : 철저한 규격화, 부품화, 시스템화와 Modular Coordination을 실시하여 리모델링 대상 부위나 부재 부품에 대한 모듈설계 및 표준화 설계기술을 개발하고 리모델링 적용 부위에 대한 이동, 교체, 설치, 재이용이 가능한 고도의 Flexibility를 갖출 수 있는 설계기술을 개발한다.
② 2단계 : 가족생활 주기에 따른 주생활 변화와 가변형 계획의 대응관계를 살펴서 여러 가지 평면구성방식의 유형을 개발한다. 공간의 가변성을 위해서는 맞춤형 매뉴얼 제공, 가변형 벽체 사용이 가능하도록 가변형 평면구성방식에 대한 설계기술을 개발하고 서비스공간 확대와 연계를 위한 공간 확장의 유형도 개발한다.

③ 3단계 : 리모델링을 고려한 설계는 궁극적으로 리모델링 대상 부분이 다른 부위나 부재 부품에 영향을 미치지 않도록 하는 데 있다. 리모델링 유형별로 MC설계에 근간을 둔 PC패널 또는 Steel패널 등의 부품 사용과 이 부품들이 정립된 설계원칙에 따라 배치될 수 있도록 구성방법 및 조합방법에 대한 설계기술을 개발한다.

④ 4단계 : 경제적인 설계를 하고 범용성이 높은 요소기술을 적용하여 실용성을 높이기 위해서는 적절한 디테일이 설정되어야 하고 이에 따른 디테일 설계기술 개발이 이루어져야 한다. 따라서 리모델링 유형에 따른 부품의 구성, 조합, 접합에 대한 디테일 설계와 공간변화 및 형태변화 방식에 따른 디테일 설계기술을 개발한다.

⑤ 5단계 : 공동주택 리모델링설계에 있어서 먼저 모듈설계 및 조립설계를 위한 부품화에 요청되는 설계기반을 마련하고 거주자의 요구에 따른 가변적 평면구성과 부품, 부재의 구성방법, 조합방법, 접합방법의 설계기술을 응용하여 평면 변경 및 구성 방식, 그리고 유닛화에 요청되는 프로토타입(Prototype)을 개발한다.

3.5.3 증축형 리모델링에 의한 세대공간 설계

1) 평면적 공간설계 변화

공동주택 리모델링설계에서 평면형은 면적산정방법, 발코니 확장 합법화, 전면 혹은 측면 칸(bay)수 변화, 개방방향의 변화, 형상의 변화(전후면 긴 사각형에서 옆으로 긴 사각형) 등의 형태와 세대내부 각 실공간의 구성방법, 연결방법의 변화가 이뤄졌다. 물론 설비도 급격하게 변화했고, 세대공간의 각종 내부 환경 성능기준도 강화됐다. 따라서 기존 공간형태 속에서 현재와 같은 새로운 공간형태와 각 실들의 연결 관계, 성능, 설비를 잘 설계하느냐가 관건인 것이다.

2) 증측설계방법

리모델링은 기존의 외장, 내장과 설비가 전면 철거되고, 내부공간이 재배치된다. 증축형 리모델링은 수평증축형과 수직증축형, 세대증가형이 있다. 수평증축형은 기존 공동주택의 앞뒤로 혹은 옆 방향으로, 수직증축형은 상부로 증축하는 것을 의미하며, 세대증가형은 수직으로 혹은 별동으로 증축한다. 별동증축이 가능하려면 여유대지가 있거나 여유시설이 있어야 가능하다. 그렇지 않으면 기존의 주거동 앞뒤로 혹은 측면으로 수평증축하거나 안전을 전제로 해 층수를 수직으로 3개층까지 법규 내에서 이뤄질 수 있다.

3) 리모델링시 협의내용

공동주택 리모델링 제도는 2001년 9월 도입 이래 많은 변화가 있었다. 특히 리모델링 시 세대 평면과 관련해서 발코니 증축정도의 대수선에서 출발해 각 세대 주거전용면적의

3/10(85㎡ 미만은 4/10)까지 증축가능(공용부분별도 증축 포함)한 것으로 변화했다. 이어 기존 세대수의 15/100 범위 안에서 세대수 증가와 15층 이상일 경우 최대 3개층(14층 이하 2개층까지, 구조도 보유 및 안전성 확보 포함)까지 수직증축이 허용됐다.

4) 수평증축

수평증축 허용으로 세대면적이 증가한 시점에서 리모델링 평면은 기존평면에 전후면 증축면적을 합한 상태로 평면형을 계획하면 세대의 깊이가 깊어져 채광이나 환기, 개방성 등에서 불리한 점이 발생한다. 깊이 증가를 해소하는 방안으로 제안된 것이 수평방향으로 3세대를 2세대로 변경하는 계획안이 소개되기도 했다. 이런 경우 세대간 내력벽의 부분철거를 통해 새로운 평면계획을 함으로써 공간성능과 구성을 향상시킬 수 있다.

5) 전후면 확장과 상하층의 통합

단지 내에서는 리모델링 설계의 자유도가 유리한 위치는 측세대와 코너세대, 그리고 최상층이다. 기존의 공동주택에서 세대 간 내력벽 철거가 허용되지 않은 현실에서 1~2칸(bay)형태의 소형평형의 중간부분 세대에서 선택할 수 있는 방법은 전후면 확장과 상하층의 통합이 현재까지 이뤄지고 있는 대안이다. 이 때문에 중간에 빛이 들어오도록(light well 설치) 설계 시공된 경우도 있다.

6) BAY 증가의 효과

세대공간 구성에서 칸(bay)이 넓어지면 공간적으로는 자연채광 측면과 개방성 확보에 훨씬 유리하다. 일반 단지에서 측세대와 코너세대, 최상층 세대들은 리모델링을 통해서 칸 수가 넓어지고 개방성이 좋아질 가능성이 크다. 평면설계, 공간성능이 향상되면 굳이 재건축을 하지 않아도 거주성과 성능개선은 충분할 것이다.

7) 평면개선을 위한 설계

주동의 중간에 위치한 세대들은 단순 면적확장형이지만 코너 세대, 측벽세대, 증축여지가 있는 계단실 주변세대에서 칸 수 변화와 향 변화를 통해 개방성과 다양성을 추구함으로써 평면개선을 도모할 수 있다. 단지에 따라 중간세대의 평면변화가 어려운 상황에서는 세대 증가 수직증축형 또는 수평증축형으로 설계할 수 있다.

그림 3.32 공동주택 리모델링 전·후 비교

대수선성	Bay 유지 증축형	Bay 증가 증축형
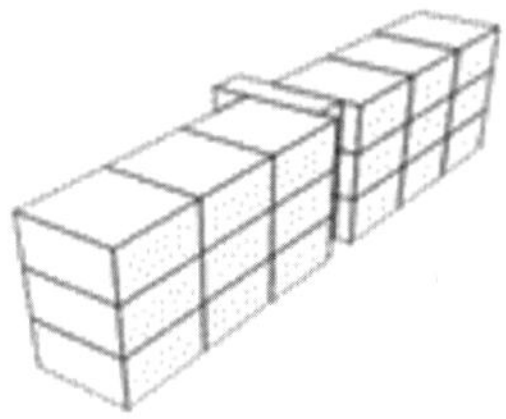	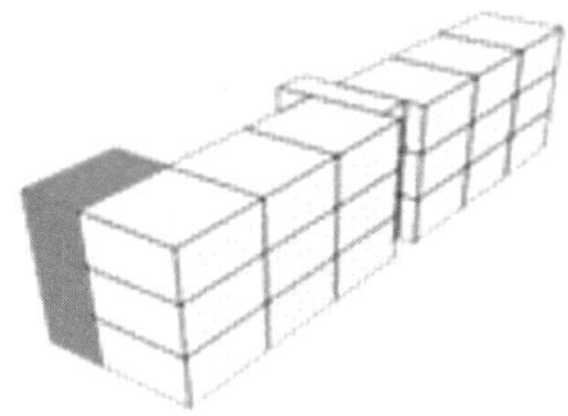	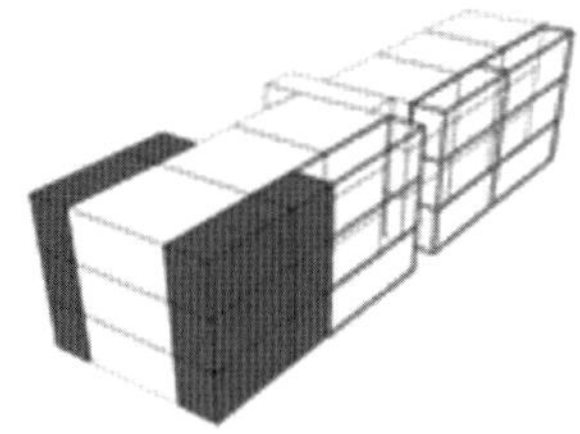
• 수평증축 배제 • 필요부분 내부변경/확장 • 일반 분양면적 최대	• 전, 후면 증축 • 10~20% 증측 적정 • 일반 분양면적 최대	• 전, 후면+좌, 우면 증측 • 15~20% 증측 적정 • 여유로운 평면 계획 유리

그림 3.33 리모델링을 통한 단위세대 평면도

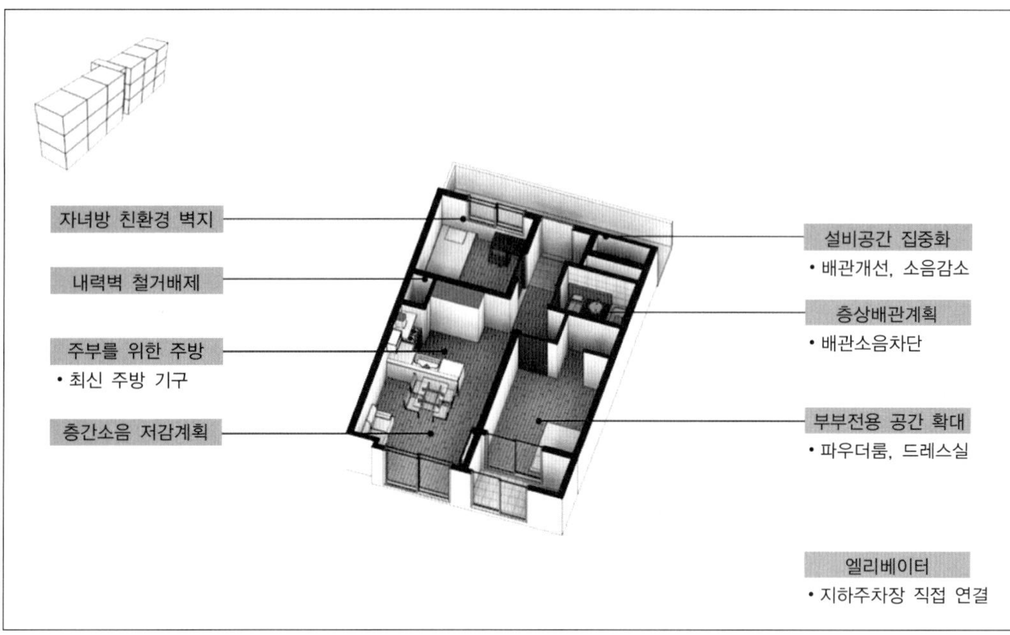

그림 3.34 단위세대평면도(대수선형)

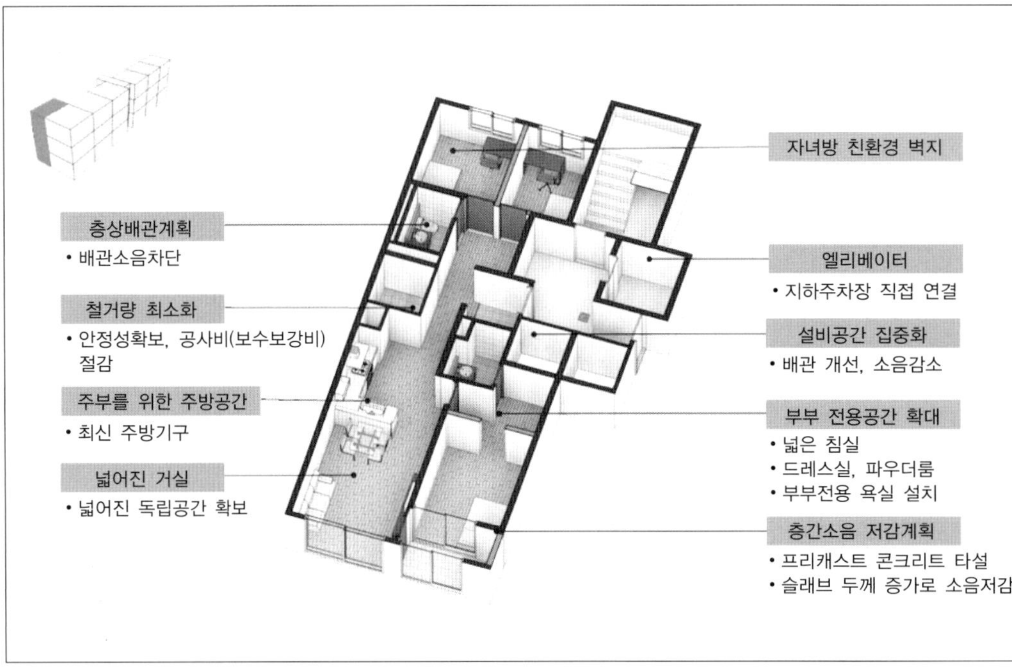

그림 3.35 단위세대평면도(BAY 유지 증축형)

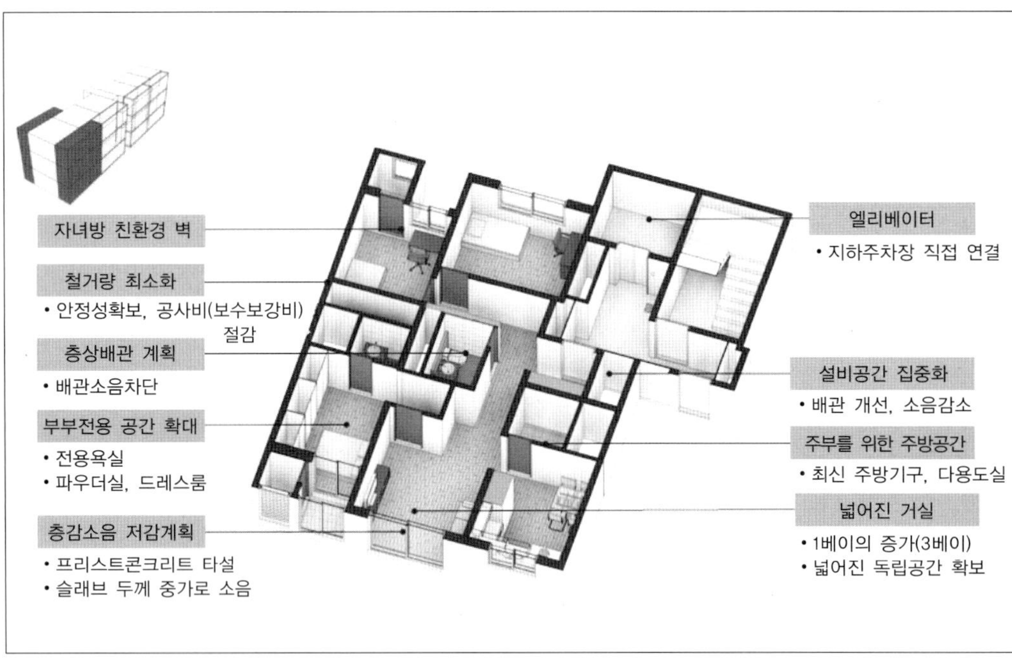

그림 3.36 단위세대평면도(BAY 증가 증축형)

3.5.4 리모델링 대상 벽식아파트의 구조적 문제점

벽식 공동주택의 거주자들은 여러 가지 사회적 변화요인에 대응하기 위하여 내부공간 활용의 다양성을 상당히 많이 요구하고 있으며, 이에 따라 벽식 공동주택의 설계 시 부분적으로 내력벽을 기둥, 보 등으로 대체함으로써 내부공간 활용의 다양성을 제고하려는 노력을 하고 있다. 그러나 다양성을 확보하려는 계획 개념과는 달리, 현실적으로 대부분의 건설현장에서는 건축구성재(Support & Infill)의 호환성 확보를 고려하지 않은 상태에서 건축구성재를 설치하고 있어서, 향후 유지, 보수, 교체 등의 작업이 용이하지 않는 등 현실적으로 많은 문제를 내포하고 있다.

1) 벽식구조의 특징

① 아파트가 대량으로 공급되었던 1980년대 중반 이전의 아파트는 내진설계가 되어 있지 않다.

② 기초부의 내력에 여유가 거의 없어 기존 구조체 부분에서의 추가하중 부담이 어렵기 때문에 내진보강 등이 쉽지 않다.

③ 벽식구조의 층고는 대부분 2.6m 전후로 설계되어 층고에 여유가 없고, 내진보강을 위한 여유 공간도 없다.

④ 내력벽의 중성화 및 철근부식으로 인한 내력저하를 설계에 반영하기 어렵고, 벽식구조의 내진진단 방법이 정립되어 있지 않다.

⑤ 보수 · 보강을 위한 공기지연 및 비용 상승이 크기 때문에 신축에 비해 구조계획 및 설계가 어렵다.

⑥ 평면증축에 따른 신설 부분과 기존 벽식구조의 접합이 어렵다.

⑦ 철근콘크리트 벽식구조 아파트는 시공의 용이성을 위하여 대부분 터널폼으로 시공되어 있어 장변방향으로는 내력벽이 배치되어 있지 않다. 따라서 길이방향으로 작용하는 횡력에 대한 저항력을 높일 수 있는 보강방안이 필요하다.

2) 벽식공동주택의 리모델링 대응 평면설계 요소

① 노출전기 배선 및 전기설비 매입형 경량벽체를 적용한다.

② 세대 내 노출배선 적용을 통한 공간의 실질적인 가변성을 확보한다.

③ 기둥과 외벽 사이를 수납벽체로 활용한다.

④ 공용 부문은 계단실 추가의 경우를 고려하여 접합구조체의 디테일 설계(편복도의 경우)가 요구된다.

3) 아파트 내력벽 철거 시 유의사항

① 구조변경한 경우 신고범위

내력벽을 훼손하거나 비내력벽을 새로 만들거나 위치를 이동시키는 행위, 발코니 바닥을 시멘트나 돌로 높이는 행위는 금지된다. 그러나 비내력벽을 철거하거나 바닥마감재를 교체하는 행위, 발코니 바닥을 목재, 마루 등 가벼운 재료로 높이는 것은 가능하다.

② 내력벽과 비내력벽의 구분 방법

내력벽은 건물무게를 지탱하는 벽체로 철근 콘크리트로 되어 있다. 비내력벽은 건물무게를 지탱하지 않고 단순히 방을 나누어 주는 역할을 하는 벽체로 벽돌, 블럭 또는 석고보드로 되어 있다.

③ 아파트에서 내력벽과 비내력벽의 위치

일률적으로 말할 수 없지만 거실과 침실, 주방 등 주요 공간사이의 벽체는 내력벽, 주방과 다용도실 사이 벽은 대부분 비내력벽으로 설계한다. 그러나 아파트마다 다소 차이가 있으므로 정확한 것은 설계도면에서 확인해야 한다.

④ 이미 구조변경을 한 집의 경우 원상복구 처리방법

원상복구절차는 원칙적으로 관리사무소를 통해 시 군 구에 신고해야 한다. 각 허용기준에 해당되면 허가처리하고 금지되는 경우에는 집주인에게 통고되는데, 복구대상이더라도 구청의 통보와 복구여부에 대한 최종결정이 나올 때까지 기다렸다가 구청의 도움을 받아 공사에 착공해야 한다. 내력벽 훼손행위는 최우선적으로 원상복구 해야 하며 무거운 재료로 베란다 바닥을 놓인 경우는 시 군별로 연차계획을 수립해 신중히 추진하게 된다.

표 3.7 리모델링 세부수법 및 구법 Ⅱ

유 형	내 용	세부수법	구법 관련 사항
증축	수직증축	• 상부 증축, 지붕층 증축 • 지하층 도입	• 경사지붕 부가−경량철골, 목조 • 지하층+1층 • 방수구법
	수평증축 부가	• 동별, 라인별 면적 확장 −방, 부엌, 화장실, Sun room −발코니, 복도의 실내화 • 주동 측면 확장−주동의 연결	• 습식구법 • PC 유닛 • 경량철골 프레임 건식구법
		• 공용공간 확장 −계단, 엘리베이터 설치 −출입구 증축, 개조	• PC 유닛 • 습식구법
	개별 증축	• 1층 세대 확장	• 습식, 건식 각종 구법
감축제거 (철거)	부분 철거	• 동 전체 층 확장 −층별 철거, 다양한 형태	• 여유, 불필요한 부분 철거
		• 부분세대 철거 −몇 세대 철거	• 기능개선 철거
갱신 · 개축 · 개수	세대통합	• 2호1호화, 수평통합 수직통합	• 비내력벽 철거 • 개구부 설치 및 보강
	외벽 갱신	• 단열개수, 재료·부품 갱신 • 디자인 변경, 부분 부가 • 외벽이동 • 구조체 제외한 전면 개수 • 구조체 보강 • 외벽 덧붙임	• 오픈조인트구법 • SSG구법 • DPG(Dot Point Glazing)구법 • 2중벽구법 • PC외벽구법 • 각종 외벽 덧붙임 • 알루미늄 복합패널
	옥상방수 갱신	• 옥상방수 개수	• 각종 옥상방수구법
	내부공간 재배치	• 내부공간의 Layout 재배치	• 내부공간 부품접합구법
	내부공간 개수	• 화장실 개수 • 로비 개수	• 상상배관, 구조체와 설비 분리 • 유닛배관 설치
	내장 갱신	• 2중바닥설치 • 천장마감, 바닥마감 • 벽체 및 마감교체	• 각종 2중 바닥설치구법 • 시스템 천장 • 각종 건식벽체 설치구법
	설비 갱신	• 종 공용설비 교체, 증설 • 개별공간의 설비 교체, 증설, 이설 • 각종 IB설비 설치	• 설비설치, 이설, 교체구법
	구조체 보강	• 안전성능 향상 : 일반, 내진	• 포스트텐션, 철골부재 보강, 단면 증대구법
	편의시설	• 고령자, 장애인시설 개수 : 경사로, 손잡이, 미끄럼방지	• 손잡이 설치
복합	증축+개축, 제거	• 복합	• 다양한 구법의 혼용
전용(용도 변경)	용도변경	• 창고/공장/오피스→주택 • 공장→학교, 오피스 • 탄약 창고→복합시설 • 이용방법 변화	• 부분 신축 • 내부 재배치 • 내·외부 재배치 • 각종 구법

3.6 주택 및 도시형 생활주택 리모델링

3.6.1 주택의 리모델링 일반사항

1) 주거용 건축물 리모델링 목적

주거용 건축물의 리모델링 목적은 경제적 측면의 가치상승과 더불어 건축물의 성능 향상으로 인한 건축물 사용의 편의성, 건축물 내부 또는 외부디자인 개선으로 인한 심미적 만족을 높이는 데 있다.

2) 주택 리모델링 특수성

(1) 기존 주택에 대한 새로운 요구

주택 리모델링의 경우 주택 자체에 대한 새로운 요구사항에 대한 조사가 필요하다.

① 배리어프리화 · 노령화 배려
② 태양열, 지열 등 에너지절약 대응
③ 다세대화 대응, 방 배치 변경 등
④ 고급화, 서구화, 한식화
⑤ 수납공간 확보, 붙박이 주방가구
⑥ 건물 용도변경
⑦ 건강 배려(재택 건강진단 시스템)
⑧ 안전성 향상
⑨ 고도의 정보화 대응(스마트)
⑩ 녹화 · 원예 · 실내정원
⑪ 친환경 · 생태건축 지향
⑫ 전통건축 지향(황토, 구들)

(2) 사용자의 경험 반영

현재 주택의 좋은 점과 불만인 점은 인식하고 있으나 대부분 어떻게 리모델링을 하면 좋을지 모르는 경우가 많으므로 충분한 조사가 필요하다.

(3) 숨겨진 장소의 노후화

일상생활에서는 소홀히 취급되던 건축 부위가 리모델링공사 시 내장 및 외장재를 제거하는 경우에 바탕재, 구조체, 배관, 배선 등에서 예상 밖의 노후화된 부위를 발견할 수 있다. 리모델링계획 시 이러한 것을 예상하지 못하는 경우가 많으므로 이는 공사비나 공기에 영향을 줄 수 있다.

(4) 구조요소 변경

주택을 리모델링할 때 구조요소(바닥, 벽체, 기둥, 보, 계단)는 가장 중요하게 고려되어야 한다. 구조적 변경을 계획할 경우에는 구조전문가의 자문을 통해 계획되어야 한다.

(5) 조적조 주택의 보강

조적조주택인 경우 벽체에서 상부의 하중을 받는 경우가 많기 때문에 불가피하게 없애야 하는 경우에는 구조적 보강을 한 후 작업이 시행되어야 한다.

(6) 기존 건물 조사 및 검증

기존 건물이 설계 당시 어떠한 용도로 건축되었는지 조사해야 하며 설비적 · 기능적 측면에서도 철저한 검증이 이루어져야 한다.

(7) 변경사항 대비

기존 건축물의 공간 규모가 대부분 협소하여 공사조건이 가변적이고 공사진행 시에도 현장 상황에 따라 변경사항이 많이 발생한다.

3) 주택의 리모델링 체크포인트

주택은 내부구조를 편리하게 만들고 쾌적한 분위기 연출이 비교적 쉽다. 공사가 단독으로 진행되고, 인접한 다른 세대와 공동으로 연결되어 제약조건이 될 수 있는 환경이 아니므로 비교적 자유로운 리모델링이 가능하다. 단, 구조적 점검이 반드시 필요하고 정원이나 대문, 담장 같은 외부요소까지 리모델링 범위에 들어갈 수 있으며, 이때는 주변 경관과의 조화도 고려해야 한다. 주택리모델링의 세부적인 체크포인트를 살펴보면 다음과 같다.

① 단독주택은 아파트보다 단열 · 보온 효과가 적으므로 리모델링 시 단열공사를 우선적으로 계획해야 한다.

② 단열에는 내단열과 외단열이 있는데, 내단열은 내부공간 쪽으로 단열처리를 하므로 내부공간의 크기가 작아지는 단점이 있다.

③ 외단열은 기존 외벽을 그대로 두고 바깥쪽으로 스티로폼 등을 이용한 단열처리를 하는 것으로 단열효과와 시공의 용이성 등이 훨씬 높아 주택리모델링 시 단열처리에 좋은 방법이다.

3.6.2 주택 리모델링의 공간별 체크포인트

1) 침실

① 침실의 기능 : 주 기능인 취침기능 이외에 수납, 갱의, 작업, 휴식 등의 부기능도 고려하여 각 기능이 부합되도록 계획되어야 한다.

② 침실의 분류 : 사용자의 용도에 따라 주인 침실, 어린이 침실, 노인 침실, 객용 침실 등으로 분류된다.

③ 침실의 위치 : 일조 · 통풍조건이 가장 좋은 남향 또는 동남향이 유리하지만 최소한 1일 1회 일사의 조건을 갖도록 해야 한다.

④ **침실의 규모** : 생리학적 측면에서 볼 때 성인의 경우 50㎡/h의 신선한 공기가 필요하다. 가구 점유면적을 고려하지 않으면 최소한 1인용 침실은 6㎡, 2인용 침실은 10㎡의 면적이 필요하다.

⑤ **침실의 색채 및 조명계획** : 침실은 휴식공간이므로 명시성보다는 편안하고 분위기 있는 색채 및 조명으로 계획한다.

2) 화장실

① **화장실 규모** : 욕조, 세면기, 변기를 한 공간에 둘 경우 화장실의 크기는 4㎡ 이상이 적당하며, 세탁을 겸할 경우 5㎡ 이상이 필요하다.

② **화장실 유형** : 입욕, 배설, 세면의 기능배치에 따라 1실형, 2실형, 3실형이 있다.

③ **화장실의 조명계획** : 방수형 조명기구를 사용하고 수증기가 많을 때에는 어둡게 느껴지므로 100lux 정도의 밝기가 필요하다.

④ **화장실의 마감재료** : 화장실은 기본적으로 방수성, 방오성이 좋은 마감재료를 사용한다.

항 목	내 용
시스템 욕실 개념	• 우수한 기술력과 시스템 응용력으로 만드는 조립식 공법의 욕실 자재로서 방수판, 벽판넬, 천장을 기본으로 한 욕실 본체에 고객의 취향에 따라 내부 구성재를 선정하여 욕실을 완성하는 시스템이다.
리모델링 공사	• 하부는 습식 • 벽체는 건식으로 공장생산/공사기간 단축 탁월 • 출입문의 형태 변경(미서기→ 미닫이)

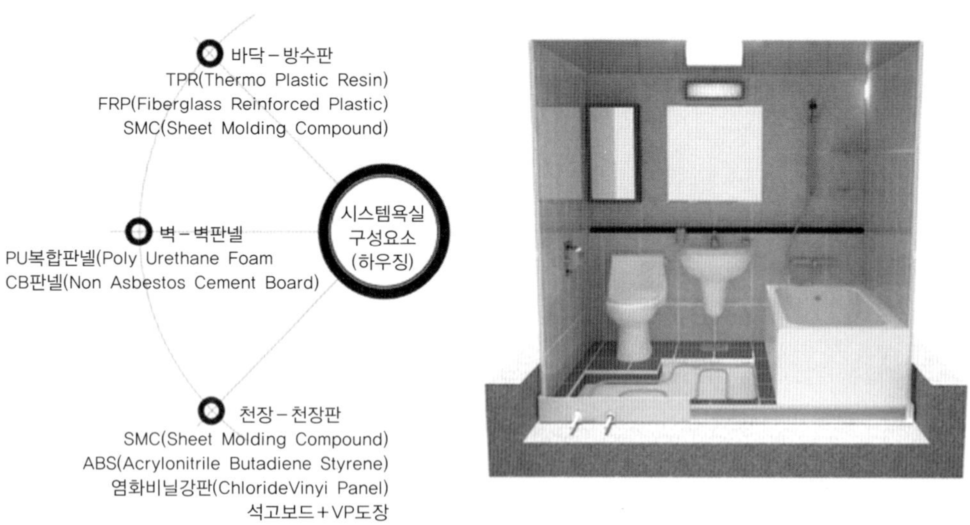

그림 3.37 리모델링 공사(시스템 욕실)

3) 거실

휴식과 안락의 장소로서 정서생활이나 손님 접견장소, 식사 등 다목적 기능을 위한 가족단란의 장소로서 기능을 가진다.

① **거실 위치** : 각 실의 중심공간이므로 평면계획 시 일조와 전망의 조건이 가장 좋은 장소에 위치로 하며 현관, 복도, 계단 등과 같은 연결통로에 근접시켜 거실의 독립성·안정성을 유지하여야 한다.

② **거실 규모** : 거실의 이상적인 규모는 1인당 최소한 4~6㎡이며, 통행의 유무, 평면형의 영향도 같이 고려해야 한다. 정방형보다는 장방형이 가구 배치와 TV 시청에 효과적이다.

③ **거실 유형** : 거실의 유형은 거실 전용으로 사용하는 경우와 개방적 공간으로 사용하는 경우, 다용도로 사용하는 경우로 구분하여 응접실 겸용 거실, 서재 겸용 거실, 부엌·식당 겸용 거실, 생활 겸용 거실, 홈바(Home Bar) 겸용의 거실 등으로 설치할 수 있다.

4) 발코니

① **발코니 기능** : 발코니는 아파트에서 외부와 내부의 완충역할을 한다. 부엌과 연결될 때는 다용도실로, 거실과 연결될 때는 제2의 거실로 사용되는 등 용도변경이 가능한 공간이다.

② **발코니 공간 활용** : 발코니는 일반적으로 아파트 전체 면적에서 10~20%나 차지한다. 발코니의 용도를 변경해 주거면적으로 편입시킴으로써 얻는 또 하나의 공간을 쓸모있는 알뜰 코너로 꾸미는 것이 채용되고 있다.

③ **발코니 유형**

수납형	발코니의 한쪽에 붙박이장을 만들어 창고를 따로 마련하도록 하고, 조리대나 냉장고, 다림대 등을 배치하는 형태이다.
거실형	침실에 연결된 발코니를 터서 침실을 넓게 활용하는 형태로 벽지와 바닥재는 조금씩 변화를 주어 색다른 분위기로 꾸밀 수 있다.
드레스룸형	발코니 바닥을 실내와 똑같이 높이고 베란다 사이에 문을 설치하여 독립된 공간을 만드는 형태이며, 수납박스를 활용하여 수납공간을 늘려주면 공간 활용이 된다.

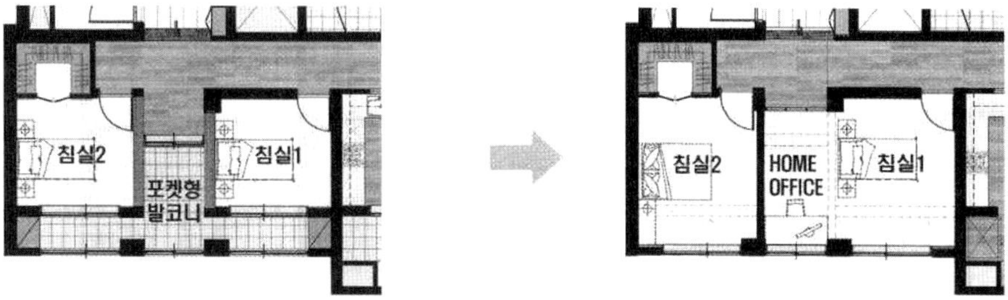

그림 3.38 포켓발코니의 가변 계획

3.6.3 다기능 주택의 설계방안

1) 다기능 주택의 개념

그동안 주택의 기본적인 기능은 휴식, 수면, 세면, 배설, 식사, 조리와 같은 생리적 요건과 가정 간의 단란함과 이웃 간의 교류, 그리고 교육 등의 기능이 중심이었고, 생활의 여유와 쾌적성을 가져다주는 기능은 부수적인 것으로 간주되었다.

생활여건의 개선에 따라 생활의 여유와 쾌적성을 가져다주는 주택의 기능에 대한 요구는 증가되고 있다. 각종 디지털기기, AV기기, PC관련기기, 피트니스 시설, 유아놀이기구 등의 전용실이나 가정용 사우나실, 연회실과 같이 주거생활의 다양화와 레저화를 보장하는 주택의 기능뿐만 아니라 시스템주방, 홈인테리어, 실내정원이나 조경 등과 같은 요소도 주택에 적용된다. 이러한 변화된 수요에 대응한 주택을 다기능 주택이라 한다.

2) 다기능 주택의 개발동향

다기능주택으로의 변화가 가장 두드러진 곳은 첨단 키친과 첨단 화장실이다. 화장실은 건강관리의 공간이자 휴식의 공간으로서 그 중요성이 강조되고 기능도 크게 확대되고 있다. 특히 노인주택의 경우는 건강관리 기능을 부가하고 이것을 의료기관과 연결하는 시스템으로 진화하고 있다. 기존 공간기능의 변화와 함께 라이프스타일의 변화와 주거생활의 변화에 따라 주택 내에서 새로운 기능이 요구되고 이에 대응하기 위해 새로운 공간이 나타나게 된다. 애완동물의 사육도 가능해지며, 이웃의 눈치를 볼 필요 없이 피아노를 칠 수 있는 공간과 체력단련 등 취미공간의 기능도 제공되고 있다.

(1) 첨단화장실의 진화

① 화장실은 건강관리의 공간이자 휴식의 공간으로서 그 기능도 크게 확대되고 있다. 특히 노인주택의 경우는 목욕을 통한 건강 증진은 물론 배변과 배설기능에 대해 건강관리기능을 부가하고, 이를 의료기관과 연결하는 시스템을 운영함으로써 장기입원의 필요성이나 주택 내의 응급사태 발생에 따른 위험 부담 등을 크게

줄일 수 있다.

② 최근의 다기능 첨단화장실은 첨단 테크놀로지와 결합해 편안함과 안락함 그리고 웰빙을 위한 대표 공간으로 변모하고 있다. 월풀 욕조에서 기포 마사지를 받거나 거품 목욕을 즐기며 영화와 음악은 물론 인터넷 쇼핑까지 즐길 수 있다. 또 별도의 샤워 부스에는 마사지 기능까지 포함한 각종 보디 샤워기까지 장착된다.

화장실의 좌변기는 사용자의 각종 건강정보를 벽에 부착된 멀티 디지털 거울을 통해 확인할 수 있다. 거울에는 생체를 측정하는 각종 센서가 내장되어 있어 건강 상태를 간단하게 확인하는 종합검진기 기능을 한다.

③ 최근에는 아파트를 중심으로 물을 거의 사용하지 않는 건식화장실이 등장했다. 건식화장실이란 세면대, 샤워기, 욕조 등에만 배수를 연결하여 사용하고, 그 외 부분은 물이 닿지 않도록 관리를 해서 파우더룸이나 힐링공간으로 다양하게 활용할 수 있는 다용도 공간으로 변신할 수 있게 된다. 또한 공간을 분리해서 샤워공간과 세면, 변기공간을 분리하여 쓸 수 있기에 더욱 실용적이다.

④ 화장실 인테리어 트랜드는 장식적인 부분까지 세심하게 갖춘 '내 방' 같은 공간. 미적으로 만족스러울 뿐 아니라 휴식을 취할 수도 있고, 거실과 주방처럼 하나의 문화를 만들어가는 욕실이 등장하고 있다. 아래 사진은 화장실이라기보다는 Boutique라고 해도 어울릴 듯하다. 거울을 많이 사용하여 좁은 공간에 개방감을 주고, Marble 벽체에는, 조명이 설치되어 한층 고급스럽고 우아한 분위기를 연출하여 준다.

그림 3.39 첨단화장실

(2) 첨단주방으로 진화

① 주방의 변화도 진행되고 있다. 만능조리시스템을 채용하고 거실기능을 강화하여 가사생활의 중심이자 조리행위를 통한 자기개발 기회 제공, 풍요로운 생활공간의 중심, 자연과의 교감이 가능하도록 계획되고 있다. 즉 조리 시 시선 및 조망의

중요성이 강조되어 외기에 면한 주방배치 또는 주방 및 식사공간을 발코니로 옮겨 Out- Dinning 개념이 확산되고 있다. 이와 함께 우리나라 아파트 공간의 최대 문제인 주방에서의 음식냄새가 주택 전체로 확산되는 것을 방지할 수 있는 설비도 채택되고 있다.

② 현대주택에서의 주방은 효율성을 조합한 동선과 여기에 미적요소가 더해짐으로서 고급스럽고 일체감 있는 다기능 첨단 멀티시스템키친 형태로 진화되면서 온 가족이 함께 모여 식사도 하고 대화도 즐기는 가족 공동의 공간으로 자리매김하고 있다. 주방이 디자인적인 면과 함께 문화생활의 공간으로 바뀌고 있는 것이다.

③ 최근에는 싱크대, 조리대, 식기 건조대, 식탁(회전테이블), 수납선반(회전식 수납장), 가스렌지(할로겐 렌지), 등을 한데 묶어 하나의 부엌 기능을 할 수 있는 복합 주방형태로 변화되고, 또한 이들 부엌용 가구에 TV 모니터, 오디오, 라디오, CD 플레이어 및 조명 기능을 접목시킨 미래 지향적인 멀티시스템 키친이 으로 이미지를 보여주는 주방시스템이 등장하고 있다.

④ 미래에는 주방이 가정의 디지털 센터가 될 것으로 전망하고 있다. AI를 적용하고, '움직이는 부엌(모바일 키친)'으로 변신하게 될 것으로 예상된다. 외부에서 주방기기들을 원격으로 조종하고, 슈퍼마켓에서 물건을 사면서 집 안의 냉장고에 부족한 물품이 무엇인지도 그 자리에서 확인할 수 있는 등 공상과학영화에서 보아왔던 일이 실제로 이루어진다는 것이다.

3.6.4 도시형 생활주택의 계획 · 설계

1) 도시형 생활주택의 정의

도시형 생활주택이란 「국토의 계획 및 이용에 관한 법률」에 따라 도시지역 내에서 주택법 제16조에 따라 주택 건설사업계획 승인을 얻어, 국민주택규모(1세대 당 주거전용 면적 85㎡) 이하에 해당하는 주택을 20세대 이상 150세대 밈만의 규모로 건설하는 주택을 말하며, 도시형 생활주택은 소규모 임대주택의 형태로써 초미니아파트로 설계 · 디자인 · 마케팅 · 분양 · 임대 등을 하는 주택형태이다. 1~2인 가구의 주거환경은 그들의 니즈에 따라 스마트하고, 즐겁고, 소통할 수 있는 환경으로 변해가고 있다. 도시형 생활주택은 단지형 다세대와 원룸형, 그리고 기숙사형의 3종류가 있다. 정부는 2010년 5월 법 개정을 통해 주차장 기준과 전용면적 기준을 더 완화하는 조치를 취했다.

① **단지형 다세대주택** : 세대당 주거전용면적 85㎡ 이하 다세대주택(4층 이하, 연면적 660㎡ 이하)은 건축위원회 심의를 거쳐 1개 층 추가 가능

② **원룸형 주택** : 세대당 주거전용면적이 12~50㎡ 이하로서 세대별 독립된 주거가 가능하도록 욕실과 부엌을 설치하고 하나의 공간으로 구성, 각 세대 지하층 설치 불가

③ **기숙사형 주택** : 세대당 주거전용면적이 7~30㎡ 이하, 취사장 · 세탁실 · 휴게실은 공동으로 사용, 각 세대 지하층 설치 불가

2) 1~2인 가구의 그룹별 특징

1~2인 가구는 연령과 소득수준에 따라 고소득 시니어, 저소득 시니어, 고소득 젊은층, 저소득 젊은층의 4개 그룹으로 구성될 것으로 예측된다.

① **고소득 시니어그룹** : 능동적 삶을 추구하는 액티브한 시니어들로서 시니어타운, 실버타운, 전원의 세컨드주택, 고급아파트들이 생활공간이 되며 의료시설, 운동시설, 다양한 식당, 커뮤니티클럽 등이 갖춰진 곳에서 생활하기를 원한다.

② **저소득 시니어그룹** : 경제기반이 약하고 자식과 떨어져 사는 시니어 또는 독거노인들이 대상이 되며, 공동생활주택이나 요양원 등에서 생활하게 된다. 거실과 부엌을 공유하고 생활의 편리성을 극도로 추구한다.

③ **고소득 젊은층그룹** : 40대 이상의 아이가 없는 맞벌이 부부나 경제력 있는 독신남녀가 주 대상이 되며, 고급오피스텔과 도시근교 소형 세컨드주택 등이 생활공간이 된다. 집안에 최첨단 홈시어터, 헬스기구, 와인냉장고, 에스프레소 머신, 전자악기 등 취향에 맞는 설비를 구비하며 생활을 즐긴다.

④ **저소득 젊은층그룹** : 20~30대 초반의 대학생, 신입사원, 신혼부부들이 대상이 되며, 도시형 생활주택, 부분임대 다가구아파트, 고시원이나 하숙집 등이 생활공간이 있다.

3) 주생활 패턴의 변화와 Open Planning수법

① 주거의 각 기능이 혼합용도에서 단일용도의 개화(個化)현상으로 바뀌지기 시작하였고, 핵가족형태로의 분화, 경제적 어려움의 가속 등으로 작은 부지 ⇨ 작은 집 ⇨ 최소한의 칸막이를 추구하게 되었다.

② 오픈 플래닝(Open Planning)은 융통성 추구의 원룸, 즉 칸막이가 거의 없는 주거의 여러 기능을 하나의 공간에 마련하는 방법을 이르는 말로서, 흔히 독신자 숙소, 작은 단위의 공동주택이나 레저용의 콘도미니엄 유닛(Units) 설계에 유용하다.

③ 경제적 · 사회적 현상의 변화에 따라 현대사회가 잃고 있는 것들, 즉 가족 간의 단란, 편안함, 일체감, 협동심 결여로 현대인의 주생활은 독립되고 개성화된 현대주택 형식으로 등장하게 되었다.

④ 핵가족으로의 변환과 식생활의 합리화, 각종 생활기구의 발달에 따른 가사작업의 단순화, 가공식품의 발달 등은 주택의 구성방법에도 큰 변화를 가져오게 되었다.

⑤ 설비시스템 보급과 설비기계의 발달, 즉 프리패브 부엌, 목욕실 등의 새니터리(Sanitary) 시스템과 에너지 공급장치 등이 점차 다기능 · 소형화로 개발되고, IT기술의

발전에 따라 그 이용이 더욱 간편해지는 시대에 공간의 융통성, 연속성이라는 관점에서의 오픈 플래닝수법은 미래의 주택설계에 큰 영향을 미칠 것으로 판단된다.

3.6.5 도시형 생활주택의 종류

1) 원룸주택

① 원룸은 외래어로 국립국어원 표준국어대사전에 실렸지만 일본식 조어(造語)다. 원룸은 건축법상 정식 용어가 아니다. 다세대주택, 다가구주택, 오피스텔 등에서 방이 하나 있으면 원룸, 방이 둘 있으면 투룸으로 부른다. 정식 용어가 아니기 때문에 국토부 통계로도 잡히지 않는다. 영미권에선 '스튜디오(studio)'라고 하고, 일본에선 방 하나짜리 주거를 '1R(원룸)', 여기에 작은 부엌이 분리되어 있으면 '1K(키친)', 식탁을 놓을 부엌이 있으면 '1DK(다이닝룸 · 키친)'라고 한다.

그림 3.40 컴팩트하게 리모델링된 원룸의 내부

② 사회적 변화현상의 하나로 싱글족, 독신자들의 증가와 함께 학생, 직장인 등을 수용하는 각종 형태의 생활공간이 요구되고 있다. 원룸 주택, 원룸 텔, 코쿤텔 등이 포괄적인 의미로 상품화되고 있으며, 소유개념이 아닌 이용개념의 주택이라 할 수 있다.

③ 소형 원룸이나 오피스텔에서 천장을 조금 높여 1층은 일반 생활공간으로 이용하고, 복층은 침실로 활용하는 등의 공간활용을 극대화하는 기법이 적용되기도 한다. 가구에 의한 공간활용은 칸막이에 수납가구 역할을 추가한 수납벽체 시스템, 건물과 일체화된 붙박이(built-in)가구, 단일가구의 조합으로 이루어진 모듈형 시스템가구 등을 활용하기도 한다.

2) 다가구주택

다가구주택은 여러 가구가 함께 거주할 수 있는 단독주택으로 거주, 임대, 전세용 주택으로 분양이 불가능한 주택이다. 이와 달리 다세대주택은 2세대 이상이 거주할 수 있는 공동주택으로 분양이 가능한 주택을 말한다.

다가구주택은 연면적 660㎡ 이하(타 용도와 복합으로 건축시 동일 건축물의 규모는 660㎡ 이하), 층수 3층 이하(지상 1층을 주차장으로 사용하는 경우에 4층 허용), 세대당 495㎡ 이하로 제한하고 있다.

3) 다세대주택

다세대주택의 연면적은 다가구주택과 동일한 기준이나 층수 4층 이하 세대당 제한면적은 전용+공용면적 300㎡ 이하로 규정하고 있다. 또한 다가구 · 다세대 주택은 세대당 면적은 45㎡ 미만이 될 수 없으며 강화된 주차장법에 의한 주차대수는 서울시의 경우 세대당 0.7대를 확보해야 한다.

4) 기숙사형 주택

1인 가구가 방을 개별 사용하면서 취사와 세탁은 공동으로 사용할 수 있도록 만든 주거형태로 기존 고시원 등 유사 주택에 거주하는 도시저소득층 1인 가구를 대상으로 하는 공동주거형태의 주택이다.

5) 셰어형 주택

주거비용을 절약하기 위해 부엌, 욕실, 화장실을 공동으로 이용하는 개념으로 세어형 주택이다. 보통 1개월 이상으로 계약하지만 관광객을 대상으로 하루씩 숙박용 게스트하우스로 활용되기도 한다. 경우에 따라서는 입주자들 조건, 특성을 한정해 젊은 층 중심의 커뮤니티 역할을 한다.

6) 콘셉트 맨션

도심 내 자투리 토지를 활용해 입주자 특성에 맞게 소형으로 건축하는 것을 콘셉트 맨션이라고 하며 대개 8가구 정도로 구성돼 있다. 비슷한 취미를 가진 독신가구들이 입주해 커뮤니티를 형성하는데 음악가들을 대상으로 한 뮤지션 맨션이나 오토바이 애호가들을 위한 바이커즈 맨션 등이 대표적인 형태다.

7) 위클리 맨션 / 먼슬리 맨션

일주일씩 활용하는 주택을 위클리 맨션이라고 하며, 월 단위로 활용하는 주택을 먼슬리 맨션이라고 한다. 생활에 불편함이 없도록 가구, 가전이 잘 구비돼 있고 보증금 등 초기비용이 없는 게 장점이다. 주로 도심 중심가에 위치해 있고 지하철역과 가까워 직장인들의 세컨드하우스로 많이 활용된다.

8) 컴팩트 맨션(Compact Mansion)

'콘팩트 맨션'은 30~60㎡의 규모의 원룸으로 구성되어 있으며, 일본에서 처음 등장한 주택 형태이다. 입주자의 직업, 취미, 생활 패턴 등 라이프스타일을 고려해 설계된 맞춤형 소형 주택이다. 일반적으로 8~10가구 정도의 독신 가구들이 비슷한 취미를 중심으로 커뮤니티를 형성할 수 있도록 설계한다. 1~2인 가구를 위한 주거로서 컴팩트 맨션은 주로 교통이 편리한 곳에 자리하며, 인테리어 디자인이 강조된다. 또한 딩크(DINK)족, 시니어 커플, 최근 급격하게 늘어나고 있는 싱글 여성 등 타깃의 컨셉화로 다양한 수요를 고려한 점도 컴팩트 맨션이 보여주는 특징이다

3.6.6 쉐어하우스

1) 새로운 주거방식의 확산

쉐어하우스는 해외 관광객들을 대상으로 하던 게스트 하우스가 발전한 형태이다. 버블붕괴 후 계약직 사원들과 프리터들이 늘어나면서 도심을 떠나지 않으려는 젊은이들에게 편리한 새로운 주거방식으로 확산되기 시작했다.

쉐어하우스는 주방, 화장실, 거실 등을 함께 사용하면서 각자의 방만 개인공간으로 사용하는 주거형태이다. 집을 공간적 · 기능적으로 나눠 사용함으로써 개인의 프라이버시를 지키면서 주거비용도 낮출 수 있다.

요즘은 보다 전문적이고 새로운 형태의 쉐어하우스가 등장하고 있다. 인터넷의 자유로운 이용을 위한 무선 랜 시설과 컴퓨터 시설 등은 기본이고 체력단련실, 비디오 감상실, 당구장, 좀 더 넓은 식당 등을 갖춘 쉐어하우스들이 보편화되고 있다.

2) 다양한 테마의 세어하우스 등장

최근에는 다양한 컨셉을 반영한 공용공간을 제공함으로써 같은 취미와 관심사를 가진 사람들이 함께 모여 살 수 있게 만든 셰어하우스가 인기를 끌고 있다. 사진, 캠핑, 야구, 영화 등 취미가 같은 사람들 끼리 모여서 이야기 나누면서 즐거운 공동생활을 할 수 있는 장점이 있다. 창업가를 꿈꾸는 집, 미술가들의 집, 슬로라이프를 실천하는 사람들, 여행을 꿈꾸는 사람들, 독서를 좋아하는 사람들을 위한 집 등 다양한 테마의 셰어하우스들이 있다. 관심사나 취향이 비슷한 사람들 끼리 함께 모여사는 즐거움과 재미를 극대화 하여 마치 대학 동아리 같은 분위기를 연출하며 공동체적 결속을 더욱 끈끈하게 해준다.

3) Co-living 트랜드 확산

쉐어하우스가 발전된 형태라 볼 수 있는 코 리빙은 공간뿐만 아니라 각종 취미, 동호회 활동 등을 함께 하는 방식이다. 이 방식들은 거주자 수에 따라 월 임대료를 분담해 혼자 살 때보다 부담이 줄어든다. 독립적인 싱글에서 믹스드 싱글(Mixed-Single) 문화로 바뀌는 것이라 할 수 있다. 쉐어하우스나 코리빙에 사는 것이 월세 부담을 낮추려는 경제적 이유만은 아니다. 오히려 혼술이나 혼밥의 외로움에 지친 1인 가구가 공동체를 형성해 식사를 함께 하고 일과 인생 대화를 나누는 삶을 원하기 때문이다. 주거비는 비싸고 혼자 사는 것은 외로운 1인 가구는 Co-living의 바람을 타고 새로운 보금자리를 찾아간다. 혼밥, 혼술, 혼행 등 혼자 하는 활동에 지친 1인 가구에게 Co-Living 하우스는 경제적인 문제 해결부터 다양한 라이프스타일의 만남이라는 흥미로운 콘셉트를 제시하며 1인 주거의 솔루션으로 성장 중이다. 최근 밀레니엄 세대의 성장과 주거비 상승, 도심 집중 현상 등으로 코리빙 시장이 급격히 성장하고 있다.

4) 코하우징(Co-housing)이란

공유주거 또는 협동주거(Collaborative Housing)라는 의미로 코퍼러티브 하우징(Cooperative Housing), 협동주택, 공유집합주택 등으로도 불린다 또한 세어하우스는 입주민들끼리 단순히 주방과 거실 등을 공유하는 개념이라면 코리빙은 함께(Cooperative) 산다(Living)의 의미로, 각각 방을 임대하고 거실과 주방 등은 여러 임차인이 공유하는 개념으로 운영된다. 쉐어하우스와 비슷하지만 오피스텔과 비슷하게 입주민이 프라이빗하게 생활하면서 공용공간에서는 코워킹스페이스 또는 라운지 등의 생활과 문화를 공유하는 커뮤니티를 형성하는 진화된 쉐어하우스라 할 수 있다.

5) 커뮤니티 하우스, 컬랙티브 하우스

쉐어하우스의 발전된 형태로 커뮤니티하우스, 컬랙티브 하우스도 있다. 컬랙티브 하우스는 다양한 계층의 사람들이 한 지붕 아래 모여 사는 공동체 주거형태이다. 이곳에 사는 사람들은 각자 방을 사용하면서도 정기적인 모임을 갖고 함께 식사하는 것은 물론 그룹 활동 같은 자유로운 소통을 하면서 생활한다.

6) 그룹 리빙홈

그룹 리빙홈은 기존의 실버타운이나 요양원 등이 안고 있는 문제점을 개선한 주거형태인데, '오래 살던 지역에서 마지막까지 안심하고 살고 싶다'는 노인들의 마음을 최대한 반영한 주거형태이다. 도시 교외의 자연환경이 좋은 지역에 의료시설이 가깝고 편의시설과도 가까운 곳이 적지이다. 고령자들에 맞게 배리어프리 설계를 채용하는 것은 기본이다. 그룹 리빙홈은 그 지역의 60대~80대의 혈연관계가 없는 노인(특히 여성)들이 대상이 되는데, 그 안에 개인공간과 공용공간을 두며 가능한 한 개인생활을 제한하지 않고 공동생활을 하도록 한다. 각자 취미생활을 선택해서 할 수 있고 복지시설과는 달리 애완동물도 자유롭게 기를 수 있다. 말하자면 고령자들의 쉐어하우스인 셈이다.

3.7 비주거용 건축물 리모델링

우리 나라의 향후 리모델링 시장은 도시지역의 사무실, 상업용 건물 등 비주택 부문을 중심으로 빠르게 성장할 것으로 예상된다. 즉 사무실, 상업용 건물에 대한 체계적인 유지·관리와 임대수익 향상을 위한 성능개선 활동 등이 광범위하게 이루어지고, 용도 변경 등의 리모델링 사업도 크게 증가할 것으로 예상된다. 또한 병원, 호텔 등 전문적 서비스 경쟁이 심화되고 있는 특수 건축물에 대한 리모델링 수요와, 그리고 부동산 투자신탁제도 등 부동산

표 3.8 일반건축물의 리모델링 수요

	구조보강	방재·방범 향상	노약자 보호	환경 배려
사회환경의 변화	• 내진보강 • 설비기기의 내진 성능 향상	• 소방설비의 향상 • 자가발전기의 설치 • 급수시설 확충 • 경비시설 설치	• 손잡이 설치 • 장애인용 화장실 설치 • 계단턱 높낮이 해소 • 동선단축	• 쓰레기 문제 • 물이용, 관리 • 가스배출 문제
	정보화 대응	**에너지 절약**	**쾌적성 향상**	**이미지 향상**
니즈(needs)의 다양화	• OA기기대응 • 전원용량 증강 • 광케이블 설치 • Access Floor 설치	• 에너지 절약 공조 시스템 설치 • 자연에너지 채용 • 청소, 곤돌라 설치	• 공조환경 향상 • 빛환경 개선 • 화장실 개선 • 휴게실 개선	• 외관 쇄신 • 인테리어 개선 • 조명 개선
	용도의 변화	**증축**	**재생**	**보존**
	• 타 용도 전환 • 이용방법의 변경	• 스페이스 확장 • 공간절약기기 설치	• 경관개선	• 역사적 환경 보존 • 건물의 유효 이용
	설비의 갱신	**안전의 확보**	**방수성능의 확보**	**오염 제거**
건물의 기능유지	• 열원설비의 갱신 • 공조기의 갱신 • 전원설비의 갱신	• 외벽타일 낙하방지 • 철 구조물의 부식방지 • 콘크리트중성화 대책	• 옥상방수 갱신 • 옥외건구의 갱신	• 외벽 청소 • 백화현상 대응

자료 : 윤영선(2001) 재인용

금융의 활성화와 연계하여 비주택 건축물의 수익성 제고를 위한 리모델링도 활성화될 것으로 전망된다. 비주거용 건축물 리모델링시장은 민간의 소형 개인 건축물에서 공공의 대형 건축물과 대형 쇼핑몰, 그리고 도시의 재생까지 확대되고 있다.

국내 비주거용 건물 리모델링시장은 중·소형 사무실 및 상업용 빌딩(57.2%), 대형 사무실 빌딩(19.0%), 병원, 숙박시설 등 특수용도 비주택건물(14.3%), 공공 건축물(9.5%)인 것으로 조사되었다.

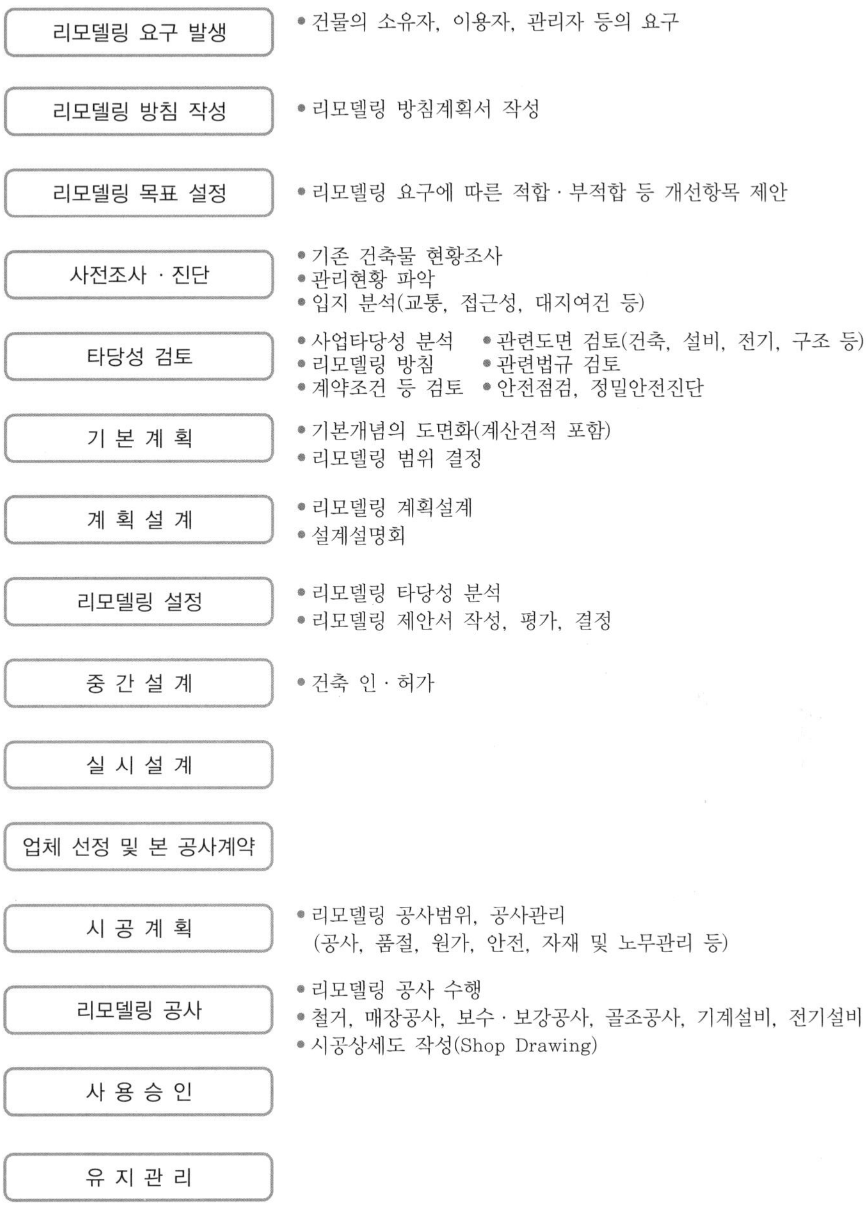

그림 3.41 일반건축물 리모델링 사업추진 절차

3.7.1 종류별 특징

(1) 사무실 빌딩

① 임대형 건물로서 입주자들의 업무생산성 향상에 초점을 맞춘다.

② 전문 위탁관리업체에 의한 유지·관리 용역 위탁이 증대하는 경향이다.

③ 용도변경을 위한 리모델링 수요가 증대하고 있다.

④ 정보화, OA대응, 에너지 절감, 업무환경 개선, 입주자 요구에 대한 부응

(2) 상업용 빌딩

① 고객 수요를 끌기 위한 이미지 및 디자인 개선에 중점을 둔다.

② 임대자 변경 시 수요 특성을 반영한 인테리어 변경 수요가 수시로 발생한다.

③ 고객접근도 및 동선개선, 재고물품의 관리 및 이동편리, 고객계층별 특성에 따른 니즈를 반영한다.

(3) 생산설비

① 작업효율성 및 환경개선에 중점을 둔다.

② 용도변경을 위한 수요가 발생한다.

③ 물류시스템 개선

(4) 의료시설

① 환자에 대한 서비스환경 향상, 업무처리능률 제고 등에 초점이 맞추어진다.

② 의·약분업에 따른 신규 리모델링 수요가 발생한다.

③ 신기능 부가, 건축환경 개선, 에너지 절감

(5) 교육 및 연구시설

교육 및 연구시설은 리모델링 수요가 꾸준히 확대되는 경향을 보인다. 리모델링의 초점은 부족한 시설물 및 공간의 확충을 추구하는 한편, 설비 및 시설의 현대화를 중시하는 경향을 보인다.

① 학생 수 변동에 따른 증·개축 또는 여유시설의 타 용도 전환을 위한 수요가 발생한다.

② 안전성 강화, 화장실환경 개선 등의 수요가 발생한다.

③ 정보화 대응, 안전성 강화

(6) 스포츠시설

① 여성 수요자 증가 등 수요자층의 변화에 따른 수요가 증가한다.

② 법적 규제의 변화에 대응한 리모델링 필요성이 증가한다.

③ 서비스 수준 제고

(7) 호텔 및 숙박시설

호텔 등 숙박시설은 리모델링 주기가 짧은 대표적인 건물 유형에 속한다. 이러한 유형의 건물들은 변화하는 소비자들의 기호를 제때에 반영하지 않으면 충분한 수익성을 확보할 수 없다. 리모델링의 주된 방향은

① 외관이미지의 현대화

② 내부기능 및 설비 쾌적화, 관리 개선

3.7.2 오피스 빌딩 리모델링

1) 오피스의 개념 및 현황

① 오피스 공간은 새로운 경영적 시도를 하거나 업무의 질적 변화를 가져오기 위해 리모델링한다. 오피스는 개인과 조직 간의 생산성 향상을 목적으로 각종 정보를 가공, 생산, 처리, 전달하는 공간적 특성을 갖는다.

② 정보통신기술의 급격한 발달은 오피스 빌딩의 정보화, 지능화, 복합화로 새로운 개념의 오피스를 요구하게 되었다. 또한 기업의 이미지(CI : Corporate Identity)를 중요시하고, 기업의 조직은 수직적 위계질서의 조직체계에서 소집단의 네트워크형으로 변화하고 의사결정 프로세스도 상위하달식에서 분산처리형식으로 전환하고 있다.

③ 오피스를 지적 생산활동의 장으로, 보다 창조적인 기업활동의 거점으로 하기 위해, 그리고 근로자들의 창조적 활동을 지원하기 위해서는 리프레시(Refresh) 공간이 필요하다. 리프레시먼트(Refreshment)는 일로 인해 쌓인 피로를 해소하여 활력을 회복한다는 개념이다.

④ 서울시의 오피스빌딩은 향후 5~10년간 대표적 리모델링시장이 될 것으로 보고 있다. 서울시내 6층 이상 오피스빌딩의 25% 정도가 20년 이상된 건물이며 1970년대 준공된 빌딩(40년 이상된 빌딩)의 20% 이상이 개수 중심의 리모델링을 고려할 수 있다.

⑤ 급배수시설, 환경개선, 방재 및 방범, 화재대응, 정보화 부문 등의 수요가 높으며, 통계자료에 의하면 향후 5년 내 20%의 오피스빌딩이 급배수시설과 환경개선이 필요하고, 방재 · 방범(20%), 화재대응(16%), 정보화(15%) 순으로 리모델링의 필요성이 나타나고, 향후 5년 내 구체적으로 수요가 높은 부분은 광케이블 설치(29%), 화재감지기 설치 및 교체(26%)가 될 것으로 보고 있다.

2) 오피스 빌딩의 기능변화

① 오피스는 본래 Activity의 거점으로 사업활동에 필요한 정보를 창출하여 가공·축적하고 교환함으로써 사업경영의 전략을 쌓는 곳인데, 최근 오피스의 기능이 사무처리 중심에서 기획·창조형으로 바뀌고 있다. 오늘날 사람들의 활동은 24시간 끊임없이 진행된다. 시차·언어·문화의 문제 등 나라와 나라 사이에 존재하는 여러 문제를 극복할 수 있는 기능이 오피스에 요구되고 있다.

② 인터넷 경제시대 도래에 따른 가상사무실과 모빌오피스 출현으로 사무실 기능이 비즈니스 타운의 일정 공간에서 사이버 공간 또는 모빌(Mobile)공간으로 옮겨져 세계 각지에 흩어진 직원들이 언제, 어디서나 장소와 시간에 구애받지 않고 업무를 추진하게 되었다. 모빌오피스가 확산되는 것은 사무실 공간 축소 등으로 인한 경비절감과 회사 출퇴근시간절약, 그로 인한 현장서비스 강화, 고객만족도 향상 등 긍정적인 효과가 있는 것으로 평가되기 때문이다.

③ 오피스는 IT화의 진전과 업무형태의 급격한 변화에 의해 새로운 오피스 형식이 나타나고 있다. 앞으로의 오피스는 집중작업, 커뮤니케이션, 휴식 등 목적별로 공간을 나눠 사용할 수 있는 액티비티 세팅 기능설비가 모듈화되어 조합이 자유로운 모듈러 오피스(Modular Office), 가변성을 확보한 오픈된 대규모 공간의 메가플로어(Mega Floor), 프로젝트 기능을 중시한 코퍼레이션(Cooperation) 오피스, 네트워크상의 가상공간인 버추얼(Virtual) 오피스, 그리고 Web을 이용하여 액세스하기 위해 작업자가 있는 공간이 오피스가 되는 모바일 오피스 등 몇몇 형태로 다양화될 것이다.

④ 코로나19 확산 방지를 위해 재택근무를 권고하는 회사가 크게 늘어나면서 대형 사무실에 함께 모여 일하던 기존의 오피스 문화에 혁신의 바람이 불고 있다. 화상회의와 재택근무 도입 등 일하는 방식의 변화가 오피스 공간 혁신으로 이어지고 있다. 재택근무가 확대되면서 클라우드, 모바일, 웹, 어플 등이 혁신적으로 변모하고 교육·근무·회의 등 원격으로 수행하는데 지장이 없도록 주택을 지을 때부터 홈네트워크 기반 온라인 인프라와 사물 인터넷을 갖추지 않으면 안된다. 쇼핑, 오락, 의료, 금융, 행정 등 온라인 써비스가 확대되고 온·오프라인의 다양한 채널에서 소비가 이루어지는 이른바 옴니채널(Omni Channel)의 소비형태로 빠르게 변화하는 예후가 나타나기 시작하고 있으므로 스마트오피스로의 변환에 대비해야 할 것이다.

3) Office Building의 기능변화에 대응할 필요조건

정보통신시스템은 다기능 전화의 이용이나 팩스, Videotex(가정용 온라인 영상정보시스템) 및 화상통신이 가능한 전송교환서비스, 음성메일과 문서메일 등의 전자메일서비스, 원격지간 TV회의를 포함한 통신회의 서비스가 있다. 정보화건물의 주변 기술인 디지털PBX

(소형 구내용전화교환기), 초고속 LAN, 게이트웨이 프로세서(Gateway Processor) 등이 확립되어야 한다.

(1) 정보화 대응방안

① 정보화 사회에 대처한 OA 대응의 건물기능과 전기용량 향상, 시스템의 수정 요구가 필요하다.

② 인텔리전트 요구의 보완을 위해 정보 샤프트 신설, 이중바닥 설치, 기계공간 증설 등이 요구된다.

③ 고성능 기기 도입 및 빌딩관리시스템의 합리화, Facility Management(시설관리) 도입 등이 요구된다.

(2) 국제화, 정보화, 쾌적화, 업무효율화에 대한 대응방안

항 목	내 용
① 국제화	24시간 가동 체제의 빌딩 기능, Flexible한 오피스 기능, 새로운 오피스 플래닝 도입
② 정보화	OA화에 부응하는 건물기능 · 전기용량 확보, LAN 구축이 가능한 빌딩, 정보처리, 정보네트워크의 기능, 종합적인 OA 기능을 갖춘 Workstation
③ 쾌적화	조명 · 공조 · 내장 시설의 개량을 통해 집무환경 개선, 조명 · 환기 · 색채 개선, Office Refresh Corner, 화장실 설비 개선, 아트리움이나 휴식공간 등의 신설로 쾌적한 공간 제공

(3) Workstation과 주변환경 대응방안

Worker의 독립성, 독창성을 최대한으로 살리면서 개별화에 대응할 오피스 기능, 프로젝트 대응 팀이나 그룹의 활동에도 대응할 수 있는 기능, Workstation과 주변환경 문제가 중요하다.

① 건물구성과 조정 : 레이아웃의 유연성 내지는 융통성, 변경에 대한 대응이 요구되기 때문에 건물구성을 고려한 독립성과 조도와 온 · 습도 등의 실내환경, 전원공급의 균일성을 확보하는 것이 중요하다. 오피스 빌딩의 리모델링을 시행함에 있어서 조명기구와 공조의 흡출구, 조닝과 제어방식의 유동성을 고려한다.

② 편의성 제고 : 건물의 특성을 고려한 다양한 공간을 창출한다. 적정한 온도, 습도, 소음 및 저전력, 고조도의 쾌적한 조명기구로 다양한 주거환경의 분위기를 창출하여 입주자 및 고객의 만족도를 향상시키는 편의성을 창출한다.

(4) 사무자동화(OAS : Office Automation System)

사무자동화는 종래의 수작업으로 처리하던 업무를 컴퓨터 등 각종 기기를 디지털 등 정보통신 Network와 통합 · 운용함으로써 정보처리 및 사무처리를 보다 능률적이고 경제적으로 수행하는 것을 의미한다. 이 시스템은 사무실, 건물 내는 물론 의사 결정지원, 스케줄 관리, 내방객 관리 등 다양한 서비스를 제공하고, 고객의 요구(Needs)에 부합되는 소프트웨어를 개발 · 적용시킴으로써 사용자에게 최적의 서비스를 제공할 수 있다.

4) New Office의 요구 성능

New Office란 업무의 효율화를 도모하기 위한 고도의 Support설비와 쾌적한 집무환경을 모두 갖는 High Grade Building으로 생각할 수 있다.

New Office에서는 공조설비의 온도, 기류, 열복사 등이 한 사람 한 사람의 기호에 맞는 상태로 제어할 수 있는 퍼스널(Personal)이어야 한다. New Office에 있어서는 OA기기, 집무환경개선 요소와 OA기기의 특성이 중요하게 강조된다.

(1) OA기기나 통신설비 증가

업무의 효율화를 도모하기 위한 고도의 서포트 설비로 많은 OA기기나 통신설비가 들어온다.

① OA기기 부하는 보통 30~50w/EA 정도이지만 엔지니어링 오피스에서는 100~150w/EA 정도이며, 특히 책상 밑에 설치된 컨트롤러 등으로부터 발열비율이 커진다.

② OA기기 배치는 분산화하는 경우와 집중화하는 경우가 있으며, 또 그 배치를 바꾸는 경우도 많다.

③ New Office에서 업무의 효율화는 끊임없이 진행되고, OA기기를 3~5년에 새로운 기기나 시스템으로 갱신시키게 된다.

④ OA기기의 배선용으로 2중바닥이 사용된다.

(2) 집무환경 개선

① 집무환경 개선으로 파티션(Partition)을 이용하는 경우가 많다.

② 경제적이고, Flat한 천장이 아니라 요철이 있는 변화 있는 천장이 바람직하다.

③ 요철이 있는 천장에서는 가장 낮은 高조도의 조명계획이 가능하다.

④ Flextime제(유연근무) 도입으로 개인의 근무시간이 흩어져 있어 OA기기 이용도 개개인마다 다르다.

⑤ 쾌적한 집무환경 요소의 하나로 환경의 高등급화를 요구하고 있어 퍼스널공조가 요망된다.

⑥ 거주자가 OA기기의 발열이나 담배연기 등 실내활동의 영향을 가능한 한 받지 않는 것이 바람직하다.

5) 오피스의 공간별 디자인

항 목	내 용
① 출입문 로비	사무공간의 성격을 대변하며, 회사의 CI작업(Corporate Identity Program)을 포함한다.
② 리셉션 공간	안내원이 근무하는 부분과 방문객이 대기하는 공간으로 구분한다. 안내와 사무가 동시에 이루어져야 하고, 회사의 이미지를 잘 전달할 수 있도록 계획한다.
③ 임원실	회사 내 직급이 높을수록 상위층에 위치하고, 채광과 조망이 우수한 모서리 부분에 위치한다. 독립성 유지가 필요하다.
④ 비서실	임원실의 방문객을 접대하고, 서류업무가 가능하도록 한다.
⑤ 회의실	프레젠테이션 시스템과 통신시설을 갖추고, 집중할 수 있는 시스템으로 한다.
⑥ 일반 사무공간	사무원이 업무환경에서 개인적인 영역을 최대한 누릴 수 있도록 계획하며, 인접한 직원 간에 쉽게 대화할 수 있는 가구배치를 한다. 전화, 전기, 통신 등 각종 장비를 위한 배선이 바닥이나 오픈오피스가구의 패널에 배치되는 것에 유의한다.
⑦ 자료실	자료의 손상을 막기 위해 적절한 온도, 습도 등의 설비시스템을 갖추어야 한다.

6) 워크플레이스 조성을 위한 기술

① 정보기술 도입과 정보통신 네트워크의 발전은 일상업무를 진행하는 방법, 업무조직, 그리고 생활에 큰 영향을 미치고 있다. 이에 따라 사무실 풍경도 크게 변화하여 여러 가지 사무실 형태가 실현되고 있다.
레이아웃의 유연성 내지는 융통성, 변경에 대한 대응이 요구되기 때문에 조도와 온·습도 등의 실내환경, 전원공급의 균일성을 확보하는 것이 중요하다. 조명기구와 공조 흡출구, 조닝과 제어방식의 유동성 등을 고려한다.

② 사무실을 단순히 '일하기 위한 장소'로만 여기는 것이 아니라 업무의 진행방법(Process)을 결정하고 거기에서 업무생활을 하는 사람들(People)과의 연관성을 고려하여 고도정보사회에 대응한 숙련된 업무, 생활환경(Place)으로서의 작업공간으로 인식할 필요가 있다.

③ 생활공간의 성능개선 기술로서 워크스페이스 조성을 위한 기술, 배리어프리화 기술이 요구되고 있다. 양쪽 기술 모두 그곳에서 생활과 일을 하는 사람에게 있어서 신변에 직접 관련되는 것이며, 구체적인 생활 스타일과 이것들을 지원해주는 건축환경의 정합이 요구되고 정합의 좋고 나쁨이 생활의 활력소, 쾌적함에도 직접적인 영향을 미친다. 건물의 성능개선을 시행함에 있어서는 적극적으로 추후 연구·검토해야 할 테마이다.

④ 워크플레이스를 실현하기 위한 리모델링 기술로는 워크플레이스의 구성과 변화에

대처하기 위한 건물구성, 쾌적한 생활과 숙달된 업무환경 제공 등이 가장 큰 주제가 된다. VDT(Video Display Terminal) 등의 정보단말을 이용하기 위해 루버가 부착된 조명등, 블라인드에 의한 외광(外光) 컨트롤, 칸막이벽과 가구배치의 변화에도 대응할 수 있는 온·습도환경, 건전한 공기질·소음레벨을 확보한다

⑤ 정보화사회 전환에 따른 건설기술의 고도화 및 정보·통신기술의 발전에 따라 21세기 정보사회로의 전환이 본격화되면서 재택근무가 현실화되고 SOHO(Small Office Home Office)가 나타나는 등 사무형태의 전환에 따라 정보·통신기술을 재현한 첨단화되고 안락하고 자동화된 주택·건물에 대한 수요도 증대된다.

⑥ 정보시스템이 높은 신뢰성을 갖기 위해서는 장래의 변동을 전망한 충분한 전원공급과 정전전원이 요구된다. 워크플레이스의 다양화와 레이아웃 변경 등에 대응하고 정보화에 대응하기 위하여 정보와 전원의 아우트렛을 자유롭게 설치하는 유동성이 요구된다.

3.7.3 병원건축 리모델링

1) 병원건축 리모델링 일반사항

병원건축은 일반건축과 구분되어 종종 특수건축의 하나로 일컬어지고 있다. 이 특수성은 의료체계가 가지고 있는 전문성, 다양성, 복잡성 등에 기인하는 것으로서 병원건축이란 이 의료체계라는 하나의 사회적 하부구조를 건축이라는 물리적 환경으로 바꾸는 프로세스이다.

(1) 병원건축의 진화

① 과거 급속한 성장을 기록한 대형병원들은 최근 병원 규모 및 수의 증가와 환자수 감소로 공간활용에 어려움을 겪게 되어, 이를 개선하고자 병원들이 대대적인 리모델링사업을 추진하고 있다.

② 병원은 환자진료의 소극적 기능에서 벗어나 사용자 모두가 쾌적하고 건강한 생활을 할 수 있는 공간으로 업그레이드되고 있으며, 각 병원의 독자적인 아이덴티티를 추구하고 있다.

③ 병원은 첨단기술 및 설비를 이용하여 병원 시설의 현대화와 고급화를 추구하고 있다. 특히, 외래의 비좁던 대기 복도를 갤러리화하여 대기환자 및 보호자들에게 보다 쾌적한 공간을 제공하려는 계획을 시도하고 있다.

④ 병동부 계획은 매스에 의한 조형미를 표현하기 위해 백색 위주의 병원 색채에서 벗어나 다양한 색상을 도입하고 있다. 병동부 창호도 내부기능에서 한걸음 나아가 디자인화로 발전을 시도하고 있다.

⑤ 최첨단 기술 및 설비는 물론이고 저층부 매스구성과 병동부 타워 형태에서부터 각 부분의 디테일에 이르기까지 모든 디자인은 기능적 해결과 심미적 표현을 동시에 만족하고 있다.

⑥ 병원건축의 디자인 역시 창의성 있는 조형적 형태를 통해 현대적 이미지를 개선하고 강화시키는 방향으로 발전되고 있다.

(2) 병원의 리모델링 발생 요인

① 우리나라는 지난 30년간 고도성장기를 거쳐 오면서 병원의 수는 계속 증가하였으며 질적 환경보다는 병상 규모를 중심으로 성장했다. 따라서 의료직원을 위한 공간이나 환자편의 공간이 부족하여 변화된 요구를 수용하기 어려워졌다. 병원의 공급은 양적 확충보다는 쾌적한 치유환경의 질을 추구하는 방향으로 수요가 변화하고 있다. 통상적으로 사회변화 속도가 빠를수록 건축물에 대한 요구기능도 빠르게 변하기 때문에 대체로 15~20년이 경과한 병원은 개·보수, 리모델링을 총체적으로 하지 않을 경우 제대로 된 사회적 기능을 수행하기는 어려워진다.

② 의료기술 발달과 의료제도 변화에 따라 병원에 대한 환자들의 요구도 달라진다. 새로이 개발되는 의료기기의 등장은 병원건축의 증·개축을 부추기는 원인으로 여겨져 병원은 항상 성장과 변화를 계속할 수밖에 없다.

③ 최근에는 의료환경의 변화에 따라 종전과는 다른 새로운 병원 리모델링이 이루어지고 있다. 새로운 의료시설과 환자 서비스의 전개가 요망되고 있다. 종전에 의료제공은 치료만을 대상으로 한 것이었으나 최근에는 건강관리도 의료에 의존하게 되었다. 또 생활수준 향상으로 어느 정도의 경제적 부담이 있어도 충분한 서비스를 받고 싶다는 희망이 증가하고 있다.

④ 이러한 상황에서 환자의 다양한 요구와 고령화사회 현상 때문에 종전의 획일적인 의료제공에서 노인병원 또는 호스피스 등의 전문화로 인한 병원기능 전환, 보건·건강증진까지의 서비스 확대, 일상생활을 하면서 치료 또는 입원생활을 할 수 있는 쾌적성 확보 및 주야의 병원서비스, 미용에 대한 의료의 응용 등을 포함한 기존 의료서비스 범위가 확대되고 있다.

(3) 병원 리모델링 경향

과거 10년 동안의 조사에서 밝혀진 병원 리모델링 경향은 다음과 같다.

① 리모델링은 병원의 종류, 규모, 방식에 따라 천차만별이다.

② 병원이 위치한 곳에 따라 리모델링 개념과 내용, 방법이 다르다.

③ 과거 병원의 리모델링은 의료기술 발달에 대응하여 병상을 늘리면서 진료부문의

정비 향상을 추구했으나, 이제는 병상 증가를 위한 증축은 그리 뚜렷하지 않다.

④ 고도의료화라든가 전문의료화를 목표로 진료부문뿐만 아니라 원내 전체가 충실하게 정비되고 있다.

⑤ 병실과 병동의 환경개선과 OA화 인텔리전트화도 많아지고 있다.

(4) 기존 병원건축의 특징 및 문제점

의료활동 장소로서의 병원건축은 항상 의료활동을 위한 변화에 대응하는 것으로 리모델링과 개축이 계속 발생하고 있다. 병원을 재건축 또는 리모델링하는 이유로는 1960년도 이전의 병원건축은 질보다는 양적 확보에 중점을 두었고 기능이나 면적은 필요한 최소한의 수준으로 설정하였다. 당시는 장래의 증·개축이나 설비의 갱신은 그다지 중요하지 않았다. 건설기술이나 배관재료 등도 현재만큼 풍요롭지 않았다. 최근의 의료기술 진보라든가 의료기기 혁신은 없었다.

인구 구성의 고령화, 생활수준 향상, 의료요구의 다양화가 진행되고 그에 따라 의료체계, 보험제도 등의 대개혁이 계속되는 것이 큰 요인이다.

(5) 병원건축의 리모델링 대응책

① 환자의 거주환경(병실, 화장실, 욕실, 휴게공간 등) 개선, 대기시간 단축

② 초노령화 사회로의 대응

③ 원내 감염 방지책, 공조설비 등의 충실

④ 고도의 전문의료 기능으로 대응

⑤ 중앙진료 부문의 충실, 전문외래, 특수외래 신설

⑥ 의료법 개정에 대한 대응

⑦ 의료정보시스템 도입

⑧ 간호사 부족에 대한 대응, 24시간 가동에 대한 라이프사이클 대응

(6) Medical Planning의 목표

① 조직화 : 앞으로 병원은 기업화, 시장지향화 등을 특징으로 의료산업이 부각될 것이기 때문에 병원건축 역시 고품질의 의료서비스를 제공해 주기 위하여 기능적 해결차원이 아닌 그 병원의 이미지 구축과 차별화를 위한 독창적 형태 추구 등으로 나아갈 것이다.

② 고품위 서비스 : 서비스산업으로 인식되어 오던 의료산업에 있어서 최근의 경향은 환자가 아닌 고객으로서의 패러다임 전환에 있다. 미래의 병원은 건강증진, 건강교육, Life Style 같은 의료정보상품들을 이용하여 병원의 활동영역을 분산시킬

것이다. 병원은 최고수준의 의료서비스와 인간적 경험을 제공하기 위해 각종 이벤트와 행사, 정보교환 등의 기능이 부가될 것이다.

③ 융통성과 성장성 : 미래의 수요와 변화를 정확히 예측하지 못하는 병원들은 변화에 적응할 때마다 큰 손실을 감수해야 한다. 병원건축에서 미래의 변동요인들이 가시화되기 이전에 이를 파악하고 대처할 수 있는 융통성이 더욱 중요시 될 것이다.

④ Silver Care System : 미래에 간과할 수 없는 추세는 전세계적인 인구의 고령화이다. 이에 따라 노인학에 중점을 둔 이식이나 전자적 기술 등의 생명공학으로 대표되는 고기술적 치료법과 재활, 생활양식과 관련된 저기술적 치료법 등이 발달하리라는 전망이다. 선진 외국의 추세는 입원환자의 감소와 더불어 기존의 병상을 노인병동으로 개조하는 사례가 늘고 있다고 한다. 노인들을 위한 요양소나 실버타운 등은 미래의 병원건축의 또 하나의 모습이 될 것이다.

(7) 병원 리모델링계획 시 고려사항

① 마스터플랜을 명확하게 하면서 1단계를 실행한다는 자세가 중요하다. 이 단계에서는 부문구성의 재구축이 이루어져야 하고, 그것이 평면계획에 있어 중요한 과제로 생각하여야 한다.

② 전면 개축이 이루어진 후에도 증 · 개축은 계속되기 때문에 다음으로의 준비를 게을리 해서는 안 된다. 예비공간 확보와 전용 가능한 공간을 미리 설치할 경우에는 소규모 증축은 기존 시설로 어느 정도 흡수된다. 건물뿐만 아니라 대지계획에서도 이러한 여유는 반드시 필요하다.

③ 병원의 주방 및 식당계획은 집중형과 분동형이 있는데, 그 선택은 설계 시 충분히 검토하여야 하는 과제이기도 하다. 현대의 병원건축에서 정형화되어 있는 집중형은 리모델링할 때 건축적으로 어려움이 많이 따르므로 리모델링 방침을 설계 시부터 명확히 해야 한다.

2) 병원의 기능 및 친환경병원 특징

(1) 병원의 부문별 기능

① 외래부 : 환자의 초진, 재진 등 매일 왕복 출입하는 환자를 취급하는 곳으로서 각과 및 약국과 외래 각과(내과, 외과, 소아과, 산부인과, 피부과, 이비인후과, 안과, 치과 등), 응급실, 처치실, 소검사실, 외래대기 홀, 주사실, 외래진찰실 등이 있다.

② 병동부 : 입원환자 및 외래환자 중 의사의 진단에 의한 장기입원환자를 치료하는 곳으로서 병실, Nurse Station, 간호작업실, 처치실, 오물처리실, 세탁실, 린넨실, 식당, 요리실, 욕실, 세면장, 공용화장실 등이 있다.

③ 중앙진료부 : 외래환자 및 입원환자의 진료행위 및 환자들의 검사기능을 하는 곳으로 수술부, 중앙소독실, 검사실, X-선실 및 방사선실, 혈액은행, 물리치료부, 약제부, 응급부 등이 있다.

④ 공급부 : 주방, 식당(직원용, 환자용, 외래이용객용), 배선실, 세탁실, 물품반입, 폐기물처리실, 기계전기실 등이 있다.

⑤ 관리부 : 원장, 사무실, 수간호실, 접수, 응접실, 도서실, 숙직실, 갱의실, 매점, 방재센터 등이 있다.

⑥ 영안실 : 별도의 출입구를 두며 주차장, 주방, 영안 및 영선사무실, 조문객용 공간 등이 필요하다.

(2) 병동부의 기능 분류

병동부는 병원에 가장 대표적인 부문으로 환자가 하루 24시간을 생활하는 환자공간, 간호근무(차트 및 전산, 전화, 인수인계 등) 및 치료와 간호 활동을 지원하는 간호부속공간, 환자의 휴식을 지원하는 환자생활공간, 의사 근무와 간호사 교육을 지원하는 교육연수공간, 복도와 설비공간을 중심으로 하는 공용공간으로 구별될 수 있다.

각 기능 분류에 따른 관련 실은 표 3.9와 같다.

표 3.9 병동부의 기능별 분류

<table>
<tr><th colspan="2">기 능</th><th>관 련 실</th></tr>
<tr><td rowspan="2">환자공간</td><td>병실공간</td><td>환자병실, 병실내 화장실</td></tr>
<tr><td>공용공간</td><td>공용화장실, 장애인 화장실, 환자욕실, 좌욕실</td></tr>
<tr><td colspan="2">환자생활공간</td><td>데이룸</td></tr>
<tr><td rowspan="6">간호부속
공간</td><td>간호근무</td><td>간호대기소(N.S), 너스코너(N.C)</td></tr>
<tr><td>진료/치료</td><td>치료 및 처치실, 준비실/작업실</td></tr>
<tr><td>진료지원</td><td>청결물/소독물실, 린넨실, 오물처리실, 폐기물처리실, 창고</td></tr>
<tr><td>간호지원</td><td>수간호사실, 상담실</td></tr>
<tr><td>간호생활</td><td>간호사실/간호사 휴게실, 간호사 갱의실, 간호사 화장실</td></tr>
<tr><td>기타공간</td><td>배선실, 당직실, 직원화장실, 용역원실, 청소도구실, 스트레처/휠체어 보관실</td></tr>
<tr><td colspan="2">교육연수공간</td><td>의사실, 교수실, 전공의실, 전임의실, 의국, 사무실, 회의실, 자료보관실, 교육실</td></tr>
<tr><td colspan="2">공용공간</td><td>복도, 코어, 덕트</td></tr>
</table>

(3) 친환경 병원건축의 장점

① 건강적 측면 : 친환경적 소재의 사용과 자연요소의 활용으로 병원의 실내공기와 물리적 환경을 개선할 수 있고, 이를 통해 호흡기질환이나 각종 감염으로부터 보호할 수 있다. 또한 채광과 수목 등 자연요소를 통한 환자의 심리상태 및 건강상태 개선이 가능하다.

② 경제적 측면 : 에너지 및 자원절약, 폐기비용 감소 등 환경관리의 효율화를 통해 막대한 환경관리 비용 절감이 가능하다. 평균적으로 병원의 에너지 소비량은 일반 사무소 건축물의 3배 이상을 차지하는 것으로 나타나므로 에너지 절감은 중요한 요소가 된다.

(4) 친환경 병원에 적용되는 기술과 소재

① 녹지비율 확대 : 대지녹화, 옥상녹화, 벽면녹화, 실내녹화를 통해 공기청정효과, 열섬효과 저감, 자연생태계 연장 등 효과가 있다.

② 자연채광과 조망수준 향상 : 정신적 안정을 통해 환자에게는 치유효과를 높이고, 직원에게는 근무의욕을 상승시킨다.

③ 중수와 우수 사용 및 절수형 제품 사용 : 수자원 절약 및 관리비용 절감을 가져온다.

④ 에너지절감형 제품 사용 : LED조명, 대기전력 차단장치, 태양광 조명, 자동 on-off 전등으로 교체, 자동 조도조절설비, 폐열회수장치 등 적정 설비를 설치한다.

⑤ 신재생에너지 설비 : 태양광발전, 지열발전, 풍력발전 등 에너지생산 설비를 설치한다.

3) 음압병동 수요에 대응하기 위한 건축기술

(1) 음압병동이란?

앞으로 글로벌 팬데믹 상태가 이어지면서 감염증(코로나19) 확진자 치료에 필수적인 음압병동의 수요가 급증할 것이 예측되며, 이러한 급격하게 변동하는 음압병동 수요에 대응하기 위하여는 기존 건물의 공용공간에 탈 부착하기 용이한 다목적 음압병동 모듈을 가변식 모듈로 구성하는 작업이 필요하다. 음압병동이란 병실 내 기압과 병실 밖 기압이 다른 병실로서 외부의 바이러스를 완전히 차단하고 공기를 청정하게 유지하게 만들어준다. 공기는 기압이 높은 곳에서 낮은 곳으로 흐른다는 원리를 적용해 전염병균이나 바이러스로 오염된 병실 공기를 밖으로 새어나가지 않게 기압차를 유지하는 것이 핵심이다. 바이러스나 전염균으로 오염된 병실 내 공기를 특수필터로 정화해 다시 병실로 공급해주는 기술도 필요하다. 전염성이 높은 코로나19 확진자를 치료하기 위한 필수시설이다.

(2) 가변식 모듈 탈 부착공사

모듈러 공법은 코로나19 이후 음압병동의 신속한 확보를 위한 대안으로 각광받는 대표적인 스마트 건설 기술이다. 가변식 모듈 탈 부착공사는 창호, 외벽체, 전기배선, 배관, 욕실, 주방기구 등의 자재와 부품이 포함된 볼륨메트릭(Volumetric, 3D) 형태의 박스 모듈 또는 비볼륨메트릭(Non-volumetric, 2D) 형태의 부재 단위를 공장에서 사전 제작한 후 공사 현장에서는 설치와 내 외장 마감 등만 진행하는 방식이다. 기존 방식에 비해 건축 기간을 절반으로 줄일 수 있고 비용절감 효과도 커 지속가능한 스마트 건설의 대표적인 기술로 손꼽힌다. 감염증(코로나19) 확진자 치료에 필수적인 음압병동의 수요에 신속히 대응할 수 있는 공법이다.

3.7.4 상점 리모델링

중 소규모 상점 등 근린생활시설은 주로 건물의 이용가치를 향상시켜 임대수입 등 수익성 증대를 목적으로 리모델링이 추진된다. 따라서 이러한 유형의 건물에 대한 리모델링은 공사비를 절감하고 공기를 단축시키면서 최대의 효과를 거두는데 초점을 맞춘다. 한편 수익성 증대를 목적으로 추구하기 때문에 용도변경방식의 리모델링을 추진하는 경우도 많이 있다.

1) 상점 리모델링 일반사항

① 상업시설은 지금까지는 스크랩 앤 빌드(Scrap and Build, 해체 및 건조)되었지만 앞으로 환경부하 저감이라는 사회규범에 따라 오래 사용할 수 있는 공간, 가치가 지속될 수 있는 디자인 추구가 바람직하다. 또한 갱신빈도가 높은 상업 분야에서는 오피스 이상으로 인필을 재이용할 수 있는 구조로 하는 것이 요구된다.

② 상가건물의 리모델링은, 골조 그대로 둔 채 개보수나 증개축 등으로 이미지를 새롭게 바꿔주는 동시에 건물의 효율성을 높여주는 작업이 많다.

③ 주변에 신축건물이 속속 생겨 새 임차인을 구하기 어렵고 건물은 낡아 임대료를 제대로 받지 못하는 건물주에게 적은 공사비로 낡은 건물을 새롭게 바꿔 놓을 수 있는 리모델링이 요구된다.

④ 리모델링은 기존 건물을 헐고 재건축할 필요가 없어 공사기간 동안 임대료 손실이 없고 공사 후에는 임대료를 높게 받을 수 있어 자산가치 상승효과까지 거둘 수 있다.

⑤ 규모가 큰 상점건물이라면 먼저 노후화가 어느 정도 진행되어 있는지 확인하여 각 설비별 에너지의 경제성과 효율성에 초점을 맞춰 교체 유무를 판단해야 한다.

⑥ 노후건물이 새 건물에 비해 에너지 낭비가 3배 이상 된다는 것을 감안하여 설비와 외관의 리모델링을 통해 건물의 유지관리비용을 절약하면 에너지의 효용성 측면에서도 큰 효과를 볼 수 있다.

2) 상점리모델링 발생동기 및 대응책

① 경제적·사회적 현상 변화에 따라 수요자의 요구성향이 변화되었다. 이에 대하여 상점은 복합화, 전문화, 차별화로 수요자의 요구에 맞춰 상점의 시설을 개선할 필요가 있다.

② 수요자 취향에 맞춰 새로운 업종이 등장하고 새로운 프랜차이즈의 등장으로 새로운 업태로의 상점 개선 요구가 증가하고 있다.

③ 건물 디자인의 고급화·첨단화에 따라 상점의 이미지 쇄신 요구가 커졌다. 이에 따라 상점의 내·외장 디자인 개선 및 CI계획 반영과 인텔리전트화가 필요하다.

④ 상점 내부의 레이아웃을 변환시키고 휴게실과 화장실을 개선하여 조명, 환기, 색채계획 등 수요자의 요구에 적극 대응한다.

⑤ 상점 이미지 변화를 위한 서비스의 강화와 부가가치를 높일 수 있는 상점 내·외 토털인테리어 구현이 요구된다.

그림 3.42 상점리모델링 사례-1

그림 3.43 상점리모델링 사례-2

3) 상점 리모델링의 특징

① **영업활성화 방안 모색** : 해당 지역 상권분석을 통해 다양한 유치 가능 업종을 고려하되 고정관념에서 벗어나야 한다.
상권의 변화를 예상하여 신규로 유치 가능한 상점의 경쟁력을 계산하고 이들을 유인할만한 방안을 모색한다.

② **상점의 구매와 판매** : 상점계획에 있어서 우선 고려되어야 할 것은 팔고자 하는 상품에 대한 성격, 대상 고객층 선정, 그리고 이들의 구매형태, 판매형태를 결정하는 일이다.

③ **상점의 위치** : 사람들이 많이 모이는 번화한 장소를 택하는 계획에 있어 입지에 대한 타당성조사가 이루어져야 한다. 상가를 방문하는 연령층에 맞게 간판이나 외부마감재 등을 개성있게 연출하는 아이디어가 필요하다.
업종에 맞게 상가의 특성을 살리고 차별화하되 청소 · 관리가 쉬운 재료를 쓰도록 한다.

④ **상점의 구성 구분** : 상점의 공간구성은 판매부분인 매장, 부대시설 부분, 그리고 파사드로 나누어진다. 업종의 성격에 따라 전기나 상하수도 등 설비에 신경을 써야 한다.

⑤ **상점의 동선계획** : 동선은 단순히 통로 공간을 확보하는 것뿐만 아니라 매장 전체가 잘 보이도록 입체적으로 계획한다. 동선은 고객동선, 종업원 동선, 상품 동선으로 분류되며 각각의 동선은 서로 교차하지 않도록 해야 한다.

⑥ **상점의 매장계획** : 매장계획은 판매대의 배치가 중요하며, 동선계획을 기본으로 설계한다. 상품은 가격, 종류, 특성에 따라 중점상품, 보완상품, 전략상품으로 분류한다.

⑦ **상점의 조명계획** : 상업공간의 조명은 상품의 특성을 잘 나타낼 수 있는 방향에서 상품이 바르고 확실하게 보이도록 조명하고 판매 증가를 도모할 수 있는 조명계획이어야 한다.

3.7.5 기타 시설의 리모델링

1) 호텔 및 숙박시설

(1) 호텔 및 숙박시설 리모델링 경향

과거의 숙박업체들은 단순히 "숙박"이라는 기능적인 측면으로 소비자들에게 다가갔다. 하지만 새로운 라이프스타일이 생겨남에 따라 소비자들의 욕구가 다양해지기 시작했고 최근 들어 단순히 편안하게 잠을 잘 곳을 원하기보다 이왕이면 좀 더 멋지고 세련된 디자인, 특이한 디자인을 지닌 숙박시설을 선호하는 경향으로 변화되고 있다. 이에 따라 이미 세계,

그리고 우리나라 곳곳에서도 매력적인 디자인을 지닌 호텔, 리조트, 펜션으로 리모델링 되는 숙박시설들이 생겨나고 있다. 특급 호텔들의 리모델링 경쟁은 늘어나고 있으며, 각각의 룸마다 테마를 지닌 호텔, 여성만을 위해 세련되고 섬세하게 디자인된 호텔, 친환경적인 디자인으로 각광을 받고 있는 리조트, 전문 디자이너의 손길이 닿은 멋진 펜션 등이 그 예라고 할 수 있다.

(2) 리모델링 디자인 방향

호텔 등 숙박시설은 리모델링 주기가 짧은 대표적인 건물 유형에 속한다. 이러한 유형의 건물들은 변화하는 소비자들의 기호를 제때에 반영하지 않으면 충분한 수익성을 확보할 수 없다. 리모델링의 주된 방향은 외관 이미지를 현대화 하고 내부기능 및 설비를 쾌적하고 편리하게 개선하는데 초점을 맞춘다.

(3) 문화플랫폼 역할 담당

과거의 호텔들이 콘텐츠를 유입해 제공하는 유입로의 역할을 했다면 현재의 호텔은 문화플랫폼 역할을 하고 있다. 호텔은 유입로로서 호텔리어, 바버, 살롱, 공연 등의 문화를 지속적으로 유입해 오고 있으며 럭셔리 문화를 이끄는 등 역할이 확대되고 있다.

(4) 호텔의 공간 변신

호텔의 역할과 기능이 다양해짐에 따라 소수의 계층만이 사용했던 호텔은 그 폭을 점차 넓혀 대중들에게 다가가고 있다. 특히 대중매체 속에서 이색적으로 노출됨에 따라 호텔 자체가 관광지로 제공되기도 한다.

또한 호텔 측에서도 공간으로서의 가치 이외에 사회적 가치를 제공하려 노력하고 있다. 스마트빌딩, 안전빌딩으로의 흐름에 따라 정치, 사회, 문화적으로 다양한 기능을 제공하는 공간으로의 변신이 요구된다.

(5) MKE산업 서비스 제공

한편 전세계적으로 MICE 산업에 대한 관심이 증가해, 호텔 역시 MICE 개최지로 각광받고 있다. 수준 높은 서비스를 제공하며 숙박, 식음, 부대시설 등 인프라가 집적된 공간이기 때문에 한 곳에서 모든 것이 해결되는 '원 데스티네이션' 개최지 조건을 갖추게 되어 각광받고 있다.

마이스는 부가가치가 높은 복합적인 전시산업을 의미하며 회의(meeting), 포상 또는 인센티브여행, 컨벤션, 전시회의 4개 비즈니스 분야를 뜻한다.

2) 백화점 및 쇼핑센터

(1) 시설개선 및 확충 Item

백화점, 쇼핑센터 등 판매시설도 리모델링을 많이 필요로 하는 대표적인 유형의 건물이다. 사용기간이 경과함에 따라 노후화 되고 소비자들이 이용하기 불편해진 각종 시설들을 개수할 필요성이 커진다. 판매시설 리모델링은 설비와 이동통로를 개선하는 한편 매장의 레이아웃 변경 및 내 외장 디자인 개선을 추구하고 부족하거나 불편한 화장실, 주차시설 문화시설 등 공용부문의 개선 및 확충에 초점을 맞춘다.

(2) 복합문화쇼핑센터로 변화

최근 경제적 사회적 변화에 따라 소비자들은 온라인에서 물건을 구매한 다음 쇼핑몰에 직접 들러 픽업하는 소비 패턴이 늘고 있다. 즉 대형 쇼핑몰이 이젠 물건 픽업 장소 정도로 전락한 것이다. 그래서 대형 쇼핑 공간의 필요성이 점점 줄어들고 소비자들을 끌어들이기 위한 쇼핑센터 리모델링이 점점 늘고 있다. 가령 쇼핑센터의 기존 매장에 레저나 엔터테인먼트 시설을 추가로 지어 소비자들이 즐기면서 쇼핑할 수 있는 공동 구역을 만드는 것이다.

또는 소매 매장만 있는 것이 아니라 식당, 호텔, 주거시설, 여가생활을 위한 헬스센터 등 복합 쇼핑센터를 조화롭게 꾸미는 것이 요즘 추세다.

(3) 변화하는 시장트랜드 변화 수용

그 쇼핑센터만이 가질 수 있는 특징들을 살려 브랜드화 시키고 인근 주민들의 성향과 소비 패턴을 잘 파악하여 리모델링하는 것이 좋다. 과거에는 건물을 완전히 철거한 다음 신축하여 쇼핑센터의 콘셉트를 잡아갔지만 지금은 건축 기술의 발달로 신속하면서도 비용을 줄이면서 개축이 가능해졌다.

특히 새로 들어올 테넌트나 기존 테넌트와 비용을 분담하면서 쇼핑센터를 업그레이드 하는 추세가 점점 늘고 있다. 시장 환경, 경제 변화, 입지 조건 같은 것이 과거의 쇼핑센터 투자 성공의 포인트였다면 이제는 변화하는 시장 트렌드를 잘 이용하여 테넌트를 재배치하고 업그레이드하여 브랜드화를 얼마나 잘하느냐에 달려 있다고 해도 과언이 아니다.

3) 학교 및 교육시설

(1) 학교 및 교육시설 리모델링 경향

학교 및 교육시설은 수요가 꾸준히 확대되는 경향이 있어 리모델링 수요 역시 커지는 경향을 보인다. 교육 및 연구시설 리모델링의 초점은 부족한 시설물 및 공간의 확충을 추구하는 한편, 설비 및 시설의 현대화를 중시하는 경향을 보인다.

특히 학교 건축은 문명을 반영하고, 교사(校舍)는 그곳에 수용하는 교육과정의 기능을 반영할 수 있도록 건축되어야 한다. 학교 리모델링은 교육시설의 개념, 교육 시설의 요건, 교육 시설의 절차, 교육 시설에 대한 인간공학적인 접근 방법 등을 이해하는 것이 요구된다.

(2) 학교의 교육활동 지원

교육시설은 교육의 목적을 효과적 능률적으로 달성하기 위해 설치한 학교의 물리적 환경을 총칭하는 것이므로 계획된 학습의 성과가 달성 될 수 있도록 환경을 조성하여 교육활동을 최선으로 지원해 주고 학교의 교육적 기능을 원활히 수행할 수 있도록 구비되어야 한다.

학교 및 교육시설의 리모델링은 교육 시설의 요건, 교육 시설의 절차, 교육 시설에 대한 인간공학적인 접근 방법 등이 고려되어야 한다.

(3) 초등학교 시설 현황

1945년, 2,834개였던 초등학교 시설은 1985년에는 6,519개로 교육시설의 양적팽창이 이루어졌다. 초등학교 시설의 양적 팽창은 건물 노후화 및 유지관리 등의 문제를 초래하게 되었다. 당시 지어진 건물의 대부분은 이미 3,40년 가까이 사용되었고, 이는 건물 수명 연장과 가치향상의 필요성을 인식하는 계기가 되었다.

서울시교육청은 현재 서울에만 30년 이상 경과된 노후학교가 66%를 상회해 낡은 교사(校舍)가 증가하고 있다고 밝혔다. 초·중·고 모두 똑같은 교실과 일자형 복도 등 획일화된 교육공간을 갖추고 있어 새로운 교수학습이나 교육과정에 능동적으로 대처하기에 한계가 있다는 것이다. 주거공간과 업무공간은 시대 흐름에 따라 변하고 있지만 아이들 미래 교육을 담아낼 학교환경은 여전히 구시대 유물로 머물러 있는 게 현실이다.

현재와 같은 팬데믹 사태에서는 특히 학교공간 변화 요구가 증가하고 있고 비대면 수업이 가능한 환경과 지속가능한 미래를 위한 친환경 교육현장을 조성해야 할 과제가 주어졌다.

(4) 학생들의 자율성과 창의성을 높이는 교육형태 지향

교육과정이 변화됨에 따라 전통적인 강의식 지식전달 중심의 교육을 지향했던 데에서 지금의 7차 교육과정은 학생들이 중심이 되어 수업을 이끌어 나가는 수요자 중심의 학습을 지향하게 되었다. 이에 따라 실제 교실에서 이루어지는 각 과목의 수업 형태도 많이 바뀐 것을 알 수 있다.

예를 들어, 매체를 이용한 교육활동이나 신문 활용 수업, 시청각 영상물 감상 등의 다양한 수업방법을 통해 학생들의 흥미와 동기를 유발하기가 좀 더 수월해 졌으며 교육활동의 효과를 더욱 높일 수 있게 되었다. 이렇게 교육활동을 돕는 물리적인 환경을 학교 시설이라고 하는데 학교시설의 개발과 연구에 대한 관심이 높아짐에 따라 더욱 다양한 형태의 수업형태가 나오고 학생들의 자율성과 창의성을 높이는데 이바지 하고 있다.

전통식의 수업에서 학교시설이 칠판이나, 강당, 실습실 등에 한정되어 있었다면 현대의 학교시설은 이 밖에도 특별실, 도서실, 시청각실, 휴게실, 수영장, 부대시설 등 매우 다양화 되었다.

(5) 그린 스마트 미래학교

정부는 '한국판 뉴딜' 정책에 스마트 · 그린 · 공유경제를 융합한 학교시설 현대화 대책을 포함하였고 각 교육청은 노후학교의 개축 · 리모델링에 담아 학교 전체를 개조하자는 학교시설 현대화 사업을 추진하고 있다. 그린 스마트 미래학교는 포스트 코로나 시대를 선도할 창의융합인재 양성과 미래지향적 친환경 스마트 교육여건 조성을 목표로 추진하는 사업으로 ①미래교육과정 지원을 위한 학교공간 혁신사업 ②친환경 그린학교 조성 사업 ③첨단 ICT기반 스마트 교실 구축 사업 ④지역사회와 연계한 학교시설 복합화 사업으로 나뉘어 추진된다.

① 친환경 그린학교 조성

지구 온난화에 따른 환경변화에 대응하고 저탄소 녹색성장의 토대를 마련하기 위하여 제로에너지 학교 구축을 추진하여야 한다. 이를 위해 스마트 그린스쿨 개축 대상 건물에 대해 고효율에너지설비, 고단열 창호 · 벽체 및 지붕 등 에너지저감 기술을 적용하고, 태양광 발전설비를 설치하여 제로에너지 건축물 인증을 취득하도록 지원해야 한다.

② 첨단 ICT기반 스마트 교실 구축

미래형 창의융합인재 양성 기반을 마련하고 첨단ICT를 활용한 다양한 학습환경을 제공하기 위하여 디지털 기반 스마트 교실을 구축하도록 한다. 이를 위해 2022년까지 모든 교실(특별실 포함)에 무선 WiFi 환경을 구축하고, 또 비대면 온라인 학습환경

조성을 위하여 각급 학교에서 On-Off라인 블랜디드 학습이 가능하도록 온라인 스튜디오를 설치할 필요성이 절실해졌다.

③ 지역사회 연계 학교시설 복합화

지역사회와 학교가 상생할 수 있는 거점공간을 마련하기 위하여 학교 여건에 맞는 시설복합화를 추진한다. 학교의 공용공간 등에 복합화 개념을 도입해 지역공동체와 학교가 공간을 공유함으로써 학교교육에 대한 주민과 자치단체의 관심과 역할을 제고할 수 있도록 하는 것이다.

저자

최산호
- 한양대학교 건축공학과 졸업
- 조선대학교 대학원 공학박사
- 부흥개발㈜ 근무
- 동아건설산업㈜ 근무
- 호원대학교 건축학부 교수
- (사)한국리모델링협회 부설 리모델링연구소장

소광호
- 원광대학교 건축공학과 졸업/공학박사
- (주)대우건설 기술연구원 책임연구원
- (주)대우건설 건축사업본부 근무
- 현재, 원광대학교 건축공학과 교수
- (사)대한건축학회 부회장
- 대한건축학회지회연합회 회장
- http://skhlab.kr/

차정윤
- 부산대학교 경제학과 졸업
- 대우그룹 공채, 대우중공업㈜ 전략기획부
- 서울올림픽조직위원회 합동사업단 기획팀장
- 대전엑스포조직위원회 호텔사업단 관리부장
- (사)한국빌딩경영협회, (사)한국빌딩산업연합회 사무총장
- (사)한국리모델링협회 사무처장 겸 부회장
- 리모델링사업관리사(RMP)자격검정시험제도 기획

이동훈
- 성균관대학교 건축공학과 졸업
- 건축사 / ㈜무한종합건축사사무소
- 경기도 공동주택 리모델링 자문위원
- 노후공동주택 수직증축 리모델링 연구단 자문위원
- 전 서울시 공동주택 리모델링 자문위원
- (사)한국리모델링협회 정책법규위원회 위원장

리모델링사업 기획 · 설계

2021년 1월 20일 1판 1쇄 인쇄
2021년 1월 25일 1판 1쇄 발행

저 자 최산호 · 소광호 · 차정윤 · 이동훈
발 행 인 전 혜 자
발 행 처 예 학 사
서울시 성동구 무학봉28길 4 (5층)
TEL. 2296-9333(代)~4
FAX. 2296-9335
출판등록 1994. 4. 2 (4-254)

〈검인생략〉

ISBN 978-89-89668-65-7 93540 정가 30,000원